Bei einigen Unterkapiteln schließen Sonderseiten an:

Fachmethoden und Medienkompetenz

Hier werden wichtige Fachmethoden der Biologie vorgestellt. Unter „So geht's" werden die einzelnen Schritte z. B. der Konstruktion eines Diagramms erklärt und anhand eines Beispiels erläutert. Einige Methodeseiten dienen vorrangig der Medienkompetenz, diese erkennst du an der Überschrift Medienkompetenz in der Kopfzeile. Die Aufgaben am Ende bieten dir die Möglichkeit, die Methode an einem anderen Sachverhalt einzuüben.

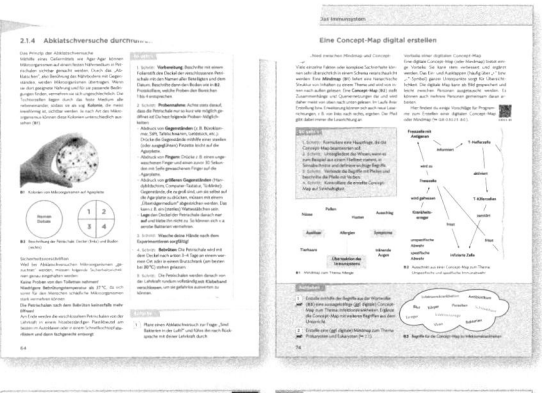

Exkurse und BNE-Seiten

Besondere Themen, die dich interessieren könnten und dein tägliches Leben betreffen, stehen auf Exkursseiten. Falls deine Lehrkraft diese Themen nicht anspricht, kannst du sie selbstständig durchlesen oder einen kleinen Vortrag vorbereiten. Auf den BNE-Seiten findest du Themen zur Bildung für nachhaltige Entwicklung (BNE).

Jedes Kapitel endet mit den folgenden drei Seitentypen, die dir helfen, die neuen Inhalte der Unterkapitel miteinander zu verknüpfen und deine neu erworbenen Fähigkeiten zu testen:

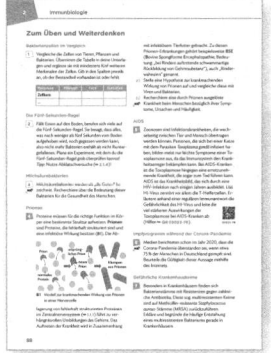

Zum Üben und Weiterdenken

Die Aufgaben dienen dazu, erlernte Inhalte und Kompetenzen zu üben oder auch in weiterführenden Themen zu vertiefen. Informationen zu den verwendeten Aufforderungsverben (**Operatoren**) findest du auf Seite 12 und 13.

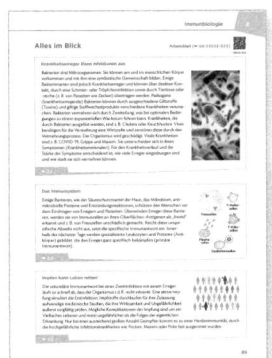

Alles im Blick

Hier wird in Kürze und übersichtlich dargestellt, welche Inhalte und Fertigkeiten in dem gesamten Kapitel erlernt werden konnten. Ideal zum Wiederholen und Nachlesen.

Ziel erreicht?

Die Aufgaben, die hier enthalten sind, solltest du unbedingt lösen können. Sie stellen das Mindestmaß an gefordertem **Wissen** und **Fertigkeiten** dar. Die Lösungen dieser Aufgaben findest du zur **Selbstüberprüfung** hinten im Buch. Im Auswertungskasten erhältst du außerdem Informationen, wo du noch einmal nachlesen kannst, falls du in einem Bereich noch nicht so gut bist.

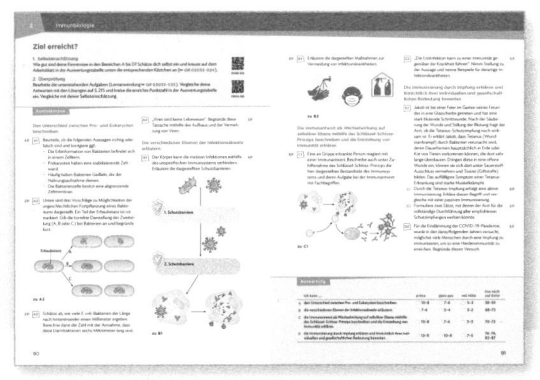

Unterschiedliche Aufgabentypen bearbeiten

Zum Lösen einer Aufgabe muss der **Operator** beachtet werden. Dies ist das Verb zu Beginn der Aufgabenstellung. Er gibt an, was in welchem Umfang zu tun ist. Wichtig ist aber auch das exakte **Erfassen der Informationen**, die die Aufgabenstellung enthält. Das betrifft den Text sowie Abbildungen, Schemata oder Diagramme.

Operator	Beschreibung
Erkenntnisgewinnung (v. a. bei Experimenten, Diagrammen und Schemata)	
eine Hypothese aufstellen	Formuliere eine Vermutung, die sich mit einem bzw. dem gegebenen Experiment überprüfen lässt, und untermauer diese mit einer fachlich fundierten Begründung.
planen	Erstelle zu einem vorgegebenen Sachverhalt eine geeignete Durchführung (Aufbau und Ablauf) für ein Experiment und dokumentiere deine Ergebnisse.
auswerten (Diagramm, Schema)	Stelle Daten (z. B. Kurvenverlauf eines Diagramms) oder Sachverhalte, die in einem Schema gezeigt werden, in einen Zusammenhang und formuliere ggf. eine Gesamtaussage.
ableiten	Ziehen Sie sachgerechte Schlüsse auf der Grundlage von vorgegebenen Daten oder Erkenntnissen.
interpretieren, deuten (Diagramm, Schema)	Arbeite kausale Zusammenhänge im Hinblick auf Erklärungsmöglichkeiten für die in einem Diagramm oder Schema dargestellten Daten heraus.
ermitteln	Bestimme einen Zusammenhang bzw. eine Lösung für ein gegebenes Problem.
Fachwissen und Kommunikation (aufsteigende Komplexität bzw. Schwierigkeitsgrad)	
nennen, angeben, zuordnen, definieren	Zähle Begriffe, Sachverhalte oder Daten ohne weitere Erklärungen auf bzw. lege die Bedeutung eines Begriffs mit einer bekannten Definition dar.
skizzieren	Reduziere Sachverhalte, Strukturen oder Ergebnisse auf das Wesentliche und stelle dieses geordnet grafisch dar.
beschreiben	Gib einen Sachverhalt, eine Struktur oder einen Zusammenhang in eigenen Worten unter Berücksichtigung der Fachsprache wieder.
darstellen	Gib Sachverhalte bzw. Ergebnisse strukturiert wieder. Verwende geeignete Darstellungsformen wie z. B. Tabellen, Schemata oder Diagramme.
analysieren	Arbeite (aus dem gegebenen Material) wichtige Komponenten und Zusammenhänge in Hinblick auf eine Fragestellung heraus.
vergleichen	Arbeite immer Gemeinsamkeiten und Unterschiede zwischen Sachverhalten heraus. Finde passende Kriterien für den Vergleich.
beurteilen	Gib zu einer Aussage eine fachlich begründete, selbstständige Einschätzung ab (Sachurteil).
begründen	Gib Ursachen oder Argumente für eine Vorgehensweise oder einen Sachverhalt nachvollziehbar an.
erklären	Stelle einen Sachverhalt auf Grundlage von Regeln und Gesetzmäßigkeiten nachvollziehbar und verständlich dar.
erläutern	Stelle einen Sachverhalt verständlich dar, indem Sie zusätzliche Informationen, Skizzen o der Analogien mit einbeziehen. Dabei musst du einen konkreten, fachlichen Bezug zur Aufgabe herstellen.
recherchieren	Suche gezielt nach Informationen und nutze die vorgegebenen Hilfsmittel.
diskutieren	Stelle unterschiedliche Positionen/Aussagen einander gegenüber und wäge ab.
Bewertung	
bewerten	Vertritt zu einem Sachverhalt hinsichtlich fachlicher Kriterien und gesellschaftlich anerkannter Werte eine eigene Position (Werturteil).

Biologie

Hamburg

Herausgegeben von
Christina Thiesing

Bearbeitet von
Felix Hellinger
Philipp Karl
Oliver Knapp
Johannes Konermann
Nina Marenberg
Gerlinde Oberste-Padtberg
Simon Rosenbaum
Margit Schmidt
Christina Thiesing
Christoph Trescher
Susanne Ullrich-Winter

C.C. Buchner

Biologie – Hamburg

Herausgegeben von Christina Thiesing

Biologie 2

Bearbeitet von Felix Hellinger, Philipp Karl, Oliver Knapp, Johannes Konermann, Nina Marenberg, Gerlinde Oberste-Padtberg, Simon Rosenbaum, Margit Schmidt, Christina Thiesing, Christoph Trescher und Susanne Ullrich-Winter unter Beratung von Thomas Nickl

unter Verwendung von Beiträgen der Autorinnen und Autoren folgender Werke:
ISBN 978-3-661-66005-9, ISBN 978-3-661-66006-6, ISBN 978-3-661-03008-1,
ISBN 978-3-661-03009-8, ISBN 978-3-661-03010-4, ISBN 978-3-661-03022-7,
ISBN 978-3-661-03023-4, ISBN 978-3-661-03031-9, ISBN 978-3-661-03032-6,
ISBN 978-3-661-03012-8

Zu diesem Lehrwerk ist erhältlich:
Digitales Lehrermaterial **click & teach** Einzellizenz, WEB-Bestell-Nr. 030305
Weitere Lizenzformen (Einzellizenz flex, Kollegiumslizenz) und Materialien unter www.ccbuchner.de.

Dieser Titel ist auch als digitale Ausgabe **click & study** unter www.ccbuchner.de erhältlich.

1. Auflage, 1. Druck 2024
Alle Drucke dieser Auflage sind, weil untereinander unverändert, nebeneinander benutzbar.

Dieses Werk folgt der reformierten Rechtschreibung und Zeichensetzung. Ausnahmen bilden Texte, bei denen künstlerische, philologische oder lizenzrechtliche Gründe einer Änderung entgegenstehen.

An keiner Stelle im Schülerbuch dürfen Eintragungen vorgenommen werden. Auf verschiedenen Seiten dieses Buches finden sich Mediencodes. Sie verweisen auf optionale Unterrichtsmaterialien und Internetadressen (Links), die der Verlag in eigener Verantwortung zur Verfügung stellt. Haftungshinweis: Trotz sorgfältiger inhaltlicher Kontrolle wird die Haftung für die Inhalte externer Seiten ausgeschlossen.

Redaktion: Marlies Hartmann
Layout: Petra Michel, Amberg
Satz: tiff.any GmbH & Co. KG, Berlin
Illustrationen/Grafiken: Helmut Holtermann, Dannenberg; Björn Pertoft Illustration und Zeichentrick, Darmstadt; Stelzner Illustration & Grafikdesign, Frankfurt; tiff.any GmbH & Co. KG, Berlin
Umschlag: mgo360 GmbH & Co. KG, Bamberg
Druck und Bindung: Firmengruppe Appl, aprinta Druck, Wemding

www.ccbuchner.de

ISBN 978-3-661-**03028**-9

Inhalt

2 Immunbiologie 56

3 — Fortpflanzung und Entwicklung des Menschen — 92

Inhalt

Hinweis:
An verschiedenen Stellen in diesem Buch findest du **QR-Codes** bzw. **Mediencodes** direkt darunter. Scanne den QR-Code mit deinem Smartphone oder gib den Mediencode unter **www.ccbuchner.de/medien** in das Eingabefeld ein. Dadurch gelangst du zu Zusatzmaterialien zu den Aufgaben. Hier ist eine Übersicht über alle hinterlegten Materialien (➥ **QR 03028-001**).

03028-001

Die Basiskonzepte der Biologie

Die Biologie ist eine Naturwissenschaft, die sich mit den unterschiedlichsten Lebenserscheinungen auseinandersetzt. Dabei wird versucht, wiederkehrende Erscheinungen nach grundlegenden Aspekten zu sortieren. Diese grundlegenden Aspekte nennt man **Basiskonzepte (BK)** der Biologie. Die Basiskonzepte sind bereits aus dem Unterricht der Klassen 5 bis 8 bekannt:

Struktur und Funktion

Alle Lebewesen und deren Lebensvorgänge sind an Strukturen gebunden, die eine bestimmte biologische Funktion erfüllen und daher entsprechend gestaltet sind. Aufgrund dieses Zusammenhangs kann man einerseits von der Struktur auf die Funktion schließen, aber andererseits gibt die Funktion bestimmte Anforderun-

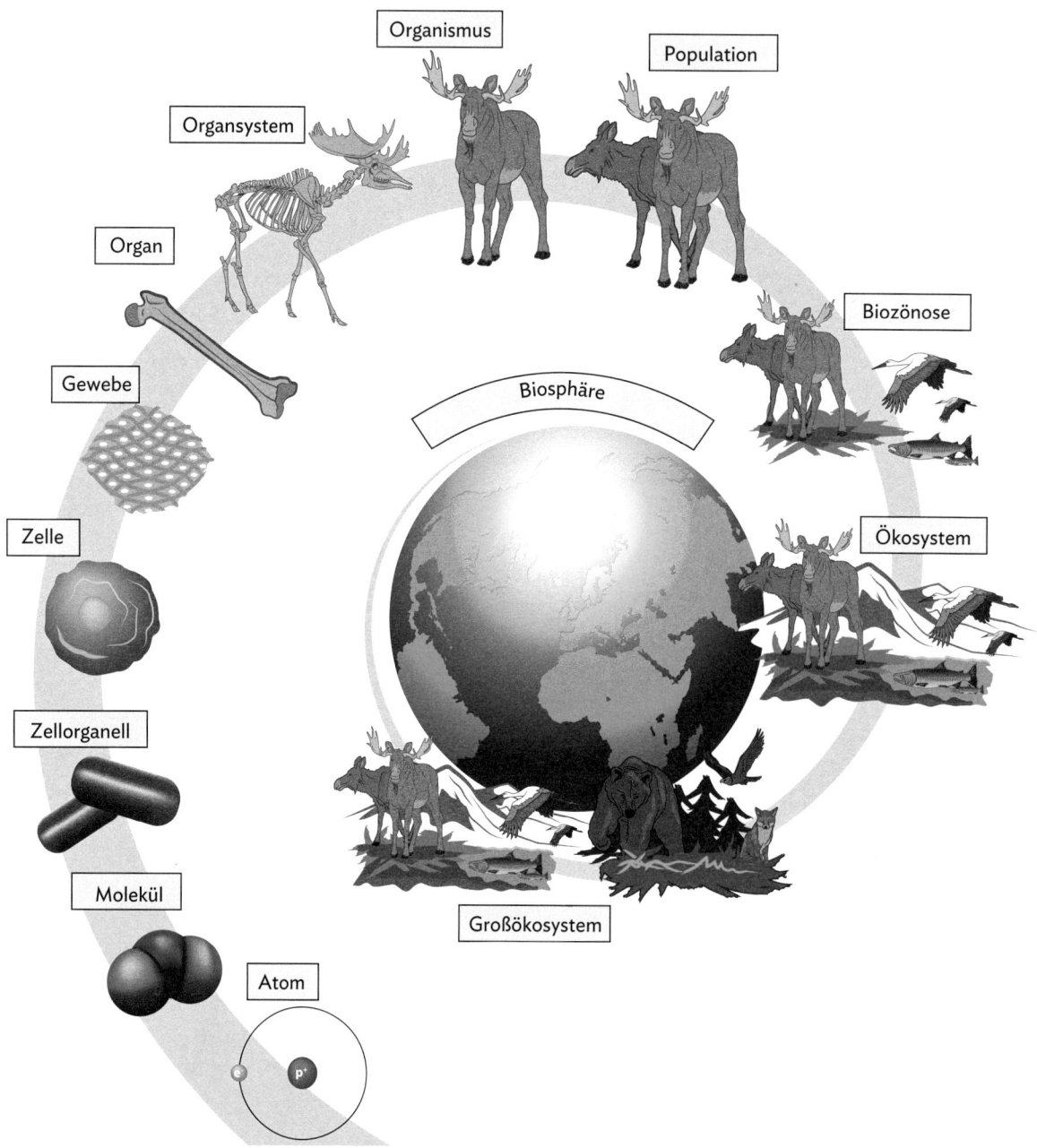

B1 Organisationsebenen

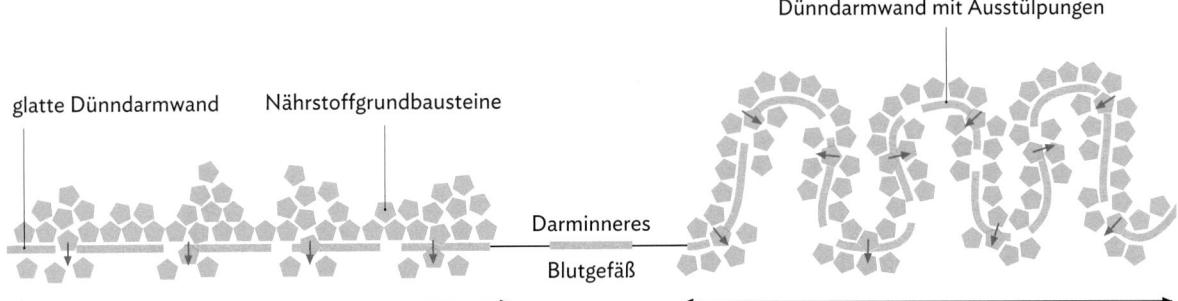

glatte Dünndarmwand

Nährstoffgrundbausteine

Dünndarmwand mit Ausstülpungen

Darminneres

Blutgefäß

B2 Prinzip der Oberflächenvergrößerung am Beispiel der Darmzotten (Modellvorstellung)

gen an die Struktur vor. Organismen zeigen viele **Struktur-** und **Funktionsbeziehungen**, die auf deren Lebensweise und Umwelt zurückzuführen sind und als **Angepasstheit** bezeichnet werden. Beispielsweise stellen die typischen Kennzeichen der Fische wie stromlinienförmiger Körper, Flossen und Kiemen eine Angepasstheit an das Leben im Wasser dar. Biologische Systeme sind offene Systeme, die mit ihrer Umgebung Stoffe und Energie austauschen, aber auch von ihr abgegrenzt sind, wie z. B. ein Reptil durch seine verhornte Haut. Ein biologisches **System** besteht aus verschiedenen Bestandteilen, die zusammenwirken und gemeinsam bzw. arbeitsteilig bestimmte Funktionen erfüllen, wie die Zellen eines Organs oder die Zellorganellen einer Zelle (**B1**). **Kompartimentierung** bedeutet eine Abgrenzung von Funktionsräumen in einem System. So gibt es in der Zelle verschiedene Zellorganellen, die durch Membranen vom Zellplasma abgegrenzt sind.

Den Zusammenhang zwischen Struktur und Funktion gibt es in der Natur nur bei Lebewesen. Er lässt sich in verschiedenen Prinzipien erkennen, z. B. beim Prinzip

der **Oberflächenvergrößerung** der Darmzotten oder der Lungenbläschen. Die riesige Darmoberfläche ermöglicht eine schnelle Nährstoff-, Mineralstoff- und Wasseraufnahme in großem Umfang (**B2**). Bei biologischen Vorgängen, bei denen es auf kleinste Unterschiede ankommt, passen die beiden beteiligten Strukturen wie ein Schlüssel in das Schloss (**Schlüssel-Schloss-Prinzip** z. B. Enzyme und Substrate) (**B3**).

Stoff- und Energieumwandlung

Lebendige Systeme betreiben **Stoff-** und **Energieumwandlungen**. Tiere nehmen energiereiche Stoffe als Nahrung auf und wandeln sie in energiearme Abfallstoffe um, die ausgeschieden werden. Dabei wandeln sie die in der Nahrung enthaltene Energie in andere Energieformen um, z. B. in Bewegungsenergie zur Fortbewegung. Stoff- und Energieumwandlung finden bei der Zellatmung und der Fotosynthese statt. Bei der Fotosynthese entstehen in den Chloroplasten in Pflanzenzellen aus Kohlenstoffdioxid und Wasser, energiereicher Traubenzucker und Sauerstoff mithilfe des energiereichen Sonnenlichts (**B4**).

In Ökosystemen liegen **Stoffkreisläufe** vor. Produzenten bauen durch die Fotosynthese Biomasse auf und dienen als Nahrungsgrundlage für Konsumenten. Diese können wiederum von weiteren Konsumenten gefressen werden, wodurch vielfältige Nahrungsbeziehungen (Nahrungsnetze) entstehen (**B5**). Die Biomasse wird schließlich wieder von Destruenten zersetzt und die Stoffe dienen als Grundlage für die Entwicklung und das Wachstum der Produzenten und Konsumenten. Entlang der Nahrungsbeziehung kommt es auch zu einer Energieentwertung.

Steuerung und Regelung

Lebewesen besitzen die Fähigkeit zur **Steuerung** und **Regelung**. Beispielsweise wird die Körpertemperatur

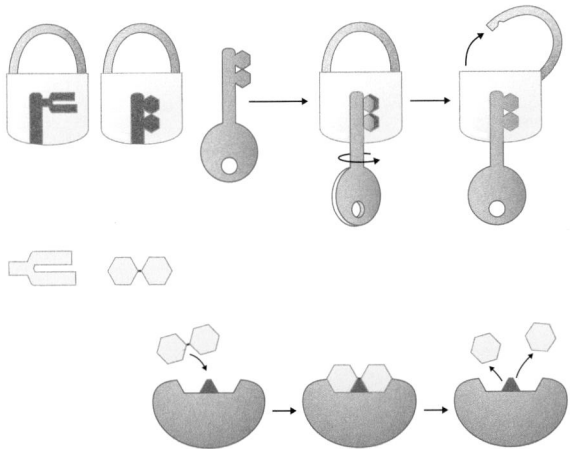

B3 Schlüssel-Schloss-Prinzip

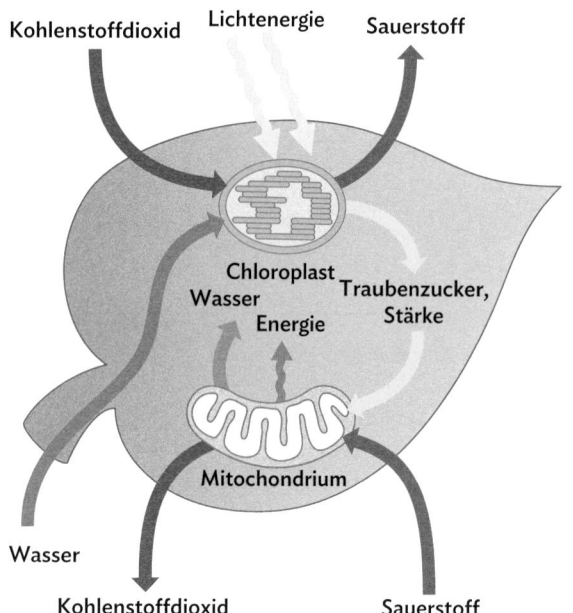

B4 Schema zur Zellatmung und Fotosynthese

B6 Kommunikation bei Hunden und Katzen

von Vögeln und Säugetieren reguliert und ist dadurch weitgehend unabhängig von der Außentemperatur. Vögel und Säugetiere sind gleichwarm.

Information und Kommunikation
Lebewesen nehmen nicht nur Stoffe, sondern auch **Informationen** aus ihrer Umwelt auf, verarbeiten diese

und reagieren entsprechend. Den Austausch von Informationen zwischen Lebewesen nennt man **Kommunikation**. Hunde kommunizieren beispielsweise u. a. über die Körperhaltung (**B6**).

Individuelle und evolutive Entwicklung
Jedes Lebewesen erzeugt Nachkommen, die sich im Laufe der Zeit entwickeln und von der Umwelt beeinflusst werden. Hierzu gehören z. B. beim Menschen die Bildung der Keimzellen ebenso wie die Entwicklung des Embryos im Mutterleib (**individuelle Entwicklung**) (**B7**). Aus einer befruchteten Eizelle entstehen im Laufe

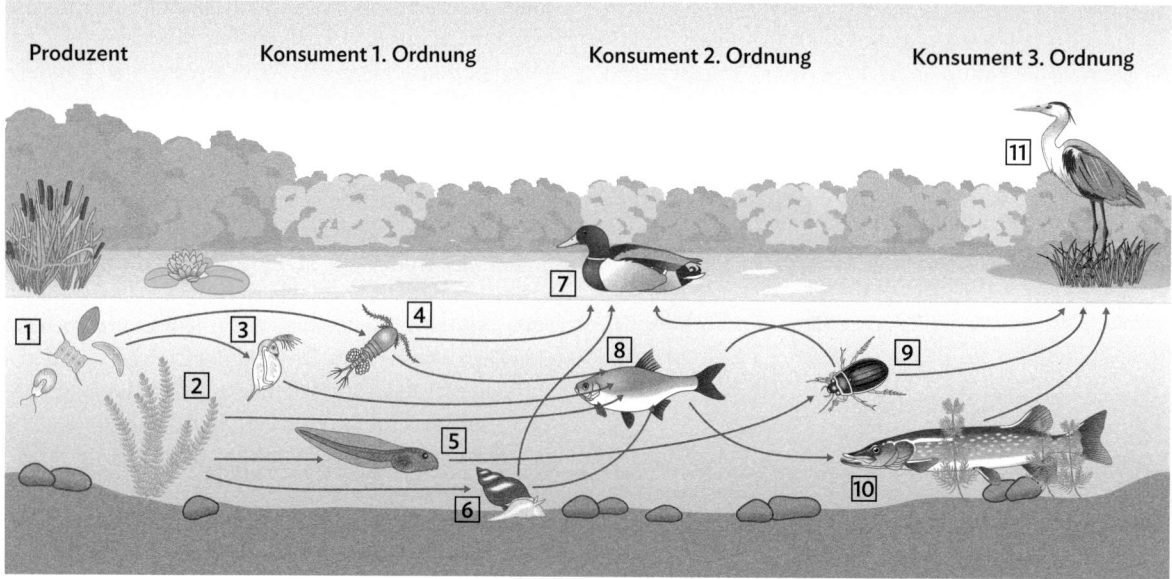

B5 Nahrungsnetz in einem See

des Lebens verschiedene Zelltypen (Muskelzellen, Blutzellen, usw.), was als **Zelldifferenzierung** bezeichnet
wird (**B8**).

Verändern sich Gruppen von Lebewesen, die miteinander verwandt sind, über einen sehr langen Zeitraum,
so spricht man von **evolutiver Entwicklung** bzw. Evolution. Im Laufe der Evolution haben Lebewesen Angepasstheiten im Körperbau an ihre Lebensweise und an
ihre Umwelt entwickelt. Dies erklärt die hohe Variabilität
von einzelnen Lebewesen in verschiedenen Ökosystemen (**B9**). So lassen sich Lebewesen auch in **hierarchische Systeme** einordnen (**B10**).

B9 Vielfalt menschlicher Merkmale

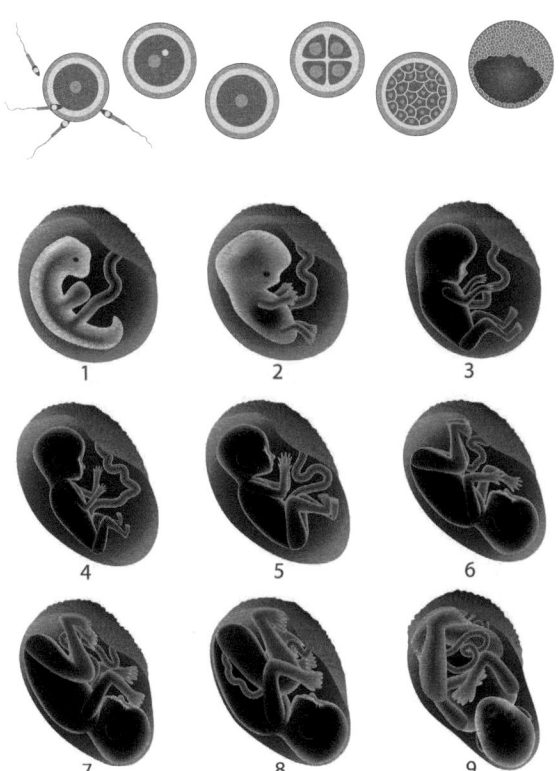

B7 Embryonalentwicklung des Menschen

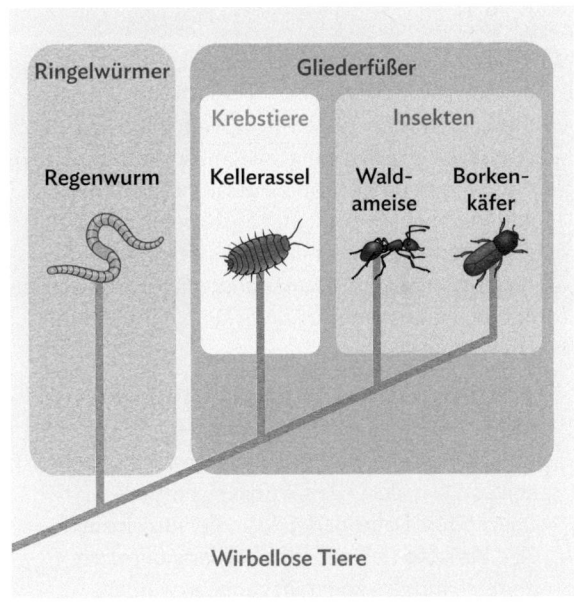

B10 Ausschnitt aus einem System der wirbellosen Tiere

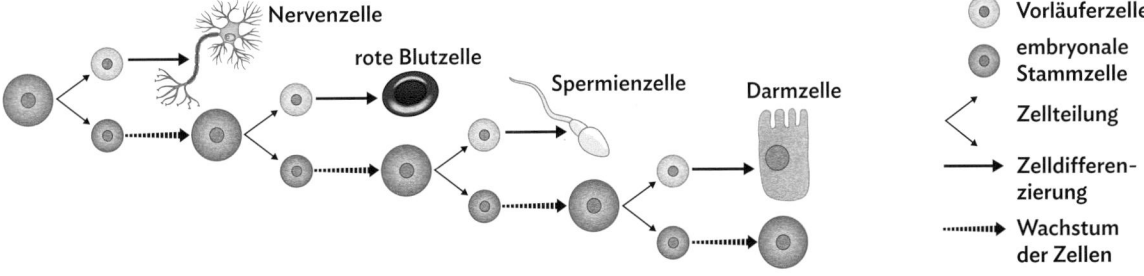

B8 Zelldifferenzierung

13

Experimente hypothesengeleitet planen

In der Wissenschaft sollen einerseits schon bekannte Sachverhalte erklärt werden und andererseits auch Hypothesen zu noch unbekannten Phänomenen aufgestellt werden. Wissenschaftlerinnen und Wissenschaftler (➜ S. 272 f.) gewinnen ihre neuen Erkenntnisse sowie Regeln und Gesetzmäßigkeiten, indem sie bei ihrer Vorgehensweise den naturwissenschaftlichen Erkenntnisweg einhalten (**B1**).

So geht's

1. Schritt: **Fragestellung**
Aufgrund einer Beobachtung, dem Auftreten eines Problems oder dem Auswerten von Daten formulierst du eine Fragestellung, die mithilfe von Experimenten beantwortet werden soll.
Beispiel: Das Hörvermögen eines jungen Menschen liegt im Bereich von 16 bis 20.000 Hz.
Frage: Hat das Hören von lauter Musik einen Einfluss auf das Hörvermögen?

2. Schritt: Aufstellen einer **Hypothese**
Stelle mithilfe der bisherigen Kenntnisse und Erfahrungen eine Hypothese auf. Beachte dabei, dass eine Hypothese immer aus einer **abhängigen Variable** (Auswirkung) und einer **unabhängigen Variable** (= vermutete Ursache) besteht.
Hypothese: Eine große Lautstärke, mit der man Musik hört, hat einen negativen Einfluss auf das Hörvermögen.

3. Schritt: **Planung und Durchführung**
Richte die Planung des Experiments auf die jeweilige Hypothese aus. Denn durch das Ergebnis solltest du in der Lage sein, die Hypothese zu überprüfen. Dabei darfst du immer nur eine einzige **Variable** (= Einflussfaktor) verändern, die anderen müssen **konstant** gehalten werden. Denke auch an einen **Kontrollversuch** und ein aussagekräftiges **Protokoll**. So kann der Versuch jederzeit wiederholt werden.
Als Kontrolle wird einer Person 10 Minuten lang ein Kopfhörer aufgesetzt, ohne dass Musik abgespielt wird, und danach wird das Hörvermögen mit einem Hörtest bestimmt. Dann wird über den Kopfhörer jeweils 10 Minuten lang Musik in einer bestimmten Lautstärke gehört. Unmittelbar danach wird ein Hörtest durchgeführt. Die Lautstärke wird in mehreren Durchläufen stetig gesteigert.

4. Schritt: **Beobachtung**
Du kannst entweder direkt mit den Sinnen oder indirekt mit Messgeräten (z. B. Hörtest) beobachten. Beschränke dich auf die Beobachtungen und formuliere noch keine Erklärungen. Zusätzlich zu einem Text kannst du deine Beobachtungen und Ergebnisse in Tabellen oder Diagrammen darstellen.

5. Schritt: **Auswertung/Deutung**
Werte die Beobachtungen oder erhobenen Daten im Hinblick auf die ursprüngliche Fragestellung und die Hypothese aus: Entscheide, ob deine Hypothese durch die Daten gestützt oder widerlegt wird. Wird deine Hypothese widerlegt, dann stelle eine neue Hypothese auf und überprüfe diese durch entsprechende Experimente. Wird deine Hypothese gestützt, dann kannst du weiterführende Experimente durchführen, um die Hypothese zu konkretisieren oder auszuweiten. Schließlich kannst du so eine allgemeingültige Regel ableiten bzw. eine Theorie aufstellen.

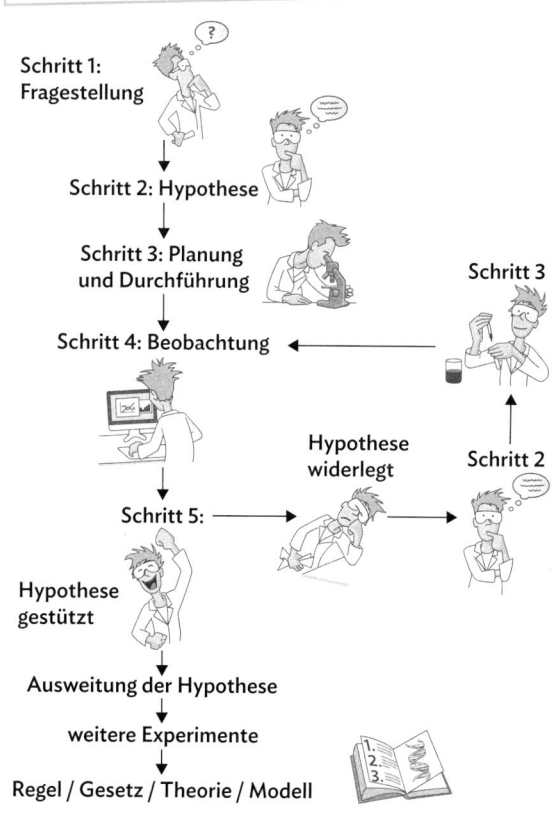

B1 Der naturwissenschaftliche Erkenntnisweg

Hypothesengeleitetes Planen eines Versuches

Damit die Versuchsergebnisse die zuvor aufgestellte Hypothese stützen oder widerlegen können, muss durch den Versuch die Aussage der Hypothese genau getestet werden. Dazu sollten folgende Aspekte beachtet werden:

1. Unabhängige Variable

Die unabhängige Variable ist die Größe, die einen Einfluss auf die zu messende Größe und somit die abhängige Variable hat. Sie wird in einem Versuch schrittweise verändert. Alle anderen Einflussfaktoren dürfen nicht verändert werden.

*Im Beispiel wird die **Lautstärke** (unabhängige Variable) schrittweise verändert, ansonsten bleiben alle Faktoren konstant, es wird z. B. immer die gleiche Musik gehört.*

2. Abhängige Variable

Die abhängige Variable wird gemessen bzw. erfasst. Sie trifft eine Aussage über die Wirkung der unabhängigen Variable.

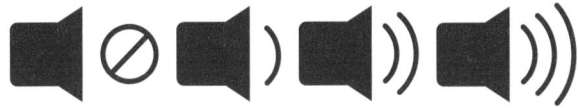

*Hier kann das **Hörvermögen** (abhängige Variable) mit einem einfachen Hörtest, den es mittlerweile auch online gibt, erfasst werden.*

3. Störvariablen

Hierbei handelt es sich um Faktoren, die auch einen Einfluss auf die abhängige Variable haben könnten. Da sie das Ergebnis verfälschen können, müssen die Störvariablen minimiert bzw. kontrolliert werden.

*In diesem Beispiel wären Störvariablen z. B. **Umgebungsgeräusche** oder das **Geschlecht der Versuchsteilnehmer** (Männer hören anders als Frauen).*

4. Messung

Ein einzelner Versuch lässt noch keine allgemeingültige Aussage zu und muss stets **mehrmals wiederholt** werden (**B2**). Zunächst muss also festgelegt werden, wie oft ein Versuch oder eine Messung wiederholt wird und auch in welchem Zeitrahmen die Versuche durchgeführt werden. Außerdem sollte auch stets ein **Kontrollversuch** durchgeführt werden, der aufgrund von bekannten Begebenheiten Vergleichswerte liefert.

B2 Die Messungen müssen stets mehrfach, auf die gleiche Weise und ohne Störvariablen erfolgen, um die Fehlerquellen möglichst gering zu halten.

Gütekriterien für Messdaten

Werden die hier aufgeführten vier Aspekte der Versuchsplanung und -durchführung genau beachtet, so kann bei den erhobenen Daten ein hohes Maß der folgenden **Gütekriterien** erreicht werden:
- **Zuverlässigkeit** (Reliabilität): hohe Messgenauigkeit bzw. keine/kaum Messfehler
- **Unabhängigkeit** des Versuchsergebnisses von Ort, Zeit und Experimentator (Objektivität)
- **Gültigkeit** (Validität): Es wird das gemessen, was auch gemessen werden soll.

Aufgaben

1 Beurteile die nachfolgenden Auszüge aus Versuchsprotokollen hinsichtlich der drei Gütekriterien eines Experiments.
a) „Je schneller ein Proband (Versuchsteilnehmer) seinen Arm hebt, desto besser hört er den Ton."
b) „Während der Messung des Hörvermögens flog ein Düsenjet über das Gebäude."
c) „Isra hat andere Werte dokumentiert als Cem."

2 Beschreibe, welche Größe im Fall a) der Aufgabe 1 eigentlich gemessen wird und erkläre, warum die aufgestellte Hypothese mit diesem Ergebnis nicht überprüft werden kann.

3 Bearbeite die Lernanwendung zum naturwissenschaftlichen Erkenntnisweg (➡ QR 03033-002).

03033-002

Diagramme erstellen und auswerten

Diagramme zur Veranschaulichung
In den Naturwissenschaften sind Diagramme eine wichtige anschauliche Darstellungsform. Wissenschaftlerinnen und Wissenschaftler arbeiten häufig mit vielen Messdaten, die sie kompakt in einem Diagramm darstellen. So können sie ihre Ergebnisse leichter auswerten und Schlussfolgerungen ziehen.

Diagrammtypen
Es gibt viele verschiedene Arten von Diagrammen. Je nachdem, welche Fragestellung untersucht wird bzw. welche Messwerte vorliegen, eignet sich jeweils ein bestimmter Diagrammtyp besonders.

Das **Kreisdiagramm** eignet sich zur Darstellung von Anteilen an einer Gesamtheit (**B1**).

Das **Säulendiagramm** eignet sich gut, um verschiedene, voneinander unabhängige Phänomene zu vergleichen, die einen gemeinsamen Aspekt besitzen (**B2**).

Im **Liniendiagramm** kann die Abhängigkeit einer gemessenen Größe (abhängige Variable) von einer unabhängigen Größe (z. B. der Zeit) dargestellt werden. Es eignet sich, wenn die Reihenfolge der Messpunkte von Bedeutung ist. In einem Liniendiagramm können auch mehrere Kurvenverläufe, z. B. von verschiedenen Messreihen, dargestellt werden (**B3**). Wenn sehr unregelmäßig erfasste Messwerte vorliegen, sollte ein Punktdiagramm verwendet werden.

Beispiel: Ein Liniendiagramm erstellen
Es wird zwischen wechselwarmen und gleichwarmen Tieren unterschieden. Um zu veranschaulichen, wie sich die Körpertemperaturen dieser Tiere zur Umgebungstemperatur verhalten, soll ein Diagramm erstellt werden. Es soll die Körpertemperatur einer Blindschleiche und eines Marders im Jahresverlauf dargestellt und mit der jeweiligen Umgebungstemperatur verglichen werden. Hierzu ist eine Tabelle mit Messwerten (**B4**) gegeben.

Tag der Messung	Umgebungstemperatur in °C	Körpertemperatur der Blindschleiche in °C	Körpertemperatur des Marders in °C
01. März	7	5	36
01. April	10	9	36
01. Mai	14	15	35
01. Juni	19	20	36
01. Juli	21	22	36

B4 Messwerte

So geht's

1. Schritt: Wähle den passenden Diagrammtyp.
2. Schritt: Ordne die Messwerte den Achsen zu.
3. Schritt: Beschrifte die Achsen.
4. Schritt: Zeichne die Skalen.
5. Schritt: Erstelle eine Legende.
6. Schritt: Trage die Punktwerte ein.
7. Schritt: Skizziere eine Verbindungslinie zwischen den Punkten.

Zu 1: Da bei allen drei Messreihen (Umgebung, Blindschleiche, Marder) jeweils eine abhängige Variable (Temperatur) in Bezug auf eine unabhängige Größe (Zeit) gemessen wurde, eignet sich das Liniendiagramm am besten.

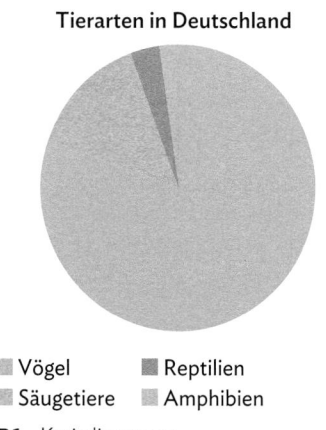

B1 Kreisdiagramm

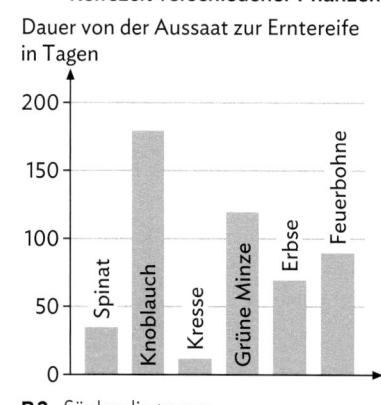

B2 Säulendiagramm

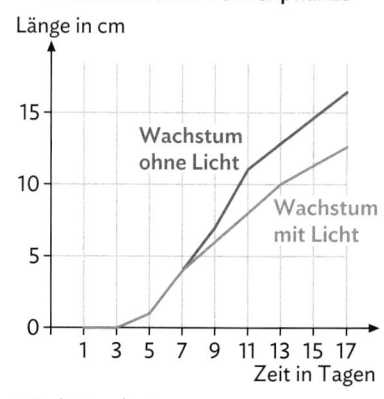

B3 Liniendiagramm

Zu 2: Auf der y-Achse, der Hochachse, wird die abhängige Variable und auf der x-Achse, der Rechtsachse, die unabhängige Variable aufgetragen. Da hier die Umgebungs- und Körpertemperaturen in Abhängigkeit von der Zeit dargestellt werden soll, ist die Temperatur die abhängige Variable und die Zeit die unabhängige Variable.

Zu 3: An die Achsen müssen die Namen und die Einheiten der Variablen geschrieben werden, hier: Temperatur in °C und Zeit in Monaten.

Zu 4: Die Achsen werden nun mit einem **gleichmäßigen** Abstand eingeteilt. Hier wären es z. B. jeweils 1 cm Abstand zwischen 5 °C (y-Achse) und jeweils 2 cm Abstand für 1 Monat (x-Achse).

Zu 5: Da mehr als eine Datenreihe eingezeichnet wird, muss eine Legende neben oder unter dem Diagramm erstellt werden. Mithilfe der Legende müssen die Graphen den Messwertreihen eindeutig zugeordnet werden können (z. B. über Farben).

Zu 6: Nun werden die Messwerte aus der Tabelle abgelesen und in das Diagramm eingetragen.

Zu 7: Da zwischen den Messwerten immer ein gleicher zeitlicher Abstand lag, kann jeweils zwischen den Werten eine Verbindungslinie skizziert werden.

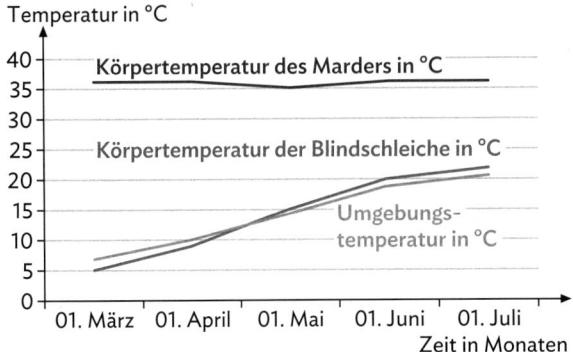

Vergleich von Umgebungs- und Körpertemperatur

B5 Liniendiagramm zur Umgebungs- und Körpertemperatur

Beispiel: Ein Diagramm auswerten

1. Schritt: Verschaffe dir zu Beginn einen Überblick über das Diagramm, indem du dir klar machst, was abgebildet ist (Achsenbeschriftung beachten!) und wie die Aufgabenstellung dazu lautet. Gib dann schriftlich an, was das Diagramm darstellt.

2. Schritt: **Beschreibe** jeweils die Achsenbeschriftung und den Verlauf der einzelnen Graphen von links nach rechts. Verwende dabei, wenn möglich, biologische Fachbegriffe und gib einzelne Messwerte an. Beschreibe Wesentliches und nicht jede kleine Änderung. Lasse an dieser Stelle Erklärungen sowie Deutungen weg.

3. Schritt: **Interpretiere** die Graphenverläufe, indem du die Messwerte bzw. den Verlauf der Graphen erklärst.

Zu 1: Das Diagramm stellt die Umgebungstemperatur sowie die Körpertemperatur einer Blindschleiche und eines Marders in Abhängigkeit von der Zeit dar.

Zu 2: Die am 1. März gemessene Umgebungstemperatur liegt bei 7 Grad. Bis zum Juli steigen die Werte kontinuierlich an und erreichen schließlich 21 Grad. Die Körpertemperatur der Blindschleiche …

Zu 3: Da die Blindschleiche ein gleichwarmes Tier ist, wird ihre Körpertemperatur durch die Umgebungstemperatur bestimmt. Im März liegt sie knapp unter der Umgebungstemperatur, die Blindschleiche kann daher die Winterstarre überwinden und ihr Winterquartier verlassen. Im Juni und Juli kann sie durch ein Sonnenbad eine höhere Körpertemperatur erreichen. Der Marder …

1 Werte das Diagramm **B1** aus. Recherchiere zum
MK Vergleich auch den prozentualen Anteil der entsprechenden Wirbeltiergruppen weltweit.

2 Die Marder Henry und Wolfgang sind recht
MK gefräßig (**B6**). Vergleiche mithilfe eines Diagramms, wer hungriger ist. Wähle dazu einen geeigneten Diagrammtyp, erstelle das Diagramm und werte es aus.

	Henry	Wolfgang
Vogeleier	7	10
Mäuse	4	1
Hühner	1	2
Beeren	21	25

B6 Nahrung der beiden Marder pro Woche

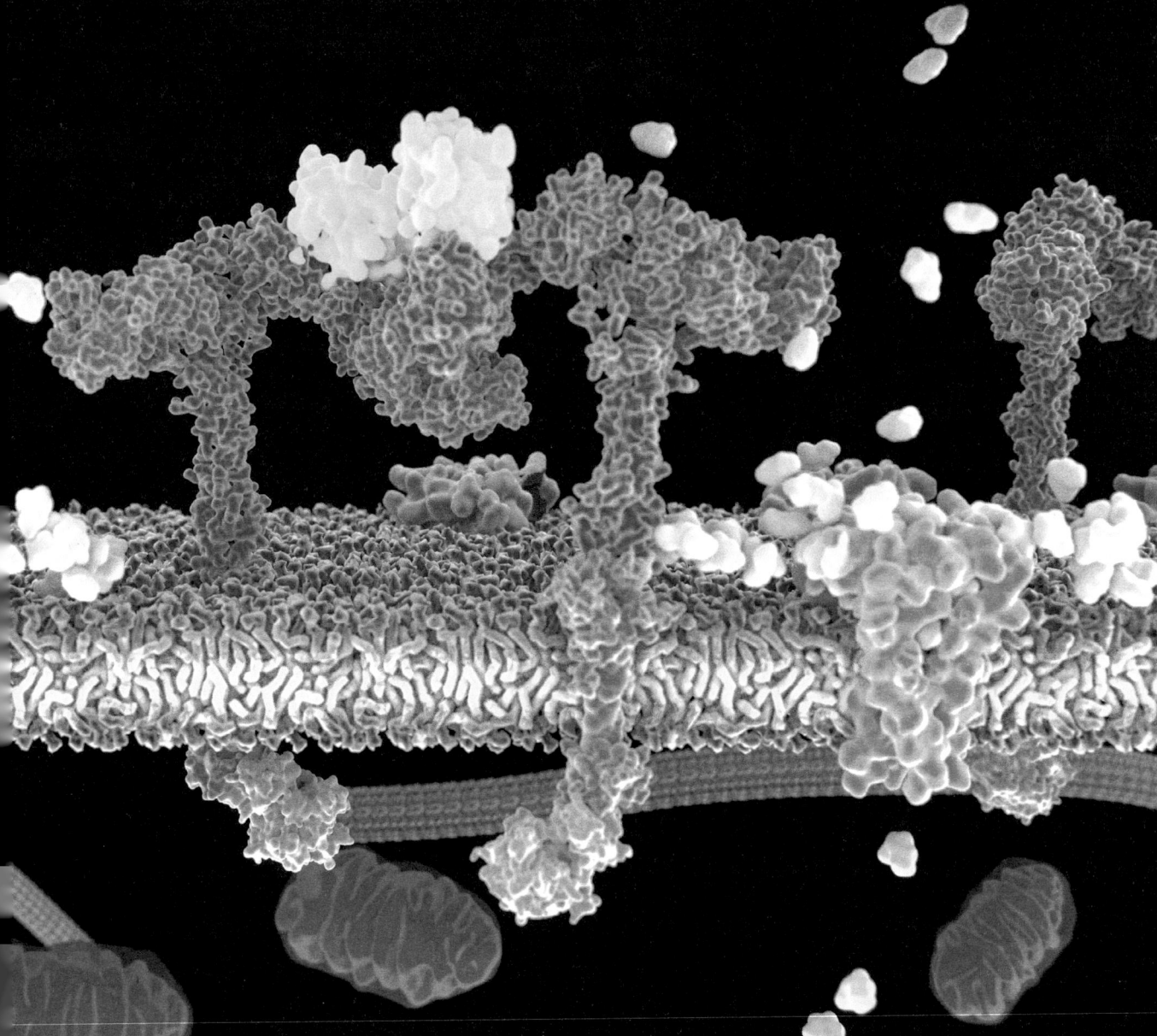

1 Informationssysteme des Körpers

Startklar?

Die folgenden Basiskonzepte (BK ➡ im Buchdeckel) helfen dir, die neuen Inhalte von Kapitel 1 mit deinem Vorwissen zu verknüpfen (Lernanwendung ➡ QR 03033-003).

03033-003

Kommunikation
Lebewesen nehmen ständig Informationen aus der Umwelt und auch aus ihrem eigenen Organismus auf, verarbeiten diese und zeigen daraufhin eine entsprechende Reaktion. So entsteht zum Beispiel das Gefühl des Hungers, wenn der Magen leer ist und der Körper energiereiche Nährstoffe benötigt.

➡ **BK Information und Kommunikation**

Aufrechterhaltung von Zuständen
Lebewesen halten bestimmte Zustände durch Regulation aufrecht und reagieren auf innere und äußere Veränderungen. So wird zum Beispiel sehr wenig Harn produziert, wenn man nicht genug getrunken hat, dadurch trocknet der Körper nicht aus.

➡ **BK Steuerung und Regelung**

Schlüssel-Schloss-Prinzip
Sollen zwei Stoffe zusammenwirken und eine gemeinsame Funktion erfüllen, müssen sie sehr oft in ihrer Struktur wie ein Schlüssel in sein Schloss passen. Dies ist dir bereits von den Verdauungsenzymen aus Klasse 7/8 bekannt. Ein bzw. mehrere (verschiedene) Substrate passen aufgrund ihrer räumlichen Struktur genau in das aktive Zentrum eines Enzyms (**B1**).

➡ **BK Struktur und Funktion**

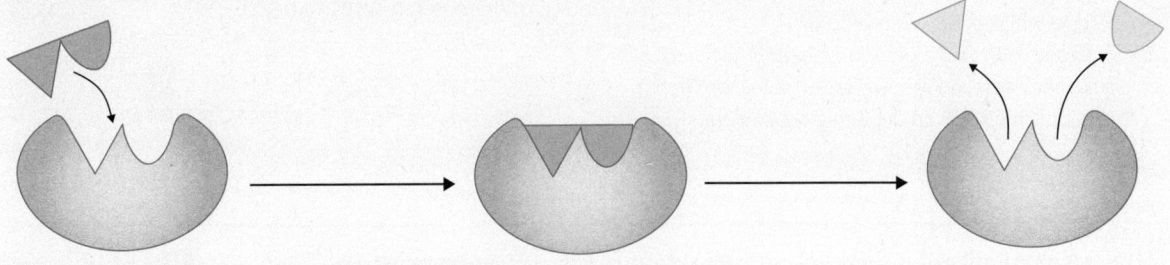

B1 Enzymreaktion nach dem Schlüssel-Schloss-Prinzip

Aufgaben

➡ Lösungen auf S. 252

1. Du bist spät dran und musst schnell zum Bus rennen. Automatisch schlägt dein Herz schneller und du atmest heftiger. Wende das Basiskonzept (**Information und Kommunikation**) auf dieses Beispiel an.

2. Wende mithilfe von **B2** das Basiskonzept **Steuerung und Regelung** auf die Schweißproduktion an.

3. Enzyme wirken nach dem Schlüssel-Schloss-Prinzip.
   a) Erstelle in der Art von **B1** eine beschriftete Skizze, die die Wirkungsweise eines Enzyms erklärt, durch das zwei Bausteine zu einem Produkt zusammengefügt werden. Verwende unterschiedliche Formen für die Bausteine, um das Prinzip zu verdeutlichen.
   b) Nenne zwei Gegenstände aus dem Alltag einer Handwerkerin oder eines Handwerkers, deren Funktionsweise als Modell zur Veranschaulichung des Schlüssel-Schloss-Prinzips verwendet werden könnten.

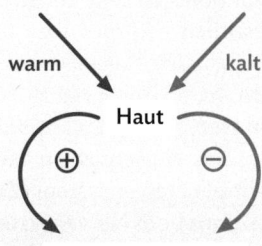

B2 Bedingungen der Schweißproduktion

1.1.1 Die Reaktion des Organismus auf Reize

Auf deinem Schulweg siehst du auf der gegenüberliegenden Straßenseite eine Klassenkameradin. Ihr winkt euch zu und du möchtest über die Straße zu ihr laufen. Plötzlich ertönt direkt neben dir eine laute Hupe. Du schaust zur Seite und siehst ein Auto auf dich zukommen – blitzschnell springst du zurück. Glück gehabt – oder besser gesagt: gut reagiert!

→ Welche Vorgänge mussten in deinem Körper ablaufen, damit du so schnell reagieren konntest?

Lernweg

1 An einer Reaktion auf einen Reiz sind mehrere Komponenten beteiligt. Die Vorgänge, die dabei ablaufen, brauchen eine bestimmte Zeit (M1, M2).

a) Stelle die Organisation des Nervensystems in Form ⌐MK⌐ einer Concept-Map dar.

b) Plant zu zweit einen Versuch (➥ S. 14) zur Reaktionszeit (M2, B2) und führt ihn durch. Denkt auch an Wiederholungen und diskutiert mögliche Fehlerquellen und ihre Vermeidung.

c) Im Volksmund wird oft von einer sog. „Schrecksekunde" gesprochen. Diskutiert euer Versuchsergebnis hinsichtlich der Schrecksekunde.

d) Beschreibe für eine Situation aus deinem Alltag ein Reiz-Reaktions-Schema (M2).

2 Nervenzellen sind die Grundbausteine des Nervensystems. Ordne mithilfe von M3 und dem Video den Strukturen 1 bis 7 (B4) die korrekten Bezeichnungen zu Materialien ➥ QR 03033-004 und Video ➥ QR 03020-050.

03033-004

03020-050

M1 Kommunikation vom Reiz zur Reaktion durch das Nervensystem

Lebewesen nehmen ständig Informationen, also **Reize**, aus der Umwelt auf und verarbeiten jede Information, indem sie bewerten, welche Bedeutung sie für den Organismus hat. Auf dieser Basis kann eine entsprechende **Reaktion** des Körpers ausgelöst werden. Die Zeit zwischen Reiz und Reaktion wird als **Reaktionszeit** bezeichnet. Die Reize werden im Körper von bestimmten **Sinneszellen** aufgenommen und deren Informationen in elektrische Impulse verschlüsselt (**Signalwandler**), die dann über **Nervenbahnen** in unser **Gehirn** weitergeleitet werden. Gehirn, **Rückenmark** und Nervenbahnen enthalten **Nervenzellen** und werden zusammen als **Nervensystem** (B1) bezeichnet. Das Nervensystem kann grob in zwei Teile untergliedert werden: das **zentrale Nervensystem** (**ZNS**) bestehend aus Gehirn und Rückenmark und das **periphere Nervensystem** (**PNS**) (Peripherie: Umgebung), dessen Nerven außerhalb des Gehirns und Rückenmarks liegen. Das Nervensystem transportiert Informationen von den Sinneszellen zum Gehirn, wo sie verarbeitet werden bzw. Signale vom Gehirn an die Organe, die eine Reaktion ausführen sollen. Eine Ausnahme sind die **Reflexe**, bei denen der bewusste Teil des Gehirns erst hinterher eine Information der Reaktion bekommt. So muss man z. B. nicht darüber nachdenken, welche Muskeln man bewegen muss, um nicht zu fallen, wenn man über einen Stein stolpert.

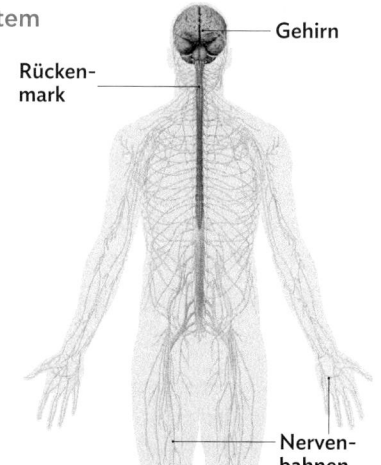

Gehirn

Rückenmark

Nervenbahnen

B1 Überblick über das Nervensystem

Reiz-Reaktions-Schema

Das Gehirn verarbeitet alle ankommenden Signale: Es filtert wichtige Botschaften (z. B.: „Gegenstand nähert sich schnell") heraus, vergleicht diese mit bereits im Gedächtnis gespeicherten Informationen („Gegenstand ist ein Auto") und bewertet sie („Gefahr"). Diese Gehirntätigkeit bezeichnet man als **Wahrnehmung**. Nach der Auswertung erstellt das Gehirn Befehle in Form von elektrischen Impulsen und sendet diese über die Nervenbahnen an unsere Muskeln oder andere Organe. Diese so genannten Erfolgsorgane zeigen dann eine entsprechende Reaktion (z. B.: „Beinmuskeln anspannen", „Herzschlag beschleunigen"). Diesen Zusammenhang zeigt ein **Reiz-Reaktions-Schema** (B3).

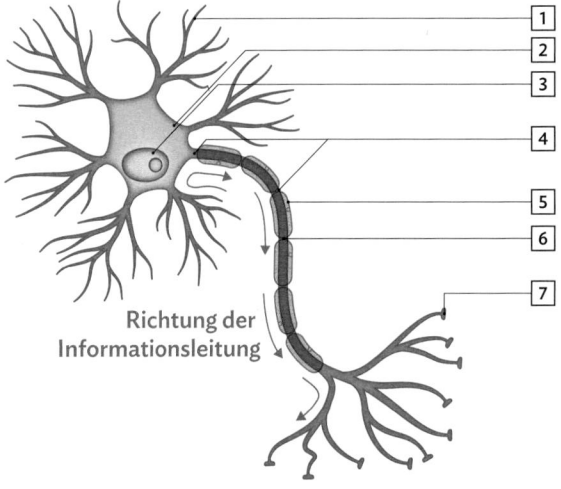

B2 Reaktionszeit

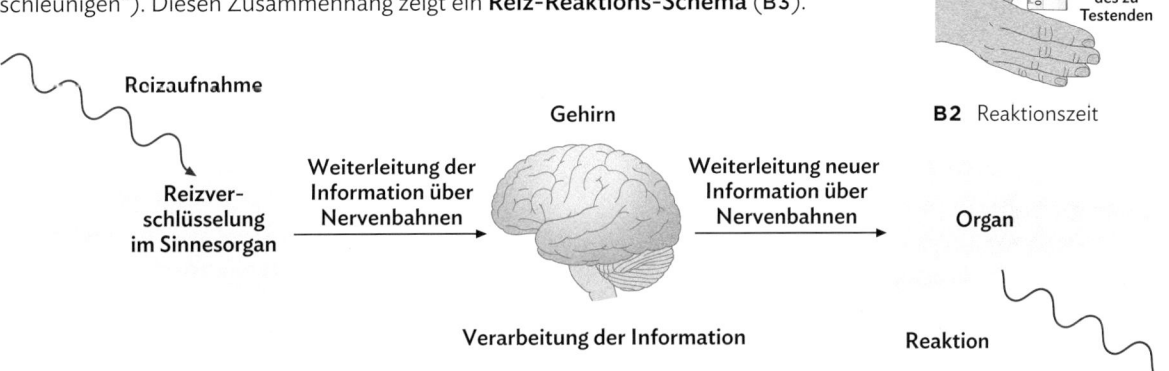

B3 Das Reiz-Reaktions-Schema

M3 Bau und Funktion einer Nervenzelle

Nervenzellen (**B4**) besitzen zwar die typischen Elemente einer tierischen Zelle, allerdings gibt es wichtige Abwandlungen. Am **Zellkörper** mit **Zellkern**, die zusammen der Versorgung der Zelle und der Verarbeitung der Signale dienen, gibt es baumartig verzweigte Ausläufer, die **Dendriten**. Diese empfangen elektrische Impulse von anderen Zellen. Über das lange **Axon**, das vom Zellkörper abzweigt, werden **elektrische Impulse** weitergeleitet. Axone können bis über einen Meter lang werden. Das Axon kann von mehreren **Hüllzellen** umgeben sein. Diese schützen das Axon, versorgen die Nervenzelle und sind elektrisch isolierend, sodass elektrische Impulse nur kontrolliert weiter gegeben werden. Zwischen den Hüllzellen befinden sich kleine Einschnitte, welche man **Schnürringe** nennt. Nur dort hat das Axon einen direkten Kontakt zur umgebenden Zellflüssigkeit. Das Axon verzweigt sich stark und endet an jeder Verästelung in einem **Endknöpfchen**. Dieses sitzt knapp über der Zellmembran einer weiteren Zelle. Diese Kontaktstelle nennt man **Synapse**. Beide Zellen sind durch einen schmalen synaptischen Spalt getrennt. Über diesen Spalt wird die Information nicht als elektrischer Impuls weiter gegeben, sondern durch einen **Botenstoff**, den **Neurotransmitter**. Sobald ein elektrischer Impuls im Endknöpfchen ankommt, entlässt es diesen Botenstoff in den synaptischen Spalt. Er kann durch den Spalt wandern und auf der anderen Seite an einen **Rezeptor** in der Membran der Folgezelle andocken. Dies ruft in der Folgezelle eine bestimmte Reaktion hervor, z. B. zieht sich eine Muskelzelle zusammen.

1
2
3
4
5
6
7

Richtung der
Informationsleitung

B4 Schematische Darstellung einer Nervenzelle

21

1.1.2 Die Sinnesorgane als Fenster zur Welt

An einem sonnigen Sommertag unternimmst du einen kleinen Ausflug in die Natur. Du bleibst an einem bunten duftenden Blumenfeld stehen und lässt die Umgebung auf dich wirken. Die Grillen zirpen im Feld und die Vögel fliegen dicht über die Blumen und Halme, die sich im sachten Wind wiegen. In der Ferne durchbricht eine Autobahn die Idylle.

→ Welche Eindrücke nimmst du wahr?

Lernweg

1 Sinnesorgane liefern uns Informationen über unsere Umwelt. Definiere mithilfe von M1 die Begriffe Sinnesorgan und Sinneszelle.

2 Die Umwelt ist komplex und erfordert die Wahrnehmung ganz unterschiedlicher Reize.
a) Stelle mithilfe von M2 die Sinne des Menschen zusammen mit dem entsprechenden Sinnesorgan und den jeweils passenden Umweltreizen in einer Tabelle dar (Arbeitsblatt ➡ QR 03033-005).
b) Im Jahr 1908 entdeckte der japanische Chemiker ⌐MK⌐ Professor KIKUNAE IKEDA die fünfte Geschmacksrichtung Umami (M2). Recherchiere die Wortbedeutung und den „Geschmack" von Umami.
c) In der Wildnis sind funktionierende Sinnesorgane überlebensnotwendig. Stelle dir einen Wolf in der Natur vor, dem ein Sinnesorgan, z. B. die Nase, fehlt. Nenne Probleme, denen der Wolf ausgesetzt ist.

3 Der Tastsinn des Menschen ist je nach Körperstelle unterschiedlich gut ausgeprägt.
a) Führe V3 durch. Notiere deine Beobachtungen.
b) Stelle jeweils eine Hypothese für die Ursache dieser Beobachtungen und den biologischen Zweck auf (Video ➡ QR 03020-051).

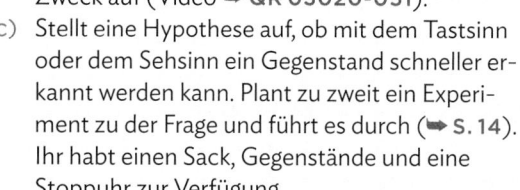 03020-051

c) Stellt eine Hypothese auf, ob mit dem Tastsinn oder dem Sehsinn ein Gegenstand schneller erkannt werden kann. Plant zu zweit ein Experiment zu der Frage und führt es durch (➡ S. 14). Ihr habt einen Sack, Gegenstände und eine Stoppuhr zur Verfügung.

03033-005

4 Siehe dir das Video an und beschreibe die durchgeführten Experimente. Erkläre die Bedeutung der Nase bei der Geschmacks-Wahrnehmung (➡ QR 03020-052).

 03020-052

M1   Sinnesorgan und Sinneszellen

Durch die Sinne erfahren wir, was in der Außenwelt los ist, und können auf veränderte Situationen reagieren. Sie stellen damit die Grundlage zur Kommunikation (➡ im Buchdeckel) mit der Umwelt dar. Spezialisierte **Sinneszellen** sind **Rezeptoren**, die ganz bestimmte Reize aus der Außenwelt aufnehmen und in Form elektrischer Impulse verschlüsseln. Sie dienen also als sog. **Signalwandler**. Diese elektrischen Impulse werden dann über Nervenbahnen an das zentrale Nervensystem (➡ 1.1.1) weitergeleitet. Es gibt unterschiedliche Arten von **Sinneszellen**, die auf verschiedene äußere Reize spezialisiert sind. Dieser Reiz heißt **adäquater Reiz**, für Sehzellen ist Licht der adäquate Reiz. In einem **Sinnesorgan** befinden sich viele gleichartige Sinneszellen, z. B. im Auge viele Sehzellen. Die Sinne besitzen unterschiedliche Reichweiten. Augen, Ohren und Nase können Reize und Reizquellen aus großer Entfernung erfassen. So sieht man viele Kilometer weit und hört Geräusche in großer Ferne. Seh-, Hör- und Geruchssinn werden deshalb als **Fernsinne** bezeichnet. Diese Sinne vermitteln einen Eindruck der Welt außerhalb des Körpers. Nur der Geruchssinn nimmt zusätzlich auch die Reize der Duftstoffe aus der Nahrung im Mund auf. Dagegen gelten Tast- und Geschmackssinn als **Nahsinne**, denn schmecken oder tasten kann man nicht in die Ferne. Wenn ein Sinn geschwächt ist oder ausfällt, können zum Ausgleich andere Sinne überdurchschnittlich ausgebildet werden.

M2 Sinnesorgane des Menschen

Das **Ohr** (**B1**) nimmt **Schallwellen** auf, z. B. wenn der Wecker klingelt. Diese gelangen über das Außenohr und das Mittelohr zur **Schnecke**, einer Struktur im Inneren des Ohres (Innenohr), die wie eine Schnecke gewunden ist. Die Hörzellen in der Schnecke verschlüsseln Intensität und Frequenz der Schallwellen in elektrische Impulse. Das Ohr enthält ein Gleichgewichtsorgan. Damit kann die Lage des Körpers im Raum wahrgenommen und somit das Gleichgewicht gehalten werden.

Die **Haut** (**B2**) hat unterschiedliche Sinneszellen, die jeweils auf bestimmte Reize aus der Umwelt spezialisiert sind. Man kann an der ganzen Hautoberfläche, allerdings in unterschiedlichen Intensitäten, **Wärme**, **Kälte** und auch **Druck** spüren. Neben **Wärme- und Kälterezeptoren** gibt es sehr viele **Tastkörperchen**, vor allem an den Fingerkuppen. Fast überall im Körper sitzen auch Sinneszellen, die Schmerzempfinden auslösen können. Diese **Schmerzsinneszellen** werden zum Beispiel durch zu große Hitze oder Kälte, zu starken Druck oder **Verletzungen** gereizt. Wie eine Alarmanlage warnt dann der Schmerzsinn vor schädlichen Einflüssen und Überlastung.

Die **Zunge** (**B3**) nimmt **chemische Reize** von **Geschmacksstoffen** im Mund auf. Dies geschieht durch spezialisierte Geschmackszellen, die jeweils in sog. **Geschmackknospen** sitzen. Man unterscheidet fünf Geschmacksrichtungen: **süß** – sauer – **salzig** – bitter – **umami**. Z. B. ruft eine Gewürzgurke die Wahrnehmung von süß und sauer hervor. Im Gehirn entsteht durch die Mischung dieser fünf Geschmacksrichtungen die Wahrnehmung einer Vielzahl verschiedener Geschmäcke.

Das **Auge** (➡ 1.2.1) nimmt **optische Reize** (**Lichtstrahlen**) durch spezialisierte Sehzellen in der Netzhaut auf, z. B. wenn man das Licht einschaltet.

Mit der **Nase** (**B4**) werden chemische Reize in Form von Geruchstoffen in der Luft aufgenommen. Dies geschieht durch spezialisierte Riechzellen in der **Riechschleimhaut**. Beispielsweise riecht man den Duft von frischem Brot zum Frühstück. Im Gegensatz zu den fünf verschiedenen Geschmacksstoffen kann der Mensch eine Vielzahl von Duftstoffen wahrnehmen. Es ist nicht bekannt, wie viele **Duftstoffe** es insgesamt gibt. Manche Forscherinnen und Forscher gehen davon aus, dass die menschliche Nase ca. eine Billion Gerüche unterscheiden kann.

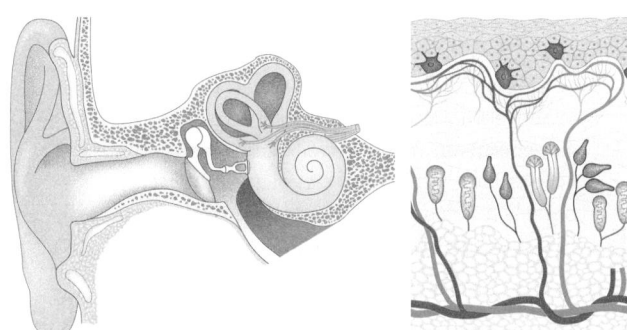

B1 Aufbau des Ohres   **B2** Aufbau der Haut

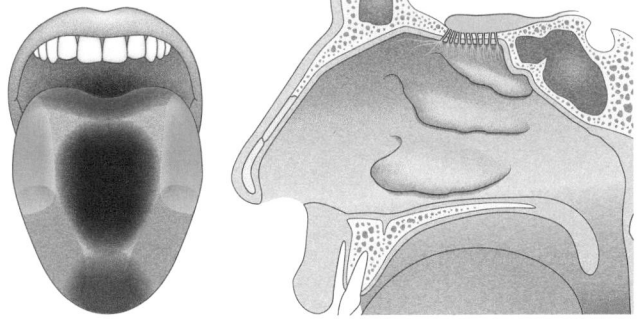

B3 Hauptfelder für Geschmack   **B4** Aufbau der Nase

V3 Tastsinn

Material: Zirkel mit zwei Nadelspitzen

Durchführung:

1. Berühre die Fingerkuppe vorsichtig mit den zwei Nadelspitzen des Zirkels.
2. Führe die Spitzen so oft näher aneinander, bis die beiden Nadelspitzen nicht mehr getrennt wahrgenommen werden. Protokolliere den Abstand.
3. Wiederhole den Versuch an zwei anderen Stellen deines Körpers (z. B. Handrücken, Arm).

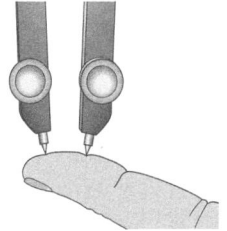

1.1.3   Reizverarbeitung – kompakt

Das Reiz-Reaktions-Schema

Reizbarkeit ist ein Kennzeichen des Lebendigen. Das **Reiz-Reaktions-Schema** macht diesen grundlegenden Vorgang der Kommunikation (➥ **im Buchdeckel**) im Körper verständlich. In der EDV (elektronischen Datenverarbeitung) findet man das EVA-Prinzip. Dabei steht das E für Eingabe, das V für Verarbeitung und das A für Ausgabe. Dieses Prinzip der Kommunikation kann auch im **Nervensystem** beobachtet werden, wenn ein Reiz im Körper zu einer Reaktion führt. **Gehirn** und **Rückenmark** (**zentrales Nervensystem**) sowie **Nervenbahnen** (**peripheres Nervensystem**) enthalten **Nervenzellen**. Nervenzellen leiten Informationen weiter und verbinden das Gehirn sowohl mit den Sinnesorganen als auch mit den Erfolgsorganen.

Ein Reiz wird durch ein **Sinnesorgan** aufgenommen. Diese Information wird von den **Sinneszellen** in elektrische Signale umgewandelt und mittels sogenannter **afferenter** (**sensorischer**) Nerven an das zentrale Nervensystem, also das Gehirn bzw. Rückenmark, weitergeleitet. Dort findet eine Verarbeitung der Information bzw. der Signale statt (Wahrnehmung). Neu erzeugte Signale werden dann mittels **efferenter** (**motorischer**) Nerven an Organe (Erfolgsorgane) gesendet, die eine Reaktion ausführen sollen.

Sinneszellen und Sinnesorgane

Eingehende Reize werden durch die **Sinneszellen** erfasst, die auch als **Rezeptoren** bezeichnet werden. Sinneszellen sind auf eine bestimmte Art von Reizen spezialisiert und meist in **Sinnesorganen** organisiert. Dabei können mit den **Fernsinnen** Reize auch aus weiter Entfernung wahrgenommen werden. Die Netzhaut des **Auges** kann mit spezialisierten **Sehzellen** das Licht der Sterne, die viele tausend Lichtjahre (1 Lichtjahr = 9,46 Billionen Kilometer) entfernt sind, erfassen (➥ 1.2.1). Die **Ohren** sind mit ihren **Hörzellen**, die sich in der sog. Schnecke befinden, in der Lage, auch Schall·aus vielen Kilometern Entfernung wahrzunehmen, wenn es beispielsweise gewittert (➥ 1.2.5). Die Sinneszellen der Nase sind chemische Rezeptoren in der Riechschleimhaut, die durch **chemische Reize** von Duftstoffen aktiviert werden.

Im Gegensatz zu diesen Fernsinnen, können mithilfe der **Nahsinne** nur Reize aus geringer Entfernung bzw. bei direktem Kontakt wahrgenommen werden. Auf der **Zunge** befinden sich verschiedene Arten von Sinneszellen, die neben **Temperaturreizen** vor allem auch die verschiedenen **Geschmacksrichtungen**, die ebenfalls

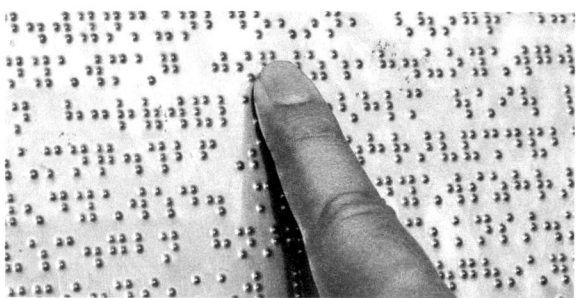

B1   Blindenschrift

auf chemischen Reizen basieren (sauer, salzig, bitter, süß und umami), unterscheiden können. Diese Sinneszellen sind in sog. **Geschmacksknospen** zusammengefasst. Die **Haut** des Menschen ist ebenfalls mit zahlreichen Sinneszellen versehen, die die **gesamte Körperoberfläche** abdecken. Kälte- und Wärmerezeptoren bilden den Temperatursinn. Der Tastsinn erfasst den **Druck**. Die Wahrnehmung von sehr feinen Strukturen ist durch die Fingerspitzen möglich, weil dort besonders viele **Tastkörperchen** sitzen. An sämtlichen Stellen des Körpers befinden sich darüber hinaus auch **Schmerzrezeptoren**, die den Körper vor Beschädigung schützen, indem sie bei einem Schmerzreiz eine entsprechende Reaktion auslösen.

> **Basiskonzept**
>
> Lebewesen sind offene Systeme, die in ständigem Austausch mit der Umwelt stehen. Sie kommunizieren durch Austausch von Informationen untereinander. Die Sinnesorgane und das Nervensystem stellen hierfür die Grundvoraussetzungen (BK ➥ **im Buchdeckel**).

Der Schutz der Sinnesorgane

Die Sinnesorgane müssen vor einer Überbeanspruchung geschützt werden, damit die Wahrnehmung von Reizen möglichst lange in hoher Qualität erfolgt. Zum Schutz der empfindlichen Sehzellen im Auge müssen im Umgang mit gefährlichen Stoffen Schutzbrillen getragen werden. Vor der energiereichen ultravioletten Strahlung (UV-Strahlung), die Bestandteil des Sonnenlichts ist, müssen die Augen mit Sonnenbrillen mit UV-Filter geschützt werden. Auch das Gehör ist im Alltag ständiger Belastung ausgesetzt und bedarf besonders eines Schutzes durch Gehörschutzmaßnahmen bei sehr lauten Tätigkeiten. Auch zu lautes Musikhören, insbesondere über Kopfhörer, kann die Hörzellen schädigen und zu einer dauerhaften Beeinträchtigung des Hörsinnes führen. Die Haut ist das größte Organ des Menschen und bedeckt die gesamte Körperoberfläche. Sie muss vor den verschiedensten Umwelteinflüssen geschützt werden. Bei der Arbeit mit Chemikalien oder sehr kalten oder heißen Gegenständen sollte mit entsprechenden Handschuhen gearbeitet werden. Im Sommer sind Maßnahmen zum Schutz vor der UV-Strahlung zu treffen. Dazu gehört das Auftragen von Sonnencreme mit ausreichendem Lichtschutzfaktor (LSF) sowie das Tragen von Kopfbedeckungen.

Aufgaben

1 Reize aus der Umwelt führen zu Reaktionen des Menschen. Beschreibe mithilfe von **B2** den Weg der Informationen im Körper beim Tischtennisspielen (Lernanwendung ➡ QR 03033-006).

03033-006

2 Die Reaktionszeit stellt den Zeitraum zwischen dem Reiz und der Reaktion dar. Abhängig von der Art des Reizes können unterschiedliche Reaktionszeiten gemessen werden (**B3**). Die Reaktionszeit hängt dabei vom Training auf einen bestimmten Reiz ab, aber auch vom Alter. So haben Jugendliche deutlich kürzere Reaktionszeiten als Kinder und Senioren. Folgt auf einen ersten Reiz unmittelbar ein zweiter Reiz, so verändert sich die Reaktionszeit für den zweiten Reiz. Die Tabelle zeigt die Reaktionszeiten aus drei Experimenten von Personen, die mit Tönen (akustischer Reiz), mit einer farbigen Fahne (optischer Reiz) bzw. einer Berührung (taktiler Reiz) zu einer Reaktion aufgefordert wurden – z. B. Loslaufen.

a) Vergleiche die Werte für die Person ohne Sporttraining miteinander und finde heraus, auf welchen Reiz dieser Mensch am schnellsten reagiert.

b) Vergleiche nun mit den Messwerten für den/die Allroundsportler/-in und formuliere die Besonderheit bei der Reaktionsfähigkeit des/der Weltklassesportler/-in.

3 Die Fähigkeit zu hören gehört zu den sog. Fernsinnen. Der Mensch kann dabei auch sehr genau wahrnehmen, aus welcher Richtung ein Geräusch kommt. Plane einen Versuch zum Richtungshören. Beginne mit einer Fragestellung.

4 Ausfallende Sinne können oft durch andere Sinne teilweise ersetzt werden. Recherchiere im Internet zum Thema Blindenschrift (**B1**). Erläutere die Vor- und Nachteile, die das Lesen dieser Schrift bietet.

5 Bei Kindern funktionieren die Sinne meist noch „schärfer" als bei Erwachsenen. Auch die Gefahr, an bestimmten Hautkrankheiten zu erkranken, steigt mit den Jahren. Nenne zwei konkrete Maßnahmen, wie du deine Sinnesorgane im Alltag schützen kannst.

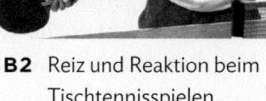

B2 Reiz und Reaktion beim Tischtennisspielen

Reizart	Versuchsperson	Reaktionszeiten aus drei Experimenten in Millisekunden		
akustischer Reiz	Nicht-Sportler/-in	150	180	160
	Allroundsportler/-in	140	140	190
	Weltklassesportler/-in	60	50	70
optischer Reiz	Nicht-Sportler/-in	200	180	210
	Allroundsportler/-in	90	50	70
	Weltklassesportler/-in	100	150	110
taktiler Reiz	wurde bei Sportlerinnen und Sportlern nicht getestet			

B3 Reaktionszeiten unterscheiden sich

1.2.1   Bau und Funktion des Auges

Sehen ist wie filmen? Man könnte unsere Augen mit den Kameras in unseren Smartphones vergleichen.
Doch sie kommen ganz ohne Plastik-, Metall-, Glas- oder Elektronik-bauteile aus.

→   Welche Bestandteile der Augen ermöglichen uns das Sehen?

Lernweg

1 Wenn es im Winter draußen kalt ist, machen wir die Heizung an, um nicht zu frieren. Die warme Heizungsluft lässt die Luftfeuchtigkeit im Raum sinken und unsere Augen werden gereizt. Begründe dies mithilfe von M1.

2 Das Auge ist ein komplexes Organ mit vielen Bestandteilen. Beschrifte den schematischen Aufbau des Auges mit-hilfe des Textes (M2) (Materialien ➜ QR 03033-007).

03033-007

3 Arbeitet zu zweit: Die Versuchsperson deckt ca. 10 Sekunden lang die Augen mit den Händen ab und schaut dann wieder zum Fenster. Die andere beobachtet dabei die Pupillen. Notiert eure Beob-achtungen.

4 Wenn wir am Morgen das Licht im Schlafzimmer anmachen, sind wir für kurze Zeit geblendet. Erst nach einigen Sekunden können wir wieder normal sehen. Erläutere mithilfe von M3 die Vorgänge, die dabei in unseren Augen ablaufen.

5 Die Netzhaut ist ein mehrschichtiges Gewebe. Beschreibe ihren Aufbau und den Weg der Information vom Reiz bis zu dessen Verarbeitung im Gehirn (M4) (Materia-lien ➜ QR 03033-008).

03033-008

6 *„Nachts sind alle Katzen grau"*. Erkläre mithilfe von M4 den biologischen Hintergrund des Spruchs.

7 Arbeitet zu zweit: Die Versuchsperson schaut ge-radeaus. Die andere Person hält einen Stift mit farbiger Hülle senkrecht hinter dem Kopf der Ver-suchsperson und führt ihn langsam seitlich in ihr Gesichtsfeld. Die Versuchsperson sagt „Stopp", sobald sie etwas erkennt und nennt die Farbe des Stifts. Erst dann wird der Stift weiter nach vorne geführt. Probiert das mit verschiedenfarbigen Stif-ten aus. Beschreibt eure Beobachtungen und be-gründet, dass sie zeigen, dass es im Auge zwei ver-schiedene Typen von Sehzellen gibt.

M1   Schutzeinrichtungen des Auges

Die beiden Augen liegen an der Vorderseite des Schädels, gut ge-schützt in den knöchernen Augenhöhlen, deren Ränder man leicht mit den Fingern ertasten kann. Die beweglichen Augenlider mit ihren Wimpern schützen das Auge vor Fremdkörpern. Bewegt ein Gegen-stand oder ein plötzlicher Luftstoß die Wimpern, so wird der Lidschlussreflex ausgelöst. Beim Blinzeln verteilen die Lider außer-dem die von den Tränendrüsen (B1) gebildete Flüssigkeit auf der durchsichtigen Hornhaut, der vorderen Begrenzung des Auges, und halten sie so feucht. Die Tränenflüssigkeit enthält Stoffe, die das Wachstum von Bakterien verhindern. Die Hornhaut setzt sich in der weißen, zähen Lederhaut fort, die das Auge schützt und als Ansatz-stelle für die Augenmuskeln dient.

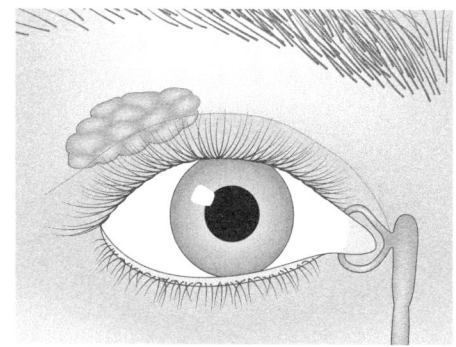

B1   Schutzeinrichtungen des Auges

M2　Der Bau des Auges

Der formgebende (fast kugelförmige) **Glaskörper** ist von mehreren Häuten umgeben. Ganz außen befindet sich die **Lederhaut**. Darunter versorgt die stark durchblutete **Aderhaut** das Auge mit Sauerstoff und Nährstoffen. Die innen liegende Netzhaut enthält Millionen Sehzellen. Sie nehmen Lichtreize auf und senden über den **Sehnerv** elektrische Signale in das Sehzentrum im Gehirn. Am **blinden Fleck** führt der Sehnerv durch die Netzhaut nach außen. Dort sind keine Sehzellen. Im zentralen Bereich der Netzhaut befindet sich die sog. **Sehgrube** (**gelber Fleck**), der Bereich des schärfsten Sehens. Hinter der **Hornhaut** liegt die farbige **Regenbogenhaut** (**Iris**) mit einer Öffnung, der **Pupille**, in der Mitte. Dahinter befindet sich die **Linse**, die mit den **Zonulafasern** am **Ziliarmuskel** befestigt ist (**B2**).

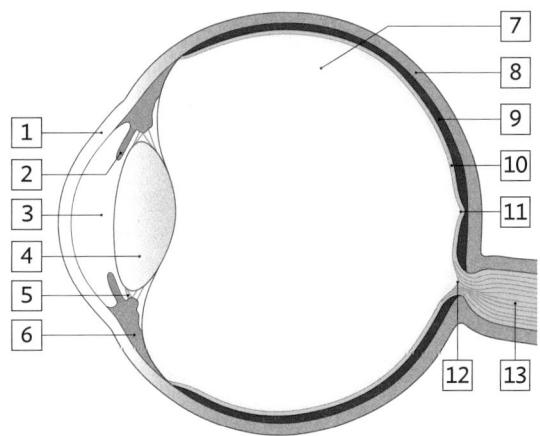

B2 Der Bau des Auges

M3　Regulation des Lichteinfalls

Die Pupille, durch die das Licht ins Innere des Auges kommt, kann durch Muskeln vergrößert oder verkleinert werden. Die Stärke des Lichteinfalls wird so ständig den äußeren Lichtverhältnissen angepasst. Bei Dunkelheit wird die Pupille maximal geöffnet, dadurch treffen viele Lichtstrahlen auf die Sinneszellen der Netzhaut. In heller Umgebung verengt sich die Pupille. Auf diese Weise werden Schäden durch zu viel Licht vermieden.

M4　Der Aufbau der Netzhaut

Die Netzhaut besteht aus mehreren Schichten verschiedener Zelltypen (**B3**). Einfallendes Licht muss diese Schichten durchqueren, bevor es auf die lichtempfindlichen Sinneszellen trifft, die sich auf der vom Licht abgewandten Seite befinden. Es gibt zwei Typen von Sehzellen (**Zapfen** und **Stäbchen**). Zapfen ermöglichen die Wahrnehmung von Farben. Abhängig davon, wie stark jeder der drei Zapfentypen an einem Punkt angeregt wird, entsteht der entsprechende Sinneseindruck durch eine Verrechnung im Gehirn. Die Stäbchen können 1000-mal schwächeres Licht wahrnehmen als die Zapfen, registrieren allerdings nur Helligkeitsunterschiede. Trifft Licht auf die Sinneszellen, so erzeugen diese elektrische Impulse. Die Impulse werden über die bipolaren Zellen (Schaltzellen) verrechnet und das resultierende Signal über die Sehnervenzellen, die zum Sehnerv zusammengefasst werden, in das Gehirn weitergeleitet.

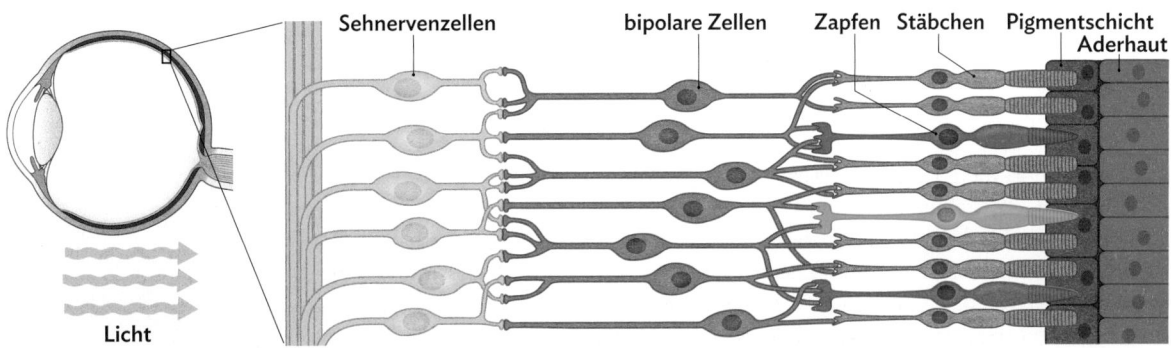

B3 Aufbau der Netzhaut

1.2.2 Scharf sehen

Scharf oder unscharf?

→ Betrachte die beiden Bilder und formuliere den entscheidenden Unterschied!

→ Stelle eine Hypothese dazu auf, welche Strukturen im Auge diese Veränderung bewirken können.

Lernweg

Vergleich von Lochkamera und Auge

1 Manches sehen wir scharf, anderes unscharf. Führe den Versuch V1 durch, beschreibe deine Beobachtung und formuliere eine Hypothese für eine weitere Untersuchung (➡ S. 14).

2 Nur die Information der Lichtstrahlen, die auf die Netzhaut treffen, können verarbeitet werden.

a) Beschreibe den Unterschied zwischen dem Weg des Lichts (Strahlengang) bei einer Lochkamera und beim Auge (M2, M3).

b) Vergleiche die Lochkamera und das Auge (M2, M3). Ordne einzelnen Bestandteilen des Auges folgende Funktionen zu: *Regulierung der Lichtintensität – Lichtbrechung – Signalübertragung.*

Funktion der Linse

3 Unser Auge kann in die Nähe und Ferne scharf sehen. Erkläre anhand von M4 die Vorgänge bei der Nah- und Fernakkommodation. Gehe dabei jeweils auf die Linsenform und den Zustand von Ziliarmuskel und Zonulafasern ein. Begründe, ob das Sehen in die Ferne oder in die Nähe für das Auge anstrengender ist.

4 Erkläre den Zusammenhang zwischen der Scharfeinstellung auf eine bestimmte Entfernung und dem Linsenzustand (M3, M5). Überlege dir dabei, wie stark die Lichtstrahlen, die von einem Punkt ausgehen, gebrochen werden müssen, um auf der Netzhaut zusammenzutreffen. Erstelle zwei Skizzen anhand der Zeichnung B5 bei M6 (Materialien ➡ QR 03033-009).

03033-009

V1 Versuch zum Scharfstellen

Fixiere einen im Zimmer weit entfernten Punkt oder Gegenstand. Halte gleichzeitig in deiner Blickrichtung ca. 30 cm vom Auge entfernt einen Bleistift hoch. Schaue nun abwechselnd auf den Stift bzw. auf den fernen Gegenstand. Beschreibe, wie du jeweils den entfernten Punkt beziehungsweise den Bleistift sehen kannst und wie dann jeweils der nicht fixierte Gegenstand zu sehen ist.

M2 Die Lochkamera

Mit einer Lochkamera (B1) kann man auf einer „Leinwand" ein Bild erzeugen. Treffen Lichtstrahlen auf einen Punkt eines Objekts, werden diese reflektiert und breiten sich in alle Richtungen aus. Die Lichtstrahlen, die durch die Blende (das Loch im Karton der Lochkamera) fallen, treffen auf die Leinwand und ergeben das Bild. Ein annähernd scharfes Bild ergibt sich nur bei einer bestimmten Entfernung des Objektes von der Kamera und bei kleiner Blende.

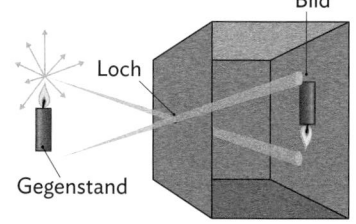

B1 Funktionsweise einer Lochkamera

M3 Lichtbrechung im Auge

An das menschliche Auge sind höhere Anforderungen gestellt als an eine Lochkamera, es muss Gegenstände in unterschiedlichen Entfernungen scharf abbilden können (vgl. V1). Ein Gegenstand wird dann scharf auf der Netzhaut abgebildet, wenn alle Lichtstrahlen, die von einem Punkt des Gegenstandes ausgehen und die durch die Pupille gelangen, auf einem Punkt der Netzhaut zusammentreffen. Dafür wird das Licht durch die Linse gebrochen, das heißt, in seiner Richtung abgelenkt (B2).

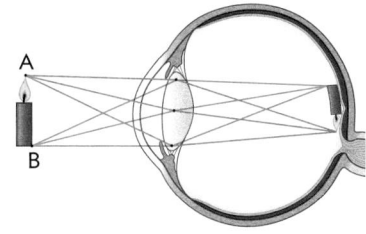

B2 Lichtbrechung im Auge

M4 Eigenschaften der Linse

Eine Kamera muss immer auf die entsprechende Entfernung eingestellt sein, sonst ist das Bild unscharf. Unsere Augen machen das ganz automatisch. Diese Anpassung zum Scharfstellen von Objekten bezeichnet man als **Akkommodation** (B3). Die Linse im Auge bündelt die Lichtstrahlen und stellt auf der Netzhaut ein scharfes Bild ein. Um Gegenstände in kurzer Entfernung scharf sehen zu können (**Nahakkommodation**), muss die Linsenform eher dicker sein. Dies ist der Fall, wenn sich der ringförmige Ziliarmuskel zusammenzieht und sich die Zonulafasern entspannen. Dann rundet sich die Linse zu ihrer natürlichen Form ab. Entspannen sich die Ziliarmuskeln, werden die Linsenbänder straff gezogen und die Linse flacht sich ab. Jetzt können Gegenstände in der Ferne scharf gesehen werden (**Fernakkommodation**).

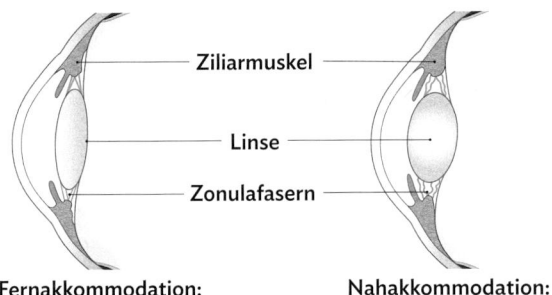

Fernakkommodation: Nahakkommodation:

B3 Akkommodation

M5 Akkommodation

Bei der Akkommodation ist die Brechkraft der Linse jeweils so angepasst, dass ein Gegenstand in der Nähe oder in der Ferne scharf gesehen wird (B4). Bei einem normalsichtigen Auge kann die Brechkraft der Linse in einem weiten Bereich jeweils so eingestellt werden, dass die Lichtstrahlen, die von einem Punkt des fokussierten Gegenstands ausgehen, genau auf der Netzhaut zusammentreffen. Je stärker abgerundet die Linse ist, desto größer ist ihre Brechkraft, d.h. die Lichtstrahlen werden stärker von ihrer Bahn abgelenkt.

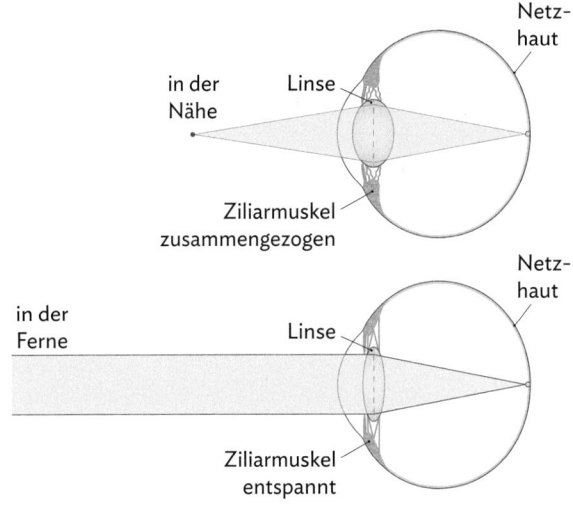

B4 Linsenveränderung bei Nah- und Fernsicht

M6 Scharfstellen auf verschiedene Entfernungen

Je nachdem, wie stark die Linse gewölbt ist, ändert sich ihre Brechkraft (B5). Dadurch können unterschiedlich weit entfernte Objekte jeweils scharf gestellt werden.

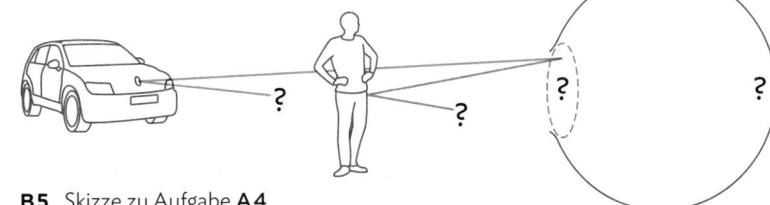

B5 Skizze zu Aufgabe **A4**

1.2.3   Den Bau des Auges untersuchen

Unsere Augen ermöglichen es uns, unsere Umgebung auch über weite Distanzen wahrzunehmen. Das Auge des Schweines ist unserem Auge sehr ähnlich und eignet sich damit hervorragend als Untersuchungsobjekt.

→ Aus welchen Strukturen besteht das menschliche Auge und welche Funktionen erfüllen sie?

Lernweg

Das Schweineauge untersuchen

1 Allein durch die Betrachtung des Schweineauges lassen sich einige Strukturen erkennen (V1). Benenne die sichtbaren Strukturen und erkläre ihre Funktion. Fertige eine schematische Übersichtsskizze an.

2 Der Aufbau des Schweineauges ist nicht nur von außen dem menschlichen Auge sehr ähnlich. Auch das Innere des Schweineauges gleicht nahezu dem des Menschen (V2).

a) Vergleiche die inneren Strukturen des Schweineauges mit denen des Menschen (➥ 1.2.1). Nenne die inneren Strukturen und beschreibe ihre Beschaffenheit.

b) Erkläre die Funktion der sichtbaren Strukturen.

c) Die Funktion der Linse lässt sich leicht beobachten. Erkläre, wieso die Buchstaben des Textes vergrößert erscheinen (➥ 1.2.2, M3 und M4).

Sehfehler und ihre Korrektur

3 Ein zu kurzer bzw. ein zu langer Augapfel hat jeweils Auswirkungen auf die Lage des Abbildes der Netzhaut. Fertige dazu einfache Skizzen mithilfe des Arbeitsblattes an (➥ QR 03033-010). Erkläre mithilfe von M3, welche Ursache jeweils zur Kurzsichtigkeit (Bilder der Ferne unscharf) bzw. zur Weitsichtigkeit (Bilder der Nähe unscharf) führt.

03033-010

4 Ein Brillenglas kann nach innen gekrümmt (konkav) oder nach außen gekrümmt (konvex) sein (M4). Finde für eine kurzsichtige Person und eine weitsichtige Person jeweils die richtige Brille. Begründe anhand der Informationen aus M3.

V1   Vorbereitung der Präparation

Material: Schweineauge (B1, z. B. vom Schlachthof), Wachsschale bzw. Präparierfolie oder Glasschale, Tücher, 1 Lupe, 1 Pinzette, 1 Schere, Einmal-Handschuhe, ggf. Augenmodell

Durchführung:
1. Bereite den Arbeitsplatz vor und lege das Schweineauge auf deine Unterlage zur Präparation.
2. Betrachte das Schweineauge zunächst mit bloßem Auge und nimm dann eine Lupe zur Hilfe.
3. Entferne vorsichtig mithilfe der Schere das Fett- und Bindegewebe, das das Auge möglicherweise noch umgibt. Übe dabei möglichst wenig Druck auf das Auge aus.

B1   Schweineauge

V2 Präparation des Schweineauges

Material: siehe V1.

Durchführung:

1. Nimm das Schweineauge in die Hand und ritze mit der Schere vorsichtig ein kleines Loch in das Auge.
2. Nutze dieses Loch, um mit der Schere einen Ringschnitt durchzuführen, der die hintere und vordere Hälfte des Auges trennt. Achte darauf, den Glaskörper nicht zu verletzen. Übe dabei möglichst wenig Druck aus. Klappe das Auge auseinander (**B2**).
3. Betrachte die Strukturen im Inneren des Auges.
4. Fahre mit der Pinzette über die Pigmentschicht der hinteren Augenhälfte und löse vom Schnittrand aus vorsichtig die dünne durchsichtige Haut über ihr. Beschreibe deine Beobachtung.
5. Entferne nun die Linse (manchmal löst sie sich bereits von selbst) aus dem Schweineauge. Lege sie auf ein Stück Papier mit Text (z. B. Zeitungspapier, nicht dieses Buch) und notiere deine Beobachtungen (**B3**).

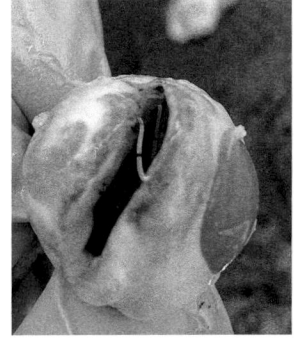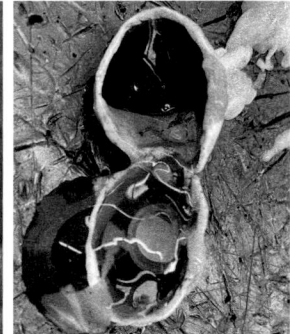

B2 Angeschnittenes Schweineauge (links) und Ringschnitt (rechts)

B3 Linse auf Text

M3 Kurz- und Weitsichtigkeit

Die Ursache für eine **Kurzsichtigkeit** oder eine **Weitsichtigkeit** (**B4**) liegt in der Länge des Auges. Es kann zu lang, aber auch zu kurz sein, sodass die eintretenden Lichtstrahlen eines Bildpunktes nicht mehr auf der Netzhaut zusammentreffen. Bei der Kurzsichtigkeit ist der Augapfel zu kurz, sodass die durch die Linse gebrochenen Lichtstrahlen sich nicht auf der Netzhaut treffen können. Bei der Weitsichtigkeit ist der Augapfel zu lang. Hier treffen sich die Lichtstrahlen bereits vor der Netzhaut.

Eine Fehlsichtigkeit kann sich im Laufe des Lebens entwickeln. Die Messeinheit für die **Brechkraft** einer Linse ist die **Dioptrie**.

B4 Kurzsichtigkeit (links, –3 Dioptrien) und Weitsichtigkeit (rechts, +3 Dioptrien)

M4 Brillengläser

Ein Brillenglas kann entweder konkav oder konvex geformt sein. Die konkave Linse (**Zerstreuungslinse**) bricht die Lichtstrahlen nach außen, sodass sie einen größeren Abstand voneinander haben. Eine konvexe Linse (**Sammellinse**) bricht die Lichtstrahlen nach innen, sodass sie einen kleineren Abstand haben (**B5**).

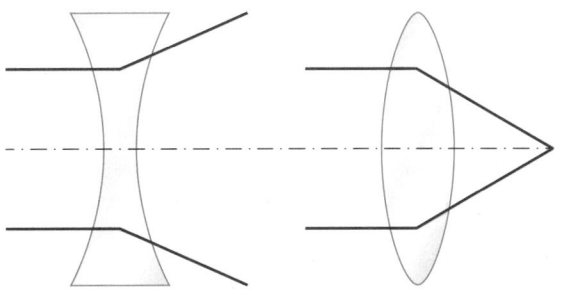

B5 Zerstreuungslinse (links) und Sammellinse (rechts)

1.2.4 Das Auge – kompakt

Bau des Auges und Sehvorgang

Unsere Augen sind durch ihre Lage in den knöchernen Augenhöhlen sowie durch Augenlider und Wimpern gut vor dem Eindringen von Fremdkörpern **geschützt**. Zusätzlich verhindert die Tränenflüssigkeit auf der Hornhaut das Wachstum von schädlichen Bakterien. Beide Augen sind nach vorne gerichtet, wodurch sich die Sehfelder von linkem und rechtem Auge stark überlappen. Nur in diesem Bereich können wir **räumlich sehen** und Entfernungen präzise abschätzen.

Damit man die Umgebung mit den Augen wahrnehmen kann, muss ein helles, scharfes Bild auf unserer Netzhaut abgebildet werden. Es muss eine Lichtquelle vorhanden sein, wie die Sonne oder eine Lampe, die Lichtstrahlen aussenden kann. Ein Gegenstand, der von Lichtstrahlen bestrahlt wird, wirft einen Teil des Lichtes in Strahlen wieder zurück. Je mehr Licht ein Gegenstand reflektiert, desto heller erscheint er uns.

Die geradlinigen Lichtstrahlen gehen durch die **Hornhaut** hindurch und fallen durch die **Pupille**, deren Durchmesser die einfallende Lichtmenge reguliert. Nach der Pupille durchdringen die Lichtstrahlen die Linse und den **Glaskörper** und erreichen hinten die Netzhaut. Dabei werden obere Punkte des Gegenstandes unten abgebildet und umgekehrt. Auf unserer **Netzhaut** entsteht dadurch ein Bild, das **seitenverkehrt** ist **und auf dem Kopf** steht. Unser Gehirn verarbeitet die Informationen dann zu einem richtigen Bild. Die **Linse** im Auge bündelt die Lichtstrahlen und stellt auf der Netzhaut ein scharfes Bild ein.

Die Bestandteile der Netzhaut

Die Netzhaut besteht aus verschiedenen Zellschichten mit unterschiedlichen Zelltypen (**B1**). Die Sehzellen, bei denen man **Stäbchen** und **Zapfen** unterscheidet, reagieren abhängig von ihrem Aufbau unterschiedlich auf Licht. Die Stäbchen werden schon von schwachem Licht gereizt und dienen dem **Hell-Dunkel-Sehen**. Sie sind viel empfindlicher als die Zapfen und können daher auch bei schwachem Licht Informationen aufnehmen. Bei den Zapfen unterscheidet man drei Typen, die v. a. auf rotes, blaues oder grünes Licht reagieren. Durch die Verrechnung der unterschiedlich starken Reizungen der drei Zapfentypen können alle **Farben** des sichtbaren Lichts wahrgenommen werden. So werden, wenn wir weiß sehen, alle drei Zapfentypen gleich stark gereizt und bei der Farbe Türkis z. B. nur die blauen und grünen Zapfen. Allerdings reagiert der Sehfarbstoff der Zapfen nur, wenn das Licht stark genug ist. Daher nimmt man in der Dämmerung nur Grautöne wahr.

Die Akkommodation

Der ringförmige Ziliarmuskel kann die Form der Linse und damit ihre **Brechkraft** verändern. Zur **Nahakkommodation** zieht sich der Ziliarmuskel zusammen. Dadurch werden die Kräfte, die über die Zonulafasern auf die Linse wirken, stark verringert, und die elastische

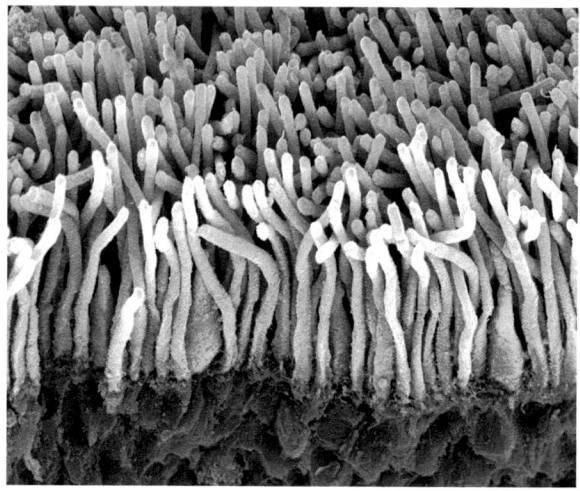

B1 Stäbchen und Zapfen (beige bzw. grün eingefärbt) in der menschlichen Netzhaut (Vergrößerung ca. 1300 ×)

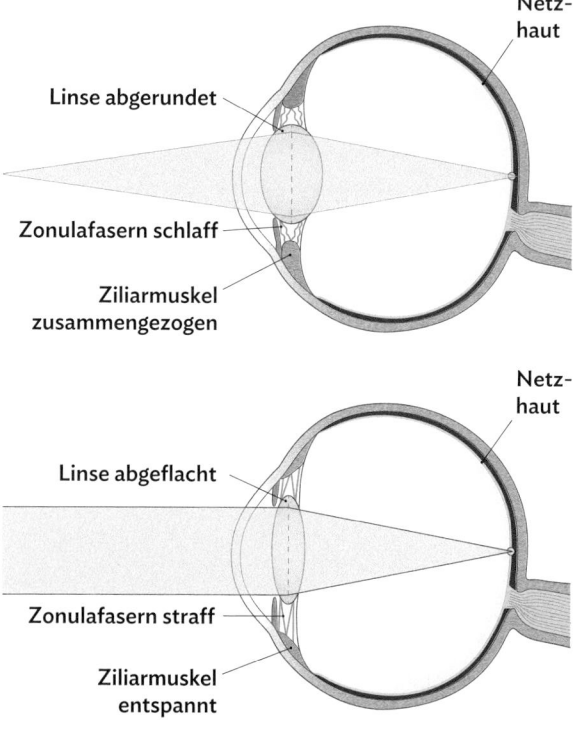

B2 Nahakkommodation (oben) und Fernakkommodation (unten)

Linse kann sich abrunden. Die Brechkraft wird verstärkt, und das Bild wird auf die Netzhaut fokussiert (**B2**). Bei einem auf Fernsicht eingestellten Auge ist der Ziliarmuskel entspannt (Fernakkommodation). Die Zonulafasern ziehen die Linse auseinander und geben ihr eine relativ flache Form. Wenn mit dieser Ferneinstellung ein Gegenstand in geringer Entfernung betrachtet wird, erscheint er unscharf, denn die Lichtstrahlen, die von einem Punkt dieses Gegenstandes ausgehen, werden auf einen Punkt hinter der Netzhaut gebündelt. Ferne Gegenstände erscheinen dagegen scharf.

Fehlsichtigkeiten und ihre Korrektur

Mehr als die Hälfte der Personen in Deutschland ist weitsichtig oder kurzsichtig. Ist das Auge **zu kurz**, würden sich die Lichtstrahlen von nahen Gegenständen hinter der Netzhaut treffen und man sieht diese Gegenstände unscharf (**B3**). Dies nennt man **weitsichtig**. Im Fall der **Kurzsichtigkeit** ist das Auge **zu lang**. Dann werden die Lichtstrahlen weit entfernter Gegenstände von der Linse **vor** der Netzhaut abgebildet und unscharf gesehen. Eine **Optikerin** oder ein **Optiker** (➜ S. 232 f.) können beide Fehlsichtigkeiten mit einer passenden Brille korrigieren. Die Lichtbrechung der Linse muss verstärkt oder abgeschwächt werden. Eine Kurzsichtigkeit kann durch eine Brille mit konkaven Gläsern korrigiert werden, eine Weitsichtigkeit durch eine Brille mit konvexen Gläsern.

Bei der **Altersweitsichtigkeit** handelt es sich um eine Alterserscheinung der Linse. Da sie im Laufe der Jahre ihre **Elastizität** verliert, kann sie sich auch bei völlig entspannten Zonulafasern nicht mehr vollständig abrunden. Dies führt zu einer geringeren Brechungskraft, sodass die Bildebene hinter der Netzhaut liegt. Man braucht eine Lesebrille.

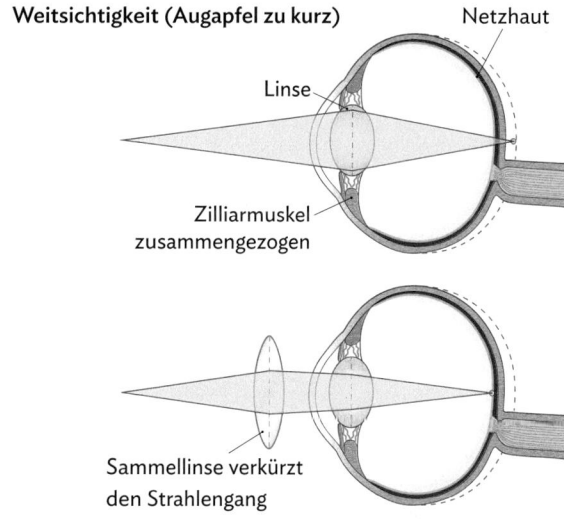

Weitsichtigkeit (Augapfel zu kurz) — Netzhaut — Linse — Zilliarmuskel zusammengezogen

Sammellinse verkürzt den Strahlengang

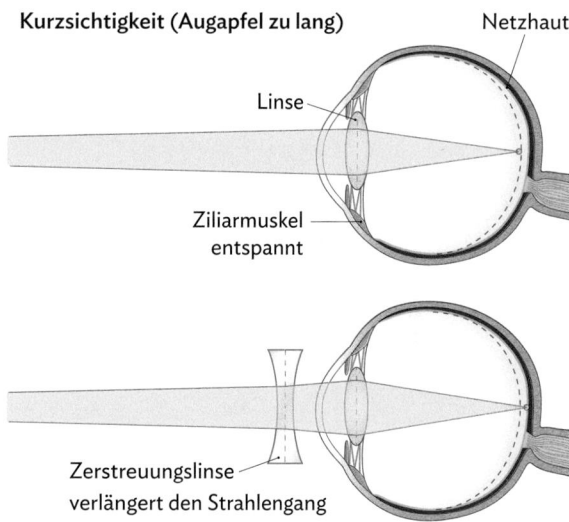

Kurzsichtigkeit (Augapfel zu lang) — Netzhaut — Linse — Ziliarmuskel entspannt

Zerstreuungslinse verlängert den Strahlengang

B3 Fehlsichtigkeiten und ihre Korrektur

Aufgaben

1 *„Wenn die Augen beim Blick in die Nähe zu wenig Licht erhalten, muss sich die Augenmuskulatur besonders anstrengen und man bekommt leicht gerötete Augen und Kopfweh. Dies vergeht wieder. Aber eine weitere Folge ist, dass zu wenig Dopamin, ein Botenstoff, der bei Helligkeit in der Netzhaut gebildet wird, vorhanden ist. Da Dopamin das Längenwachstum des Auges bei ausreichend Tageslicht hemmt, wächst nun das Auge in die Länge. Eine Kurzsichtigkeit entsteht."* Recherchiere den Wahrheitsgehalt der Aussage.

2 Je nach Lichtverhältnissen können die Pupillen des menschlichen Auges unterschiedlich geweitet sein.
a) Erläutere den Nutzen der regulierbaren Pupillenweite.
b) In langen Straßentunneln ist die Beleuchtung an den Aus- und Einfahrten besonders hell und somit viel heller als in der Mitte des Tunnels. Begründe dies unter dem Aspekt der Vorbeugung von Unfällen.

3 Bearbeite die Lernanwendung zur Akkomodation (➜ QR 03022-45).

03022-45

1.2.5   Das Ohr

Das Ohr ist ein Sinnesorgan, das uns ermöglicht, Schall wahrzunehmen. Dabei spielen die Hörzellen eine entscheidende Rolle. Sie müssen besonders vor Beschädigungen geschützt werden.

Aufbau und Funktion des Ohres

Das Ohr wird in drei Abschnitte eingeteilt (**B1**): Der sichtbare Teil wird als **Außenohr** bezeichnet und besteht aus der Ohrmuschel, dem Gehörgang sowie dem Trommelfell. Hier werden die Schallwellen aufgefangen, weitergeleitet und durch die Trichterwirkung verstärkt. An das Trommelfell schließt sich das **Mittelohr** mit den drei Gehörknöchelchen Hammer, Amboss und Steigbügel an. Da sich der Hammer direkt an das Trommelfell anlehnt, wird dieser mechanisch in Schwingung versetzt und gibt diese Bewegung über den Amboss und Steigbügel an das ovale Fenster des Innenohrs weiter. Die ankommenden Schallwellen werden aufgrund der Hebelwirkung von den drei Gehörknöchelchen um das 20-fache verstärkt. Dies ist auch notwendig, da die Schwingung über das ovale Fenster an das träge Medium Flüssigkeit, nämlich Lymphflüssigkeit, weitergegeben wird. Das Mittelohr schließt mit dem Steigbügel ab, der dem ovalen Fenster aufsitzt. Das **Innenohr** bildet das eigentliche Hörorgan mit der Hörschnecke, in der sich die Hörzellen befinden. Dort lösen die Schallwellen elektrische Signale aus, die über den Hörnerv in das Gehirn weitergeleitet werden.

Hörschäden

Hörzellen besitzen feine Härchen, die durch Schwingungen seitlich abgeknickt werden. Bei einem plötzlichen lauten Geräusch, wie z. B. einem Pistolenschuss, kann es zu einem Riss im Trommelfell, aber auch zum Abbrechen dieser Härchen kommen. Das Trommelfell heilt in der Regel wieder aus. Die Sinneshärchen jedoch können nicht regeneriert werden. Sehr hohe Schallintensitäten ab 130 dB schädigen das Gehör. Aber auch niedrigere Schallintensitäten (um die 85 dB) können bei langer Einwirkdauer zu einer dauerhaften Schädigung der Hörzellen führen (**B2**).

Schutz der Ohren

Hörschäden können unterschiedliche Ursachen haben (**B3**). Viele Menschen leiden unter Beschwerden, die durch Lärm hervorgerufen werden. Aufgrund von lauter Musik, Knalltraumata (z. B. durch Raketenlärm an Silvester) oder durch Arbeitslärm kann es zu einer Zerstörung der Hörzellen im Innenohr kommen. Auch Stress, Alkohol, Drogen oder bestimmte Medikamente können einen Hörschaden hervorrufen. Daher sollte man allgemein darauf achten, besonders laute und/oder lang anhaltende Geräusche zu vermeiden bzw. sich durch das Tragen eines **Gehörschutzes** (Kapselgehörschutz oder Ohrstöpsel) davor zu schützen (**B4** und **B5**). Die **Arbeitsstättenverordnung** (ArbStättV) besagt, dass der Schallpegel in Arbeitsräumen, bezogen auf acht Stun-

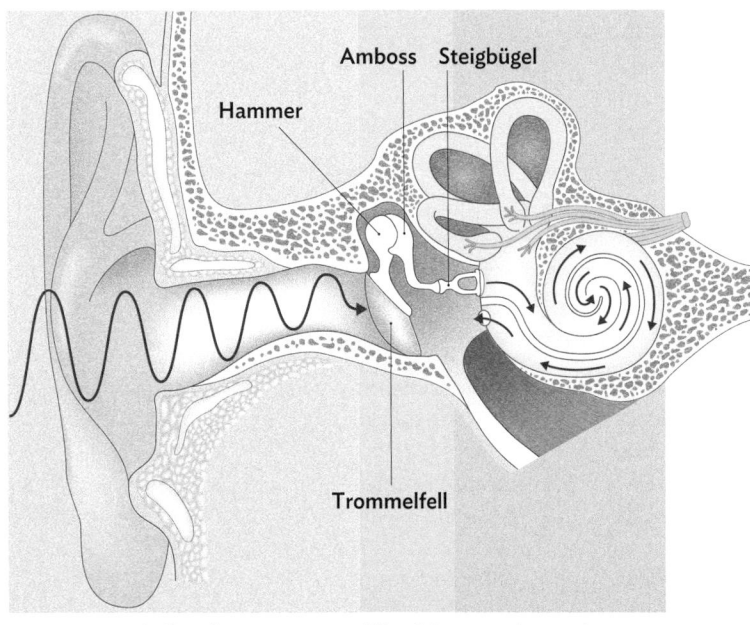

Amboss   Steigbügel

Hammer

Trommelfell

Außenohr   Mittelohr   Innenohr

B1 Aufbau des Ohres

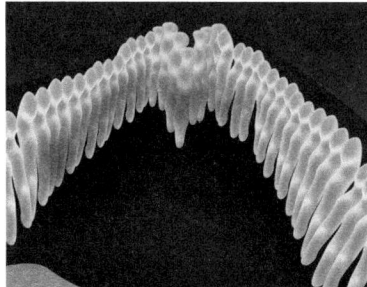
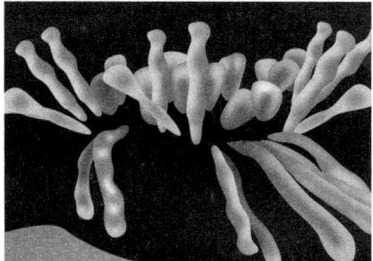

B2 Sinneshärchen im Innenohr: gesund (oben) und durch Lärm geschädigt (unten)

den am Tag, höchstens 70 dB (A) betragen darf. Diese Richtlinie wurde 2013 in das deutsche Recht übernommen. Auch die Beeinträchtigung des Gehörs bei langen Stressphasen ist ein Alarmsignal des Körpers, dem man mit Ruhephasen entgegenwirken sollte. Kommt es zu Beschädigungen sind diese häufig nur noch durch ein Hörgerät auszugleichen.

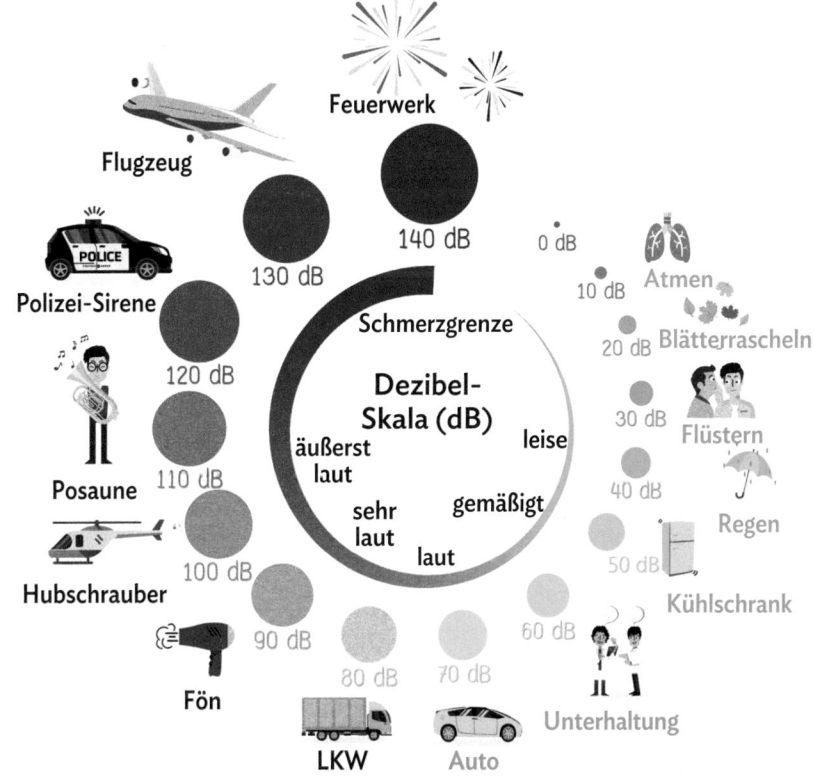

B3 Lautstärke verschiedener Geräusche, grün: unbedenklich;
gelb bis violett: Schädigung bei dauerhafter Einwirkung;
dunkel violett: sofortige Schädigung des Gehörs

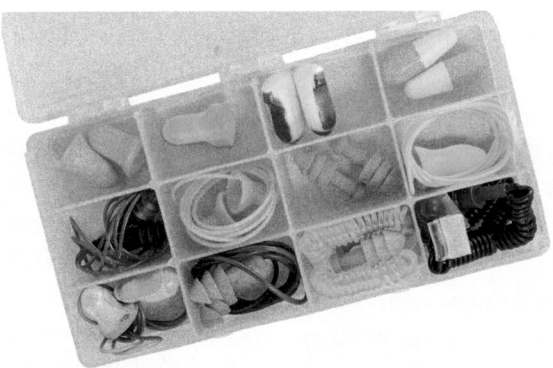

B4 Verschiedene Formen von Ohrenstöpseln

B5 Gehörschutz bei der Arbeit mit Maschinen

Aufgaben

1 Aufgrund eines EU-Standards ist z. B. der maximale Lautstärkepegel eines Smartphones auf 85 dB (A) geregelt. Um diese eingebaute Schallgrenze zu überschreiten, kann man eine App downloaden. Erläutere den Sinn dieser EU-Regelung und bewerte die Nutzung der oben beschriebenen App.

2 Recherchiere im Internet bzw. bei einem App-Anbieter nach den Schlagwörtern „earaction Staatsministerium". Lade die App „earaction" herunter und erkunde sie. Teste z. B. dein Gehör sowie den Hörschadensimulator und verwende den Pegelmesser.

3 Lautstärke löst nicht nur Stress aus (➡ 1.3.3), sondern kann auf Dauer auch das Gehör schädigen. Suche in der Schule bzw. im Unterricht nach Lärmquellen. Erläutere mithilfe von **B3**, welche der gefundenen Lärmquellen die größte Belastung darstellt und finde Lösungen, um diese zu verringern.

1.2.6 Die Wahrnehmung im Gehirn

Es gibt Tage, an denen wirkt der Vollmond nahezu gigantisch groß, während er an anderen Tagen seine übliche Größe zu haben scheint. Natürlich kann der Mond seine Entfernung zur Erde nicht in kurzer Zeit so drastisch ändern. Warum lässt sich unser Gehirn so leicht täuschen?

Die Wahrnehmung im Gehirn

Betrachtet man einen Gegenstand mit beiden Augen, so nimmt jedes Auge diesen Gegenstand etwas anders wahr. Diese unterschiedliche Wahrnehmung hängt vom Blickwinkel auf das betrachtete Objekt ab. Die beiden dabei entstehenden Bilder werden im Gehirn zu einem Gesamtbild zusammengefügt, sodass wir den Gegenstand räumlich wahrnehmen. Auch die **Erfahrung** spielt eine Rolle bei der Verarbeitung. Obwohl beide Personen in **B1** eine vergleichbare Größe haben, wirkt die linke Person aufgrund ihrer Nähe zur Kamera für den Beobachter

größer. Das Gehirn hat die Person mit der unmittelbaren Umgebung verglichen und entsprechend interpretiert. Widersprüchliche Informationen führen zu Fehlinterpretationen oder Verwirrung. Ein ähnliches Phänomen erkennt man beispielsweise, wenn man in Landschaftsmerkmalen oder Wolken Gesichter, Figuren oder Tiere zu erkennen glaubt. Im Gehirn wird der wahrgenommene Seheindruck **mit bereits bekannten Formen verglichen** und entsprechend zugeordnet (**B2**). Im Normalfall erleichtert dies das Wiedererkennen von Gesichtern oder bereits bekannten Formen, kann aber in besonderen Fällen zu Fehlinterpretationen führen.

Optische Täuschungen

Ein Teil der menschlichen Intelligenz ist die **Fähigkeit zu abstrahieren**. Dabei werden neue Strukturen bereits Bekanntem zugeordnet. Wenn auch nur Teile von Strukturen vorhanden sind, werden diese im Gehirn zu bekannten Mustern ergänzt. Dabei kommt es auch darauf an, welche Sichtweise gerade als sinnvoll erachtet wird. Bei mehrdeutigen Bildern sieht man eher das, was der eigenen Erfahrung am nächsten kommt. Steht der Mond nah am Horizont, wird er als größer wahrgenommen, als wenn er hoch am Himmel steht. Die Ursache für diese Sinnestäuschung konnte noch nicht ganz geklärt werden.

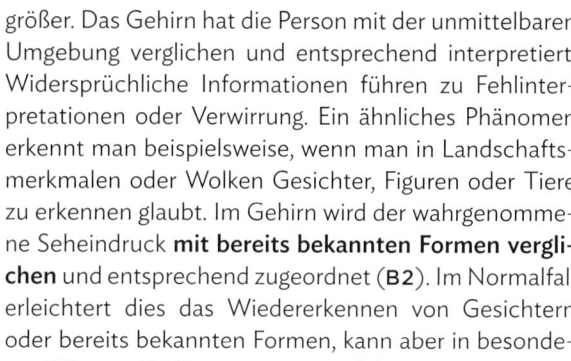

B1 Ames-Raum: Falsche Perspektiven können zu Wahrnehmungsfehlern führen.

B2 Bei manchen Gegenständen oder Wolken erkennt man Gesichter oder Tiere.

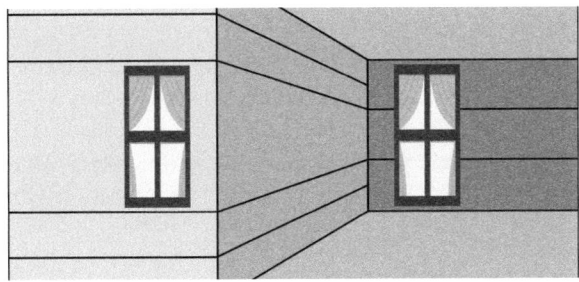

B3 Einfluss der Perspektive auf die Wahrnehmung von Größe

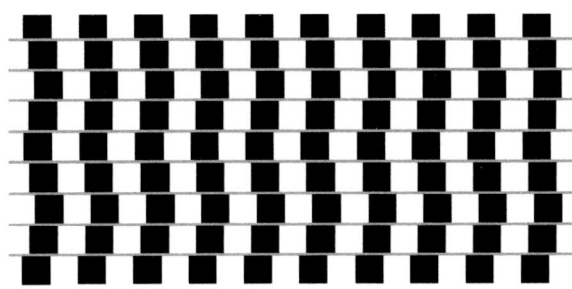

B4 Gerade Linien erscheinen schräg – Teste es selbst!

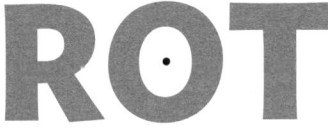

B5 Versuch zum Nachbild

B6 Bereich des räumlichen Sehens

B7 Versuchsanordnung

Aufgaben

1 Recherchiere die Funktionsweise des Ames-Raums (**B1**) und erkläre das Zustandekommen der hier genutzten Sinnestäuschung.
_MK_

2 Beim Betrachten von Wolken oder Gegenständen erkennen wir darin gelegentlich Tiere, Gesichter oder andere bekannte Formen. Erkläre das Zustandekommen dieser Wahrnehmungseindrücke (**B2**).

3 Betrachte die optischen Täuschungen **B3**–**B4** und jene aus dem Video. Beschreibe deine Beobachtungen (➞ QR 03020-053).

03020-053

a) Schätze ab, um wie viel das rechte Fenster in Abbildung **B3** größer ist als das linke. Miss anschließend mit dem Lineal die Seitenlängen und überprüfe deine Schätzung. Stelle eine Hypothese zum biologischen Sinn dieses Effekts auf.

b) Beschreibe den Verlauf der Linien in **B4** so, wie du ihn wahrnimmst. Miss mithilfe eines Geodreieckes die Winkel zwischen Bildrand und Linien. Sind es immer 90°?

4 Fixiere den schwarzen Punkt in der Mitte der Abbildung **B5** ca. 30 Sekunden lang. Blicke anschließend sofort auf ein weißes Blatt Papier. Beschreibe deine Sinneseindrücke.

5 Die Augen nehmen stets zwei unterschiedliche Bilder wahr, die im Gehirn zu einem zusammengesetzt werden (**B6**). Wenn die Augen unterschiedliche Dinge sehen, muss sich das Gehirn für einen der beiden Sinneseindrücke entscheiden. Diesen Effekt kannst du beobachten: Blicke mit dem rechten Auge durch eine Papierröhre (**B7**). Dabei sollten deine beiden Augen geöffnet sein. Führe nun deine linke Hand soweit an die Papierröhre heran, dass sie diese berührt. Fixiere dabei einen Gegenstand, der sich hinter der linken Hand befindet. Beschreibe, was du wahrnimmst.

1.3.1 Die Hormone und ihre Wirkungsweise

Frisch verliebt? Das wirkt sich auch auf unseren Körper aus und stürzt uns in ein wahres Gefühlschaos. Laut Volksmund spielen dann die Hormone verrückt. Für diesen Glückszustand ist aber nicht nur das „Kuschelhormon" verantwortlich, sondern ein wahrer Hormoncocktail.

→ Welche Hormone sind dir bekannt? Welche Reaktionen im Körper sind mit „Schmetterlingen im Bauch" gemeint?

Lernweg

1 Hormone dienen der Kommunikation innerhalb des Körpers und erfüllen vielfältige Aufgaben. Leite mithilfe der Informationen aus M1 und M2 eine allgemeine Definition für den Begriff Hormon ab.

2 Die in M1 beschriebenen historischen Experimente könnten so heute nicht mehr durchgeführt werden. Bewerte die beschriebenen Experimente aus heutiger ethischer Sicht.

3 In M2 wird die Wirkungsweise von EPO beschrieben. Erstelle ein allgemeingültiges Flussdiagramm zur Wirkungsweise von Hormonen. Bearbeite dazu die Lernanwendung (➡ QR 03033-011).

03033-011

4 Die Bindung von Hormonen an bestimmte Zellen ist in M3 anhand eines Modells veranschaulicht. Erkläre mithilfe des Schlüssel-Schloss-Prinzips, wie Hormone z. B. nur auf Zellen bestimmter Organe wirken können. Fertige dazu eine beschriftete Skizze an und verwende die Symbole:

5 Das Zusammenspiel der Hormondrüsen und ihrer vielen Hormone stellt ein eigenständiges Kommunikationssystem mit vielfältigen Aufgaben dar. Stelle die in M4 beschriebenen Hormondrüsen, die dort produzierten Hormone und deren Wirkung auf den menschlichen Körper tabellarisch dar. Bearbeite auch die Lernanwendung (➡ QR 03022-46).

03022-46

M1 Die Geschichte der Hormone

Der Begriff Hormon kommt aus dem Griechischen und bedeutet „antreiben" bzw. „erregen". Hormone sind neben dem Nervensystem eine weitere Möglichkeit des Körpers, **Informationen weiterzugeben**. Anders als Nervenimpulse sind Hormone jedoch **chemische Botenstoffe**. Da sie im Körper nur in geringen Mengen vorkommen, war ihre Wirkungsweise lange Zeit nicht bekannt. Der römische Arzt GALEN stellte zwar bereits in der Antike fest, dass kastrierte Eunuchen (Männer, denen vor der Pubertät die Hoden entfernt wurden) keine sekundären Geschlechtsmerkmale ausbildeten. Aber erst ARNOLD ADOLF BERTHOLD wandte sich diesem Phänomen 1849 erneut zu. Er beobachtete, dass der Kamm eines Hahnes nach der Kastration schrumpft. Wenn man den entfernten Hoden aber an beliebiger Stelle im Körper wieder einpflanzte, geschah dies nicht. Welcher Stoff dafür verantwortlich war, blieb bis zur Arbeit der beiden englischen Forscher BAYLISS und STARLING unklar. Diese führten verdünnte salzsaure Lösung (entspricht dem Magensaft) in den Dünndarm eines Hundes ein und konnten beobachten, dass kurz darauf die Bauchspeicheldrüse begann, einen Saft abzugeben. Sie stellten die Hypothese auf, dass der Zwölffingerdarm eine körpereigene Substanz abgeben musste, die in kleinen, bis dahin nicht feststellbaren Mengen in den Blutstrom und bis zur Bauchspeicheldrüse gelangte.

M2 EPO – Vom Medikament zur Wunderwaffe im Sport

Wenn heute von Radsport (**B1**) die Rede ist, stellt man unweigerlich einen Zusammenhang zu Doping her. Schuld daran sind die zahlreichen Doping-Fälle bekannter Radfahrer, wie JAN ULRICH und LANCE ARMSTRONG mit dem Blutdopingmittel Erythropoetin (EPO). Dieses EPO ist ein körpereigenes Hormon, das die Bildung von roten Blutzellen fördert. Es wird in der Niere produziert, an den Blutkreislauf abgegeben und wirkt dann im ganzen Körper auf Organe, die EPO-Rezeptoren besitzen. Als Medikament wird es bei Patienten mit Blutarmut eingesetzt.

B1 Radfahrer im Rennsportbereich

M3 Das Schlüssel-Schloss-Prinzip

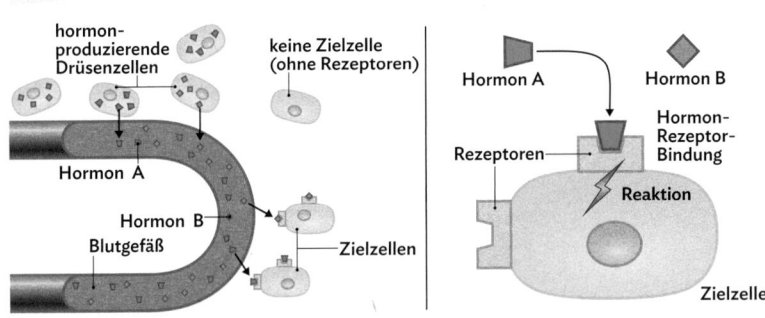

B2 Verteilung der Hormone über die Blutbahnen und zelluläre Wirkung an der Zielzelle

Obwohl die Hormone mit dem Blut in den gesamten Organismus gelangen, entfalten sie ihre Wirkung immer nur an bestimmten Stellen des Körpers. Hormone wirken nach dem **Schlüssel-Schloss-Prinzip**: Sie erreichen ihre spezifische Wirkung nur an oder in den Zellen, die den passenden Rezeptor besitzen (Zielzellen). Je nach Zellart wird dort eine bestimmte Reaktion ausgelöst (**B2**).

M4 Hormondrüsen

Der menschliche Körper besitzt eine Vielzahl an Hormondrüsen (B3), die sich an verschiedenen Stellen befinden, spezielle Hormone produzieren und diese stetig oder nur bei Bedarf absondern. Die Bauchspeicheldrüse 5 produziert zwei Stoffwechselhormone, das Insulin und das Glucagon, die als Gegenspieler bei der Regulation des Blutzuckerspiegels wirken (➡ 1.3.6). Die Geschlechtshormone Östrogen und Testosteron werden in den jeweiligen Geschlechtsorganen, den Eierstöcken 6 und Hoden 7, gebildet (➡ 3.1). Das Stresshormon Adrenalin wird wie das entzündungshemmende Hormon Cortisol in der Nebenniere 4 produziert. Adrenalin sorgt für erhöhte Aufmerksamkeit und Leistungsbereitschaft. Wird eine größere Menge plötzlich ausgeschüttet, z. B. bei einem Schreck, so kann man das in der Magengegend spüren. Die Schilddrüse 3 produziert Thyroxin, das den Wärmehaushalt sowie den Energiestoffwechsel steuert und für Wachstumsprozesse in der Jugend verantwortlich ist. Übergeordnete Drüsen sind der Hypothalamus 1 und die Hypophyse 2. Sie liegen im Gehirn und bilden Hormone, die die Tätigkeit der oben genannten Hormondrüsen steuern, indem sie bei ihnen die Ausschüttung der Botenstoffe veranlassen oder hemmen.

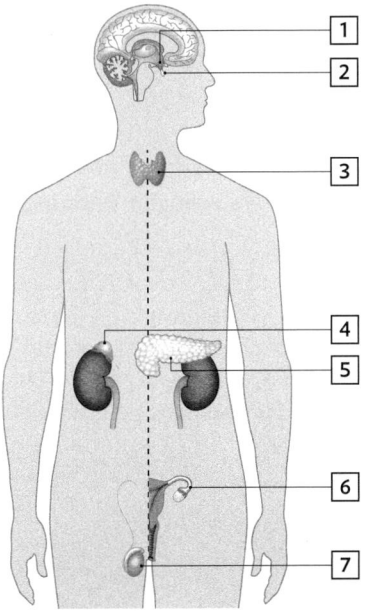

B3 Hormondrüsen des Menschen

1.3.2   Die Reaktion der Zielzellen

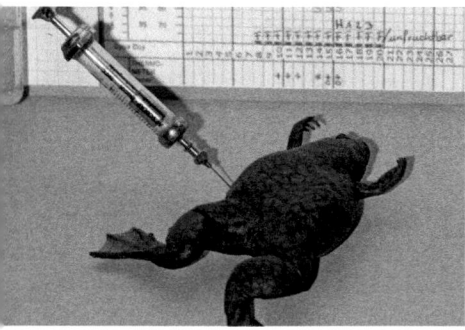

Bei Schwangeren findet sich das Schwangerschaftshormon hCG im Blut und im Urin. Moderne Schwangerschaftstests weisen dieses Hormon nach. Bis in die 1960er-Jahre wurde noch der sog. Froschtest eingesetzt. Dazu wurde der Urin einer möglicherweise schwangeren Frau einem Krallenfrosch-Weibchen gespritzt. Wenn der Frosch danach innerhalb von 18 Stunden Laich (Eier) absetzt, so ist der Test positiv.

→   Wie bzw. warum funktioniert der Froschtest?

Lernweg

1 | Zielzellen können verschiedene Rezeptoren besitzen und somit für unterschiedliche Hormone sensibel sein.

a)   Beschreibe und vergleiche die zelluläre Wirkung der Hormone Insulin und Glucagon mit Pfeildiagrammen (M1). Gehe dabei auf das Schlüssel-Schloss-Prinzip ein (Hilfen ➡ QR 03022-47).

03022-47

b)   Insulin und Glucagon spielen eine wichtige Rolle in der Blutzuckerregulation. Sie wirken dabei als Gegenspieler. Erkläre das Gegenspielerprinzip mithilfe des Videos (➡ QR 03020-054).

03020-054

2 | Hormone werden als wirkungsspezifisch bezeichnet, d. h. in einer Zelle lösen sie eine spezifische Reaktion aus. Andererseits kann dasselbe Hormon sehr unterschiedliche Wirkungen an verschiedenen Organen des Körpers haben.

a)   Beschreibe drei Beispiele für solche wirkungsspezifischen Reaktionen aus M2 und M3.

b)   Erkläre, wodurch es zu einer solchen Wirkungsspezifität kommt und beschreibe die unterschiedliche Wirkungsweise von Serotonin.

3 | Forscherinnen und Forscher fanden heraus, dass Thyroxin auch in der Schilddrüse von Kröten gebildet wird. Beschreibe das Experiment, das in M4 dargestellt ist und formuliere eine passende Hypothese. Vergleiche die Wirkung von Thyroxin auf eine Kröte und im menschlichen Körper. Plane ein Experiment, das zeigt, ob das menschliche Thyroxin in gleicher Weise auf Kröten wirkt. Beginne mit der Fragestellung (➡ S. 14).

M1   Die zelluläre Wirkungsweise von Glucagon und Insulin in einer Leberzelle

Neben dem Abbau von Giften und Stoffwechselprodukten ist die Leber ein zentrales Organ für die Speicherung von Reservestoffen und die Bereitstellung energiereicher Stoffe. Überschüssige Glucose aus der Nahrung wird dort in Form von **Glykogen** gespeichert. Glykogen ist aus sehr vielen Glucosebausteinen aufgebaut und hat eine ähnliche Struktur wie pflanzliche Stärke. Aufgrund der vielfältigen Aufgaben enthält die Zellmembran von Leberzellen verschiedene Hormon-Rezeptoren. Dadurch können Leberzellen von unterschiedlichen Hormonen zu einer Reaktion angeregt werden. Die Hormone Glucagon und Insulin rufen eine unterschiedliche Reaktion hervor (B1).

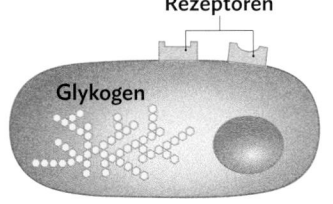
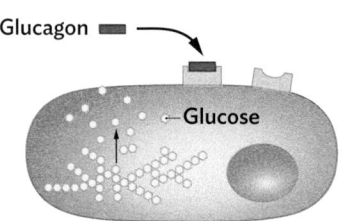
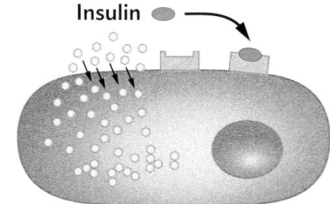

B1   Wirkung von Glucagon und Insulin auf eine Leberzelle

M2 Die Vielfalt der Hormonwirkung in den Zielzellen

Gibt der Körper Insulin ins Blut ab, bewirkt dies im ganzen Körper eine Vielzahl an Reaktionen. Primär öffnet es, ähnlich einem Schlüssel, den Zugang von Glucose (Traubenzucker) in Muskel- und Fettzellen des Körpers. Außerdem bewirkt ein hoher Insulinwert im Blut, dass der Körper verstärkt Reserven anlegt, indem er die im Überschuss vorhandene Glucose in den Leber- und Muskelzellen als Glykogen speichert. Neben diesen wichtigen Funktionen beeinflusst Insulin aber auch im Gehirn das Appetitempfinden: Unter anderem signalisiert der erhöhte Insulinspiegel nach dem Essen den entsprechenden Zellen im Gehirn, dass der Organismus satt ist. Gleichzeitig verhindert Insulin den Abbau von Fettreserven in den Fettzellen.

M3 Das Glückshormon Serotonin

Dem Botenstoff Serotonin wird ein entscheidender Einfluss auf die Stimmung eines Menschen zugeschrieben. Im menschlichen Körper gibt es 14 unterschiedliche Rezeptoren, an die sich das Serotonin anlagern kann. Als Hormon kann Serotonin die Weite der Blutgefäße und damit den Blutdruck beeinflussen. Außerdem reguliert Serotonin die Darmbewegungen und ist auch ein wichtiger Teil der Blutgerinnung. Warum aber wird Serotonin im Volksmund als Glückshormon bezeichnet? Serotonin wirkt im Gehirn auch als Neurotransmitter an Synapsen und beeinflusst so das Schmerzempfinden, den Schlaf- und Wachrhythmus sowie den Gemütszustand, wobei es stimmungsaufhellend wirkt und die Stressreaktion des Körpers dämpft. Ein Mangel an Serotonin kann dagegen Depressionen verursachen. Einige Lebensmittel wie Cashewkerne oder Kakaopulver (Ausgangsstoff für Schokolade) enthalten eine chemische Vorstufe des Glückshormons Serotonin, wodurch sich letztlich im Gehirn die Menge an Serotonin erhöht. Die glücklichmachende Wirkung ist bei der Schokolade (**B2**) aber vor allem dem Zuckergehalt zuzuschreiben.

B2 Macht Schokolade glücklich?

M4 Ein Hormon – verschiedene Wirkungen

Kröten besitzen ebenso wie der Mensch eine Schilddrüse, die das Hormon Thyroxin produziert. Um die Wirkung des Thyroxins auf den Körper des Tieres zu untersuchen, wurden folgende Experimente durchgeführt:

A: Bei *einigen* Kaulquappen wird die Schilddrüse entfernt und das weitere Wachstum beobachtet.

Schilddrüse entfernt

Ergebnis: Riesenkaulquappe

B: Bei *anderen* Kaulquappen wird die Schilddrüse entfernt und an beliebiger Stelle im Körper wieder eingepflanzt.

Schilddrüse entfernt und an beliebiger Stelle wieder eingepflanzt

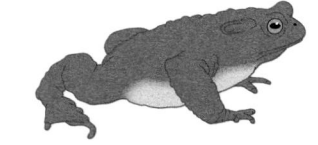

Ergebnis: Umwandlung zur Kröte nach Wiedereinpflanzung

Im menschlichen Organismus reguliert Thyroxin den Wärmehaushalt, steuert den Energiestoffwechsel und fördert das Wachstum während der Jugend.

1.3.3 Zusammenspiel Nerven- und Hormonsystem: Stress

Die Anforderungen an den Steinzeitmenschen konnten sehr unterschiedlich sein. Einerseits mussten die Sinne und Muskeln z. B. bei der Jagd auf ein Mammut voll arbeiten. Andererseits musste man Ruhephasen nutzen, um wieder Kraft für neue Anstrengungen zu tanken.

→ Welche Vorgänge laufen im Körper bei Anstrengung bzw. Ruhe ab und wie werden sie gesteuert?

Lernweg

Das vegetative Nervensystem

1 | Je nach aktueller Situation sind die beiden Teilbereiche des vegetativen Nervensystems unterschiedlich stark aktiv.

a) Beschreibe die in der Grafik von **M1** dargestellten Wirkungen von Sympathikus und Parasympathikus auf die verschiedenen Organe. Formuliere dann jeweils einen Satz, der die übergeordnete Wirkung des Sympathikus und Parasympathikus auf den Organismus beschreibt.

b) Das vegetative Nervensystem steuert viele Organfunktionen selbstständig, also für den Menschen unbewusst. Formuliere eine Hypothese zum Nutzen dieser Tatsache.

Zusammenspiel von Hormon- und Nervensystem

2 | In **M2** ist die Arbeitsweise von Hormon- und Nervensystem in einer Stressreaktion beschrieben.

a) Stelle die Vorgänge während einer Stresssituation in einem Schema anschaulich dar. Verwende ⊕ für anregende Wirkung und ⊖ für Hemmung. Folgende Textbausteine solltest du unter anderem verwenden: *Pulsfrequenz – Blutdruck – Leber – stimuliert – setzt frei – Hypothalamus – Stress auslösender Reiz – hemmt – Nebennieren*

b) Verschwindet der Stressor, bleibt der Körper noch einige Zeit angespannt. Erkläre diese Aussage.

3 | Hormon- und Nervensystem übertragen Informationen unterschiedlich (**M3**). Vergleiche das Hormon- und Nervensystem (Lernanwendung ➥ QR 03033-012).

03033-012

M1   Das vegetative Nervensystem

Ob der Körper unter Hochspannung steht oder man völlig entspannt ist, die Herzfrequenz und die Aktivität des Verdauungstraktes passen sich an. Dies geschieht für den Menschen völlig unbewusst. Verantwortlich dafür ist ein ganz bestimmter Teil des Nervensystems – das unwillkürliche beziehungsweise **vegetative Nervensystem**. Dieses besteht aus zwei Teilbereichen, dem **Sympathikus** und dem **Parasympathikus**. Beide leiten ihre Impulse an die gleichen Organe, jedoch üben sie entweder eine anregende oder eine hemmende Wirkung auf diese aus. Die beiden Teilbereiche arbeiten also im Gegenspielerprinzip zusammen (**B1**).

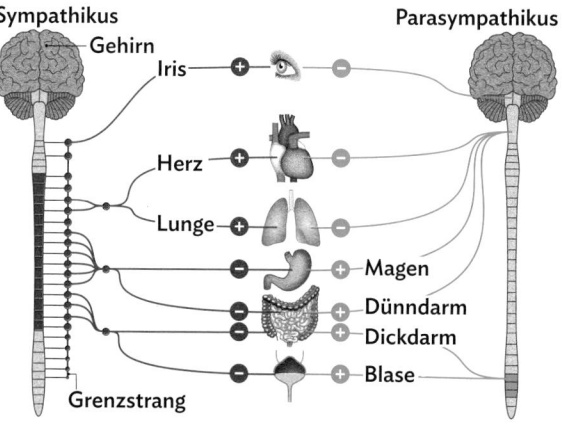

B1 Wirkung des vegetativen Nervensystems

M2   Alarm im Körper – Zusammenspiel von Hormon- und Nervensystem

Anna traut ihren Augen kaum. Ihre Herzschlagfrequenz erhöht sich schlagartig, als der Mathelehrer die Klassenarbeit aus der Tasche zieht. Neben der erhöhten Herzschlagfrequenz vertieft sich auch Annas Atmung und der Blutdruck steigt. Ihr Körper läuft zur Höchstform auf, er ist im Stress! Registrieren die Sinnesorgane einen für den menschlichen Organismus stressauslösenden Reiz (Stressor), so setzt der Hypothalamus im Zwischenhirn einen Mechanismus in Gang, der es dem Körper ermöglicht, auf die Belastung angemessen zu reagieren. Der Hypothalamus, die Schaltstelle zwischen Nerven- und Hormonsystem, aktiviert den Sympathikus, der unter anderem die Nebennieren stimuliert. Dies sind Hormondrüsen, die wie eine Mütze auf den beiden Nieren sitzen. Durch die Anregung setzen sie das Stresshormon Adrenalin frei. Adrenalin wird über die Blutbahn im gesamten Körper verteilt und unterstützt im Wesentlichen die Wirkung des Sympathikus. Vor allem werden die Pulsfrequenz, die Atemfrequenz und der Blutdruck gesteigert. In Leber und Muskel wird verstärkt Glykogen abgebaut und ins Blut abgegeben. Die Blutgefäße werden erweitert und können so eine größere Menge der bereitgestellten Stoffe Glucose und Sauerstoff zu Herz, Lunge, Gehirn und Muskeln transportieren. Körperfunktionen, die in einer Stresssituation nicht benötigt werden, wie die Verdauung oder das Immunsystem, werden gehemmt. Die Haut ist geringer durchblutet. Alles zusammen dient somit dem Ziel, die Leistungsfähigkeit des Körpers in einer Stresssituation schnell zu erhöhen. Auf diese Weise kann Anna mit gesteigerter Aufmerksamkeit und Leistungsbereitschaft den Anforderungen des Mathetests gerecht werden. Kommt es allerdings zu einer überschießenden Reaktion, kann dies auch zu einer Denkblockade führen.

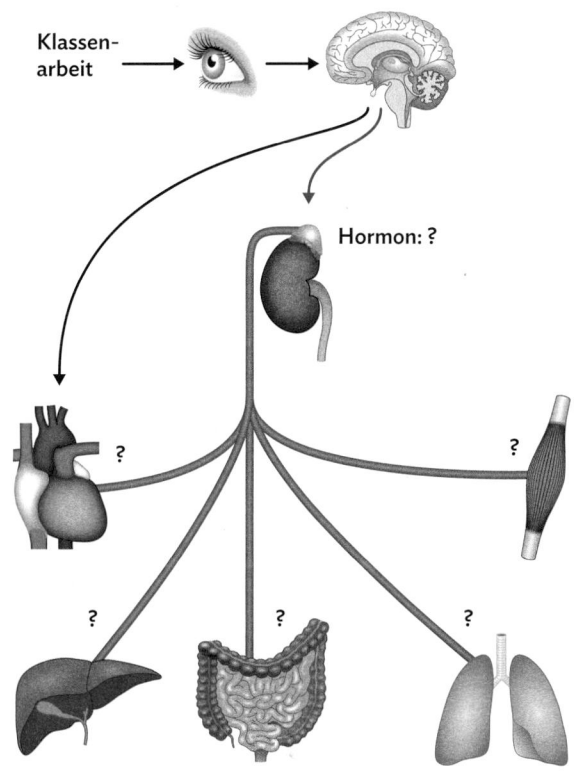

B2 Zusammenspiel von Nerven- und Hormonsystem bei der Stressreaktion

Auch Situationen wie Wettkämpfe oder der Auftritt vor Publikum lösen diese Stressreaktion (**B2**) aus, die zu Höchstleistungen führt. In Gefahrensituationen, z. B. im Straßenverkehr, kann sie überlebenswichtig sein! Die Wirkungen dieser positiven Stressreaktion klingen nach einer relativ kurzen Zeitspanne ab und der Körper kann sich wieder erholen.

M3   Vergleich von Nerven- und Hormonsystem

Hormon- und Nervensystem dienen im menschlichen Körper dazu, Informationen zwischen den einzelnen Organen auszutauschen. Aber sie unterscheiden sich stark in ihrer Arbeitsweise. Das Nervensystem überträgt Informationen in Form von elektrischen Impulsen, den Nervenimpulsen. Diese Informationen werden über die Nervenzellen zu den Erfolgsorganen weitergeleitet, in denen es dann zu einer Reaktion kommt. Das Nervensystem dient damit der schnellen und punktgenauen Informationsübermittlung. Das Hormonsystem hingegen verschlüsselt die zu transportierende Information in chemischen Botenstoffen, den Hormonen. Sie werden in der Regel über die Blutbahnen in den ganzen Körper transportiert und lösen in den Erfolgsorganen durch die Anlagerung nach dem Schlüssel-Schloss-Prinzip ihre spezifische Reaktion aus. Die Wirkung dauert länger an und bewirkt eine umfassendere Steuerung der Organfunktionen.

1.3.4   Die Grenzen zwischen Sucht und Genuss

Einige Hormone werden durch schöne Erlebnisse freigesetzt und man ist gut gelaunt. Manche Drogen können ähnliche Prozesse im Körper auslösen, sodass sie auch die Stimmung verändern.

→ Wann ist es noch Genuss und wann nicht mehr?
→ Was kann jeder einzelne tun, um einer Sucht vorzubeugen?

Lernweg

1 Die Übergänge zwischen Genuss und Abhängigkeit (umgangssprachlich: Sucht) sind zwar fließend, werden aber begrifflich voneinander abgegrenzt.

a) Erläutere Unterschiede zwischen Genuss, Gewohnheit, Missbrauch und Abhängigkeit (= Sucht) am Beispiel des Alkoholkonsums (M1).

b) Ordne die Zitate in M2 begründet den Begriffen Genuss, Gewohnheit, Missbrauch oder Sucht zu.

c) Beschreibe ausgehend von den drei Fallbeispielen (M2), wie der Übergang von Genuss zu Sucht bei einer Person stattfinden kann.

2 Seit einem Urteil von 1968 ist Sucht als eine Krankheit akzeptiert. Vergleiche stoffgebundene mit nicht-stoffgebundenen Suchtformen (M3).

3 Substanzen, die abhängig machen, sind vielfältig. Recherchiert in Gruppen im Internet und präsentiert eure Ergebnisse als Kurzvortrag, mithilfe einer Gliederung (Vorlage ➡ QR 03033-013).

03033-013

4 Erläutere die Bedeutung von drei in M4 beschriebenen Lebenskompetenzen bei der Vorbeugung von Suchtverhalten. Gehe dabei auch auf das beschriebene Eisberg-Modell ein.

M1   Genuss, Gewohnheit, Missbrauch oder Sucht?

Der Umgang mit Alkohol ist schwierig, da es eine legale und gesellschaftlich anerkannte Droge ist. Für den einen ist der Schluck Wein ein **Genuss**. Es geht um den Geschmack und die Aromen des Getränks (B1). Für einen anderen gehört das Glas Wein oder Bier am Abend zum Essen einfach dazu. Es ist zur **Gewohnheit** geworden. Eine Veränderung des Verhaltens kann nur noch durch höchste Anstrengung erzielt werden, daher zählt diese Form des Alkoholkonsums zum Einstieg in die Abhängigkeit. Benötigt man Alkohol, um Probleme, Einsamkeit oder Wut zu vergessen, spricht man von **Missbrauch**. Der Grad zwischen Missbrauch und **Abhängigkeit** (= **Sucht**) ist unfassbar schmal. Abhängigkeit bzw. Sucht ist dadurch gekennzeichnet, dass bei einem Entzug Symptome wie Zittern, Schweißausbrüche oder Nervosität auftreten. Außerdem erhöhen Betroffene immer und immer wieder die Dosis oder greifen zu höheren Alkoholgehalten (z. B. Wodka statt Wein), um die gewünschte Wirkung zu erzielen. Abhängige sind nicht mehr in der Lage, sich selbst aus der Sucht zu befreien.

B1 Alkoholkonsum in Gesellschaft

M2   Wo sind die Grenzen?

Michaela: „Am Wochenende betrinke ich mich immer mit meinen Freunden – so können wir einfach alles vergessen und nur Spaß haben."

Dominik: „Ich wache morgens schon mit dem Verlangen nach Alkohol auf. Früher habe ich Bier getrunken, aber mittlerweile bin ich zu Schnaps übergegangen. Es dürfte am Tag schon eine Flasche sein."

Luis: „Zum Abendessen trinke ich eigentlich jeden Tag mein Gläschen Wein. Aber es ist auch schon vorgekommen, dass ich es vergessen habe."

M3   Suchtformen

Der deutsche Mediziner KLAUS WANKE beschrieb Abhängigkeit bzw. Sucht als ein Verlangen nach einem bestimmten Erlebniszustand. Um diesen Zustand zu erreichen, wird die Kontrolle durch den Verstand ausgeschaltet, stattdessen steuert das **limbische System** das Verhalten. Diese Funktionseinheit des Gehirns ist die Schaltzentrale für Emotionen. Eingehende Informationen von den Sinnesorganen werden in diesem Bereich des Gehirns bewertet. Bei einer positiven Bewertung der Information wird ein Verlangen nach dieser Informationsaufnahme erzeugt. Laut wanke stört das Suchtverhalten die Entfaltung der Persönlichkeit und schädigt zwischenmenschliche Beziehungen.

Ein bestimmter Erlebniszustand kann aber nicht nur durch stoffgebundene Suchtmittel wie Nikotin, Alkohol oder THC (Cannabis) erreicht werden, sondern auch durch **nicht-stoffgebundene Suchtformen**. Hierunter versteht man Verhaltensweisen, die einen Belohnungseffekt erfüllen. So haben zum Beispiel Studien gezeigt, dass Jugendliche, die übertriebenermaßen an Konsolen oder Computern spielen, ähnliche Hirnströme aufzeigen, wie Jugendliche, die unter einer Alkoholsucht leiden (**B2**). Das Spielen erzeugt bei den Süchtigen einen Rauschzustand, der unangenehme Gefühle unterdrückt. Es kommt zu einer psychischen Abhängigkeit – auch hier kann es zu

Entzugserscheinungen wie Übelkeit, Nervosität oder Depressionen kommen. Doch nicht nur das Spielen an digitalen Geräten kann eine Sucht erzeugen, auch die allgemeine Internetnutzung birgt Suchtpotential. Bei Internetsüchtigen kann beobachtet werden, dass die Dauer der Nutzung des Internets, egal ob am PC, am Tablet oder an einem Handy, nicht mehr kontrolliert werden kann und die Onlineaktivität den Alltag bestimmt. Das Internet wird mehr als 30 Stunden in der Woche aufgesucht. Bei dieser Sucht werden im Internet meist Onlinespiele oder Glücksspiele durchgeführt oder soziale Portale wie Facebook, Instagram oder Snapchat exzessiv genutzt.

B2 Computerspiele als Freizeitbeschäftigung.

M4   Suchtentstehung und Suchtprävention

Viele Suchtmittel wirken auf das Belohnungszentrum im Gehirn. Dieses löst Glücksgefühle aus, wenn wir ein Erlebnis haben, das unser Selbstwertgefühl steigert oder für uns als ein Erfolgserlebnis angesehen wird. Genau auf

![Eisberg-Modell: Suchtverhalten (über Wasser); Erfahrungen, Gefühle, Probleme, Selbstwahrnehmung, Sehnsüchte, Wünsche (unter Wasser)]

B3 Eisberg-Modell

diese Abläufe wirken die süchtig machenden Substanzen in den Suchtmitteln.

Suchtverhalten kann aus ganz unterschiedlichen Gründen entstehen, die oft nicht auf den ersten Blick zu erkennen sind. Viele Ursachen, die in persönlichen Strategien und in den Erfahrungen des Lebens liegen, sind oft nur durch intensive Bemühungen ans Licht zu bringen (**B3**).

Die Weltgesundheitsorganisation hat zehn Lebenskompetenzen definiert. Diese spielen eine wichtige Rolle bei der Vorbeugung von Suchtverhalten, da sie zum einen die Akzeptanz der eigenen Persönlichkeit und zum anderen wichtige Fähigkeiten und Strategien der Problembewältigung fördern. Diese sind: Selbstwahrnehmung, Stressbewältigung, Gefühlsbewältigung, kritisches Denken, Entscheidungsfähigkeit, Problemlösefähigkeit, kreatives Denken, zwischenmenschliche Beziehungsfertigkeiten, effektive Kommunikationsfähigkeit und Einfühlungsvermögen.

1.3.5 Hormone und Suchtprävention – kompakt

Die Wirkungsweise von Hormonen

Der Mensch besitzt zwei Kommunikationssysteme zur Regulation von Vorgängen im Körper: Das Nervensystem und das Hormonsystem. Letzteres überträgt seine Informationen mithilfe von **chemischen Botenstoffen**, den **Hormonen**. Diese werden bei Bedarf zumeist über die Blutbahn im Organismus verteilt und erreichen so die Zellen. Zielzellen besitzen spezielle Rezeptoren in der Membran oder im Zellinneren, an die sich das Hormon nach dem **Schlüssel-Schloss-Prinzip** anlagern kann. Hormone sind **wirkungsspezifisch**, d. h. sie können in der Zielzelle nur eine bestimmte Reaktion auslösen. Sie spielen bei Tieren, zu denen auch der Mensch gehört (**B1**), eine entscheidende Rolle, aber auch bei Pflanzen werden Vorgänge durch Hormone gesteuert.

Das Hormonsystem des Menschen

Im menschlichen Hormonsystem spielt der Hypothalamus eine übergeordnete Rolle. Der Hypothalamus ist ein Bereich des Zwischenhirns, der die Schnittstelle zwischen Hormon- und Nervensystem darstellt.

Er schüttet Freisetzungshormone aus, welche die Hypophyse veranlassen, andere Hormone auszuschütten. Die in der Hypophyse produzierten Hormone können entweder direkt Prozesse im Körper auslösen oder untergeordnete Hormondrüsen mit so genannten stimulierenden Hormonen zur Tätigkeit anregen.

Eine **Störung des Hormonhaushaltes** kann zu schwerwiegenden und auch dauerhaften Erkrankungen führen (z. B. Diabetes ➡ 1.3.6). Durch Aufnahme von Hormonen in Form von **Medikamenten** können aber auch Fehlfunktionen im menschlichen Körper korrigiert werden (z. B. bei einer Schilddrüsenunterfunktion). Manche Sportlerinnen und Sportler führen ihrem Körper Hormone zu, um das Muskelwachstum zu beschleunigen. Dieser **Missbrauch** kann auf Dauer zu schwerwiegenden Schädigungen des Herz-Kreislauf-Systems und der Leber führen sowie den Teufelskreis einer Abhängigkeit einleiten.

> **Basiskonzept**
>
> Die Steuerung von Stoffwechsel-Prozessen durch Hormone erfolgt oft durch ein Hormonpaar. Dabei hat ein Hormon eine aktivierende und ein anderes eine hemmende Funktion (z. B. Glucagon und Insulin in der Blutzuckerregulation). Sie sind Gegenspieler in einem System und wirken nach dem **Gegenspielerprinzip** (BK ➡ im Buchdeckel).

Die Stressreaktion

Anhand der Stressreaktion lässt sich das Zusammenwirken der beiden Informationssysteme des menschlichen Körpers anschaulich aufzeigen. Stress auslösende Ereignisse sind vielfältig. Sie können physischer Natur sein wie körperliche Höchstleistungen oder psychische **Stressoren** wie Angst, Leistungsdruck oder Überforderung.

Bei akutem Stress aktiviert der Hypothalamus des Zwischenhirns den Sympathikus des vegetativen Nervensystems, der immer aktiv ist, wenn der Körper Leistung erbringen muss. In einer Stresssituation aktiviert dieser aber auch die **Nebennieren**. Diese bewirken eine schlagartige **Freisetzung von Adrenalin**, welches den Körper in Alarmbereitschaft versetzt. So wird ein überlebenssicherndes Verhalten ermöglicht, das der Stresssituation angemessen ist: **Kampf oder Flucht**.

Bei einer als **negativ empfundenen Dauerbelastung**, z. B. ständigem Straßenlärm, wird **Cortisol** von den Nebennieren ausgeschüttet, da das Adrenalin zwar sofort, aber nur kurz wirksam ist. Cortisol kann bei Dauerstress zu Schäden oder sogar einem Zusammenbruch des Organismus führen.

... reguliert den Stoffwechsel (z. B. Sommer – Winter).

... hilft dem Körper, mit Belastungen fertigzuwerden (z. B. Infektionen, Hunger, Stress).

... fördert das Wachstum und die Entwicklung.

Das Hormonsystem ...

... hält Stoffkonzentrationen im Gleichgewicht (z. B. Blutzucker).

... beeinflusst unser Verhalten.

... steuert Vorgänge der Fortpflanzung (z. B. Schwangerschaft).

B1 Übersicht über die Aufgaben des Hormonsystems

Die Gründe für unser Handeln

Besonders wichtig für viele Menschen sind Anerkennung, Bewunderung und Erfolgserlebnisse, da diese Glücksgefühle bei uns auslösen. Grund hierfür ist das Belohnungszentrum im Gehirn.

Dabei ist die Versuchung groß, eine vermeintlich schnelle Lösung zu finden, indem man z. B. zur Zigarette, zu Alkohol oder zu einem Computerspiel greift, wodurch das **Belohnungssystem aktiviert** wird. Solche **Ersatzhandlungen** lösen die Probleme aber nicht. Bei dem Versuch, **Misserfolge oder negative Emotionen** – wie Selbstzweifel, ein fehlendes Selbstbewusstsein oder das Gefühl, nicht gut genug zu sein – **zu verdrängen**, greifen viele zu Suchtmitteln oder zeigen ein dauerhaft schädliches Verhalten. In beiden Fällen werden die Abläufe im Belohnungszentrum beeinflusst. Gerade am Anfang einer Abhängigkeit stellt sich durch das Suchtmittel zunächst ein positives Gefühl ein. Das Verlangen danach wächst.

Die Entstehung eines Suchtverhaltens wird neben dem Suchtmittel von zwei weiteren Faktoren bestimmt: dem **Umfeld**, mit dem man sich umgibt, und der **eigenen Persönlichkeit**.

Lebenskompetenzen als Schutz

Lebenskompetenzen können helfen, **das eigene Ich zu stärken** und so die Gefahr einer Abhängigkeit drastisch zu reduzieren. Sie helfen uns, den **eigenen Wert** unabhängig von der Meinung anderer oder von Fehlschlägen zu sehen. Zudem geben sie uns die Möglichkeit, leichter selbst zu bestimmen, was wir tun wollen und was nicht.

Lebensfreude tanken!

Situationen, die dich unglücklich machen: Wenn man enttäuscht wurde oder unzufrieden mit sich ist, einem langweilig ist, man Stress hat, man einsam ist, sich missverstanden fühlt, erschöpft ist oder wütend ist, Angst hat uvm. Gerade jetzt ist die Versuchung groß eine vermeintlich schnelle Lösung zu finden, indem man z. B. zu Alkohol greift, das dass Belohnungssystem aktiviert. Dies befüllt aber nicht den Seelentank (**B2**). Hier benötigt man nachhaltige Tätigkeiten, wie z. B. Musik hören, gute Gespräche, Erlebnisse in der Natur, Sport, etc.

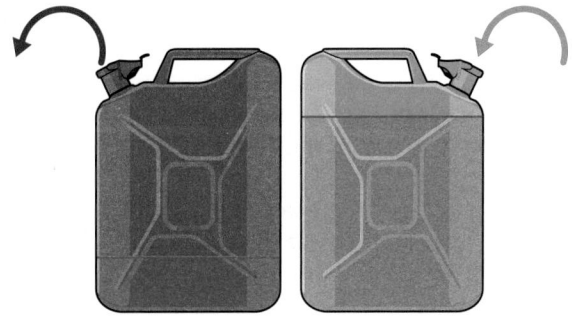

B2 Seelentankmodell: **Schlechte** Erlebnisse und Gefühle leeren den Seelentank, gute hingegen füllen ihn wieder auf.

Aufgaben

1. Auch Pflanzen besitzen ein Hormonsystem. Das Hormon Auxin bewirkt z. B. ein Krümmungswachstum des Stängels als Reaktion auf Lichtreize. Auxin wird auf der Schattenseite der Stängelspitze verstärkt gebildet und von Zelle zu Zelle nach unten weitergegeben (**B3**). An den Zielzellen wirkt Auxin nach dem Schlüssel-Schloss-Prinzip und löst ein verstärktes Streckungswachstum aus. Vergleiche diese Regulation von Vorgängen durch Hormone bei den Pflanzen mit dem Hormonsystem des Menschen. Berücksichtige folgende Aspekte: Bildungsort, Transport und Wirkungsweise. Nenne zugehörige Basiskonzepte.

2. Erläutere, wie es sein kann, dass ein Hormon an verschiedenen Stellen im Körper ganz unterschiedliche Wirkungen zeigen kann.

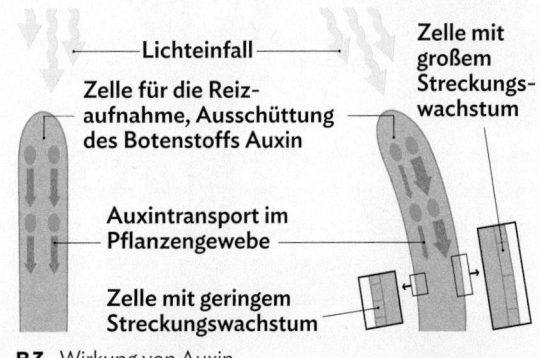

B3 Wirkung von Auxin

3. Vergleiche die Bedeutung des Hormonsystems mit der Bedeutung des Nervensystems im menschlichen Körper.

1.3.6   Blutzuckerspiegel und Diabetes

Unter Blutzucker versteht man im Allgemeinen den Glucoseanteil im Blut. Die Zellen benötigen Glucose (Traubenzucker) für die Zellatmung. Glucose stellt somit einen wichtigen Energielieferanten des Körpers dar. Ist der Blutzuckerspiegel zu niedrig, kommt es zu Blässe, kaltem Schweiß, Zittern und Kopfschmerzen bis hin zur Ohnmacht. Bei einer Überzuckerung stellen sich Wadenkrämpfe und Muskelschmerzen ein. Es kann zu einem lebensgefährlichen diabetischen Koma kommen.

Regulation des Blutzuckers

Der Blutzuckerspiegel sollte sich im menschlichen Körper relativ konstant um einen Wert von 90 mg Glucose in 100 mL Blut bewegen. Die beiden entscheidenden Organe sind zum einen die **Bauchspeicheldrüse**, die die entsprechenden Hormone zur Regulation herstellt und ausschüttet. Zum anderen ist neben den **Muskeln** vor allem die **Leber** ein Speicherorgan für **Glykogen**, welches sie bei Bedarf zu Glucose abbauen oder aus Glucose aufbauen kann. Nimmt der Mensch kohlenhydrathaltige Nahrung auf, gelangt im Rahmen der Verdauung Glucose durch die Darmwand ins Blut 1 (**B1**) und die Konzentration an Glucose im Blut nimmt zu 2. Sensoren der Bauchspeicheldrüse erfassen den erhöhten Wert und bestimmte Zellen der Bauchspeicheldrüse schütten daraufhin **Insulin** aus 3. Das Insulin dockt an Rezeptoren der Zielzellen an und erhöht bei diesen die Durch-

lässigkeit der Zellmembran für Glucose 4. Der Blutzuckerspiegel sinkt, weil Muskel-, Fett- und Leberzellen vermehrt Glucose aufnehmen. In den Muskelzellen kann die Glucose zur Energiegewinnung in der Zellatmung verbraucht werden 5 oder, ebenso wie in Leberzellen, in den Speicherstoff Glykogen umgewandelt werden 6. Fettzellen wandeln die Glucose in Fett um. Fällt der Blutzuckerspiegel, schüttet die Bauchspeicheldrüse den Gegenspieler **Glucagon** aus 7. Glucagon bewirkt in den Zielzellen den Abbau des Energiespeichers Glykogen zu Glucose 8, wobei die Muskelzellen diese sofort verbrauchen. Die Leberzellen geben die Glucose ins Blut ab 9, wodurch der Blutzuckerspiegel wieder ansteigt. So sind alle Organe weiterhin ausreichend mit Glucose versorgt. Auch das Hormon **Adrenalin** hat eine blutzuckersteigernde Wirkung wie Glucagon. In Stresssituationen (➡ 1.3.3) sorgt es dafür, dass die Glykogen-Reserven sehr schnell mobilisiert werden können 10.

Diabetes Typ 1

Etwa fünf Prozent der Deutschen haben Diabetes mellitus. Die beiden Diabetes-Haupttypen sind von ihrer Entstehung her ganz unterschiedliche Erkrankungen. Bei beiden ist jedoch der Blutzuckerspiegel ständig erhöht. Dies belastet vor allem die Blutgefäße. Die Schädigung der Blutgefäße in Netzhaut, Nieren, Gehirn oder Herz kann zu Erblindung, Nierenversagen, Schlaganfall und Herzinfarkt führen. Beim Typ-1-Diabetes sind die

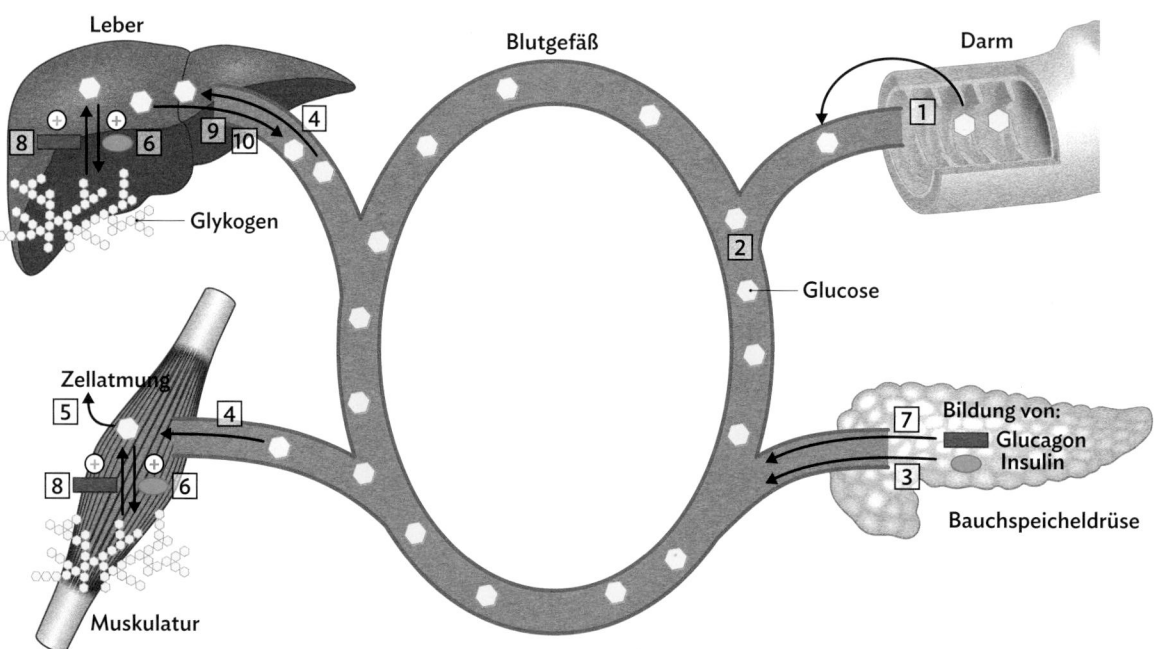

B1   Vorgänge bei der Blutzuckerregulation

β-Zellen in der Bauchspeicheldrüse zerstört, die beim gesunden Menschen Insulin produzieren. Die Ursache hierfür ist eine angeborene (**B2**) Autoimmunerkrankung. Dabei richtet sich das körpereigene Abwehrsystem, das normalerweise vor Infektionen schützen soll, gegen diese Zellen. Dadurch wird die körpereigene Insulinproduktion in der Regel völlig gestoppt. Durch den Ausfall der Insulinproduktion reichert sich Glucose im Blut an. Wird dabei eine Blutzuckerkonzentration von 1,6 bis 1,8 g/L überschritten, scheiden die Nieren Glucose mit dem Urin aus. Wegen seines hohen Zuckergehalts wird der Urin verdünnt; deshalb müssen Diabetiker häufiger zur Toilette. Der erhebliche Wasserverlust erzeugt einen unnatürlichen Durst. Da die ausgeschiedene Glucose nicht mehr als Energielieferant zur Verfügung steht, werden die Fett- und Eiweißreserven des Organismus angegriffen, wodurch Typ-1-Diabetiker häufig an Untergewicht leiden. Weil der Typ-1-Diabetiker keine β-Zellen mehr besitzt, muss er Insulin spritzen, um den Blutzuckerspiegel regulieren zu können. Der Typ-1-Diabetes tritt meist bereits im Kindes- und Jugendalter auf.

Diabetes Typ 2

Bei Typ-2-Diabetikern mangelt es den Betroffenen insbesondere im Vorstadium der Erkrankung nicht an Insulin. Häufig ist der Insulinspiegel im Blut sogar erhöht. Die Insulinwirkung bleibt aber aus. Die Zellen, die Glucose aufnehmen und speichern sollen, reagieren nicht oder kaum auf das Insulin. In diesem Stadium steigert die Bauchspeicheldrüse die Insulinproduktion, um die Insulinresistenz der Zellen auszugleichen. Gewichtsabnahme, angepasste Ernährung und ausreichend Bewegung können die Blutzuckerwerte in diesem Stadium sogar wieder normalisieren (**B3**). Helfen diese Maßnahmen nicht, ist die Einnahme von Tabletten, die den Blutzuckerspiegel senken, notwendig. Werden die β-Zellen in der Bauchspeicheldrüse, die beim gesunden Menschen das Insulin produzieren, jedoch über längere Zeit ständig überfordert, so sinkt die Insulinproduktion allmählich ab. Schließlich ist nicht mehr genügend Insulin vorhanden, um die Insulin-resistenten Zielzellen zur Glucose-Aufnahme und Speicherung zu veranlassen. Dann ist auch bei Typ-2-Diabetes eine Therapie mit Insulin notwendig.

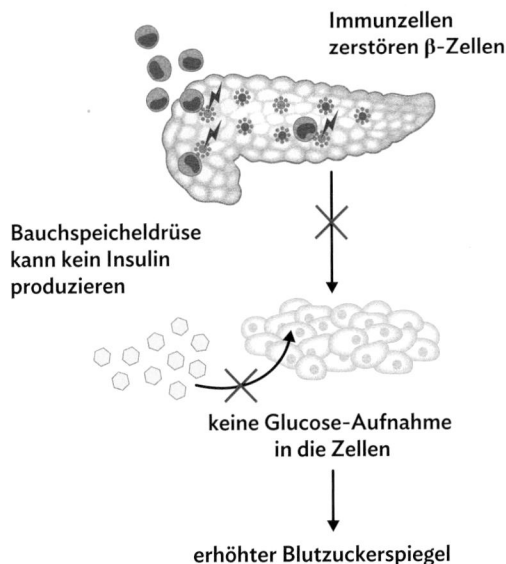

B2 Mechanismen bei Diabetes Typ 1

Immunzellen zerstören β-Zellen

Bauchspeicheldrüse kann kein Insulin produzieren

keine Glucose-Aufnahme in die Zellen

erhöhter Blutzuckerspiegel

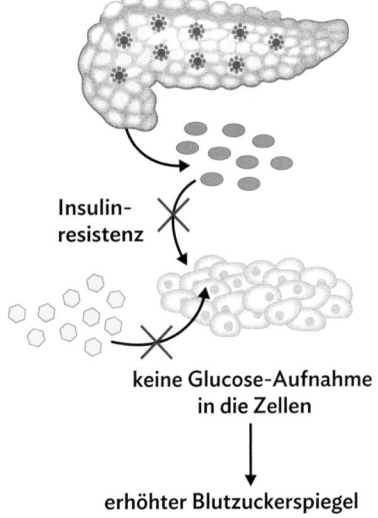

B3 Mechanismen bei Diabetes Typ 2

Bauchspeicheldrüse produziert genügend Insulin

Insulin-resistenz

keine Glucose-Aufnahme in die Zellen

erhöhter Blutzuckerspiegel

Aufgaben

1 Erkläre das Gegenspielerprinzip anhand der Regulation des Blutzuckerspiegels (Video ➜ QR 03020-055).

03020-055

2 Die Ursache für Diabetes kann bei Betroffenen unterschiedlich sein. Vergleiche die beiden Diabetes-Typen in einer Tabelle nach folgenden Kriterien: Ursache, Auftreten, Symptome (Kennzeichen), Therapie (ärztliche Maßnahmen).

1.3.7 Künstliche Intelligenz sinnvoll einsetzen

So arbeitet künstliche Intelligenz

Als Teilgebiet der Informatik erkennt bzw. sortiert **Künstliche Intelligenz** (KI) Informationen aus Umgebungs- und Eingabedaten sowie Datenbanken und imitiert so menschliche Geistesfähigkeiten. Dabei greift KI auf **programmierte Abläufe** zurück oder wird durch **maschinelles Lernen** erzeugt. Gerade hinsichtlich des maschinellen Lernens wurden in den letzten Jahren aufgrund von immer größeren Datenmengen und der hohen Rechenleistung moderner Computersysteme große Fortschritte erzielt. Maschinelles Lernen basiert darauf, dass ein Algorithmus (eine Handlungsvorschrift) selbstständig Aufgaben erfüllt, indem er sie wiederholt ausführt und mit vorgegebenen Gütekriterien abgleicht. Somit sind Computer oder Roboter, die auf maschinelle Lernprozesse zurückgreifen, nicht mehr auf vorgegebene Algorithmen angewiesen, sondern entwickeln eigenständig Lösungsstrategien bzw. optimieren diese. Eine planmäßige Vorgehensweise ähnlich einer „echten" Intelligenz, wie man sie bei höheren Lebewesen finden kann, liegt bei maschinellem Lernen nicht vor. Dennoch modellieren die Vorgänge Lernprozesse, wie sie auch im Nervensystem des Menschen stattfinden (➡ 1.1.1). Man spricht daher auch von **neuronalen Netzen**.

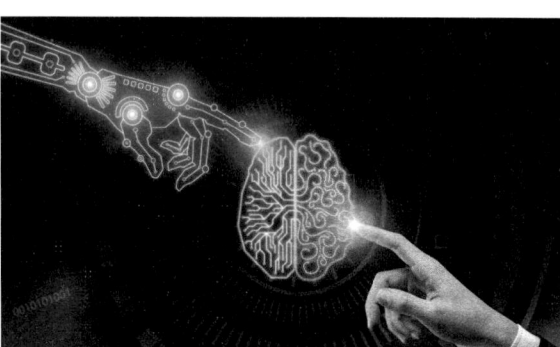

B1 Künstliche Intelligenz modelliert neuronale Prozesse in einer digitalen Umgebung.

Anwendungsgebiete im Schulalltag

KI hat bereits viele Anwendungsfelder im Alltag gefunden: Von Empfehlungsalgorithmen beim Online-Shopping oder in Streaming-Portalen über Gesichtserkennungssoftware auf Smartphones bis hin zu medizinischen Anwendungen zur Diagnose von Erkrankungen. Künstliche Intelligenz verarbeitet große Datenmengen in kurzer Zeit und bietet ungeahnte Möglichkeiten. Auch bei der **Erhebung und Auswertung von Daten** spielen KI-Systeme eine immer größere Bedeutung. Auch im schulischen Umfeld bietet künstliche Intelligenz viele Anwendungs-

möglichkeiten. Durch zunehmend leistungsfähigere KIs ist es möglich, Texte und andere Darstellungsformen (z. B. Diagramme oder Bilder, **B2**) automatisch erstellen oder Daten für wissenschaftliche Arbeiten recherchieren zu lassen.

B2 Blauhäher, KI-generiert (links) und Fotografie (rechts)

KI kann auch beim Üben oder Erlernen von Unterrichts-Inhalten behilflich sein. Beispielsweise:
- einer KI Verständnisfragen zu einem (komplizierten) Text stellen und den Text damit besser verstehen.
- eine KI Lernkarten zu vorgegebenen Themen erstellen lassen, um damit Wissen zu strukturieren.
- eine selbst geschriebene Antwort durch eine KI überprüfen lassen und Feedback dazu erhalten.
- eine KI anhand vorgegebener Inhalte einfache Quiz-Fragen erstellen und deinen Lernfortschritt überprüfen lassen.

Prompts schreiben

Um KI-Tools sinnvoll zu nutzen, ist es wichtig, der verwendeten Software die richtigen Anweisungen – so genannte **Prompts** (**B3**) – zu geben, um möglichst das zu erhalten, was man auch anstrebt. Dabei sollten vier inhaltlich verschiedene Anweisungen enthalten sein.

So geht's

1. **Schritt:** Gib die **P**osition, bzw. Rolle an, die die KI übernehmen soll.
2. **Schritt:** Formuliere die **A**ufgabe bzw. Zielsetzung in einem Satz.
3. **Schritt:** Ergänze diese um ausreichend **D**etails, wie das Ergebnis aussehen soll.
4. **Schritt:** Gib den sprachlichen **S**til an, in dem das Ergebnis ausgegeben werden soll.

P	**A**	**D**	**S**
Position	Aufgabe	Details	Stil

B3 Die PADS-Regel zum Schreiben effektiver Prompts

Daten auf ihre Verlässlichkeit prüfen

Gerade zur Recherche von Quellen für Referate oder Seminararbeiten kann KI in kürzester Zeit eine Auswahl relevanter Daten zusammenfassen und diese präsentieren. Da derart erhobene Informationen keine Überprüfung aus zweiter Hand erfahren, wie es bei veröffentlichten wissenschaftlichen Quellen der Fall ist, muss bei der Nutzung von KI die **Verlässlichkeit der Daten** kritisch hinterfragt werden.

So geht's

1. **Schritt:** Überprüfe, ob Autorinnen und Autoren, Plattformen oder Verlage korrekt angegeben sind.
2. **Schritt:** Überprüfe die inhaltliche und sprachliche Qualität der Daten. Sind Logikfehler oder ungewöhnliche sprachliche Strukturen erkennbar?
3. **Schritt:** Führe eine Kontrollrecherche durch. Werden ähnliche Daten auch von anderen (vertrauenswürdigen) Quellen angegeben oder zitiert?

KI als Quelle angeben

Um auch anderen Nutzerinnen und Nutzern den Ursprung KI-erzeugter Inhalte verlässlich wiederzugeben und die Verwendung der Software nachvollziehbar zu machen, muss der Einsatz von KI bei der Erstellung von Präsentationen und Seminararbeiten **als Quelle angegeben werden**.

So geht's

1. **Schritt:** Gib das verwendete KI-Tool an.
2. **Schritt:** Beschreibe den genauen Einsatz der Software und der verwendeten Prompts.
3. **Schritt:** Prüfe Quellenangaben, die in KI-generierten Texten enthalten sein können. Diese können **frei erfunden** sein.

Gefahren von KI – Datenproblematik

Maschinelles Lernen basiert auf großen Datenmengen und greift auf Datenbanken zurück, die über das Internet zur Verfügung gestellt werden. Von diesen ist die Verlässlichkeit KI-generierter Inhalte abhängig. Da die Datenbanken in vielen der Öffentlichkeit zugänglichen Fällen je nach System bzw. der genutzten Software-Version auf älteren Datensätzen basieren, sind KI-erhobene Daten meist (noch) nicht tagesaktuell und entsprechen nicht dem aktuellen Wissensstand.

Aufgaben

1 Die Datenverarbeitung durch KI ist in manchen Aspekten vergleichbar mit der Informationsverarbeitung durch das Nervensystem. Stelle die KI-gestützte Verarbeitung von Daten mithilfe eines Schemas ähnlich der Reiz-Reaktions-Kette (➡ 1.1.1) dar und beschreibe Gemeinsamkeiten und Unterschiede.

2 Die Hormone Insulin und Glukagon regulieren die Glucose-Konzentration im Blut.
a) Erstelle mithilfe der PADS-Regel einen Prompt, **MK** der eine KI dazu auffordert, Lernkarten zur Blutzucker-Regulation durch die beiden Hormone für eine 9./10. Klasse am Gymnasium zu erstellen.
b) Ermittle eine Quellenangabe, die den mithilfe des Prompts aus Teilaufgabe a) erstellten Text ausreichend kennzeichnet.

3 Der folgende Textausschnitt zu hormonaktiven **MK** Stoffen, die in der Kritik stehen, als ungewollte Abbauprodukte über die Nahrungskette Krankheitsbilder auslösen zu können, wurde von einer KI generiert. Gleiche den Text mit einer eigenen Recherche ab und identifiziere falsche oder unvollständige Informationen.
„Hormonaktive Stoffe, auch bekannt als Phytohormone, sind natürliche Verbindungen in Pflanzen, die ähnliche Wirkungen wie Hormone im menschlichen Körper haben können. Sie werden oft in Nahrungsergänzungsmitteln und natürlichen Heilmitteln verwendet, um das hormonelle Gleichgewicht zu unterstützen und verschiedene gesundheitliche Vorteile zu bieten. Diese Substanzen können helfen, die Knochengesundheit zu verbessern, die Haut zu pflegen und das allgemeine Wohlbefinden zu fördern. Es ist wichtig, qualitativ hochwertige Produkte zu wählen und sich vor der Einnahme von hormonaktiven Stoffen mit einem Arzt oder Ernährungsberater zu beraten."

Zum Üben und Weiterdenken

Besondere Bereiche der Netzhaut

 1 Der Bestand an Sehzellen in der Sehgrube und am blinden Fleck unterscheiden sich stark vom Rest der Netzhaut.

a) Recherchiere die Verteilung der Sehzellen innerhalb und außerhalb der Sehgrube (**B1**).

b) Schließe das linke Auge und schaue mit dem rechten Auge immer auf den Kreis in **B1**, wobei du das Strichmännchen im Gesichtsfeld erkennst. Variiere den Abstand zum Buch, bis du das Strichmännchen nicht mehr sehen kannst. Erkläre das Phänomen.

B1 Versuch zum blinden Fleck.

Wirkungsweise von Hormonen in der Zielzelle

2 Manche Hormone (z. B. Insulin) können die Zellmembran ihrer Zielzelle nicht durchdringen. Sie binden an Rezeptoren in der Zellmembran. Beschreibe den daraufhin ablaufenden zellulären

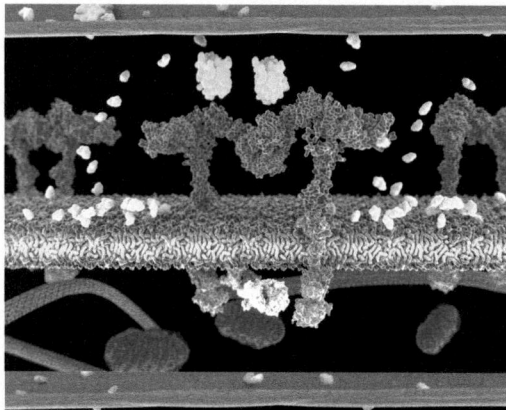
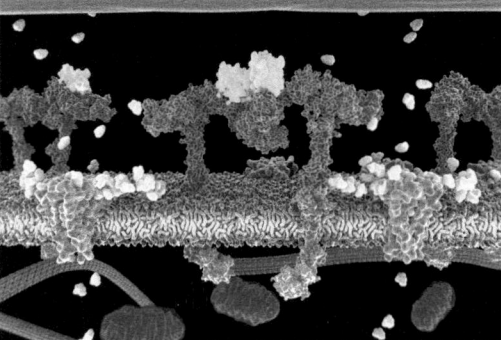

B2 Wirkungsweise von Insulin (grün) bei Bindung an den Insulin-Rezeptor (lila). Die Glucose (gelb) kann die Zellmembran nur durch offene Glucose-Kanäle (orange) passieren.

Wirkungsmechanismus mithilfe von **B2** unter Verwendung von Fachbegriffen.

Zivilisationskrankheit Diabetes

3 2005 fand man im Speichel einer nordamerikanischen Krustenechse den Wirkstoff Exenatide, der mittlerweile biotechnologisch erzeugt wird. Er wird bei Diabetes Typ 2 angewendet und muss wie Insulin unter die Haut gespritzt werden. Exenatide senkt nicht nur den Blutzuckerspiegel, sondern reduziert auch den Appetit. Außerdem wirkt dieser neue Stoff nur bei einem erhöhten Blutzuckerspiegel (Hilfen ➡ **QR 03022-49**).

03022-49

a) Nenne Vorteile von Exenatide gegenüber der üblichen Behandlung mit Insulin.

b) Der Wirkstoff konnte die Medikation mit Insulin noch nicht verdrängen. Nenne mögliche Gründe dafür.

Pflanzenhormone

4 Reife Früchte setzen das gasförmige Pflanzenhormon Ethen frei, wodurch benachbarte Früchte ebenfalls reifen. Dieses Gas macht man sich in der Obstproduktion zu Nutze. Bananen werden unreif gepflückt und am Zielort durch Begasung mit Ethen gereift. Vergleiche Ethen und Insulin bezüglich Wirkweise und Wirkort.

Endorphine

5 Suchtmittel können die Ausschüttung von Endorphinen an den Endknöpfchen der Nervenzellen auslösen (➡ 1.1.1), die sich im Belohnungszentrum des Gehirns befinden. Endorphine binden an Endorphin-Rezeptoren die die Erregung an weitere Nervenzellen weiterleiten. Die Ausschüttung ruft Glücksgefühle hervor, die jedoch nur von kurzer Dauer sind. Zum Schutz vor einer Überstimulierung verringern sich die Anzahl der Endorphin-Rezeptoren.

a) Beschreibe die Entstehung einer körperlichen Abhängigkeit beim Konsum von Heroin, das ebenfalls an die Endorphin-Rezeptoren binden kann. Erkläre in diesem Zusammenhang wieso man von einem „Teufelskreis des Konsums" spricht.

b) Suche im Internet nach dem Schlagwort „BZgA Suchtberatung". Stelle Informationen zu Suchtberatung und Prävention in deiner Umgebung zusammen.

Alles im Blick

Arbeitsblatt (➥ QR 03033-014).

03033-014

Das Reiz-Reaktions-Schema und die Sinne des Menschen

Damit ein Lebewesen auf Reize reagieren kann, müssen Informationen von den Sinnesorganen zum Nervensystem und schließlich zu den Erfolgsorganen weitergeleitet werden. Sinnesorgane sind Organe mit spezialisierten Sinneszellen, die jeweils ganz bestimmte Reize aufnehmen und elektrische Impulse aussenden. Sie stellen damit die Grundlage zur Kommunikation mit der Umwelt dar. Nur ein guter Schutz bewahrt ihre Funktionsfähigkeit.

Bei der Wahrnehmung von Licht arbeiten der lichtbrechende Apparat des Auges, die Sehzellen der Netzhaut und das Gehirn zusammen. Das BK Struktur und Funktion gilt für alle Bestandteile des Auges. Beispielsweise kann die Form und damit Brechkraft der Linse zum Scharfstellen naher und ferner Gegenstände geändert werden (Akkommodation).

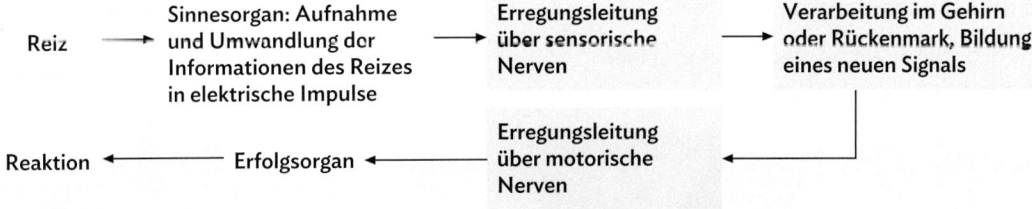

➥ 1.1, 1.2

Hormone als Informationsüberträger

Hormone sind chemische Botenstoffe, die in verschiedenen Hormondrüsen produziert und über die Blutbahn im Körper verteilt werden. Sie können an vielen Stellen im Körper gleichzeitig und auch langfristig wirken. Hormone binden nach dem Schlüssel-Schloss-Prinzip an Rezeptoren der Zielzellen und lösen dadurch eine spezifische Reaktion der Zielzellen aus. Die beiden Hormone Insulin (blutzuckersenkend) und Glucagon (blutzuckersteigernd) wirken als Gegenspieler und halten den Blutzuckerspiegel konstant. Bei der Stressreaktionen arbeiten Nerven- und Hormonsystem eng zusammen. Der stressauslösende Reiz aktiviert Teile des vegetativen (unwillkürlichen) Nervensystems, die den Hypothalamus ansteuern. Hier werden Hormone ausgeschüttet, die die Nebennieren zur Ausschüttung des Hormons Adrenalin veranlassen. Als Folge weiten sich Blutgefäße und Glucose wird bereitgestellt.

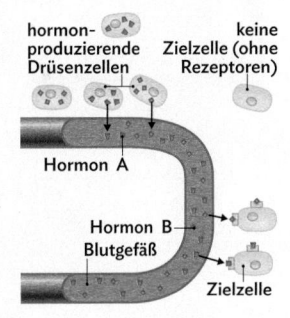

➥ 1.3

Teufelskreis Abhängigkeit

Ein Bier am Abend oder eine Stunde Computerspielen kann man genießen. Muss ein Suchtmittel jedoch regelmäßig konsumiert werden, kann es zu einer Abhängigkeit (= Sucht) kommen.

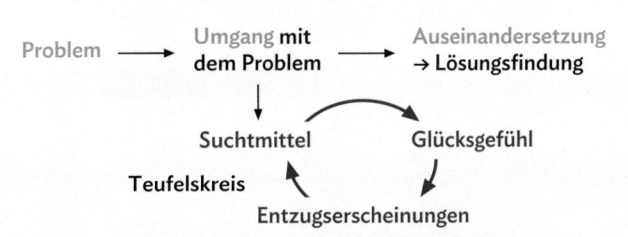

➥ 1.3.4

Ziel erreicht?

1. Selbsteinschätzung

Wie gut sind deine Kenntnisse in den Bereichen A bis E? Schätze dich selbst ein und kreuze auf dem Arbeitsblatt in der Auswertungstabelle unten die entsprechenden Kästchen an (➡ QR 03033-015).

03033-015

2. Überprüfung

Bearbeite die untenstehenden Aufgaben (Lernanwendung ➡ QR 03033-016). Vergleiche deine Antworten mit den Lösungen auf S. 252 f. und kreise die erreichte Punktzahl in der Auswertungstabelle ein. Vergleiche mit deiner Selbsteinschätzung.

03033-016

Kompetenzen

Das Reiz-Reaktions-Schema erläutern

A1 | Das Bild zeigt, wie Tom reagiert, als er seinen Namen hört.

zu A1

7 P a) Erstelle für die dargestellte Situation ein Reiz-Reaktions-Schema.

4 P b) Erkläre an diesem Beispiel das Zusammenwirken von Sinnesorganen, Nervensystem und Erfolgsorgan.

Sinnesorgane ihren adäquaten Reizen zuordnen sowie Gefahren für Sinnesorgane und Schutzmaßnahmen erläutern

B1 | Ordne folgende Begriffe den Bereichen *Reiz*, *Reizumwandlung*, *Signalumwandlung*, *Informationsverarbeitung* und *Reaktion* zu: Riechzellen, Duftstoff, Sehnerv, Riechzentrum, Armbewegung, Ohrschnecke, Rückenmark, Schallwelle   5 P

B2 | Ein HNO-Arzt stellt bei einer 14-jährigen Schülerin einen Riss des Trommelfells fest. Auf Nachfrage erzählt die Schülerin, dass sie mehrere Stunden Musik über In-Ear-Kopfhörer hört. Nenne Maßnahmen, um ein zukünftiges Reißen des Trommelfelles der Patientin zu vermeiden.   2 P

Funktion und Bau des Auges beschreiben

C1 | Beschreibe den Weg der Information von der Lichtquelle bis zur Wahrnehmung im Gehirn in Form eines Flussdiagramms. Nenne dabei auch alle Strukturen des Auges, welche das Licht auf seinem Weg durchdringt.   4 P

C2 | In den folgenden Abbildungen sind zwei häufig vorkommende Sehfehler dargestellt.

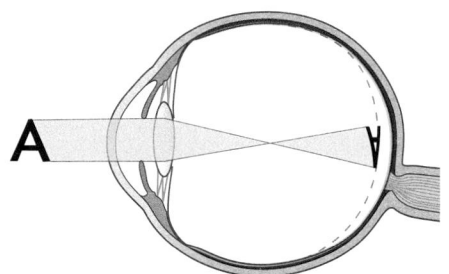

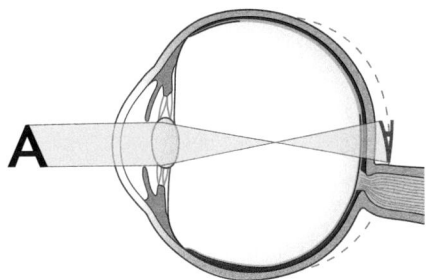

zu C2

4P a) Benenne die beiden Fehlsichtigkeiten. Leite aus deinen Kenntnissen des Sehvorgangs die Folgen für die Wahrnehmung von Sinneseindrücken ab.

4P b) Beschreibe Korrekturmöglichkeiten für diese beiden Fehlsichtigkeiten.

2P **C3** Bei älteren Menschen kommt es häufig vor, dass diese sowohl kurzsichtig sind als auch eine Lesebrille brauchen. Abhilfe verschafft in diesen Fällen eine sogenannte Gleitsichtbrille. Erläutere die Ursache der sogenannten Altersweitsichtigkeit.

Die Wirkungsweise von Hormonen erläutern

6P **D1** Definiere den Begriff Hormon und erkläre anhand einer beschrifteten Skizze die Wirkungsweise von Hormonen an der Zielzelle.

7P **D2** Hormone wirken häufig als Gegenspieler. Erkläre das Gegenspielerprinzip anhand von Hormonen. Prüfe die folgenden Aussagen über Hormone und korrigiere die falschen Aussagen.
- Hormone binden nach dem Schlüssel-Schloss-Prinzip an einen Hormon-Rezeptor.
- Hormon-Rezeptoren finden sich nur an den Zielzellen der Leber.
- Hormone, die an verschiedene Typen von Rezeptoren der Zielzellen binden, rufen in allen Zielzellen des Hormons dieselbe Reaktion hervor. Dies bezeichnet man als Wirkungsspezifität.
- Glucagon und Insulin sind Gegenspieler und spielen eine wichtige Rolle in der Regulation des Blutzuckers.
- Die Hypophyse und der Hypothalamus sind wichtige Hormondrüsen im Verdauungssystem.
- Das Hormonsystem überträgt Informationen langsamer als das Nervensystem.

Das Zusammenspiel von Nerven- und Hormonsystem am Beispiel der Stressreaktion erläutern

E1 Formuliere ein Pfeildiagramm, das den Ablauf einer Stressreaktion darstellt. Verwende dabei folgende Begriffe: *Stressor – Hypothalamus – Herz – Verdauung – Nebenniere – Adrenalin – Atmung – Cortisol.* **4P**

E2 „Erst die Arbeit, dann das Vergnügen." Nimm zu diesem Sprichwort kritisch Stellung. Verwende dabei dein Wissen über Stressbewältigung. **3P**

E3 Andauernder Lärm kann Stress und sogar Gehörschäden verursachen. Nenne drei Geräusche aus deinem Alltag, denen du dich nicht dauerhaft aussetzen solltest. **3P**

Auswertung

Ich kann ...	prima	ganz gut	mit Hilfe	lies nach auf Seite
A das Reiz-Reaktions-Schema erläutern.	☐ 11–9	☐ 8–6	☐ 5–3	20–5
B Sinnesorgane ihren adäquaten Reizen zuordnen sowie Gefahren für Sinnesorgane und Schutzmaßnahmen erläutern.	☐ 7–6	☐ 5–4	☐ 3–2	22–25, 32–33
C Funktion und Bau des Auges beschreiben. Fehlsichtigkeit und Möglichkeiten für deren Korrektur begründen.	☐ 14–11	☐ 10–7	☐ 6–5	26–33
D die Wirkungsweise von Hormonen Hormonen erläutern. Therapiemaßnahmen von Diabetes mellitus beschreiben.	☐ 13–11	☐ 10–7	☐ 6–5	38–49
E das Zusammenspiel von Nerven- und Hormonsystem am Beispiel der Stressreaktion erläutern.	☐ 10–9	☐ 8–6	☐ 5–3	42–43

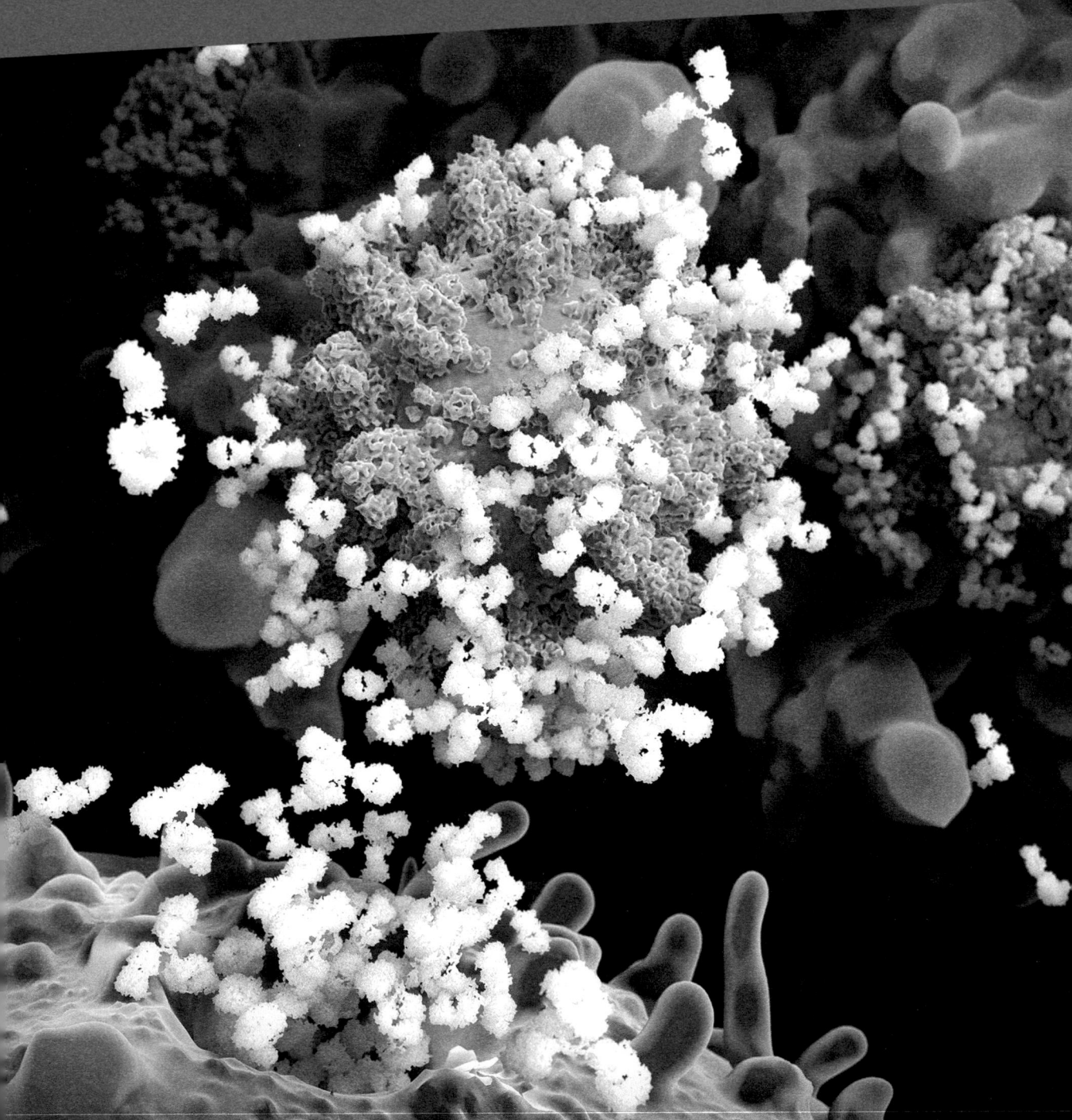

2 Immunbiologie

Startklar?

Die folgenden Basiskonzepte (BK ➥ im Buchdeckel) helfen dir, die neuen Inhalte von Kapitel 2 mit deinem Vorwissen zu verknüpfen (Lernanwendung ➥ QR 03033-017).

03033-017

Der Aufbau einer Pflanzen- und Tierzelle

Zellen sind offene Systeme, die mit ihrer Umgebung Stoffe und Energie austauschen, aber auch von ihr abgegrenzt sind. Betrachtet man pflanzliche und tierische Zellen unter dem Mikroskop, so kann man einige gemeinsame, aber auch unterschiedliche Strukturen erkennen (**B1**). Diese Bestandteile erfüllen im System unterschiedliche Funktionen, vergleichbar mit den Organen in einem Wirbeltierorganismus. Diese sind Zellmembran, Zellplasma, Zellkern und Mitochondrien (nicht im Lichtmikroskop sichtbar). Pflanzenzellen besitzen außerdem noch eine Vakuole, Chloroplasten und eine Zellwand.

➥ **BK Struktur und Funktion**

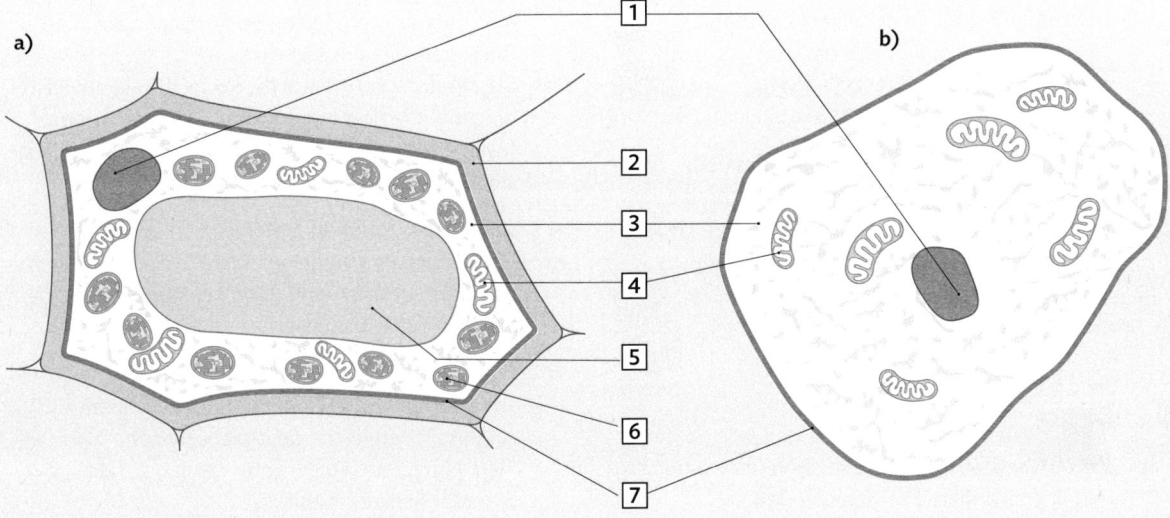

B1 Grundbauplan einer pflanzlichen (a) und einer tierischen (b) Zelle

Schlüssel-Schloss-Prinzip

Im Hormonsystem des Menschen spielt das Schlüssel-Schloss-Prinzip eine entscheidende Rolle. Hormone und ihre spezifischen Rezeptoren passen wie ein Schlüssel in ein Schloss. Diese Spezifität von Hormonen ist ausschlaggebend dafür, dass die Hormone nur an den Stellen im Körper wirken, wo auch entsprechende Rezeptoren vorhanden sind. So erreicht das Hormon Insulin seine Zielzellen über die Blutbahn und kann an den Zielzellen an entsprechende Rezeptoren binden, sodass Glucose aufgenommen werden kann.

➥ **BK Struktur und Funktion**

Aufgaben

➥ **Lösungen auf S. 253**

1 Ordne den in **B1** nummerierten Strukturen die folgenden Begriffe zu: *Zellmembran, Zellplasma, Zellkern, Vakuole, Zellwand, Chloroplast, Mitochondrium*. Nenne zu den verschiedenen Bestandteilen die jeweilige -Funktion.

2 Die Wirkung von Hormonen an Rezeptoren erfolgt nach dem Schlüssel-Schloss-Prinzip (**B2**). Begründe, dass nur bestimmten Stellen des Körpers auf ein Hormon reagieren, obwohl dieses mit dem Blut in den gesamten Organismus gelangt.

2.1.1   Bakterien als Krankheitserreger

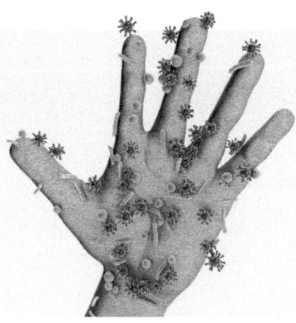

Viele Arten von mikroskopisch kleinen Lebewesen leben in und auf jedem Menschen. Die Mehrzahl unter ihnen ist für den Menschen harmlos oder von Vorteil. Allerdings können einige auch Krankheiten auslösen.

→ Welche mikroskopisch kleinen Lebewesen kennst du, die schädlich für den Körper sind und krank machen können?

Lernweg

1   Mithilfe eines sog. Elektronenmikroskops können heutzutage Bakterien detailliert sichtbar gemacht werden. Bearbeite die Lernanwendung zur Bakterienzelle in M2 mithilfe von M1 (➥ QR 03023-60).   03023-60

2   Die Vermehrung von Bakterien erfolgt über ungeschlechtliche Fortpflanzung. Beschreibe den Ablauf der Zweiteilung von Bakterien (M3) mit folgenden Fachbegriffen: *Einschnürung der Zelle, Verdopplung des Chromosoms, Teilung, Längenwachstum.* Bearbeite zusätzlich die Lernanwendung (➥ QR 03023-61).   03023-61

3   Unter idealen Bedingungen können sich Bakterien alle 20 Minuten teilen. Die reale Vermehrung zeigt jedoch eine andere Entwicklung (M4).

a)   Berechne die Zahl an Bakterien, die sich nach 4 Stunden unter idealen Bedingungen aus einer Bakterienzelle entwickeln kann.

b)   Beschreibe und erkläre die Populationsentwicklung einer realen Vermehrung (B3). Verwende folgende Fachbegriffe: *Absterbephase, Anlaufphase, stationäre Phase, exponentielle Phase.*

4   Je nach Bakterienart treten verschiedene Krankheitssymptome auf. Erstelle mithilfe von M5 und dem Internet eine (digitale) Mindmap zu den schädigenden Bakterien.

5   Prokaryotische und eukaryotische Zellen unterscheiden sich in verschiedenen Merkmalen (M1–M3). Vergleiche beide tabellarisch. *Tipp*: Nutze auch die Informationen auf der Startklar Seite zu Kapitel 2.

M1   Bau einer Bakterienzelle

Zu den Mikroorganismen (mikroskopisch kleine Lebewesen) gehören Vertreter aus unterschiedlichen Reichen, wie der Tiere (z. B. das Pantoffeltierchen), der Pflanzen (z. B. Algen) oder der Pilze (z. B. Schimmelpilze). Eine weitere Gruppe von sehr einfachen Mikroorganismen bilden die sogenannten Bakterien. Die meisten **Bakterien** sind 1–5 µm (1 Mikrometer = ein Tausendstel Millimeter) groß. In Gestalt und Größe unterscheiden sie sich sehr stark. Bakterien gehören zu den sogenannten **Prokaryoten** (von griech. *„pro"*: vor, *„karyon"*: Kern), da sie **keinen echten Zellkern** aufweisen. Zu den Lebewesen mit echtem Zellkern, den **Eukaryoten** (von griech. *„eu"*: echt), zählen Tiere, Pflanzen und Pilze. Ihre Erbinformation befindet sich in einem langen, fadenförmigen Molekül (➥ 4.1.2). Dieses ist bei Prokaryoten zu einem Ring geschlossen und liegt frei im Zellplasma als sog. **ringförmiges Bakterienchromosom** vor. Zusätzlich gibt es noch kleinere ringförmige Strukturen, die Erbinformation enthalten, die **Plasmide**. Kopien dieser **Plasmide** können mit anderen Bakterienzellen ausgetauscht werden. Die Bakterienzelle besitzt eine **Zellmembran**, die als Abgrenzung nach außen wirkt und den Stoffaustausch mit der Umgebung reguliert. Die meisten Bakterienzellen besitzen zusätzlich eine stabilisierende **Zellwand**. Diese kann, vor allem bei Bakterien, die Krankheiten hervorrufen, von einer **Schleimhülle** umgeben sein. Häufig besitzen Bakterien eine oder mehrere fadenförmige, bewegliche Strukturen auf der Oberfläche, sog. **Geißeln** oder **Flagellen**, die der Fortbewegung dienen.

M2 Schema einer Bakterienzelle

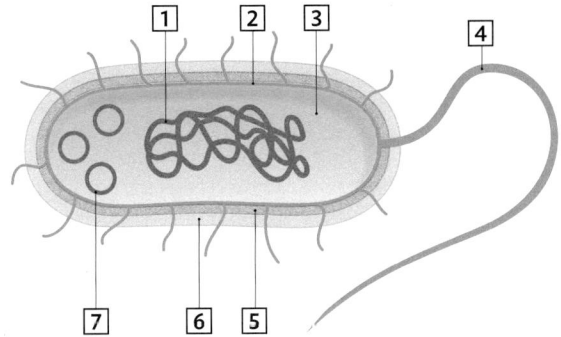

B1 Schematischer Aufbau einer Bakterienzelle

M3 Die Zweiteilung bei Bakterien

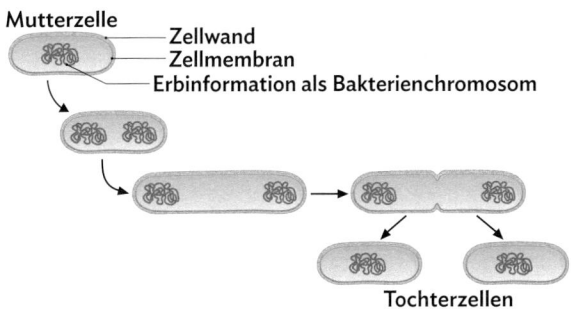

B2 Ein Bakterium vermehrt sich durch Zweiteilung

M4 Populationsentwicklung von Bakterien

Die Vermehrung von Bakterien hängt von Bedingungen wie der Temperatur oder dem Nährmedium ab. Sind die Bedingungen optimal, kann sich aus einer Bakterienzelle eine Population entwickeln, eine sog. **Bakterienkolonie**. Betrachtet man die Vermehrung von Bakterien in einer Nährlösung oder auf einem Nährboden, so erkennt man jedoch, dass die Anzahl der Bakterien nicht unendlich zunimmt, da z. B. das Nährmedium von den Bakterien verbraucht wird. Trägt man die Anzahl der Bakterien gegen die Zeit auf, erhält man eine typische **Vermehrungskurve (B3)**.

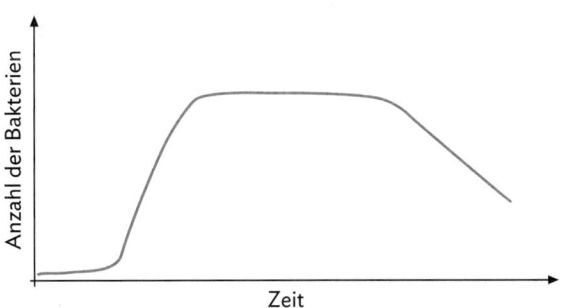

B3 Typische Vermehrungskurve einer Bakterienkultur

M5 Die schädigende Wirkung von Bakterien

Bakterien besitzen Proteine an ihrer Oberfläche, mit denen sie sich gezielt an bestimmte Zellen des Wirts anheften können. Krankheitserregende Bakterien produzieren Enzyme, die z. B. Teile des Bindegewebes zersetzen oder Proteine, Fette bzw. Erbinformation abbauen. So gelangen sie an Nährstoffe, schädigen aber die Wirtszellen. Ein **Endotoxin** (griech. *„endo"* innen, *„toxin"* Gift) ist ein Stoff, der erst nach dem Absterben des Bakteriums freigesetzt wird und seine toxische (giftige) Wirkung entfaltet. Es kommt zu Fieber, einer Erweiterung der Blutgefäße und einer Aktivierung des Abwehrsystems. **Exotoxine** (griech. *„exo"* außen) werden von lebenden Bakterien abgesondert. Hierzu zählen z. B. Enzyme, die die Zellmembran der Wirtszellen durchlöchern oder teilweise abbauen. **Neurotoxine** schädigen die Nerven oder wirken hemmend auf die Signalübertragung. So wirkt zum Beispiel das Toxin des Wundstarr-krampferregers *Clostridium tetani* auf Nervenzellen des Rückenmarks und ruft so Muskelkrämpfe hervor (**B4**). Das Botulinumtoxin (Botox) dagegen ruft Lähmungserscheinungen hervor. Bakterien, die durch eine Schleimhülle geschützt sind, werden vom menschlichen Abwehrsystem nicht erkannt und deshalb nicht bekämpft.

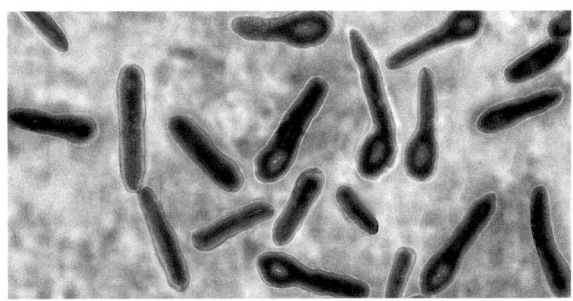

B4 *Clostridium tetani*

2.1.2 Viren als Krankheitserreger

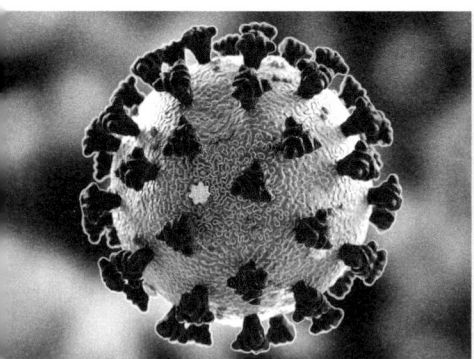

Das Virus auf diesem Bild ist seit dem Frühling 2020 weltweit bekannt. Es ist das Modell des Virus SARS-CoV-2, das das Krankheitsbild COVID-19 auslöst. Die Abkürzung steht für severe acute respiratory syndrome coronavirus type 2. „Corona" bedeutet „Krone" und beschreibt das Aussehen dieser Virusfamilie.

→ Doch was ist überhaupt ein Virus?
→ Wie unterscheidet es sich von anderen Krankheitserregern und welche Krankheiten werden durch Viren ausgelöst?

Lernweg

Der Bau und die Vermehrung von Viren

1 | Trotz aller Unterschiede ähneln sich die verschiedenen Viren in ihrem Bau. Beschrifte das Virus aus **B1** (Lernanwendung ➡ QR 03033-018).

03033-018

2 | Virologinnen und Virologen (➡ S. 272 f.) bezeichnen Viren nicht als Lebewesen, sondern eher als „dem Leben nahe stehend". Nenne Argumente aus **M1**, die diese Aussage stützen.

3 | Die Grippe (Influenza) wird durch Grippeviren verursacht. **B2** zeigt den vereinfachten Vermehrungszyklus eines Grippevirus.

  a) Ordne den Stichpunkten A bis H in **M2** die richtige Darstellung 1 bis 8 im Vermehrungszyklus des Grippevirus (**B2**) zu (Materialien ➡ QR 03033-019).

03033-019

  b) Beschreibe den Vermehrungszyklus des Virus für ein Biologiebuch der 9./10. Klasse und nutze auch das Video (➡ QR 03020-056).

03020-056

Vergleich mit anderen Krankheitserregern

4 | Bakterien und Viren sind zwei völlig verschiedene Gruppen von Krankheitserregern. Vergleiche Bakterien mit Viren. Nutze dein Wissen über beide Erregerformen (Hilfen ➡ QR 03023-63).

03023-63

M1   Der Aufbau eines Virus

Viren sind noch kleiner und einfacher aufgebaut als Bakterien: Sie besitzen keine Zellorganellen und kein Zellplasma (**B1**). Außerdem betreiben sie keinen eigenen Stoffwechsel, sie zeigen keine aktive Bewegung und kein Wachstum. Zudem können sie sich auch nicht alleine fortpflanzen. Hierfür benötigen sie eine **Wirtszelle** (**M2**). Ein Virus ist letztlich oft nur eine Proteinhülle, die die Erbinformation des Virus schützt. Diese **Proteinhülle kann** zusätzlich von einer **Membran** umgeben sein. Bei vielen Viren, wie z. B. bei Grippe- und Coronaviren, befinden sich zudem auf der Membran noch Proteine mit angehängten Kohlenhydrat-Molekülen (Glycoproteine).

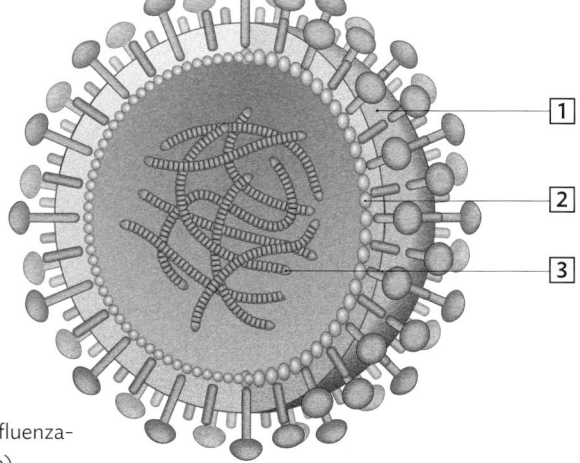

B1   Aufbau eines Grippevirus (Influenzavirus: Durchmesser ca. 0,1 μm)

Die Vermehrung von Viren kann nur mithilfe von Wirtszellen (Bakterien-, Tier- oder Pflanzenzellen) erfolgen. Die Wirtszelle wird veranlasst, die Erbsubstanz des Virus vielfach zu kopieren und die Proteine für die Hülle zu bilden. Zusätzlich liefert der Wirt alle notwendigen Bauteile (z. B. Aminosäuren). Aus einer infizierten Wirtszelle

werden viele hundert Viren freigesetzt, die wiederum neue Wirtszellen befallen. Die Wirtszelle wird so stark beschädigt, dass sie abstirbt. Die typischen Krankheitssymptome entstehen durch die Zellschädigungen und -verluste sowie dadurch, dass das Immunsystem gegen die Viren aktiv wird (➡ 2.2.3).

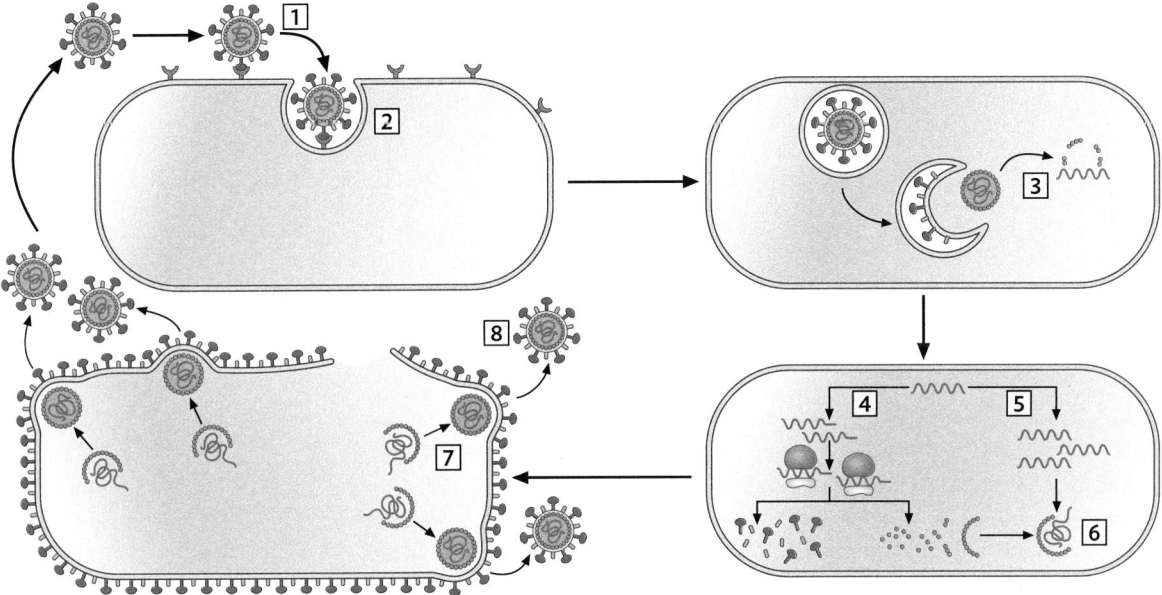

B2 Der vereinfachte Vermehrungszyklus eines Virus

a) Abschnüren des Virus von der Zelle, dabei Ummantelung mit einer Hüllmembran, die bereits mit Glycoproteinen bestückt ist

e) Eintritt des Virus in die Zelle durch Einstülpung der Zellmembran

b) Andocken spezifisch angepasster Glycoproteine an Rezeptor-Moleküle der Wirtszellen

f) Abbau der Hüllproteine gibt Erbinformation des Virus frei

c) Produktion von Virusproteinen (z. B. Hüllproteine) mithilfe der kopierten Erbsubstanz

g) Anfertigung von Kopien der Erbsubstanz des Virus

d) Austritt neuer Viren

h) Zusammenbau der Viren: Erbsubstanz des Virus wird von Hüllproteinen umgeben.

2.1.3 Bakterien und Viren als Krankheitserreger – kompakt

Bakterien als Krankheitserreger

Bakterien gehören zu den Mikroorganismen, die man mit dem bloßen Auge nicht sehen kann, die aber überall vorkommen (**B1**). Mithilfe eines hochauflösenden Elektronenmikroskops können Bakterien jedoch detailliert sichtbar gemacht werden. Bakterien besitzen keinen Zellkern und gehören daher zu den sog. **Prokaryoten** (von griech. *„pro"*: vor, *„karyon"*: Kern). Die Erbsubstanz liegt hier ringförmig und frei in der Zelle vor. Weitere Erbsubstanz befindet sich in den kleineren ringförmigen **Plasmiden**. Die mit Zellplasma gefüllte Zelle ist umgeben von einer Zellmembran. Stabilisiert wird die Bakterienzelle durch eine Zellwand. Viele krankheitserregende Bakterien besitzen als äußerste Schicht noch eine Schleimhülle, die sie z. B. vor dem Immunsystem schützt.

Von den geschätzt hunderttausend Bakterienarten, von denen gerade einmal etwa 5000 bekannt sind, wirken nur 200 Arten pathogen, können also Krankheiten verursachen. Bakterien vermehren sich durch **Zweiteilung**. Durch diese ungeschlechtliche Fortpflanzung bildet eine Bakterienzelle einen **Klon** (eine völlig identische Tochterzelle). Bei der Zellteilung verdoppelt sich zunächst die Erbsubstanz der Bakterienzelle, bevor sie in die Länge wächst und die beiden Tochterzellen die Erbsubstanz der Mutterzelle erhalten. Gelangen Bakterien an einen neuen Ort, so passen sie ihren Stoffwechsel erst an die Gegebenheiten an. Dies nennt man die **Anlaufphase**. Unter warmen und feuchten Bedingungen erfolgt die Zellteilung alle 20 Minuten. So liegen nach einer Stunde schon 8 Klone, nach zwei Stunden 64 und nach vier Stunden bereits über 4000 Bakterien vor, die aus einer einzigen Ausgangszelle hervorgegangen sind. Diese Phase mit extrem hoher Vermehrungsrate wird **exponentielle Phase** genannt. Allerdings können sich Bakterien auf einem begrenzten Raum nicht bis ins Unendliche vermehren. In der Realität bilden begrenzte Ressourcen wie Nahrung, Wasser oder Platz nach einiger Zeit eine **Vermehrungsgrenze**. In dieser **stationären Phase** bleibt die Anzahl der Bakterien etwa gleich, da genau so viele Bakterien entstehen wie absterben. Wenn die Ressourcen schließlich erschöpft sind oder sich giftige Stoffwechselprodukte angesammelt haben, kommt es zum Absterben der Bakterien (**Absterbephase**).

Pathogene Bakterien sind krankheitserregend. Die Schädigung des Menschen erfolgt z. B. durch die Abgabe von **Giftstoffen** oder durch Stoffwechselprodukte. Diese schädigen die menschlichen Zellen und können durch ihre toxische (giftige) Wirkung Fieber auslösen. Möglich

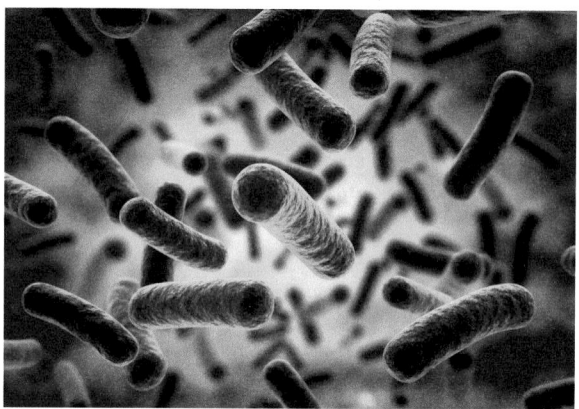

B1 Bakterien leben in und auf jedem Menschen

sind auch Schädigungen an den Nerven, die Krämpfe oder Lähmungen hervorrufen können. Für den Krankheitsverlauf und die Stärke der Symptome ist entscheidend, wie viele Erreger eingedrungen sind und wie stark sie sich vermehren.

Viren als Krankheitserreger

Auch Viren können über verschiedene Ausbreitungswege Krankheiten auslösen (**B2**). Die Bezeichnung „Virus" kommt aus dem Lateinischen und bedeutet Gift. Die vielen verschiedenen Viren unterscheiden sich sowohl in ihrer Größe als auch im Aufbau. Allen Viren ist jedoch gemeinsam, dass sie eine **Erbinformation** haben, die von **Hüllproteinen** umschlossen wird, welche zusätzlich von einer Membran umgeben sein kann. Aufgrund ihrer geringen Größe konnten Viren erst seit der Erfindung des Elektronenmikroskops (1940) sichtbar gemacht werden. Viren haben, anders als Bakterien, keinen eigenen Stoffwechsel und benötigen eine sog. **Wirtszelle**, um sich vermehren zu können. Je nach Erreger gibt es ein ganz bestimmtes **Wirtsspektrum**, z. B. bei Masern ist nur der Mensch betroffen, während Tollwut viele Wild- und Haustiere sowie den Menschen befallen kann. Viren kommen wie auch pathogene Bakterien meist nur in bestimmten Gewebearten eines Wirts vor. Das Virus „erkennt" deren Zellen anhand von Rezeptoren, zu denen seine Oberflächenproteine wie der Schlüssel ins Schloss passen (BK ➡ im Buchdeckel). Ist das Virus einmal eingedrungen, bringt es mithilfe seiner Erbinformation die Wirtszelle dazu, die Virusbestandteile (Erbinformation, Proteine) herzustellen. Durch Selbstorganisation bauen sich diese spontan zu neuen Viren zusammen, sodass anschließend hunderte von Viren die Wirtszelle verlassen und neue Zellen infizieren. Dabei wird die ursprüngliche Wirtszelle zerstört.

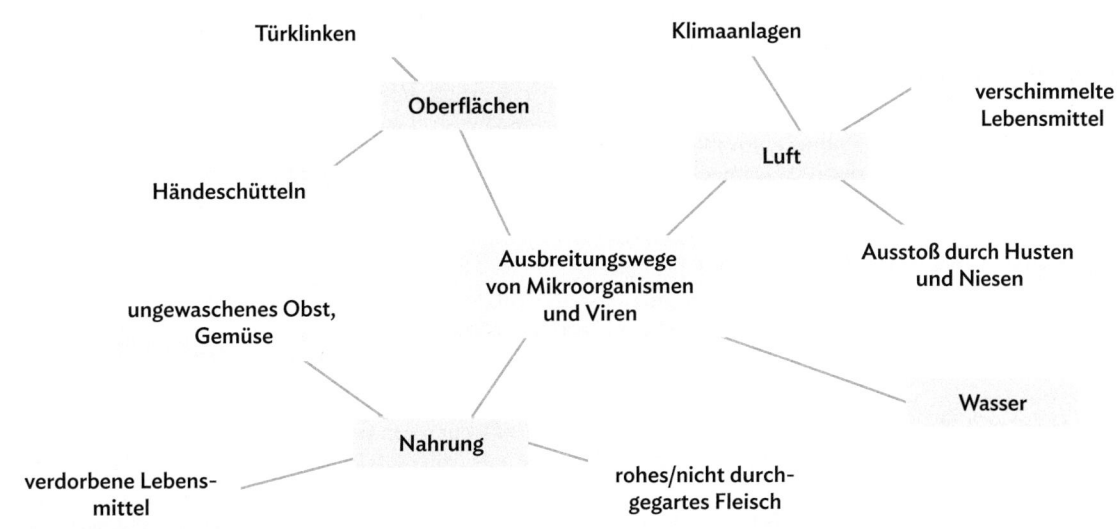

Türklinken

Oberflächen

Klimaanlagen

verschimmelte
Lebensmittel

Luft

Händeschütteln

Ausbreitungswege
von Mikroorganismen
und Viren

Ausstoß durch Husten
und Niesen

ungewaschenes Obst,
Gemüse

Wasser

Nahrung

verdorbene Lebens-
mittel

rohes/nicht durch-
gegartes Fleisch

B2 Verschiedene Ausbreitungswege von Mikroorganismen und Viren

---

Aufgaben

1. Begründe, ob ein Bakterium zu den Prokaryoten oder den Eukaryoten gehört. Nenne mithilfe des Videos verschiedene Formen von Bakterien und beschreibe die Bestandteile einer Bakterienzelle (➡ QR 03020-057).

   03020-057

2. Übernimm die Skizze (**B3**) einer beschrifteten Bakterienzelle in deine Unterlagen und verbessere die Fehler in grün. Ergänze zudem die fehlenden Bestandteile und beschrifte sie.

3. Ordne den einzelnen Strukturen einer Bakterienzelle eine Funktion aus **B4** zu. Nutze dazu die Lernanwendung (➡ QR 03033-020).

   03033-020

4. Antibiotika werden bei bakteriellen Infektionen verwendet, da einige z. B. die Zellwände der Bakterien schädigen und die Bakterienzelle dadurch abgetötet wird. Erkläre, warum Antibiotika gegen Viren wirkungslos sind.

5. Viren werden nicht zu den Lebewesen gezählt, da sie nicht in der Lage sind, sich selbstständig zu vermehren. Stelle die Vermehrung eines Virus in einem Fließdiagramm dar.

6. In einem Menschen lebt eine Vielzahl fremder Organismen, die ganz verschiedenen Gruppen zugeordnet werden. Vergleiche die Angepasstheiten eines Virus und eines Bakteriums an das „Ökosystem Mensch".

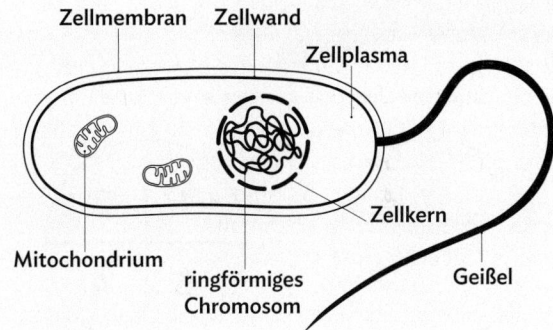

B3 zu A2

Speicherung der gesamten genetischen Informationen, die für alle Lebensvorgänge notwendig sind.

Schutz vor Austrocknung oder „Tarnung" vor dem Immunsystem des befallenen Lebewesens

zur Fortbewegung

Abgrenzung nach außen, Stoffaustausch

Zusätzliches genetisches Material:
Hier sind oft Informationen zum Abbau von Giftstoffen oder dem Schutz vor Medikamenten gegen Bakterien (= Resistenz) verschlüsselt.

Füllsubstanz der Zelle   äußere Form und Stabilität

B4 zu A3

2.1.4   Abklatschversuche durchführen

Das Prinzip der Abklatschversuche

Mithilfe eines Geliermittels wie Agar-Agar können Mikroorganismen auf einem festen Nährmedium in Petrischalen sichtbar gemacht werden. Durch das „Abklatschen", also Berührung des Nährbodens mit Gegenständen, werden Mikroorganismen übertragen. Wenn sie dort geeignete Nahrung und für sie passende Bedingungen finden, vermehren sie sich ungeschlechtlich. Die Tochterzellen liegen durch das feste Medium alle nebeneinander, sodass sie als sog. **Kolonie**, die meist kreisförmig ist, sichtbar werden. Je nach Art des Mikroorganismus können diese Kolonien unterschiedlich aussehen (**B1**).

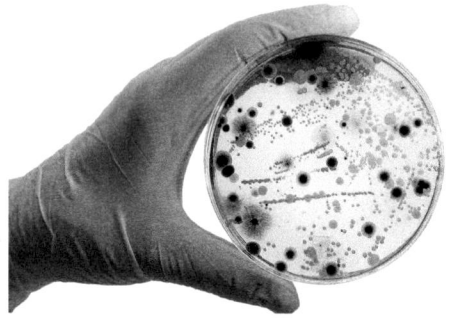

B1   Kolonien von Mikroorganismen auf Agarplatte

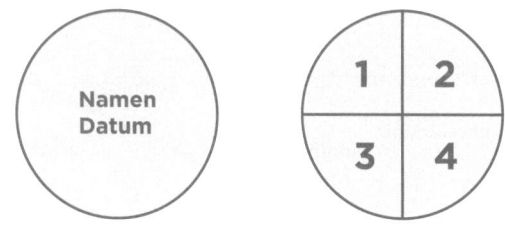

B2   Beschriftung der Petrischale: Deckel (links) und Boden (rechts)

Sicherheitsvorschriften

Weil bei Abklatschversuchen Mikroorganismen „gezüchtet" werden, müssen folgende Sicherheitsrichtlinien genau eingehalten werden:

Keine Proben von den Toiletten nehmen!

Niedrigere Bebrütungstemperatur als 37 °C, da sich sonst für den Menschen schädliche Mikroorganismen stark vermehren können.

Die Petrischalen nach dem Bebrüten keinesfalls mehr öffnen!

Am Ende werden die verschlossenen Petrischalen von der Lehrkraft in einem hitzebeständigen Plastikbeutel am besten im Autoklaven oder in einem Schnellkochtopf **sterilisiert und dann fachgerecht entsorgt**.

1. Schritt: Vorbereitung: Beschrifte mit einem Folienstift den Deckel der verschlossenen Petrischale mit den Namen aller Beteiligten und dem Datum. Beschrifte dann den Boden wie in **B2**. Protokolliere, welche Proben den Bereichen 1 bis 4 entsprechen.

2. Schritt: Probennahme: Achte stets darauf, dass die Petrischale nur so kurz wie möglich geöffnet ist! Du hast folgende Proben-Möglichkeiten:

– Abdruck von **Gegenständen** (z. B. Büroklammer, Stift, Tafelschwamm, Geldstück, etc.): Drücke die Gegenstände mithilfe einer sterilen (oder ausgeglühten) Pinzette leicht auf die Agarplatte.

– Abdruck von **Fingern**: Drücke z. B. einen ungewaschenen Finger und einen zuvor 30 Sekunden mit Seife gewaschenen Finger auf die Agarplatte.

– Abdruck von **größeren Gegenständen** (Handybildschirm, Computer-Tastatur, Türlinke): Gegenstände, die zu groß sind, um sie selbst auf die Agarplatte zu drücken, müssen mit einem „Überträgermedium" abgestrichen werden. Das kann z. B. ein (steriles) Wattestäbchen sein.

– **Lege** den Deckel der Petrischale danach **nur auf** und klebe ihn nicht zu. So können sich v. a. aerobe Bakterien vermehren.

3. Schritt: Wasche deine Hände nach dem Experimentieren sorgfältig!

4. Schritt: Bebrüten: Die Petrischale wird mit dem Deckel nach unten 3–4 Tage an einem warmen Ort oder in einem Brutschrank (am besten bei **30 °C**) stehen gelassen.

5. Schritt: Die Petrischalen werden danach von der Lehrkraft rundum vollständig **mit Klebeband verschlossen**, um sie gefahrlos auswerten zu können.

1   Plane einen Abklatschversuch zur Frage: „Sind Bakterien in der Luft?" und führe ihn nach Rücksprache mit deiner Lehrkraft durch.

2.1.5   Bedeutung von Bakterien

Bakterien kennen wir meist als Krankheitserreger. Dabei gibt es auch viele Bakterien mit zahlreichen nützlichen Eigenschaften. Sie spielen z. B. in der Lebensmittelproduktion eine wichtige Rolle.

Einsatz von Bakterien

Bakterien eignen sich aufgrund ihrer geringen Größe, der hohen Vermehrungsrate und ihrer vielfältigen Stoffwechselprodukte zur Herstellung bestimmter Lebensmittel. Je nachdem, welche Bakterienart und welche Bedingungen gewählt werden, können verschiedene Produkte entstehen. **Milchsäurebakterien** betreiben unter sauerstoffarmen Bedingungen die Milchsäuregärung. Dabei wird der in der Milch enthaltene Zucker zu Milchsäure verarbeitet. Die Säure führt zum „Ausflocken" der Milch, da die Milcheiweiße gerinnen und zu mikroskopisch kleinen Kügelchen verklumpen. Letztlich können dadurch **Milchprodukte** entstehen (**B1**).

    Auch in der Futtermittelproduktion spielen Milchsäurebakterien eine wichtige Rolle. In einem sogenannten Silo wird frisches Futter (Gras, Mais) luftdicht verpackt. Durch die Tätigkeit von Milchsäurebakterien wird das Grünfutter angesäuert. Die entstehende **Silage** (**B2**) ist länger haltbar, da die saure Umgebung schädliche Mikroorganismen an Wachstum bzw. Vermehrung hindert. Je nachdem, welche Bakterienart und welche Bedingungen gewählt werden, können **Methanbakterien**

B2   Verfütterung von Silage

B3   Biogasanlage

die eingespeisten Stoffe abbauen und produzieren u. a. das Gas Methan. Dieses kann zum Heizen oder zur Stromerzeugung verwendet werden. In einer sog. **Biogasanlage** (**B3**) wird durch Vergärung von Biomasse Gas erzeugt, welches dann z. B. zur Strom- und Wärmeerzeugung genutzt werden kann.

Lebensmittelhygiene

Bakterien können jedoch auch dafür sorgen, dass Lebensmittel ungenießbar werden oder den Menschen beim Verzehr krank machen. Um die Vermehrung unerwünschter Bakterien wie z. B. Salmonellen dauerhaft einzuschränken, ist es z. B. wichtig, die **Kühlkette** von schnell verderblichen Lebensmitteln nicht zu unterbrechen. **Konservierungsmethoden** zielen darauf ab, die Vermehrungsbedingungen (Feuchtigkeit und Temperatur) für Bakterien so ungünstig wie möglich zu gestalten oder die Bakterien ganz abzutöten.

B1   Milchprodukte

Aufgaben

1 Erstelle eine (digitale) Mindmap über den Einsatz
MK von Milchsäurebakterien.

2 Nicht alle Bakterien „veredeln" Lebensmittel. Vergleiche die Wirkung biotechnologisch eingesetzter Bakterien mit solchen, die zu einem Verderb der Lebensmittel führen.

3 Wichtige Konservierungsmethoden sind: „Einfrieren", „Trocknen", „Vakuumieren" und „Einsalzen".
MK Erkläre jeweils die Funktionsweise, recherchiere ggf. im Internet.

2.1.6   Epidemien und Pandemien

Als Infektionskrankheiten werden Krankheiten bezeichnet, denen eine Infektion (Ansteckung) mit einem Erreger vorausgeht. Erreger können Viren, Bakterien und andere Mikroorganismen, Pilze sowie Würmer sein. Infektionen können auf vielfältige Weise geschehen z. B. durch Wunden oder über die Schleimhäute. Einige Infektionskrankheiten sind ansteckend und können z. B. von Mensch zu Mensch übertragen werden.

Eine Infektionskrankheit breitet sich aus

Ebola ist eine Infektionskrankheit, die durch verschiedene Ebola-Viren (verschiedene Virenstämme) ausgelöst wird und die zunächst hohes Fieber mit grippeähnlichen Symptomen bewirkt (**B1**). Im Verlauf der Krankheit können Organversagen, innere und äußere Blutungen und schließlich der Tod die Folge sein.

Zwischen 2014 und 2016 erkrankten in Westafrika ca. 30.000 Menschen an Ebola von denen ca. 30 % starben. Die schnelle Ausbreitung in einem begrenzten Gebiet machte die Infektionskrankheit zu einer **Epidemie**. Den erkrankten Personen werden vor allem Schmerzmittel und fiebersenkende Medikamente gegeben, sowie Medikamente, die die Symptome behandeln. Ein zuverlässiges Mittel zur Heilung der Ebola-Erkrankung steht noch nicht zur Verfügung. Um die Übertragung einzudämmen, werden erkrankte Personen isoliert und auch eine Schutzimpfung (➥ 2.3.1) steht zur Verfügung. Diese Impfung schützt jedoch nur vor der Infektion mit einem bestimmten Stamm des Ebola-Virus, aber nicht vor allen.

Tritt eine Infektionskrankheit in einem Gebiet über einen langen Zeitraum immer wieder auf, spricht man von einer **Endemie**. Ein Beispiel für eine Endemie ist die durch die Anopheles-Mücke übertragene Infektionskrankheit Malaria (➥ 4.5.2). Sie ist in vielen Ländern des globalen Südens verbreitet.

Von der Epidemie zur Pandemie

In den engen Gassen der mittelalterlichen Städte des 14. Jahrhunderts herrschte reges Treiben. Die Menschen lebten in beengten Verhältnissen unter teils katastrophalen hygienischen Bedingungen. In der Mitte des 14. Jahrhunderts fing plötzlich eine bis dato unbekannte Krankheit an, sich auszubreiten. Am Körper von Menschen, die sich angesteckt haben, bildeten sich schwarze, mit Eiter gefüllte Beulen und auch die Lungen der Menschen wurden angegriffen. Unter starken Schmerzen führten diese Symptome häufig zu einer Blutvergiftung und in nur wenigen Tagen zum Tod. Die schlechten hygienischen Verhältnisse sowie das fehlende Wissen

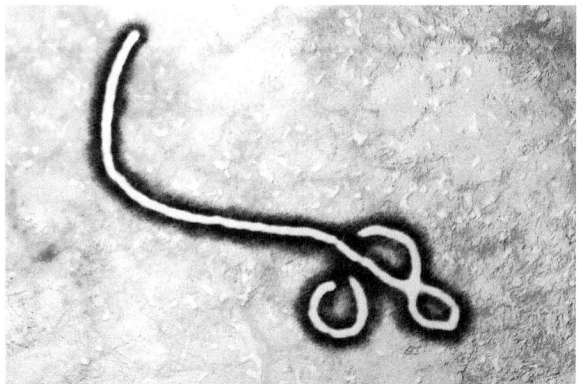

B1   Ebola-Virus unter dem Mikroskop

über die Ausbreitung von Infektionskrankheiten führte zu einer rasanten Verbreitung der Krankheit. In den folgenden Jahrzehnten entvölkerte der „schwarze Tod" ganze Landstriche und forderte bis zu 50 Millionen Opfer. Die anfänglich räumlich begrenzte Epidemie entwickelte sich zu einer **Pandemie**, einer Infektionskrankheit, die sich auf der ganzen Welt ausgebreitet hat. Bei dieser Pandemie handelte es sich um die Pest, die in weiteren Wellen immer wieder im Mittelalter und der frühen Neuzeit viele Todesopfer gefordert hat. Heute ist bekannt, dass die Pest durch das Bakterium *Yersinia pestis* hervorgerufen wird und durch den mit Pest infizierten Rattenfloh auf den Menschen übertragen wird. Auch heute gibt es immer wieder (vor allem in Nord- und Südamerika, Afrika und Zentralasien) Fälle der Pest. Sie lässt sich inzwischen aber gut mit Antibiotika (➥ 2.3.3) behandeln. Im Mittelalter und der frühen Neuzeit standen diese Medikamente nicht zur Verfügung. Die Pestärzte setzten Aderlässe ein oder platzierten Blutegel auf den Pestbeulen, die jedoch keine Heilung brachten. Um sich vor den Pestkranken und dem Geruch zu schützen, setzten Pestärzte in Marseille und Rom mit Duftstoffen bestückte Schnabelmasken ein (**B2**).

Pandemien heute

Die Pest stellt für uns heute keine große Bedrohung mehr dar, aber auch heute gibt es trotz hoher Hygiene-Standards, einer guten medizinischen Versorgung und intensiver Forschung, immer wieder Krankheiten, die sich auf der Welt ausbreiten. Ein Beispiel für die rasante Ausbreitung einer Infektionskrankheit, die innerhalb weniger Monate zur Pandemie wurde, ist COVID-19 (engl. *coronavirus desease 2019*, dt. Coronavirus-Krankheit 2019). Die COVID-19 auslösenden Corona-Viren werden u.a. über Tröpfcheninfektionen, durch kleine Tröpfchen beim Husten und Niesen, ausgebreitet. So können sich schnell

B2 Pestarzt mit Schnabelmaske

B3 Infektionsschutz durch Husten in die Ellenbeuge

andere Menschen anstecken, die dann wieder andere Menschen anstecken. Da die Symptome häufig nur leicht sind, werden schnell viele Menschen infiziert, bevor die Personen überhaupt merken, dass sie krank sind und Maßnahmen zum Infektionsschutz ergreifen können. Durch die vielfältigen Vernetzungen der globalisierten Welt kann sich die Krankheit schnell, z. B. durch den Flugverkehr, auf der ganzen Welt ausbreiten.

Infektionsschutz

Um die Ausbreitung von ansteckenden Infektionskrankheiten zu vermeiden, um sich und andere zu schützen, können verschiedene Maßnahmen ergriffen werden.

Eine wichtige Maßnahme ist das regelmäßige Händewaschen, da die Hände die häufigsten Überträger von ansteckenden Infektionskrankheiten sind. Hier ist jedoch ein gesundes Maß zu wahren, um nicht die Haut der Hände zu schädigen, da der auf der Haut befindliche sog. Säureschutzmantel eine wichtige Barriere in der Infektionsabwehr darstellt (➡ 2.2.1).

Hat man sich mit einer Atemwegserkrankung angesteckt, ist es wichtig, dass man sich beim Husten und Niesen von anderen Personen wegdreht und in die Ellenbeuge hustet/niest und nicht in die Hände, um die Erreger nicht auf diesem Wege weiterzuverbreiten (**B3**). Auch eine medizinische Maske kann getragen werden und Abstand zu gesunden Menschen gehalten werden. Bei starken Symptomen ist es auch ratsam, sich krankzumelden und zu Hause zu bleiben, um sich zu erholen und andere Personen nicht anzustecken. Wurde gegen den Erreger eine Schutzimpfung entwickelt, kann individuell abgewogen werden, ob es sinnvoll ist, sich impfen zu lassen (➡ **2.3.5** und **2.3.6**).

Aufgaben

1 An Ebola erkrankte Personen leiden häufig unter sehr schweren Symptomen ihrer Erkrankung. Bei vielen an COVID-19 Erkrankten fallen die Symptome oft deutlich milder aus. Stelle eine Hypothese auf, warum dieser Umstand dem Corona-Virus zu einer schnelleren Ausbreitung verhelfen kann als dem Ebola-Virus (Hilfen ➡ **QR 03033-021**).

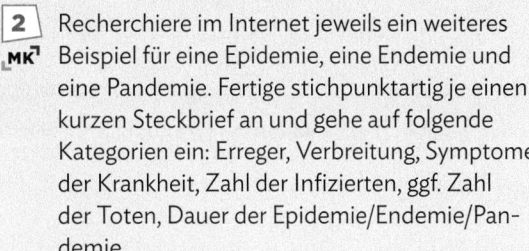
03033-021

2 **MK** Recherchiere im Internet jeweils ein weiteres Beispiel für eine Epidemie, eine Endemie und eine Pandemie. Fertige stichpunktartig je einen kurzen Steckbrief an und gehe auf folgende Kategorien ein: Erreger, Verbreitung, Symptome der Krankheit, Zahl der Infizierten, ggf. Zahl der Toten, Dauer der Epidemie/Endemie/Pandemie.

3 Begründe verschiedene Methoden des Infektionsschutzes.

4 **MK** Recherchiere im Internet die Bedeutung des Begriffes *Inkubationszeit*. Stelle eine Hypothese auf, welchen Einfluss die Länge der Inkubationszeit auf die Verbreitung einer ansteckenden Infektionskrankheit haben kann.

5 Das Flugzeug als Verkehrsmittel ist in einer globalisierten Welt nicht mehr wegzudenken. Bewerte die Nutzung des Flugzeugs hinsichtlich gesundheitlicher, wirtschaftlicher und ökologischer Aspekte.

2.2 Das Immunsystem

2.2.1 Unspezifische Immunreaktion

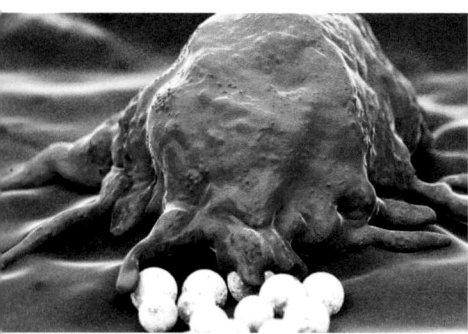

Wir sind täglich vielen Mikroorganismen ausgesetzt, auch solchen, die uns krank machen können. In einem Kubikmeter Stadtluft können sich im Sommer ca. 10.000 Bakterien befinden. Aber die meisten gelangen gar nicht erst in unseren Körper hinein oder werden dort sofort unschädlich gemacht, z. B. von Fresszellen (Bild links).

→ Welche Schutzbarrieren weist der menschliche Körper auf?
→ Was passiert eigentlich bei einer Entzündung?

Lernweg

Die unspezifischen Abwehrmechanismen

1 Jeder Mensch besitzt von Geburt an Abwehrmechanismen, die sich unspezifisch gegen alle Arten von eingedrungenen Fremdkörpern richten.
a) Arbeitet in Zweierteams: Teilt euch die Materialien M1 und M2 auf, stellt euch gegenseitig eure Abschnitte vor und erstellt zusammen ein Strukturdiagramm (Vorlage ➡ QR 03023-69).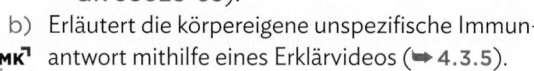
03023-69
b) Erläutert die körpereigene unspezifische Immunantwort mithilfe eines Erklärvideos (➡ 4.3.5). MK⌐

2 Husten und Niesen führen zur Entfernung unerwünschter Erreger aus den Bronchien. Plane einen Versuch mit Agarplatten (➡ 2.1.4), mit dem du folgende Hypothese überprüfen könntest: *„Husten führt zur Absonderung von Mikroorganismen."* Diskutiert zu zweit mögliche Fehlerquellen (Hilfen ➡ QR 03023-70).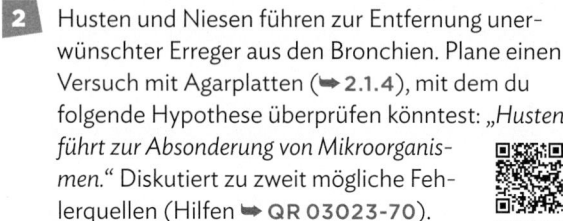
03023-70

Die Arbeit bestimmter Immunzellen

3 Fresszellen „fressen" alle Zellen, die sie nicht als körpereigen erkennen.
a) Beschreibe den Vorgang der Phagozytose (M3).
b) Erkläre den Vorgang, bei dem die Fresszellen andere Zellen des Immunsystems über die Art des Fremdkörpers informieren.

4 Oft werden schwierige Inhalte in anschaulichen Zeichnungen dargestellt. Erstelle auf der Grundlage der Informationen in M3 einen Comic, der die Phagozytose und das Präsentieren der Antigene zeigt. Vergleicht eure Arbeiten innerhalb der Klasse und beurteilt die Comics modellkritisch.

5 Rötung, Schmerzen und Schwellung sind die Folgen einer Entzündungsreaktion und machen uns z. B. auf einen eingedrungenen Holzsplitter aufmerksam. Beschreibe den Ablauf einer Entzündungsreaktion mithilfe von B2 und den Satzteilen in M4.

M1 Erste Schutzbarriere des unspezifischen Immunsystems

Der Mensch kann durch Bakterien und Viren geschädigt werden, wenn diese in seinen Körper eindringen. Die **erste Schutzbarriere** der menschlichen Immunabwehr sind **Schranken**, wie z. B. die **Haut**. Sie ist dicht besiedelt von symbiotischen Mikroorganismen, die unerwünschten Krankheitserregern keinen Platz zur Ausbreitung lassen. Zudem führen Stoffwechselprodukte dieser Mikroorganismen zum **sauren** Charakter der Haut, der ebenfalls das Wachstum vieler Mikroorganismen hemmt, die nicht daran angepasst sind. Gerade die warmen, feuchten und gut durchbluteten **Schleim**häute der Augen, der Atemwege, des Verdauungstrakts, der Harnwege und der Fortpflanzungsorgane bieten gute Lebensbedingungen für Mikroorganismen. Aber die Schleimhäute bilden **Sekrete**, die eine Besiedlung mit Krankheitserregern behindern, indem z. B. der Speichel oder die Tränenflüssigkeit die Erreger in einem ersten Schritt einfach wegspülen. Mikroorganismen, die durch Wasser oder Lebensmittel in den Verdauungstrakt gelangen, werden durch die **Magensäure** abgetötet, die von Zellen der Magenschleimhaut abgegeben wird.

Zweite Schutzbarriere des unspezifischen Immunsystems

Gelangen trotz der ersten Schutzbarriere (M1) Krankheitserreger (sog. Pathogene) in den menschlichen Körper, kommt die zweite Schutzbarriere zum Tragen. Im Blut attackieren besondere weiße Blutzellen die Krankheitserreger. Zu diesen gehören beispielsweise **Fresszellen** (Makrophagen, von griech. *makros*: groß, *phagein*: fressen), die den Erreger umfließen und zerstören (M3). Die Haut und vor allem die gut besiedelbaren Schleimhäute produzieren Sekrete zur Immunabwehr. So enthalten z. B. der Speichel und die Tränenflüssigkeit **antimikrobiell wirkende Proteine** (Immunproteine), die Mikroorganismen angreifen und deren Vermehrung beeinträchtigen. Beispielsweise zerstört das Enzym **Lysozym** Bakterien, indem es deren Zellwände abbaut (➡ 2.1.1). Auch **Entzündungsreaktionen** (M4) helfen dem Körper, sich von schädigenden Einflüssen wie krankheitserregenden Bakterien oder einem eingedrungenen Splitter zu befreien.

M3   Die Phagozytose

Damit das Immunsystem überhaupt funktionieren kann, müssen die Immunzellen in der Lage sein, zwischen körpereigenen und körperfremden Zellen zu unterscheiden. Sogenannte **Antigene** sind Moleküle auf der Oberfläche von Zellen und eine Art „Ausweis der Zelle". Sie verraten körperfremde Zellen.

Fresszellen bewegen sich im Blutstrom und im Gewebe ständig durch unseren Körper und untersuchen die Oberflächen von Zellen. Treffen sie auf Antigene, die auf körperfremde Zellen schließen lassen, nehmen diese speziellen weißen Blutzellen den Erreger durch Umfließen auf (Fachbegriff: **Phagozy-**

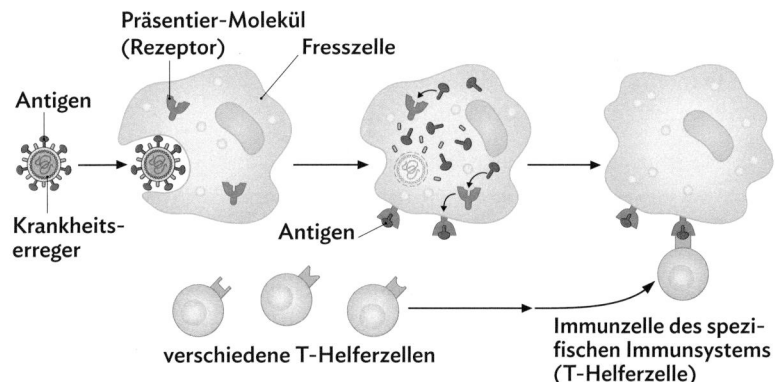

B1 Aufnahme von Krankheitserregern und Präsentation der Antigene durch Fresszellen

tose) und verdauen ihn mithilfe von Enzymen. Außerdem sind Fresszellen in der Lage, andere Immunzellen (der spezifischen Abwehr ➡ 2.2.2) zu alarmieren und über die Art des Erregers zu informieren (**B1**).

M4   Die Entzündungsreaktion

Fremdkörper – Haut – beschädigt – Gewebe und Gefäße. – Erreger – Körper. Geschädigte Zellen – Signal-Molekül **Histamin**. Erweiterung der naheliegenden Blutgefäße – durchlässiger. Blut – **Fresszellen** – wandern – Gewebe – phagozytieren – Krankheitserreger – unschädlich. Abgestorbene Zellen und Fresszellen – Eiter. Kleine Verletzung – führt – **begrenzten Entzündung**. Schwere Infektionen (z. B. bei einer Blinddarmentzündung) – ganzen Körper betreffenden Reaktion. Fieber – Beschleunigung des Stoffwechsels und Heilungsprozesse.

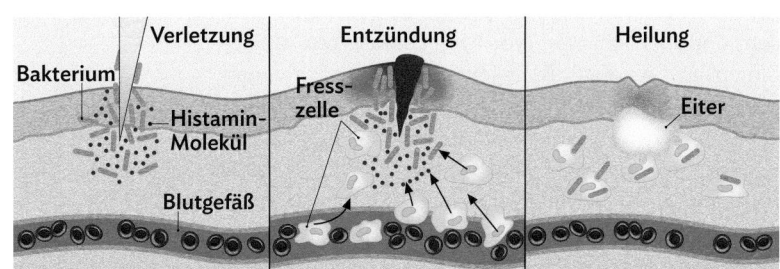

B2 Verlauf einer Entzündungsreaktion

2.2.2 Spezifische Immunreaktion

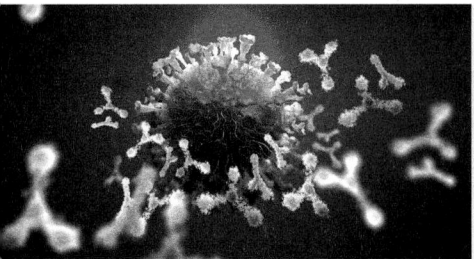

Unzählige verschiedene Krankheitserreger drängen im Lauf des Lebens in unseren Körper. Fast alle davon kann unser Immunsystem erkennen und unschädlich machen.

→ Wie erkennt das Immunsystem körperfremde Zellen oder Viren?
→ Wie bekämpft es Krankheitserreger effektiv?

Lernweg

1 Millionen verschiedener Varianten von Immunzellen sind notwendig, damit unser Immunsystem effektiv gegen die zahlreichen Erreger vorgehen kann. Erkläre die Bedeutung der Vielzahl verschiedener B- und T-Zellen und die Tatsache, dass auch Immunzellen mit nicht passendem Rezeptor grundsätzlich vorhanden sein müssen (**M1**).

2 Die spezifische Abwehr ist ein komplexer Vorgang.
a) Lest im Zweierteam den Informationstext **M2** durch. Teilt euch die Materialien **M3** und **M4** auf, erklärt euch die wesentlichen Inhalte gegenseitig.
b) Erläutert den Grund dafür, dass zwei verschiedene Wege für eine erfolgreiche Bekämpfung von Krankheitserregern notwendig sind: die humorale und die zellvermittelte Immunantwort.
c) Erstellt im Zweierteam mithilfe der Informationen ⌐MK⌐ von **M2** bis **M4** eine (digitale) Concept-Map, in der die wesentlichen beteiligten Zelltypen und

Schritte der spezifischen Immunantwort dargestellt sind (➡ 2.2.4, Hilfen ➡ QR 03023-71).

03023-71

3 An einigen Infektionen wie z. B. Windpocken oder Masern kann man in der Regel nur einmal im Leben erkranken.
a) Erläutere mithilfe von **M5** den Grund dafür.
b) Recherchiere im Internet, ob von Kinderkrankheiten auch Erwachsene betroffen sein können und ⌐MK⌐ formuliere eine Hypothese für die Bezeichnung „Kinderkrankheit".

4 Laut Immunologinnen und Immunologen (➡ S. 272 f.) sind Grippeviren äußerst „mutationsfreudig", das heißt, dass regelmäßig neue Varianten der Antigene entstehen. Erkläre den Unterschied bei einer Zweitinfektion mit einer Kinderkrankheit und der Infektion mit einem Grippevirus nach einer durchlaufenen Grippeerkrankung.

M1 Vielfalt der Erreger und Abwehrzellen

An der spezifischen Bekämpfung von Krankheitserregern sind vor allem zwei Typen von **Leukozyten** (weißen Blutzellen) beteiligt: **B-Zellen**, die im Knochenmark (von engl.: **b**one marrow) gebildet werden und **T-Zellen**, die in der **T**hymus-Drüse heranreifen, welche oberhalb des Herzens hinter dem Brustbein sitzt. Von beiden Zelltypen existieren Millionen verschiedener Varianten, die sich in ihren **spezifischen Rezeptoren** unterscheiden. Ständig entstehen Zellen mit neuen Typen von Rezeptoren. Mit diesen binden sie an die Antigene der vielen verschiedenen körperfremden Krankheitserreger. Eine B-Zelle kann direkt an den Erreger andocken (**B1**). Eine T-Zelle erkennt Antigene, die von einer Körperzelle oder einer Fresszelle auf der Oberfläche präsentiert werden.

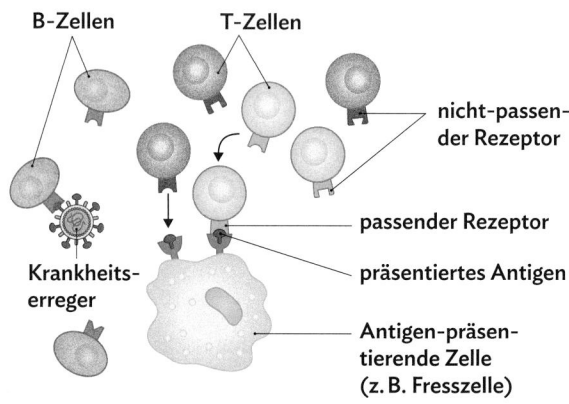

B1 Antigen-Rezeptor-Bindung bei einer B- und T-Zelle

M2 Die primäre Immunantwort

Entscheidend für eine erfolgreiche spezifische Immun-antwort ist der Kontakt von **T-Helferzellen** mit dem entsprechenden Antigen. Auf diese Weise werden die Zellen über das Eindringen des Erregers informiert und schütten daraufhin Hormone (➡ 1.3) aus. Diese akti-vieren entsprechende **B-Zellen** und **T-Killerzellen**, welche die Immunabwehr bewerkstelligen. Bei Kontakt mit einem Krankheitserreger, der bisher für den Körper unbekannt ist, spricht man von **primärer Immunant-wort**.

M3 Humorale Immunabwehr

B-Zellen, die den passenden Rezeptor für ein Antigen des Krankheitserregers tragen, werden durch die T-Helferzellen dazu angeregt, sich zu sog. **Plasma-zellen** zu entwickeln und tausendfach zu teilen. Jede der Plasmazellen bildet bald über tausend **Antikörper** pro Sekunde. Antikörper sind Eiweiße mit passgenauen Bindungsstellen für die körperfremden Antigene der Krank-heitserreger (nach dem Schlüssel-Schloss-Prinzip). Die Antikörper binden an die Antigene in der **Antigen-Antikörper-Reaktion** und verbinden dadurch die Erreger zu einem „Klumpen" (**Antigen-Antikörper-Komplex**, B2). Anti-körper übernehmen eine wichtige Rolle bei der Abwehr von Erregern, die noch nicht in Körperzellen eingedrungen sind, sondern frei z. B. im Blut zirkulieren. Die Erreger werden dadurch unschädlich gemacht und dann durch Fresszellen verdaut. Weil diese Prozesse in Körperflüssigkeiten stattfinden, werden sie **humorale** (von lat. [h]*umor*: Feuchtigkeit) **Immunantwort** genannt.

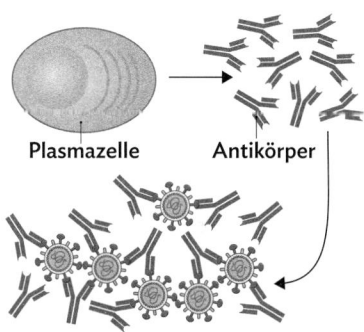

Plasmazelle   Antikörper

Antigen-Antikörper-Komplex

B2 Produktion und Wirkung von Antikörpern

M4 Zellvermittelte Immunabwehr

Nicht nur die Erreger selbst werden unschädlich gemacht, sondern auch infizierte Körperzellen, die z. B. Viren in sich tragen und anderenfalls neue Viren produzieren würden. Die T-Helferzellen aktivieren **T-Killerzellen** mit dem pas-senden Rezeptor, welche sich daraufhin vielfach teilen. Die T-Killerzellen erkennen befallene Körperzellen, da sie Antigene des Erregers präsentieren, und zerstören sie, in-dem sie deren Zellmembran auflösen (**B3**). Dieser Weg wird als **zellvermittelte Immunantwort** bezeichnet.

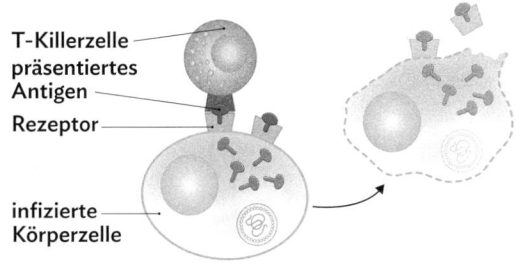

T-Killerzelle
präsentiertes Antigen
Rezeptor
infizierte Körperzelle

B3 Zerstörung befallener Zellen

M5 Die sekundäre Immunantwort

Einige der sich teilenden B-Zellen und T-Killerzellen entwickeln sich zu **Gedächtniszellen**, welche über viele Jahre hinweg erhalten bleiben können. Treffen sie später erneut auf den gleichen Krankheitserreger, werden sie sofort zu aktiven B-Plasmazellen und T-Killerzellen. Die Krankheitserreger werden dadurch so schnell bekämpft, dass es erst gar nicht zu einem erneuten Krankheitsaus-bruch kommt. Die Immunreaktion bei der Zweitinfekti-on mit einem dem Immunsystem bereits bekannten Er-reger bezeichnet man als **sekundäre Immunantwort**.

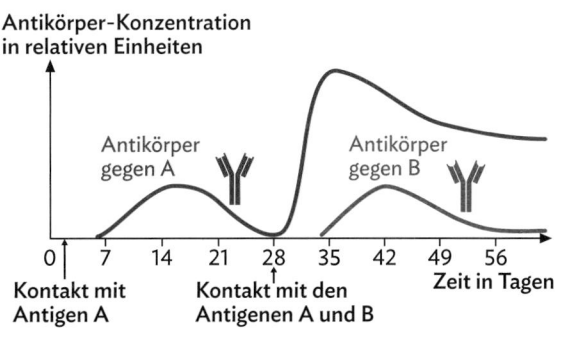

Antikörper-Konzentration in relativen Einheiten

Antikörper gegen A

Antikörper gegen B

0   7   14   21   28   35   42   49   56
Zeit in Tagen
Kontakt mit Antigen A   **Kontakt mit den Antigenen A und B**

B4 Antikörper-Produktion nach Kontakt mit Antigenen

2.2.3 Immunsystem – kompakt

Das grundlegende Prinzip

Als Teil eines Ökosystems ist der Mensch ständig von Krankheitserregern umgeben. Jeder Mensch besitzt körpereigene Abwehrsysteme, die ihn vor schädigenden Molekülen und Erregern schützen. Dieses sog. **Immunsystem** ist ein komplexes Netzwerk, in dem verschiedene Gewebe, Zellen und Moleküle zusammenarbeiten. Das Immunsystem muss in der Lage sein, zwischen seinen eigenen Zellen und körperfremden Strukturen zu unterscheiden und schädigende Wirkungen zu unterbinden. Jeder Erreger besitzt eine charakteristische Oberfläche. Die Oberflächen-Moleküle sind kennzeichnend für jeden Erreger und werden **Antigene** (B1) genannt. Diese „Ausweise der Zellen" werden von verschiedenen Immunzellen erkannt, die dann eine Immunreaktion veranlassen.

Die unspezifische Immunabwehr

Der Mensch kann durch Krankheitserreger geschädigt werden, wenn diese in seinen Körper eindringen. Davor schützen unseren Körper verschiedene Barrieren wie die **Haut** und die **Schleimhäute** sowie deren **Sekrete**. Dringen dennoch Krankheitserreger in den Körper ein, werden **Fresszellen** aktiv. Sie sind in der Lage, die Erreger durch **Phagozytose** aufzunehmen und im Zellinneren mittels Enzymen zu verdauen. Außerdem gehören sie zu den wenigen Antigen-präsentierenden Immunzellen. Sie können weitere Immunzellen über die Art des Erregers informieren und andere Bestandteile des Immunsystems aktivieren. Weiterhin gehören **antimikrobielle Proteine**, **Enzyme** sowie **Entzündungsreaktionen** zur zweiten Schutzbarriere (B1). Unser Körper kämpft stetig gegen Krankheitserreger, auch ohne das wir etwas merken.

Basiskonzept

Informationsaustausch und Kommunikation findet nicht nur zwischen Lebewesen statt. Auch innerhalb eines Lebewesens kommunizieren verschiedene Strukturen (z. B. Zellen) miteinander und tauschen Informationen aus. **Zellen kommunizieren über den Austausch von Botenstoffen** (spezielle Signalmoleküle) miteinander, die über Rezeptoren anderer Zellen empfangen werden. Die Zelle, die das Signal empfängt, reagiert darauf. Zum Beispiel erkennen T-Killerzellen von Viren befallene Körperzellen, da diese die Antigene des Erregers präsentieren (BK ➡ im Buchdeckel).

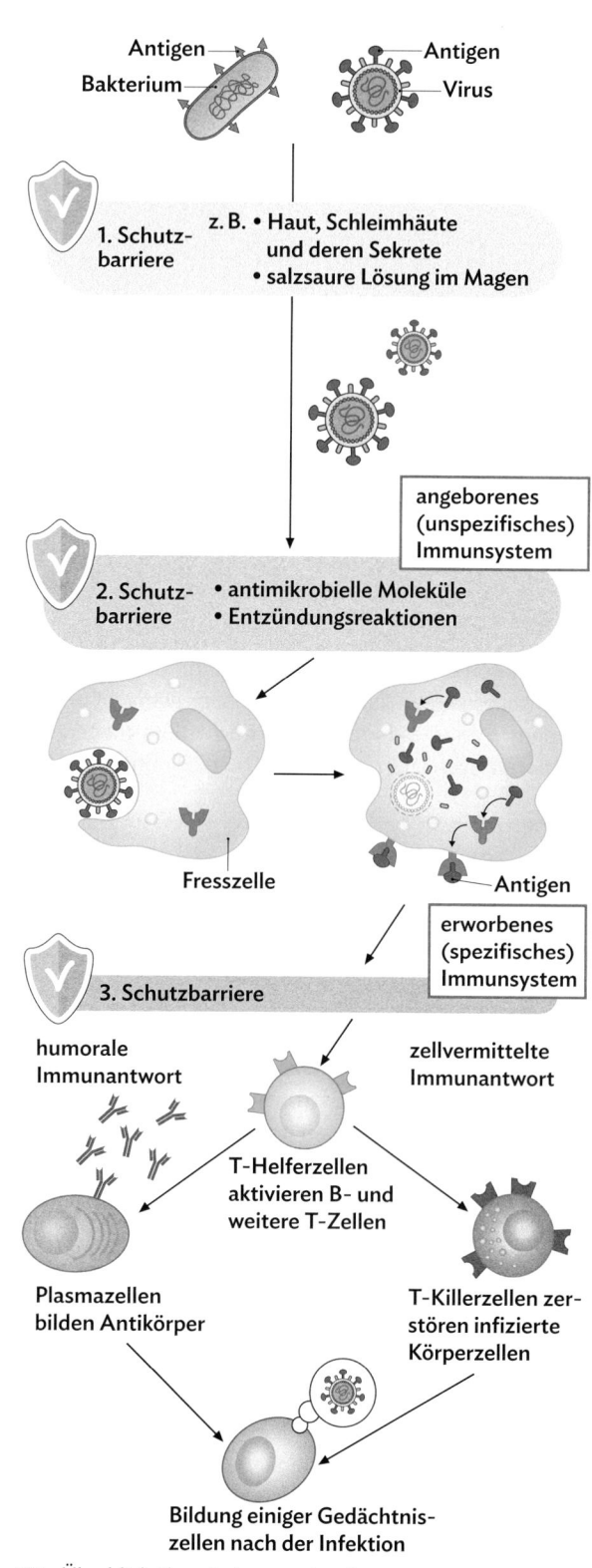

B1 Überblick über die Immunabwehr

Die primäre Immunantwort

Reicht die angeborene unspezifische Immunabwehr zur Bekämpfung der eingedrungenen Erreger nicht aus, wird die sehr effektive spezifische Immunabwehr aktiviert. Bei einer Erstinfektion mit einem neuen Erreger läuft die **primäre Immunantwort** ab, die mehrere Tage bis Wochen dauern kann. Dabei werden verschiedene spezialisierte weiße Blutzellen (Leukozyten) aktiv, die sehr spezifisch auf den eingedrungenen Krankheitserreger reagieren (**B1**).

Eine zentrale Rolle spielen die T-Helferzellen. Sie aktivieren andere Immunzellen: T-Killerzellen zerstören bereits befallene Körperzellen (**zellvermittelte Immunant-**

wort) und Plasmazellen produzieren zu den Antigenen passgenaue **Antikörper**. Durch diese verklumpen die Erreger miteinander, sodass sie keine Zellen mehr befallen können (**humorale Immunantwort**).

Die sekundäre Immunantwort

Erkältungen können zwar sehr lästig sein, allerdings sollten in der Tat nicht alle Infektionen vermieden werden, denn sie haben auch einen positiven Effekt: Durch erfolgreich bekämpfte Infektionskrankheiten wird das immunologische Gedächtnis eines Menschen im Kindesalter aufgebaut und dann zeitlebens trainiert bzw. an die Umstände angepasst. Insbesondere bei Erregern gefährlicher Krankheiten ist jedoch eine Schutzimpfung (➡ 2.3.4) einer richtigen Infektion deutlich vorzuziehen.

Das Immungedächtnis entsteht durch die Umwandlung einiger Leukozyten zu **Gedächtniszellen**, welche je nach Krankheitserreger einige Jahre bis viele Jahrzehnte erhalten bleiben und bei einem zweiten Kontakt die **sekundäre Immunantwort** auslösen. Dabei entstehen aus den Gedächtniszellen rasch funktionsfähige Killer- und Plasmazellen, die nun viel schneller eine viel größere Anzahl an Antikörpern produzieren als bei der Erstinfektion. Die Krankheit bricht in der Regel nicht aus.

> **Basiskonzept**
>
> Das **Schlüssel-Schloss-Prinzip** wird an verschiedenen Stellen im Körper sichtbar. Dieses biologische Prinzip besagt, dass bestimmte **Bausteine** im Körper durch ihre **Form** wie der Schlüssel zu einem Schloss passen. Durch **das genaue Zusammenpassen** dieser Bausteine verbinden sie sich, wenn sie aufeinandertreffen (BK ➡ im Buchdeckel).

Aufgaben

1 Erkläre die Begriffe „unspezifische" und „spezifische" Immunabwehr und die Rolle der Fresszellen in beiden Systemen auch mithilfe des Videos (➡ **QR 03020-058**). 03020-058

2 Im Jahr 2009 sorgte die „Schweinegrippe" für eine weltweite Infektionswelle. Im Rahmen einer klinischen Studie infizierten Immunologinnen und Immunologen (➡ **S. 272 f.**) eine freiwillige Testperson mit dem abgetöteten Erreger. Nach einigen Wochen wurde die Person erneut mit dem gleichen Erreger infiziert. Während des Zeitraums wurde die Antikörperkonzentration im Blut bestimmt. Erläutere anhand von **B2** die Folgen einer Zweitinfektion für die Testperson.

3
a) Zeichne einen passenden Antikörper zu dem Erreger und einen passenden Erreger zu dem Antikörper in **B3**.

b) Die Antigene der Grippeviren verändern sich im Laufe der Zeit. Erläutere daraus resultierende Herausforderungen für das Immunsystem mittels des Schlüssel-Schloss-Prinzips.

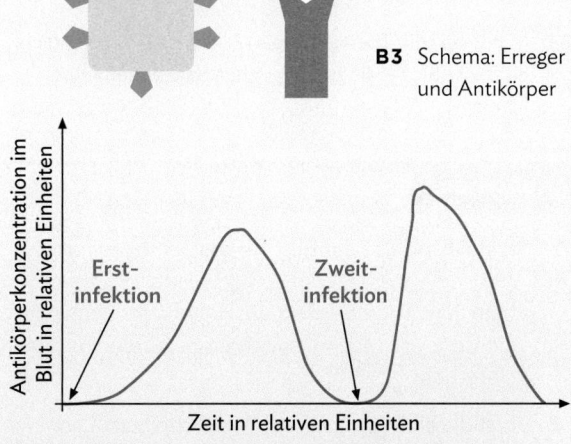

B3 Schema: Erreger und Antikörper

B2 Antikörperkonzentration im zeitlichen Verlauf

2.2.4   Eine Concept-Map digital erstellen

Unterschied zwischen Mindmap und Concept-Map

Viele einzelne Fakten oder komplexe Sachverhalte können sehr übersichtlich in einem Schema veranschaulicht werden: Eine **Mindmap** (B1) liefert eine hierarchische Struktur von Inhalten zu einem Thema und wird von innen nach außen gelesen. Eine **Concept-Map** (B2) stellt Zusammenhänge und Quervernetzungen dar und wird daher meist von oben nach unten gelesen. Im Laufe ihrer Erstellung bzw. Erweiterung können sich auch neue Leserichtungen, z. B. von links nach rechts, ergeben. Der Pfeil gibt dabei immer die Leserichtung an.

Vorteile einer digitalen Concept-Map

Eine digitale Concept-Map (oder Mindmap) bietet einige Vorteile: Sie kann stets verbessert und ergänzt werden. Das Ein- und Ausklappen (häufig über „+" bzw. „–"-Symbol) ganzer Unterpunkte sorgt für Übersichtlichkeit. Die digitale Map kann als Bild gespeichert und leicht zwischen Personen ausgetauscht werden. Es können auch mehrere Personen gemeinsam daran arbeiten.

Hier findest du einige Vorschläge für Programme zum Erstellen einer digitalen Concept-Map oder Mindmap (➡ QR 03023-80).
03023-80

So geht's

1. Schritt: Formuliere eine Hauptfrage, die die Concept-Map beantworten soll.
2. Schritt: Untergliedere das Wissen, wenn es zum Beispiel aus einem Fließtext stammt, in Sinnabschnitte und definiere wichtige Begriffe.
3. Schritt: Verbinde die Begriffe mit Pfeilen und beschrifte die Pfeile mit Verben.
4. Schritt: Kontrolliere die erstellte Concept-Map auf Sinnhaftigkeit.

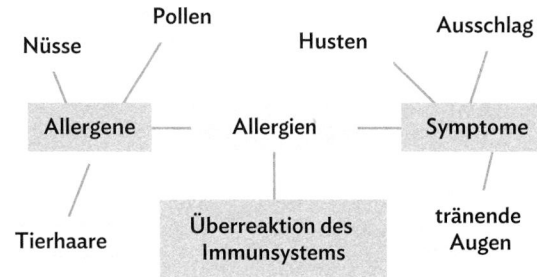

B1 Mindmap zum Thema Allergie (Allergene sind eigentlich harmlose Stoffe, die zu allergischen Reaktionen führen können.)

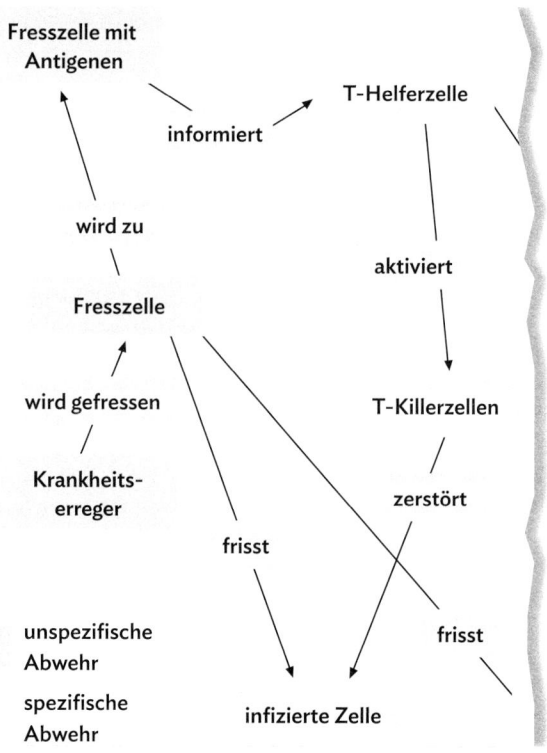

B2 Ausschnitt aus einer Concept-Map zum Thema: Unspezifische und spezifische Immunabwehr

Aufgaben

1 **MK** Erstelle mithilfe der Begriffe aus der Wortwolke (B3) eine aussagekräftige (ggf. digitale) Concept-Map zum Thema: Infektionskrankheiten. Ergänze die Concept-Map mit weiteren Begriffen aus dem Unterricht.

2 **MK** Erstelle eine (ggf. digitale) Mindmap zum Thema Prokaryoten und Eukaryoten (➡ 2.1).

B3 Begriffe für die Concept-Map zu Infektionskrankheiten

2.2.5 Aussagen und Daten (im Internet) beurteilen

Besonders zu Beginn der COVID-19-Pandemie im Frühjahr 2020 herrschte noch viel Uneinigkeit über die Ausbreitung des Virus, seine gesundheitlichen Folgen und mögliche Maßnahmen zu seiner Bekämpfung. In sehr kurzen Zeitabständen mussten neue Untersuchungsergebnisse ausgewertet werden, um stets den aktuellen Wissensstand zu berücksichtigen.

Um biologische Zusammenhänge richtig beurteilen zu können, ist es sehr wichtig, Aussagen richtig einzuordnen, d. h. Tatsachen (Fakten) von Meinungen unterscheiden zu können.

So geht's

1. Schritt: Analysiere die verwendete Sprache und den Sprachton der Aussage.
2. Schritt: Prüfe den Absender der Aussage und seine möglichen Interessen bezüglich der Sachlage.
3. Schritt: Prüfe die Daten auf die Umstände ihrer Erhebung und auf ihre Aussagekraft.

Zu 1: **Meinungen** erkennt man meist durch einen Ich-Bezug: Satzbausteine wie „Ich glaube" oder „Ich denke" deuten darauf hin, dass eine persönliche Haltung ausgedrückt wird. Auch eine emotional geladene Ausdrucksweise lässt auf eine Meinung schließen. Beispiel: *„Immer diese Panikmache! Ich denke, das Coronavirus ist nicht gefährlicher als eine Grippe."*

Tatsachen werden dagegen sachlich, nüchtern und ohne Ich-Bezug formuliert. Ist eine seriöse Informationsquelle angegeben, so erhöht sich die Glaubwürdigkeit. Beispiel: *„Laut Robert-Koch-Institut (RKI) nimmt das Risiko für einen schweren Verlauf von COVID-19 u. a. mit dem Alter zu."*

Zu 2: Wichtig zur Beurteilung einer Aussage sind auch der Ursprung und die Absicht der Quelle. Gerade hinsichtlich der Maßnahmen zur Bekämpfung der Virus-Ausbreitung wurde sehr kontrovers zwischen unterschiedlichen Interessensvertreterinnen und -vertretern diskutiert. So ist es für Klein-Unternehmerinnen und -Unternehmer wichtig, weiterhin Umsatz zu machen. Jugendliche möchten ihre Freizeit nicht zu Hause verbringen. (Ältere) Beschäftigte mit viel Kundenkontakt haben Angst, sich anzustecken. Hier fallen die Urteile bezüglich der nötigen Maßnahmen sicher unterschiedlich aus. Im Internet ist es oft schwer zu erkennen, von welcher Person eine Aussage stammt.

Vor allem in Foren oder sozialen Netzwerken werden häufig keine Klarnamen verwendet und so ist die Identität der schreibenden Person nicht erkennbar.

Zu 3: Bei einer **Internetsuche** findest du folgende Daten: *Coronafälle gesamt: 19.278.143; Todesfälle in Zusammenhang mit Corona: 127.522 (0,66 %).*

Für die Beurteilung und Interpretation der Daten reichen diese Angaben nicht aus. Werden solche Zahlen z. B. von Wissenschaftsjournalistinnen und -journalisten verwendet, so müssen zunächst weitere Informationen eingeholt werden: Die Daten wurden vom Robert-Koch-Institut am 23. März 2022 für Deutschland veröffentlicht. Demnach sind sie nur für einen bestimmten **geografischen Raum** (Deutschland) gültig und auch nur für einen begrenzten **Zeitraum**. Die berechnete Sterblichkeitsrate von 0,66 % bezieht sich auf die registrierten Coronafälle. Es muss aber davon ausgegangen werden, dass viele Erkrankungen unentdeckt blieben oder nicht gemeldet wurden. Um differenzierte Angaben zu machen, müssten zudem Daten erhoben bzw. untersucht werden, die sowohl das **Alter** als auch das **Geschlecht** berücksichtigen.

Aufgaben

1. Identifiziere unter den folgenden Aussagen begründet Meinungen und Fakten.
   a) Wirtschaftsvorstand: Wenn wir bei jeder Krankheit einen solchen Aufwand betreiben, dann kommen wir wirtschaftlich nicht mehr auf die Beine!
   b) Arzt: Die Symptome der Viruserkrankung können abhängig von Vorerkrankungen und Allgemeinzustand stark unterschiedlich ausfallen.
   c) Privatperson: Ich verstehe nicht, warum so eine Panik verbreitet wird. Ich kenne schon zwei Fälle, bei denen keine Symptome festzustellen waren!
   d) Eine Studie der Weltgesundheitsorganisation (WHO) hat ergeben: Richtiger Maskengebrauch in Verbindung mit ausreichend Abstand senkt das Infektionsrisiko um das Fünf- bis Sechsfache.

2. Erkläre die stetig veränderten Handlungsempfehlungen der Virologen und Virologinnen (➡ im Buchdeckel) während der Corona-Pandemie.

3. Erläutere, warum Aussagen, die in sozialen Netzwerken getroffen werden, besonders schwer zu beurteilen sind.

2.3.1 Aktive und passive Immunisierung

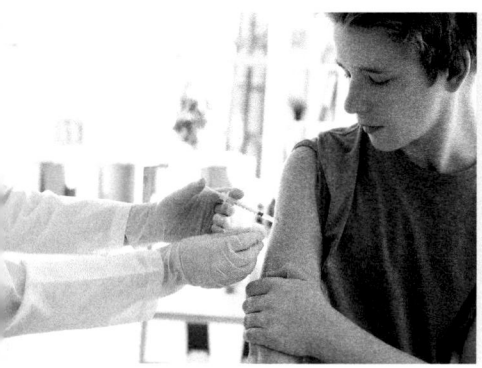

Bis in das späte 18. Jahrhundert waren Pocken eine der gefährlichsten Krankheiten der Welt. Hunderttausende Menschen starben, ein Drittel der Überlebenden erblindete und fast alle trugen ihr Leben lang Pockennarben davon. Heute hat die Krankheit ihren Schrecken verloren. Durch das erste große Impfprogramm der Menschheit wurde der virale Krankheitserreger, der nur beim Menschen vorkommt, ausgerottet.

→ Wie funktioniert eine Impfung? Und wie wurde sie erfunden?

Lernweg

1 E. JENNER gilt als „Erfinder" der Impfung. Erkläre mithilfe von M1 und M2 die Funktionsweise der Schutzimpfung.

2 Vergleiche die aktive und passive Immunisierung (M2, M3) tabellarisch hinsichtlich folgender Aspekte: Inhaltsstoff des Impfstoffs, Wirkungsweise und Zweck der Impfung, Dauer des Impfschutzes.

3 ⌐MK⌐ Der Impfausweis dient dem Nachweis der Impfungen, die eine Person erhalten hat. Vergleicht die fiktiven Impfnachweise und diskutiert die Daten im Hinblick auf die Impfempfehlungen der Ständigen Impfkommission (STIKO) (➡ QR 03023-73). Recherchiert diese im Internet auf der Homepage des Robert Koch-Instituts (RKI).

03023-73

M1 Die Geschichte der Pockenimpfung

Der englische Arzt EDWARD JENNER (1749–1823) lebte zu einer Zeit, in der Pockenepidemien regelmäßig ganze Dörfer entvölkerten. Einen wirkungsvollen Schutz gegen die Pocken-Viren gab es zu dieser Zeit nicht. JENNER erfuhr von einem Kollegen, dass Personen, die von einer eher ungefährlichen Kuhpocken-Erkrankung genesen waren, nicht mehr an Pocken erkrankten. Daraufhin wagte er im Jahr 1796 einen riskanten Versuch: Er entnahm einer an Kuhpocken erkrankten Frau Flüssigkeit aus ihren Eiterbläschen und steckte damit einen achtjährigen Jungen namens James an, indem er die Flüssigkeit in dessen aufgeritzte Haut schmierte (B1). Der Junge erkrankte an Kuhpocken und war einige Wochen später nach milder Krankheit geheilt. Doch war James nun auch vor den gefährlichen Menschenpocken geschützt? JENNER infizierte ihn in einem zweiten Experiment mit dem Eiter eines Pockenkranken. Tatsächlich entwickelte der Junge keine Symptome der lebensgefährlichen Krankheit. Die Immunisierung verbreitete sich schnell in Europa, auch weil JENNER auf eine Patentierung seiner Methode verzichtete. Bereits 1807 führte das Königreich Bayern eine Impfpflicht mit einem ver-

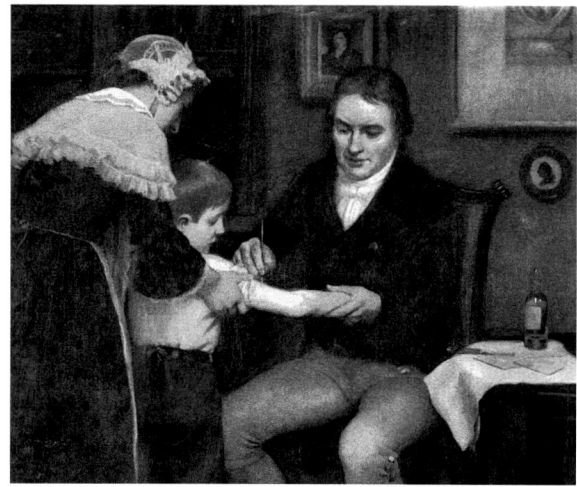

B1 Impfung des jungen James

wandten, harmlosen Erreger ein. 1977 wurde in Somalia der letzte Fall registriert und 1980 erklärte die Weltgesundheitsorganisation (WHO) die Welt für pockenfrei. Seitdem wird nicht mehr standardmäßig gegen Pocken geimpft.

M2 Die aktive Immunisierung

Bei der aktiven Immunisierung werden, anders als bei JENNERS Pockenschutzimpfung, abgeschwächte oder unwirksam gemachte Erreger bzw. nur Bestandteile von diesen verabreicht, die aber dennoch eine vollständige Immunreaktion des Geimpften hervorrufen. Alle Schutzimpfungen (**B2**) führen zur **aktiven Immunisierung**.

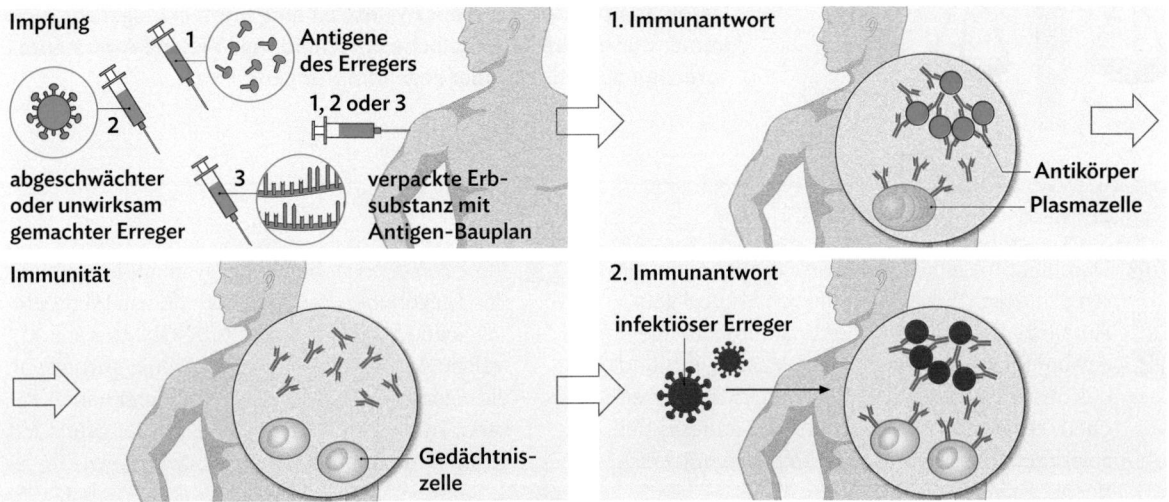

B2 Ablauf und Wirkung einer Schutzimpfung (links oben sind drei alternative Inhaltsstoffe für Impfungen dargestellt)

M3 Die passive Immunisierung

Beim Urlaub in asiatischen Ländern ist die Begegnung mit exotischen Tieren ein Highlight. So ging es auch Alina: Beim Füttern von Makaken entstanden tolle Urlaubsfotos. Bis der Affe heftig und lange in Alinas Schulter biss. Dies ist in Asien aber viel gefährlicher als in Deutschland: Der Tollwut-Erreger kommt dort deutlich häufiger vor. Eine Schutzimpfung hat hierzulande nur eine kleine Minderheit. Bei einer unentdeckten Infektion endet die Tollwut fast immer tödlich. Alina hatte Glück: In einem Krankenhaus konnte man ihr eine **Heilimpfung** verabreichen. Diese beinhaltet Antikörper in großer Konzentration, die möglicherweise übertragene Viren schnell unschädlich machen können. Es erfolgt eine **passive Immunisierung**. Die Antikörper werden mithilfe von Gentechnik (➜ 4.4.8) aus Zellkulturen gewonnen oder aus dem Blut von Menschen bzw. Tieren, die die Erkrankung schon durchgemacht haben. Der Patient baut die verabreichten Antikörper jedoch im Verlauf mehrerer Wochen ab, weshalb die Impfwirkung rasch nachlässt. Außer gegen Tollwut wird die passive Immunisierung z. B. auch häufig bei verschmutzten Wunden und unsicherem Impfschutz gegen Tetanus eingesetzt.

M4 Der Impfausweis und Impfkalender

Durch Impfungen haben viele äußerst gefährliche Krankheiten, wie z. B. Tetanus, Masern oder Kinderlähmung, ihren Schrecken verloren. Bereits im ersten Lebensjahr erhalten Neugeborene in der Regel ihre ersten Impfungen und einen eigenen Impfausweis (**B3**), in dem alle Impfungen mit Impfstoff und Datum eingetragen werden. Aber nicht alle Impfungen werden standardmäßig angewendet. Die STIKO, die u. a. aus Fachärztinnen und -ärzten für Infektionskrankheiten (➜ **S. 272 f.**) besteht, erteilt regelmäßig Empfehlungen zu den in Deutschland besonders wichtigen Schutzimpfungen und veröffentlicht einen Impfkalender. Fast alle Impfungen sind hierzulande freiwillig.

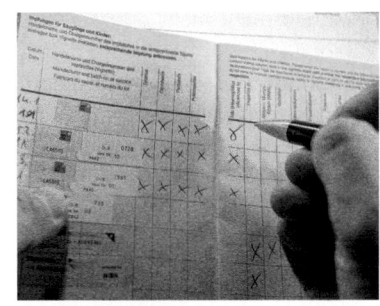

B3 Impfausweis

2.3.2 Gesellschaftliche Bedeutung von Impfungen

Trotz vieler Erfolgsgeschichten der Impfungen, wie z. B. der Ausrottung von Pocken und Kinderlähmung, gibt es immer noch zahlreiche Menschen, die Impfungen ablehnend gegenüber stehen.

→ Was sind ihre Bedenken und Ängste? Wie sieht die wissenschaftliche Datenlage zu Impfungen aus? Wieso ist eine Impfverweigerung nicht immer nur eine rein persönliche Entscheidung? Welche Argumente sprechen objektiv für oder gegen Impfungen?

Lernweg

1 Durch Impfungen verlieren viele Krankheiten ihren Schrecken. Erkläre mithilfe von M1 und dem Arbeitsblatt den Einfluss der Impfquote auf die Ausbreitungsmöglichkeiten des Masernvirus und das Bestreben, eine Impfquote von 95 % zu erreichen (➡ QR 03023-74). Beurteile für dieses Beispiel auch folgende Aussage: „Impfen schützt nicht nur die Geimpften."

03023-74

2 Masern sind eine hochansteckende Infektionskrankheit.
a) Erkläre die Bedeutung, Effektivität und Sicherheit des Masern-Impfstoffs (M2, M3).
b) Schlage mehrere Maßnahmen vor, damit das Masernvirus eines Tages wie der Pockenerreger ausgerottet wird. Diskutiert diese in der Klasse.

3 Viele Personen stehen der Masernimpfung ablehnend gegenüber. Beurteile mithilfe von M1 bis M4 sowie den Ergebnissen des Arbeitsblattes aus A1, welche Auswirkungen eine Impfverweigerung auf die eigene Gesundheit und die anderer haben kann. Triff eine reflektierte Entscheidung für oder gegen diese Impfung (➡ 2.3.5, 2.3.6).

4 Als Impfmüdigkeit bezeichnet man die mangelnde Motivation, eine Schutzimpfung trotz guter Verfügbarkeit in Anspruch zu nehmen. Identifiziere aus M4 Gründe, die diese Impfmüdigkeit widerspiegeln und finde Gegenargumente. Beurteile die Folgen der Impfmüdigkeit für Risikogruppen wie Säuglinge und immungeschwächte Personen, die sich nicht impfen lassen können.

M1   Die Herdenimmunität

Eine Maserninfektion kann sich extrem schnell ausbreiten, wenn ausreichend Personen in kurzer Zeit infiziert werden. Je mehr Personen die Infektion durchgemacht haben oder geimpft sind (Impfquote), desto langsamer wird die Ausbreitung des Erregers, da dieser immune Personen nicht mehr effektiv infizieren kann. Je mehr Personen immun sind, desto höher ist die sog. **Herdenimmunität** bzw. der **Gemeinschaftsschutz** (B1). Bei einer hohen Herdenimmunität (je nach Erreger zwischen 75 und 95 % immune Personen) kann der Krankheitserreger nicht mehr effizient weitergegeben werden. Einige Personengruppen sind auf diesen Gemeinschaftsschutz angewiesen, weil bei ihnen z. B. aufgrund des Gesundheitszustands eine Impfung nicht möglich ist, nicht wirkt oder weil sie zu jung zum Impfen sind.

Herdenimmunität fehlt

Hohe Herdenimmunität vorhanden

- ● immun, gesund
- ● nicht immun, gesund
- ● nicht immun, infiziert, ansteckend
- ⚕ durch Herdenimmunität geschützt
- ⁙ Übertragung des Erregers

B1 Ausbreitung von Krankheiten

M2 Ein Impfstoff gegen die Masernerkrankung

Eine an Masern erkrankte Person steckt **im Durchschnitt** etwa **fünfzehn** Personen an, sofern diese nicht immunisiert sind. Zum Vergleich: Eine mit COVID-19 infizierte Person steckt **ohne Hygienemaßnahmen im Schnitt drei** Personen an. Es gab in der Menschheitsgeschichte mehrfach große Masernepidemien mit sehr vielen Todesfällen. Der erste 1963 zugelassene Masernimpfstoff mit einer Effektivität von mindestens 98 % (von 100 Geimpften erkranken zwei mit mildem Krankheitsverlauf) senkte die Infektionszahlen rapide. So konnten im Zeitraum zwischen 2000 und 2017 ca. 21 Millionen Todesfälle verhindert werden. Ziel der Weltgesundheitsorganisation WHO ist die Ausrottung des Masernvirus, wofür eine weltweite Impfquote (1. und 2. Impfung) von etwa 95 % erreicht werden müsste (**B2**).

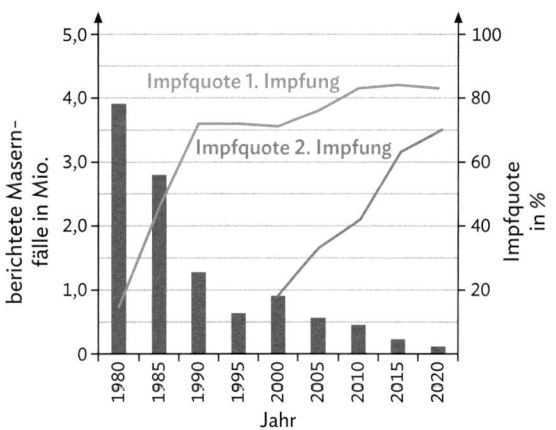

B2 Masernfälle und Impfquoten weltweit (Quelle: WHO Immunization Data portal)

M3 Impfnebenwirkungen?

Nach einer Impfung kann die Impfstelle für einige Tage schmerzhaft und gerötet sein und es kann z. B. Fieber auftreten. **B3** zeigt Nebenwirkungen eines lang erprobten Impfstoffes. Für jeden Impfstoff muss allerdings eine gesonderte Prüfung statistischer Daten über mögliche Risiken und Nebenwirkungen erfolgen.

Symptom	Komplikationen durch Masernerkrankung	Komplikationen nach einer Masern-/Mumps-/Röteln-Impfung
maserntypischer Hautausschlag	98 %	5 % und schwächere Ausprägung („Impfmasern")
Fieber	98 %	3–5 %, sehr selten hoch
Gehirnentzündung	0,1–0,01 %	0 %
Sterblichkeit	ca. 0,1–0,2 %	0 %

B3 Vergleich der Komplikationen bei der Erkrankung und der Impfung (Quelle: RKI)

M4 Warum haben Sie sich in den letzten fünf Jahren nicht impfen lassen?

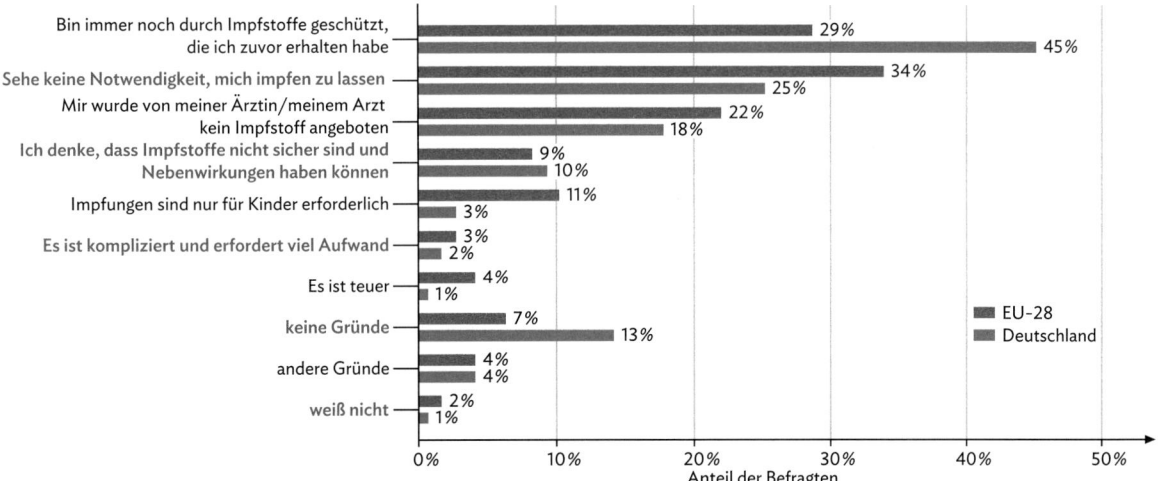

B4 Befragung, warum man sich in den letzten fünf Jahren nicht impfen ließ (Quelle: European Commission © Statista 2020)

2.3.3 Antibiotika

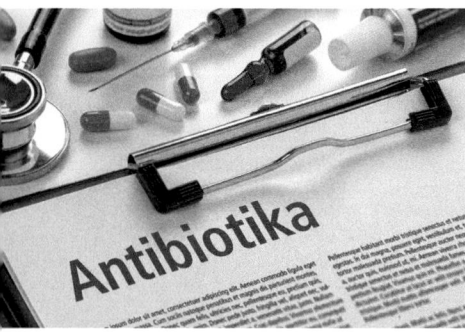

Die Entwicklung der Antibiotika zählt zu den wichtigsten Entdeckungen in der Medizin. Krankheiten, die zuvor sehr häufig zum Tod führten, wie zum Beispiel Scharlach und Syphilis, sind durch diese Medikamente heutzutage sehr gut zu behandeln. Allerdings werden Antibiotika z. T. auch unsachgemäß angewendet.

→ Wie und gegen welche Erreger wirkt ein Antibiotikum und worauf muss man beim Einsatz von Antibiotika achten?

Lernweg

1 Antibiotika sind Medikamente zur Behandlung von bakteriellen Infektionen. Erkläre mögliche Wirkungen der unterschiedlichen Antibiotika in M1 auf ein Bakterium (➡ 2.1.1).

2 Eine Behandlung mit einem Antibiotikum wirkt sich nicht nur auf Krankheitserreger aus (M2).

a) Im und auf dem Körper des Menschen befinden sich tausende Arten nützlicher Mikroorganismen, aber auch schädliche.
Erkläre mithilfe von M2, warum ein gesunder Mensch trotz Anwesenheit von Krankheitserregern nicht krank wird.

b) Beschreibe mithilfe von B2 und B3 die Auswirkungen einer Behandlung mit einem Antibiotikum auf das Darm-Mikrobiom eines Menschen (Hilfen ➡ QR 03023-75).

03023-75

c) Formuliere zwei biologische Fragestellungen, die im Hinblick auf dieses Phänomen untersucht werden könnten, und plane zwei entsprechende Experimente.

d) Bei einer Behandlung mit Antibiotika kommt es häufig zu Durchfall oder Verstopfung. Leite eine Ursache für diesen Befund ab.

e) Ein Breitbandantibiotikum wirkt gegen eine Vielzahl von Bakterien und wird häufig dann eingesetzt, wenn nicht genau bekannt ist, welches Bakterium die Krankheit verursacht. Beurteile den häufigen Einsatz von Breitbandantibiotika.

3 Kommt ein neues Antibiotikum auf den Markt, dauert es oft nicht lange, bis die ersten Resistenzen auftreten (B4). Erläutere mithilfe von M3 und dem Video die Entstehung einer Resistenz und leite daraus ab, was man beim Einsatz eines Antibiotikums beachten muss (➡ QR 03020-059).

03020-059

M1 Mögliche Wirkungsweisen von Antibiotika

Blockieren die Struktur und Funktion der Erbsubstanz (z. B. Fluorchinolone)

Zerstören die Zellmembran (z. B. Polymyxine)

Stören die Bildung neuer Proteine (z. B. Tetrazycline)

Verhindern die Verdopplung der Erbsubstanz (z. B. Sulfonamide)

Hemmen die Zellwandbildung (z. B. Penicilline)

B1 Die Wirkung verschiedener Antibiotika auf eine Bakterienzelle

M2 Die Wirkung einer Antibiotika-Einnahme auf die Darmbakterien

Die unzähligen und vielfältigen Lebewesen, die einen Menschen besiedeln, stehen miteinander in ständiger Konkurrenz um Nahrung und Lebensraum. Gleichzeitig leben sie symbiotisch mit dem Organismus, den sie besiedeln. Die Gesamtheit der Mikroorganismen, die einen Menschen (oder ein anderes Lebewesen) besiedeln, bezeichnet man als **Mikrobiom**. Das komplexe Darm-Mikrobiom des Menschen beansprucht die gesamte Oberfläche der Darmwand für sich, wodurch schädlichen Mikroorganismen wie Krankheitserregern kaum Platz und Nahrung bleiben, um sich zu vermehren (**B2a**). Gerät das Mikrobiom durch bestimmte Einflüsse aus dem Gleichgewicht oder wurde geschwächt, können sich Krankheitserreger (**B2b**) stark vermehren. Das

Gleichgewicht kann durch innere Einflüsse wie z.B. Stress, aber auch durch äußere Faktoren wie z.B. Ernährung und die Einnahme von Medikamenten (z.B. Antibiotika) gestört werden.

a) gesundes Mikrobiom (im Gleichgewicht)   **b) gestörtes Mikrobiom** (Fehlbesiedlung)

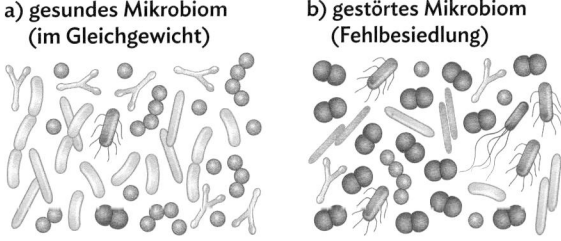

B2 Besiedlung mit unterschiedlichen Bakterienarten

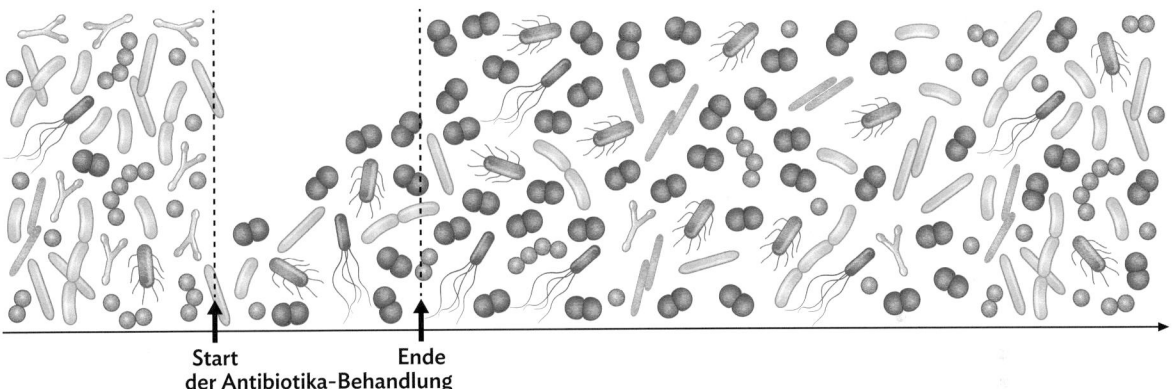

Start
der Antibiotika-Behandlung   Ende

B3 Darstellung der Bakterienzusammensetzung des Darm-Mikrobioms im Verlauf einer Antibiotika-Therapie

M3 Die richtige Einnahme von Antibiotika

Unter Resistenz versteht man die Widerstandsfähigkeit eines Bakteriums gegen die Wirkung von Antibiotika (**B1**) und Umwelteinflüssen. Bei einem Antibiotikum-Einsatz können sich resistente Bakterien stark vermehren und auch neue Resistenzen entstehen, z.B. durch Veränderung der Erbsubstanz (**B4**). Zudem können Bakterien Plasmide (➡ 2.1.1) untereinander austauschen und somit Resistenzen über die Erbsubstanz weitergeben. Antibiotika sind verschreibungspflichtig und somit nur in der Apotheke erhältlich. Die Ärztin bzw. der Arzt entscheidet, ob eine Antibiotika-Therapie notwendig ist und stimmt die Wahl des Antibiotikums, seine Dosierung und Einnahmedauer auf die jeweilige Infektion und den Gesundheitszustand der Patientin bzw. des Patienten ab. Durch die Dosierung muss gewährleistet sein, dass eine ausreichend hohe Konzentration des

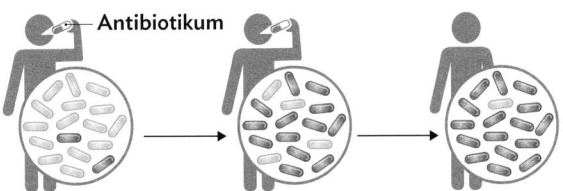

Antibiotikum

⬭ **nicht-resistentes Bakterium**
⬭ **resistentes Bakterium (bereits vor der Antibiotika-Einnahme vorhanden)**
⬭ **resistentes Bakterium (durch Veränderung neu entstanden)**

B4 Resistenz-Bildung durch häufigen Antibiotika-Einsatz

Wirkstoffs im Körper vorhanden ist, um den Erreger abzutöten. Setzt man das Antibiotikum zu früh ab, kann die Krankheit erneut ausbrechen. Eine zu lange Antibiotikum-Therapie begünstigt hingegen die Vermehrung bereits resistenter Erreger.

81

2.3.4 Impfungen und Antibiotika – kompakt

Die aktive und passive Immunisierung

Gerade bei viralen Erkrankungen ist es nur sehr schwer möglich, den Erreger über Medikamente in Schach zu halten. Vielmehr muss das Immunsystem selbst mit dem Virus fertig werden. Hier setzen Impfstoffe an:

Bei der **aktiven Immunisierung (Schutzimpfung)** wird das Immunsystem auf den Erreger vorbereitet. Lebendimpfstoffe, wie sie bei Masern, Mumps und Röteln zum Einsatz kommen, enthalten geringe Mengen vermehrungsfähiger Krankheitserreger, die jedoch so abgeschwächt wurden, dass sie die Erkrankung selbst kaum auslösen können. Ein Totimpfstoff enthält entweder unwirksam gemachte Erreger oder Erregerbestandteile. Die Impfstoffe werden meist durch eine Injektion verabreicht. Durch die nun in Gang gesetzte Immunreaktion bildet der Körper entsprechende T-Killerzellen und Plasmazellen, die **passgenaue Antikörper** produzieren (➡ 2.2.3). Bei einer Infektion der geimpften Person mit dem echten, gefährlichen Erreger kann das Immunsystem binnen weniger Stunden die entsprechenden Immunzellen in ausreichender Menge zur Verfügung stellen, die den Erreger bekämpfen und eine Erkrankung verhindern. Da in diesem Fall das Immunsystem selbst Antikörper bildet und aktiv am Schutz beteiligt ist, spricht man von der aktiven Immunisierung (**B1**). Sie hat den Vorteil, dass aufgrund der Bildung von T- und B-Gedächtniszellen die Immunität über einen längeren Zeitraum (einige Monate bzw. Jahre) anhält. Erfolgt eine zweite oder dritte Auffrischungsimpfung, kann in einigen Fällen sogar eine lebenslange Immunität erreicht werden.

Die **passive Immunisierung (Heilimpfung)** (**B2**) erfolgt, wenn bereits eine Infektion stattgefunden hat. Dabei wird der Person ein **Impfserum**, das die passenden Antikörper (z.B gegen Tollwutviren) in hoher Konzentration enthält, verabreicht. Die Antikörper können sofort an die Erreger binden und ihre Zerstörung bewirken. Hier liegt der Vorteil darin, dass eine Bekämpfung des Erregers sofort einsetzt; eine länger anhaltende Immunisierung ist aber nicht gegeben.

Impfung – gesellschaftliche Bedeutung

Schutzimpfungen gehören zu den wichtigsten Maßnahmen, um Krankheiten vorzubeugen. Zum einen schützen Impfstoffe die geimpfte Person mit hoher Wahrscheinlichkeit vor einer Infektion bzw. vor einem schweren Krankheitsverlauf. Zum anderen beschleunigen **flächendeckende** Impfungen das Erreichen der **Herdenimmunität** bzw. des **Gemeinschaftsschutzes**, ohne dass sehr viele Menschen schwer erkranken. Eine erkrankte Person trifft dann größtenteils auf immunisierte Personen – der Erreger kann sich nicht weiterverbreiten. Dies schützt auch Personengruppen, die über keine ausreichende Immunität verfügen, wie z. B. sehr junge oder alte Personen. Liegt bei einem auf den Menschen spezialisierten Erreger eine weltweite Herdenimmunität vor, kann es zur Ausrottung des Erregers kommen. Dieses Ziel ist in der Praxis schwer umzusetzen und wurde bisher nur bei Pockenviren erreicht.

Abwägen der Risiken

Manche Menschen haben große Bedenken gegenüber einer Impfung, z. B. aufgrund eines Falles mit schweren Impfnebenwirkungen im Verwandtenkreis, wegen allgemeiner Skepsis gegenüber der Pharmaindustrie oder aus unbestimmten Gründen. Zur Entscheidungsfindung sollten die Impfrisiken mit den Krankheitsrisiken und dem Nutzen der Impfung für den einzelnen und die Gesellschaft abgewogen werden. Eine Orientierungshilfe geben die

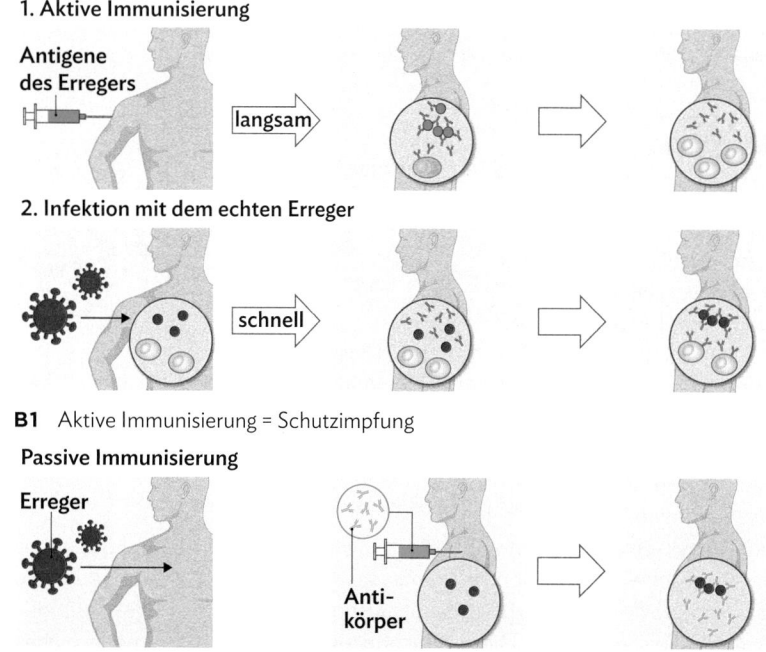

1. Aktive Immunisierung

Antigene des Erregers

langsam

2. Infektion mit dem echten Erreger

schnell

B1 Aktive Immunisierung = Schutzimpfung

Passive Immunisierung

Erreger

Antikörper

B2 Passive Immunisierung = Heilimpfung

Impfempfehlungen der STIKO, da sich darin bereits eine **Risikobewertung** von Expertinnen und Experten widerspiegelt. Im Zweifelsfall, z. B. bei einer Vorerkrankung des Immunsystems oder bei Vorliegen einer Schwangerschaft, sollten Betroffene ärztlichen Rat einholen, um die individuellen Risiken abzuwägen.

Impfstoffe durchlaufen vor ihrer Zulassung intensive klinische Studien, die deren Wirksamkeit erforschen und die Häufigkeit und Art der Nebenwirkungen dokumentieren. Schwerwiegende Komplikationen treten im Gegensatz zur Erkrankung durch den eigentlichen Erreger nur in äußerst seltenen Fällen auf. Durch erfolgreiche Impfkampagnen kommen viele gefährliche Infektionskrankheiten wie z. B. Kinderlähmung oder Masern in Deutschland kaum noch vor. Es besteht dann allerdings die Gefahr, dass eine gewisse Impfmüdigkeit einsetzt, da die Krankheiten und deren Folgen nicht mehr bekannt sind oder unterschätzt werden.

Antibiotika

Eine Antibiotika-Therapie muss ärztlich verordnet werden, da in Abhängigkeit von der Erkrankung und des Patientenzustands eine **individuelle** Bestimmung der Art des Antibiotikums, der Dosierung und der Dauer der Behandlung vorgenommen werden muss. **Antibiotika** bekämpfen nicht nur bakterielle Krankheitserreger, sondern auch Bakterien des natürlichen Mikrobioms, die für das Gleichgewicht im Körper von großer Bedeutung sind. Daher können bei der Einnahme dieser Medikamente **Nebenwirkungen** wie Magen-Darm-Beschwerden oder allergische Reaktionen der Haut auftreten. Eine unsachgemäße und häufige Anwendung von Antibiotika begünstigt die Bildung von **Resistenzen** bzw. fördert die Vermehrung bereits resistenter Bakterien, da diese dann einen **Selektionsvorteil** gegenüber nichtresistenten Bakterien haben. Resistenzen können entstehen, wenn zufällig eine Veränderung der Erbinformation auftritt, die das Bakterium befähigt, die Wirkung des Antibiotikums zu verhindern. Zudem können resistente Bakterien die Erbinformation für die Resistenz über kleine ringförmige Teile der Erbsubstanz (Plasmide) an nichtresistente Bakterien, auch von anderen Arten, weitergeben. Bei der Infektion mit einem resistenten Erreger kann das Immunsystem nicht mehr durch das entsprechende Antibiotikum unterstützt werden.

Aufgaben

1 Alfred hat sich beim Heimwerken mit einem rostigen Nagel verletzt. Da die letzte Tetanus-Impfung bereits über 40 Jahre zurückliegt, entscheidet sich der Arzt zur Verabreichung von Antikörpern gegen den Tetanus-Erreger. Erkläre anhand dieses Beispiels den Unterschied zwischen aktiver und passiver Immunisierung.

2 Formuliere eine Hypothese, weshalb gegen Masern, Mumps und Röteln in der Regel zwei Impfungen für eine lebenslange Immunisierung ausreichen, gegen die Grippe aber jährlich neu geimpft werden muss (Hilfen ➡ QR 03033-022).

03033-022

3 Seit 2020 herrscht für Kinder und Erzieherinnen und Erzieher in Kitas, Schulen und anderen Gemeinschaftseinrichtungen eine Impfpflicht gegen Masern. Diese Maßnahme stieß in Teilen der Bevölkerung auf großen Widerstand. Bewerte häufig vorgebrachte Thesen und Argumente in **B3** und bewerte eine Impfpflicht bezüglich der Werte Gesundheit und Verantwortung (➡ 2.3.5 und 2.3.6).

4 Eine eitrige Mandelentzündung macht dir zu schaffen. Deine Mutter findet Zuhause noch eine volle Packung eines Antibiotikums, das ihr wegen derselben Erkrankung verschrieben wurde, das sie aber nicht benutzt hat. Erkläre ihr, weshalb du das Medikament nicht einnehmen solltest.

Impfstoffe verursachen schwere Impfschäden und Erkrankungen.

Masern sind doch nur eine harmlose Kinderkrankheit!

Impfstoffe schützen nicht zu 100 %.

Es kommt immer wieder vor, dass immungeschwächte Menschen an Masern sterben.

Es ist wichtig, dass wir gegen Masern Herdenschutz aufbauen.

B3 Häufig vorgebrachte Thesen

2.3.5   Ethisches Bewerten – Teil 1

Als Dilemma-Situation („Zwickmühle") bezeichnet man die Zwangslage einer Person, die sich zwischen zwei oder mehreren Handlungsoptionen entscheiden muss, die jeweils gleichermaßen negative Folgen nach sich ziehen können und somit zu einem unerwünschten Resultat führen. So kann z. B. ein Konflikt zwischen individuellen und gemeinschaftlichen Interessen ein Dilemma auslösen. Folgende Schritte helfen dabei, eine reflektierte ethische Entscheidung zu treffen (➥ 2.3.6).

So geht's

1. Schritt: Beschreibe die Dilemma-Situation.

2. Schritt: Recherchiere die Fakten zu der Problematik (➥ 2.2.5).

3. Schritt: Formuliere verschiedene Handlungsoptionen.

4. Schritt: Formuliere entsprechende Einschränkungen oder Unterstützungen betroffener Werte, die durch bestimmte Handlungsoptionen auftreten.

Fallbeispiel Hepatitis-A-Schutzimpfung

Bei der Planung einer Reise findest du auf den Seiten des Auswärtigen Amts zu deinem Reiseziel die Empfehlung der STIKO, sich im Vorfeld gegen die von Viren übertragene Lebererkrankung Hepatitis A impfen zu lassen.
Hinweis: Die Kap. 2.3.5 und 2.3.6 stellen eine sehr ausführliche Betrachtung der Thematik dar und gehen über den normalen Erwartungshorizont von Aufgaben mit dem Operator „Bewerten" hinaus.

Zu 1: Die Impfung gegen das Hepatitis-A-Virus bedeutet ein gewisses Risiko für die eigene körperliche Unversehrtheit. Ohne Impfung jedoch ist das Risiko, sich und andere anzustecken für bestimmte Personengruppen, u. a. Reisende in bestimmte Urlaubsländer, deutlich höher.

Zu 2: **Die Erkrankung**: Bei Hepatitis A handelt es sich um eine Viruserkrankung, die mit **schweren Komplikationen**, wie z. B. einer Leberentzündung, Gelbsucht, Fieber und starker Abgeschlagenheit einhergehen kann. Noch Wochen nach einer Erkrankung können Beschwerden diesbezüglich auftreten. Die ersten Symptome treten in den meisten Fällen **ca. 30 Tage nach der Infektion** auf, doch bereits in den Tagen **zuvor** kann eine

Ansteckung anderer erfolgen. Die Übertragung erfolgt u. a. über eine Schmierinfektion bzw. durch ungeschützten Geschlechtsverkehr. Da der Erreger auch über verunreinigtes Trinkwasser oder kontaminierte Lebensmittel übertragen wird, rät das Auswärtige Amt v. a. vor Reisen in Länder mit niedrigen Hygienestandards zu einer Impfung.

Die Impfung: Impfungen schützen in den meisten Fällen vor einer Erkrankung oder zumindest vor einem schweren Verlauf mit Krankenhausaufenthalt. Aufgrund der erwünschten Aktivierung des Immunsystems kann es nach einer Impfung typischerweise zu sog. **Impfreaktionen** wie Rötung der Haut, Schmerzen an der Einstichstelle, Fieber und Müdigkeit kommen, die im Normalfall spätestens nach wenigen Tagen abklingen. Impfstoffe durchlaufen ein klinisches Verfahren mit einer großen Anzahl an Studienteilnehmenden bis eine **Zulassung** für Deutschland durch das Paul-Ehrlich-Institut (PEI) oder die Europäische Medizinbehörde (EMA) erfolgt. Das PEI überwacht auch nach der Zulassung die Sicherheit und Qualität der in Deutschland angewendeten Impfstoffe. Deswegen treten unerwünschte **Impfkomplikationen**, wie z. B. gefährliche Thrombosen (Blutgerinnsel), bei modernen Impfstoffen nur äußerst selten auf. Die Häufigkeit von Impfkomplikationen wird für jeden Impfstoff gesondert geprüft und dokumentiert. Ob es sinnvoll ist zu impfen, hängt somit sowohl vom individuellen Infektionsrisiko und den Gesundheitsrisiken der Erkrankung ab, als auch vom Impfrisiko. Hier muss das **Krankheitsrisiko** gegen das **Impfrisiko** abgewogen werden.

Die Impfstoffe: Neben den klassischen Impfstoffen (abgeschwächte oder inaktivierte Viren bzw. Virenbestandteile) werden gegen viele Erkrankungen sowohl gen- als auch proteinbasierte Impfstoffe (**B1**) angewendet und entwickelt. Genbasierte Impfstoffe enthalten Erbinformation, die die Information für den Bau von Hüllproteinen des Ziel-Virus enthalten. Die verpackte Erbinformation kann in die Zelle eindringen und als Bauplan für die Herstellung der Hüllproteine dienen. Diese werden auf der Zellaußenseite präsentiert und die Immunreaktion setzt ein. Für die verschiedenen Impfstoffe gibt es unterschiedliche Zulassungen bzw. Empfehlungen der STIKO für verschiedene Personengruppen.

Im Falle von Hepatitis A existieren zum gegenwärtigen Zeitpunkt klassische Impfstoffe, die abhängig vom jeweiligen Impfstoff-Typ nach einer oder zwei Anwendungen zu einer Grundimmunisierung gegen Hepatitis A führen. Der dadurch erreichte Schutz bleibt bei einem Großteil der Geimpften für 10 bis 20 Jahre erhalten.

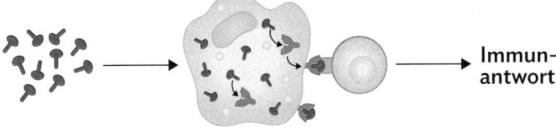

klassischer Impfstoff: abgeschwächtes Virus oder Virushülle

→ Immun-antwort

proteinbasierter Impfstoff: isolierte Virusproteine

→ Immun-antwort

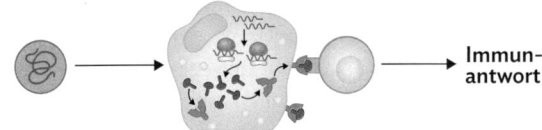

genbasierter Impfstoff: verpackte Erbinformation

→ Immun-antwort

B1 Wirkung verschiedener Impfstofftypen (die Immun-antwort wird jeweils durch eine Antigen-präsentierende Zelle ausgelöst, ➡ 2.2.3)

Die Impfquote: Hohe Impfquoten können bei leicht übertragbaren Krankheiten zur Unterbrechung der Infektionsketten (➡ 2.3.2) beitragen. So werden auch Personen geschützt, die nicht geimpft werden können, wie z. B. Säuglinge oder Personen mit einer Immunschwäche. Die geimpfte Person schützt sich somit nicht nur selbst, sondern kann auch zum Schutz ihres Umfelds beitragen. Da bei Hepatitis A ein Ansteckungsrisiko bereits vor Auftreten der ersten Symptome vorliegt, kann durch die Impfung der Einschleppung von Hepatitis A entgegengewirkt werden.

Zu 3: Unter Berücksichtigung der Fakten können abhängig von der jeweiligen Infektionskrankheit verschiedene Handlungsoptionen formuliert werden, z. B. für eine 16-jährige Person:
a) Ich fahre in den Urlaub und lasse mich gegen Hepatitis A impfen.
b) Ich fahre in den Urlaub und lasse mich nicht impfen.
c) Ich verzichte auf den Urlaub in diesem Land.

Zu 4: Wert Gesundheit: Die Impfung senkt das Risiko, selbst an Hepatitis A zu erkranken bzw. das Virus zu übertragen, schon bevor Symptome auftreten. Andererseits können in sehr seltenen Fällen Impfkomplikationen auftreten. Hierbei spielt aber auch die individuelle Gesundheitssituation eine Rolle: Gab es bereits zuvor eine

heftige Impfreaktion? Spricht eine Vorerkrankung für oder gegen eine Impfung? Eine individuelle Abschätzung des persönlichen Krankheitsrisikos gegen mögliche Impfrisiken ist sinnvoll.

Wert Solidarität: Das Risiko, das Virus einzuschleppen bzw. andere anzustecken, kann durch die Impfung deutlich vermindert werden.

Wert Selbstbestimmung: Die Entscheidung, ob man sich impfen lässt und bzw. ob man eine Reise in ein betroffenes Gebiet mit hohem Hepatitis-A-Vorkommen unternimmt, kann jeder Einzelne selbst treffen. Die Selbstbestimmung ist im Grundgesetz verankert und somit ein Grundrecht. Jedoch stößt jedes Recht an Grenzen, wenn dadurch ein anderes Grundrecht – z. B. körperliche Unversehrtheit – verletzt wird. Im Zuge der Entscheidungsfindung (➡ 2.3.6) muss auch berücksichtigt werden, wie stark die einzelnen Handlungsoptionen **eine Unterstützung bzw. Einschränkung** jedes Wertes darstellen. Dies kann bei verschiedenen Personengruppen unterschiedlich ausfallen und hängt auch von der individuellen **Gewichtung einzelner Werte** ab.

Aufgaben

1 Im Falle der COVID-19-Pandemie wurden mit dem Ansteigen des Anteils der Geimpften und Genesenen in der Bevölkerung die Kontaktbeschränkungen gelockert, die zu einer hohen psychischen Belastung der Bevölkerung geführt hatten. Auch durch regelmäßige Tests und Quarantäne wurde versucht, Infektionsketten zu unterbrechen. Dies brachte sehr hohe Kosten mit sich und bedeutete eine immense Müllproduktion und somit eine Belastung für die Umwelt. Im April 2021 wurde ein Meinungsbild erhoben, ob gegen COVID-19 Geimpfte oder Genesene mehr Freiheiten erhalten sollten als Nicht-Geimpfte. Formuliere vier Handlungsoptionen und betrachte jeweils die betroffenen Werte.

2 Die Reaktion auf steigende Zahlen bei den Positiv-Testungen auf COVID-19 unterschied sich in verschiedenen europäischen Ländern deutlich. Recherchiere die Strategien der Länder Deutschland und Schweden und formuliere jeweils angewendete Handlungsoptionen.

2.3.6 Ethisches Bewerten – Teil 2

Die Schritte eins bis vier einer ethischen Bewertung wurden im Kapitel **2.3.5** bereits dargelegt. Hierauf aufbauend können persönliche Urteile gefällt und begründet werden.

So geht's

5. Schritt: Fälle ein **persönliches Urteil**. Berücksichtige dabei die betroffen Werte hinsichtlich ihrer Wichtigkeit (**Wertehierarchie**, Arbeitsblatt ➡ **QR 03023-076**).

03023-076

6. Schritt: Begründe dein Urteil mithilfe einer **ethischen Argumentation**, die auch die **Folgen** der Handlungsoption berücksichtigt.

7. Schritt: Vergleiche **alternative Urteile** und diskutiere sie.

8. Schritt: **Reflektiere** das ursprünglich gefällte Urteil.

Quelle: basierend auf C. Hößle et al., Bewertungsprozesse verstehen und diagnostizieren – In: ZISU 1 (2012)

Fallbeispiel Hepatitis-A-Schutzimpfung

Zu 5: Werte sind in der Gesellschaft anerkannte Beurteilungsgrundlagen für ein erstrebenswertes und moralisch gutes Verhalten. Allerdings können die betroffen Werte je nach Perspektive innerhalb einer **Wertehierarchie** unterschiedlich gewichtet werden und so zu unterschiedlichen Entscheidungen führen. Ein bestimmter Wert spielt z. B. für eine Person eine bedeutendere Rolle als für eine andere (**B1**). Für Person 1 stehen der Schutz von sich und anderen vor Hepatitis A sowie die Freiheit, zum geplanten Zielland zu reisen, weit oben in der Hierarchie, was für eine Impfung spricht. Für Person 2 kann die persönliche Selbstbestimmung als wichtigster Wert

B1 Unterschiedliche Wertegewichtung

herangezogen werden, sodass die Angst vor Impfkomplikationen zur Ablehnung einer Impfung führen kann.

Zu 6: Das Argumentieren in ethischen Zusammenhängen folgt einem bestimmten Muster:
Zunächst wird eine **Tatsache** dargelegt. Daraufhin folgt eine **Meinung**, der stets (mindestens) ein Wert zugrunde liegt. Daraus wird eine bestimmte **Schlussfolgerung** abgeleitet.

Beispiel zu Handlungsoption a)
Bei einer Reise in bestimmte Länder besteht ein Risiko, sich mit Hepatitis A anzustecken. Dieses kann durch die Impfung minimiert werden. Meine **eigene Gesundheit** ist mir sehr wichtig und ich möchte nicht riskieren, schwer an Hepatitis A zu erkranken, auch wenn das Risiko nur gering ist. Gerade an Reisezielen mit geringeren Hygienestandards ist es mir nicht immer möglich, das Infektionsrisiko zu minimieren. Durch die Impfung besteht ein über 95-prozentiger Schutz vor der Infektion. So bin ich selbst geschützt und kann das Virus dann auch nicht weitergeben, womit ich die **Gesundheit anderer** gefährden würde. Die Forschungen führender Virologinnen und Virologen (➡ **S. 272 f.**) zeigen, dass eine Weitergabe des Virus unerkannt schon vor Auftreten der ersten Symptome erfolgen kann. So könnte ich nach meiner Rückkehr meine Großmutter oder meine kleine Nichte anstecken, die nicht geimpft sind und somit möglicherweise an dieser langwierigen Erkrankung leiden würden. Die Impfung im Vorfeld der Reise ermöglicht es mir, auf meiner Reise deutlich freier zu handeln und die Reise mit deutlich weniger Sorgen vor einer Ansteckung mit Hepatitis A zu genießen. Da ich das gesundheitliche Risiko einer Impfung für mich persönlich deutlich geringer einschätze als den Nutzen der Impfung für mich und mir die Reise in das Zielland wichtig ist, werde ich der STIKO-Empfehlung folgen und mich impfen lassen.

Beispiel zu Handlungsoption c)
In seltenen Fällen können Nebenwirkungen nach einer Impfung auftreten. Ich habe große Angst vor schwerwiegenden Impfkomplikationen, da bei mir bereits bei vorherigen Impfungen allergische Reaktionen aufgetreten sind. Diesem Risiko möchte ich mich nicht freiwillig aussetzen (**persönliche Selbstbestimmung**). Im Vergleich zur Impfung fühle ich mich durch die Erkrankung in **meiner Gesundheit** nicht stark bedroht. Da ich jung und gesund bin, kann ich mir nicht vorstellen, dass die Erkrankung bei mir einen schweren Verlauf nimmt, und ich hoffe, mich durch vorsichtiges Verhalten und ausrei-

chend Hygiene vor einer Ansteckung schützen zu können. Zudem existiert eine große Auswahl von Reisezielen, für die keine Impfempfehlung der STIKO ausgesprochen wurde, da dort ein geringeres Infektionsrisiko mit Hepatitis A herrscht. Die meisten davon sind über kürzere Anreisewege zu erreichen. Damit wäre die Belastung der **Umwelt** bei der Wahl eines solchen Reiseziels zusätzlich vermindert. Jeder Einzelne muss seine individuellen Risiken abwägen und darf für sich selbst bestimmen, was er für richtig hält. Daher entscheide ich mich gegen eine Impfung und werde mir allerdings ein anderes Urlaubsziel suchen.

Zu 7: Die beiden ausgeführten Argumentationen sind folgerichtig aufgebaut, betrachten die Dilemma-Situation aber aus unterschiedlichen Perspektiven bzw. gewichten Werte unterschiedlich. Bei **a)** bildet der Wert **Gesundheit (von sich selbst und anderen)** die Basis der Argumentation, während bei **c)** die Werte der **Selbstbestimmung** sowie der **eigenen Gesundheit** die Argumentation stützen und in der Hierarchie ganz oben stehen.

Um die verschiedenen Urteile vergleichen zu können, muss man der Argumentation einer anderen Sichtweise zunächst offen gegenüberstehen und einen **Perspektivenwechsel** vollziehen. Die Wahrnehmung einer Person ist oft nicht objektiv, sondern entsprechend der individuellen Situation einseitig. Bei einem Wechsel der Perspektive muss man sich in die Lage einer anderen Person versetzen und versuchen, die Situation durch die Augen des anderen zu betrachten (**B2**). Hierbei wird deutlich, dass den Urteilen auch verschiedene Wertehierarchien zugrunde liegen können. Im Rahmen einer Diskussion müssen also verschiedene Argumente und Urteile gegeneinander abgewogen werden.

Zu 8: Das Vergleichen möglicher Folgen des eigenen Urteils sowie alternativer Urteile kann neue Aspekte aufdecken. Daher muss das in Schritt 5 gefällte Urteil erneut reflektiert werden. Dies kann einerseits dazu führen, dass das ursprüngliche Urteil angepasst bzw. revidiert werden muss. Andererseits kann das gefällte Urteil nach wie vor Bestand haben und durch den Prozess zusätzlich gefestigt und gestärkt werden.

B2 Der Blick aus einer anderen Perspektive

Aufgaben

1 Erstelle eine persönliche Wertehierarchie zur Dilemma-Situation des dargestellten Fallbeispiels (Arbeitsblatt ➡ QR 03023-076). Diskutiert eure Wertehierarchien im Klassenverband.

03023-076

2 Neben Hepatitis A stehen auch zur Bekämpfung vieler anderer Infektionskrankheiten Impfstoffe zur Verfügung.
a) Recherchiere Hintergrundinformationen zu einer
⌐MK⌐ weiteren Impfung, z. B. gegen COVID-19 oder Humane Papillomviren (HPV) und formuliere verschiedene Handlungsoptionen.
b) Stelle zu den betroffenen Werten eine Wertehierarchie auf und begründe deinen Standpunkt mit einer ausführlichen Argumentation.

3 In den vergangenen Jahren (z. B. in 2023) hat die STIKO Personen ab 60 Jahren sowie Personen mit bestimmten Grunderkrankungen, wie z. B. chronischen Erkrankungen der Atmungsorgane, im Herbst stets eine jährliche Auffrischimpfung gegen Grippe empfohlen. Versetze dich in die Lage einer solchen Person und triff eine begründete Entscheidung, ob du dich impfen lassen würdest.

4 Aufgrund des Anstiegs von Maserninfektionen
⌐MK⌐ wurde im März 2020 in Deutschland die allgemeine Impfpflicht gegen das Masernvirus eingeführt (§ 20 Abs. 814 IfSG). Recherchiere Gründe für den Infektionsanstieg und reflektiere die Entscheidung für diese Impfpflicht auf der Grundlage von mindestens drei Werten, die hier betroffen sind.

Zum Üben und Weiterdenken

Bakterienzellen im Vergleich

1 Vergleiche die Zellen von Tieren, Pflanzen und Bakterien. Übernimm die Tabelle in deine Unterlagen und ergänze sie mit mindestens fünf weiteren Merkmalen der Zellen. Gib in den Spalten jeweils an, ob der Bestandteil vorhanden ist oder fehlt.

Merkmale	Pflanzen	Tiere	Bakterien
Zellkern			
...			

Die Fünf-Sekunden-Regel

2 Fällt Essen auf den Boden, berufen sich viele auf die Fünf-Sekunden-Regel. Sie besagt, dass alles, was nach weniger als fünf Sekunden vom Boden aufgehoben wird, noch gegessen werden kann, also nicht mehr Bakterien enthält als nicht Runtergefallenes. Plane ein Experiment, mit dem du die Fünf-Sekunden-Regel grob überprüfen kannst! *Tipp*: Nutze Abklatschversuche (➡ 2.1.4)!

Milchsäurebakterien

3 **MK** Milchsäurebakterien werden als „die Guten" bezeichnet. Recherchiere über die Bedeutung dieser Bakterien für die Gesundheit des Menschen.

Prionen

4 Proteine müssen für die richtige Funktion im Körper eine bestimmte Struktur aufweisen. **Prionen** sind Proteine, die fehlerhaft strukturiert sind und eine infektiöse Wirkung besitzen (**B1**). Die Ab-

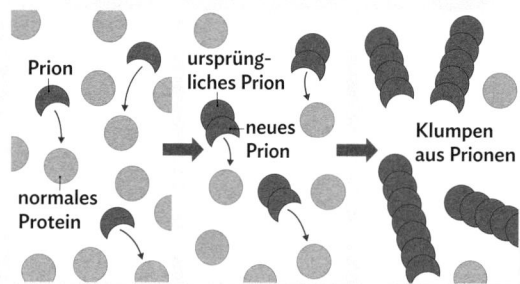

B1 Modell zur krankmachenden Wirkung von Prionen in einer Nervenzelle

lagerung von fehlerhaft strukturierten Proteinen im Zentralnervensystem (➡ 1.1.1) führt zu verhängnisvollen Umbildungen des Gehirns. Das Auftreten der Krankheit wird in Zusammenhang

mit infektiösem Tierfutter gebracht. Zu diesen Prionen-Erkrankungen gehört beispielsweise **BSE** (**B**ovine **S**pongiforme **E**ncephalopathie; Bedeutung: „bei Rindern auftretende schwammartige Rückbildung von Gehirnsubstanz"), auch „Rinderwahnsinn" genannt.

a) Stelle eine Hypothese zur krankmachenden Wirkung von Prionen auf und vergleiche diese mit Viren und Bakterien.

b) **MK** Recherchiere eine durch Prionen ausgelöste Krankheit beim Menschen bezüglich ihrer Symptome, Ursachen und Häufigkeit.

AIDS

5 Zoonosen sind Infektionskrankheiten, die wechselseitig zwischen Tier und Mensch übertragen werden können. Personen, die sich bei einer Katze mit dem Parasiten *Toxoplasma gondii* infiziert haben, bilden meist nur leichte Symptome einer Toxoplasmose aus, da das Immunsystem den Krankheitserreger bekämpfen kann. Bei AIDS-Kranken ist die Toxoplasmose hingegen eine ernstzunehmende Krankheit, die sogar zum Tod führen kann. AIDS ist das Krankheitsbild, das sich durch eine HIV-Infektion nach einigen Jahren ausbildet. Das HI-Virus zerstört vor allem die T-Helferzellen. Erläutere anhand einer regulären Immunantwort die Gefährlichkeit des HI-Virus und leite die viel stärkeren Auswirkungen der Toxoplasmose bei AIDS-Kranken ab (Hilfen ➡ **QR 03023-78**).

03023-78

Impfprogramm während der Corona-Pandemie

6 **MK** Medien berichteten schon im Jahr 2020, dass die Corona-Pandemie überstanden sei, wenn etwa 75 % der Menschen in Deutschland geimpft sind. Beurteile die Gültigkeit dieser Aussage mithilfe des Internets.

Gefährliche Krankenhauskeime

7 Besonders in Krankenhäusern finden sich Bakterienstämme mit Resistenzen gegen zahlreiche Antibiotika. Diese sog. multiresistenten Keime sind auf Methicillin-resistente *Staphylococcus aureus*-Stämme (MRSA) zurückzuführen. Erkläre und begründe die häufige Entstehung eines multiresistenten Bakteriums gerade in Krankenhäusern.

Alles im Blick

Arbeitsblatt (➥ QR 03033-023)

03033-023

Krankheitserreger lösen Infektionen aus

Bakterien sind Mikroorganismen. Sie können am und im menschlichen Körper vorkommen und mit ihm eine symbiotische Gemeinschaft bilden. Einige Bakterienarten sind jedoch Krankheitserreger und können über direkten Kontakt, durch eine Schmier- oder Tröpfcheninfektion sowie durch Tierbisse oder -stiche (z. B. von Parasiten wie Zecken) übertragen werden. Pathogene (krankheitserregende) Bakterien können durch ausgeschiedene Giftstoffe (Toxine) und giftige Stoffwechselprodukte verschiedene Krankheiten verursachen. Bakterien vermehren sich durch Zweiteilung, was bei optimalen Bedingungen zu einem exponentiellen Wachstum führen kann. Krankheiten, die durch Bakterien ausgelöst werden, sind z. B. Cholera oder Keuchhusten. Viren benötigen für die Vermehrung eine Wirtszelle und zerstören diese durch den Vermehrungsprozess. Der Organismus wird geschädigt. Virale Krankheiten sind z. B. COVID-19, Grippe und Masern. Sie unterscheiden sich in ihren Symptomen (Krankheitsmerkmalen). Für den Krankheitsverlauf und die Stärke der Symptome entscheidend ist, wie viele Erreger eingedrungen sind und wie stark sie sich vermehren können.

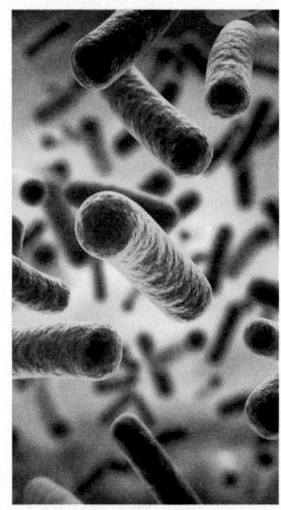

➥ 2.1

Das Immunsystem

Einige Barrieren, wie der Säureschutzmantel der Haut, das Mikrobiom, antimikrobielle Proteine und Entzündungsreaktionen, schützen den Menschen vor dem Eindringen von Erregern und Parasiten. Überwinden Erreger diese Barrieren, werden sie von Immunzellen an ihren Oberflächen-Antigenen als „fremd" erkannt und z. B. von Fresszellen unschädlich gemacht. Reicht diese unspezifische Abwehr nicht aus, setzt die spezifische Immunantwort ein. Innerhalb der nächsten Tage werden spezialisierte Leukozyten und Proteine (Antikörper) gebildet, die den Erreger ganz spezifisch bekämpfen (primäre Immunantwort).

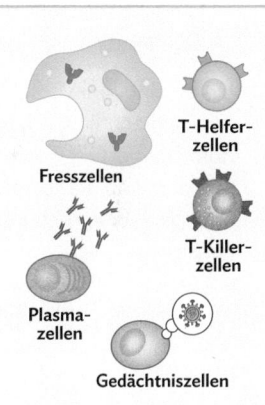
T-Helferzellen
Fresszellen
T-Killerzellen
Plasmazellen
Gedächtniszellen

➥ 2.2

Impfen kann Leben retten!

Die sekundäre Immunantwort bei einer Zweitinfektion mit einem Erreger läuft so schnell ab, dass der Organismus i. d. R. nicht erkrankt. Eine aktive Impfung simuliert die Erstinfektion. Impfstoffe durchlaufen für ihre Zulassung aufwendige medizinische Studien, die ihre Wirksamkeit und Ungefährlichkeit äußerst sorgfältig prüfen. Mögliche Komplikationen der Impfung sind um ein Vielfaches seltener und meist ungefährlicher als die Folgen der eigentlichen Erkrankung. Nur bei einer ausreichend großen Anzahl Geimpfter kommt es zu einer Herdenimmunität, durch die hochgefährliche Infektionskrankheiten wie Pocken, Masern oder Polio fast ausgerottet wurden.

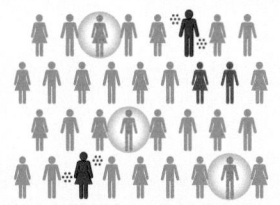

➥ 2.3

Ziel erreicht?

1. Selbsteinschätzung
Wie gut sind deine Kenntnisse in den Bereichen A bis D? Schätze dich selbst ein und kreuze auf dem Arbeitsblatt in der Auswertungstabelle unten die entsprechenden Kästchen an (➡ QR 03033-024).

03033-024

2. Überprüfung
Bearbeite die untenstehenden Aufgaben (Lernanwendung ➡ QR 03033-025). Vergleiche deine Antworten mit den Lösungen auf S. 253 f. und kreise die erreichte Punktzahl in der Auswertungstabelle ein. Vergleiche mit deiner Selbsteinschätzung.

03033-025

Kompetenzen

Den Unterschied zwischen Pro- und Eukaryoten beschreiben

4 P   **A1**   Beurteile, ob die folgenden Aussagen richtig oder falsch sind und korrigiere ggf.:
- Die Erbinformation von Bakterien befindet sich in einem Zellkern.
- Prokaryoten haben eine stabilisierende Zellwand.
- Häufig haben Bakterien Geißeln, die der Nahrungsaufnahme dienen.
- Die Bakterienzelle besitzt eine abgrenzende Zellmembran.

2 P   **A2**   Unten sind drei Vorschläge zu Möglichkeiten der ungeschlechtlichen Fortpflanzung eines Bakteriums dargestellt. Ein Teil der Erbsubstanz ist rot markiert. Gib die korrekte Darstellung der Zweiteilung (A, B oder C) bei Bakterien an und begründe kurz.

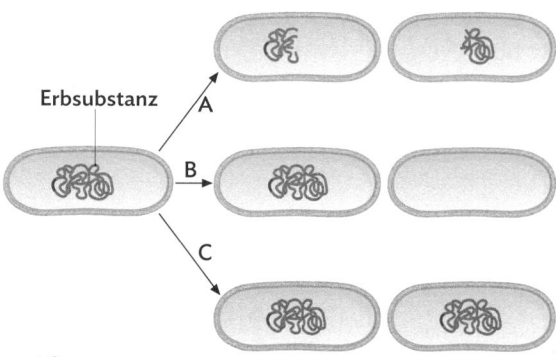

zu A2

2 P   **A3**   Schätze ab, wie viele *E. coli*-Bakterien der Länge nach hintereinander einen Millimeter ergeben. Berechne dann die Zahl mit der Annahme, dass diese Darmbakterien sechs Mikrometer lang sind.

2 P   **A4**   „Viren sind keine Lebewesen". Begründe diese Tatsache mithilfe des Aufbaus und der Vermehrung von Viren.

Die verschiedenen Ebenen der Infektionsabwehr erläutern

4 P   **B1**   Der Körper kann die meisten Infektionen mithilfe des unspezifischen Immunsystems verhindern. Erläutere die dargestellten Schutzbarrieren.

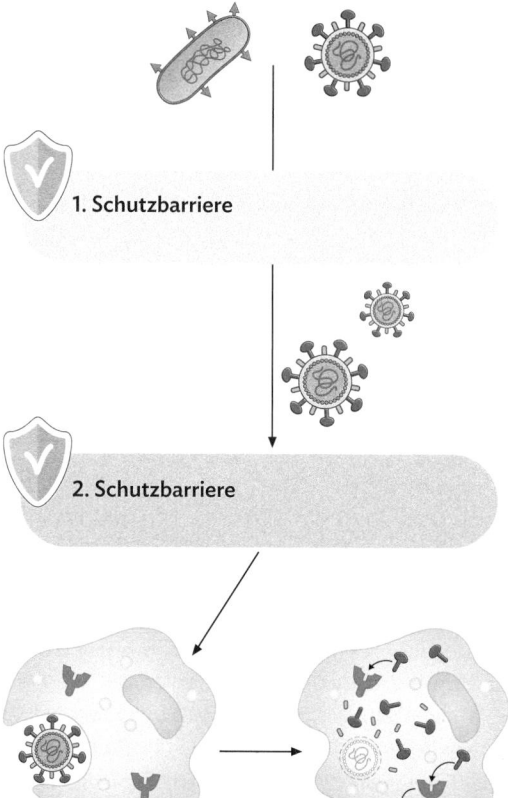

zu B1

3 P Erläutere die dargestellten Maßnahmen zur Vermeidung von Infektionskrankheiten.

zu B2

Die Immunantwort als Wechselwirkung auf zellulärer Ebene mithilfe des Schlüssel-Schloss-Prinzips beschreiben und die Entstehung von Immunität erklären

5 P **C1** Eine an Grippe erkrankte Person reagiert mit einer Immunantwort. Beschreibe auch unter Zuhilfenahme des Schlüssel-Schloss-Prinzips die hier dargestellten Bestandteile des Immunsystems und deren Aufgabe bei der Immunantwort mit Fachbegriffen.

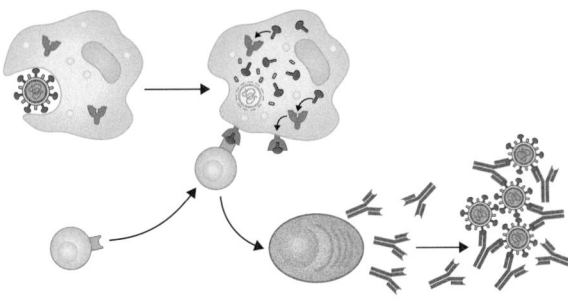

zu C1

C2 „Die Erstinfektion kann zu einer Immunität gegenüber der Krankheit führen". Nimm Stellung zu der Aussage und nenne Beispiele für derartige Infektionskrankheiten. **5 P**

Die Immunisierung durch Impfung erklären und hinsichtlich ihrer individuellen und gesellschaftlichen Bedeutung bewerten

D1 Jakob ist bei einer Feier im Garten seines Freundes in eine Glasscherbe getreten und hat eine stark blutende Schnittwunde. Nach der Säuberung der Wunde und Stillung der Blutung fragt der Arzt, ob die Tetanus-Schutzimpfung noch wirksam ist. Er erklärt Jakob, dass Tetanus (Wundstarrkrampf) durch Bakterien verursacht wird, deren Dauerformen hauptsächlich in Erde oder Kot von Tieren vorkommen können, die dort sehr lange überdauern. Dringen diese in eine offene Wunde ein, können sie sich dort unter Sauerstoff-Ausschluss vermehren und Toxine (Giftstoffe) bilden. Das auffälligste Symptom einer Tetanus-Erkrankung sind starke Muskelkrämpfe.

a) Durch die Tetanus-Impfung erfolgt eine aktive Immunisierung. Erkläre diesen Begriff und vergleiche mit einer passiven Immunisierung. **6 P**

b) Formuliere zwei Sätze, mit denen der Arzt für die vollständige Durchführung aller empfohlenen Schutzimpfungen werben könnte. **2 P**

D2 Für die Eindämmung der COVID-19-Pandemie, wurde in den darauffolgenden Jahren versucht, möglichst viele Menschen durch eine Impfung zu immunisieren, um so eine Herdenimmunität zu erreichen. Begründe diesen Versuch. **5 P**

Auswertung

Ich kann	prima	ganz gut	mit Hilfe	lies nach auf Seite
A den Unterschied zwischen Pro- und Eukaryoten beschreiben.	☐ 10–8	☐ 7–6	☐ 5–3	58–59
B die verschiedenen Ebenen der Infektionsabwehr erläutern.	☐ 7–6	☐ 5–4	☐ 3–2	68–73
C die Immunantwort als Wechselwirkung auf zellulärer Ebene mithilfe des Schlüssel-Schloss-Prinzips beschreiben und die Entstehung von Immunität erklären.	☐ 10–8	☐ 7–6	☐ 5–3	70–73
D die Immunisierung durch Impfung erklären und hinsichtlich ihrer individuellen und gesellschaftlichen Bedeutung bewerten.	☐ 13–11	☐ 10–8	☐ 7–5	76–79, 82–87

3 Fortpflanzung und Entwicklung des Menschen

Startklar?

Die folgenden Basiskonzepte (BK ➡ im Buchdeckel) helfen dir, die neuen Inhalte von Kapitel 3 mit deinem Vorwissen zu verknüpfen (Lernanwendung ➡ QR 03033-026).

03033-026

Bau der Geschlechtsorgane

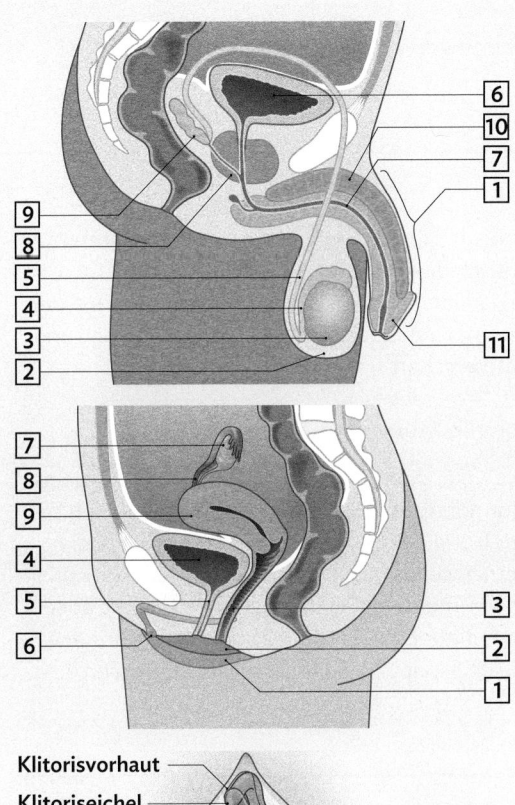

Klitorisvorhaut
Klitoriseichel
Harnröhren-öffnung
innere Vulvalippe
äußere Vulvalippe

Schwellkörper
Klitorisschenkel
Vaginaleingang
After

B1 Bau der männlichen und weiblichen Geschlechtsorgane

Lebewesen erzeugen Nachkommen

Alle Lebewesen besitzen die Fähigkeit der Reproduktion (Erzeugung von Nachkommen). Der Vorteil der ungeschlechtlichen Fortpflanzung ist, dass meist sehr schnell viele Nachkommen entstehen, die an die momentanen Verhältnisse angepasst sind. Bei der geschlechtlichen Fortpflanzung erfolgt eine Paarung, in deren Folge weibliche und männliche Keimzellen miteinander verschmelzen (Befruchtung). Die Partner sind mit entsprechenden Geschlechtsorganen ausgestattet, die Keimzellen bilden und ggf. in der Begattung zusammenführen. Die Nachkommen unterscheiden sich von den Eltern, was ein Vorteil bei veränderten Umweltbedingungen sein kann.

➡ **BK Entwicklung**

Oberflächenvergrößerung

Je größer eine Oberfläche ist, desto mehr Teilchen können gleichzeitig an ihr ausgetauscht werden. Oberflächen, an denen Stoffe möglichst schnell ausgetauscht werden, sind daher meist durch Faltungen stark vergrößert. Dieses Prinzip der Oberflächenvergrößerung findet man z. B. bei der Lungenoberfläche oder bei den Darmzotten der Dünndarminnenwand.

➡ **BK Struktur und Entwicklung**

Aufgaben

➡ Lösungen auf S. 254

1 Beschrifte die männlichen und weiblichen Geschlechtsorgane (**B1**). Bearbeite dazu die Lernanwendung oben auf der Seite.

2 In der Lunge findet der Gasaustausch von Sauerstoff und Kohlenstoffdioxid zwischen Luft und Blut statt. Begründe die Vorteile einer größeren Oberfläche in der Lunge.

3.1.1   Die Pubertät

Die Schule ist anstrengend und die Eltern wissen alles besser. Aber beim Gedanken an sie oder ihn fühlt man sich plötzlich wieder wie auf rosa Wolken. Vielen Jugendlichen im Alter zwischen 11 und 18 Jahren geht es so. Während dieser Zeit verändert sich der Körper und auch das Gehirn wird umstrukturiert.

→   Wie werden die Veränderungen während der Pubertät gesteuert?

Lernweg

Physische und psychische Veränderungen

1   In der Pubertät finden zahlreiche körperliche (physische) und seelische (psychische) Veränderungen statt. Stelle diese in einer (digitalen) Mindmap zum Thema Pubertät dar. Dabei helfen dir die Materialien in M1. Vergleicht eure Ergebnisse miteinander und erweitert gegebenenfalls die eigene Mindmap.

2   Das, was man als schön empfindet, hängt auch sehr vom kulturellen Umfeld ab, in dem man aufwächst.

a)   Nenne anhand von M2 Merkmale, die in der westlichen Welt als schön empfunden werden. Nimm dann im Hinblick auf den erwähnten Lebenserfolg kritisch dazu Stellung.

b)   Erkläre den Einfluss von sozialen Medien und dem Internet auf Idealvorstellungen zu Aussehen und Partnerschaft.

Hormonelle Steuerung

3   Die Veränderungen in der Pubertät werden über Hormone gesteuert. Zeichne das Schaubild B2 aus M3 in deine Unterlagen oder bearbeite die Lernanwendung und beschrifte die Lücken mithilfe des Textes (➡ QR 03033-027). Nenne außerdem die genauen Bezeichnungen der Hormone, die im Schaubild lediglich abgekürzt wurden.

03033-0.

M1   Die Veränderungen in der Pubertät

Einsetzen der Regelblutung
(Menstruation)

Brustwachstum

Spermienzellenproduktion
und Samenerguss

Zunahme der Körperbehaarung

Das Becken wird in etwa so
breit wie die Schultern

Veränderung von
Gehirnstrukturen

Wachstum

Veränderung
der Geschlechtsorgane

Körpergeruch

Stimmbruch

Stimmungsschwankungen

Hautunreinheiten
und Akne

Schultern werden breiter

M2 Schönheitsideale?

Schon in Form von Puppen steht kleinen Kindern eine Frauenfigur zur Verfügung, die in der Realität wohl kaum zu erreichen ist. Genauso haben diese vermeintlich ideale Frauenfigur sowie auch ganz bestimmte Attribute des idealen Mannes Einzug in viele Alltagsthemen gehalten. Dies wird v. a. in der Darstellung erfolgreicher Personen in der Werbung deutlich (**B1**). Auch Influencerinnen und Influencer präsentieren sich in sozialen Medien häufig gerne makellos. Um im Leben etwas zu erreichen oder glücklich zu werden, muss man eben so aussehen wie die Menschen auf diesen Bildern – oder?

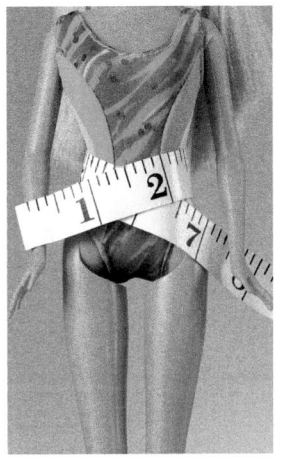   

B1 Vermeintliche Schönheitsideale: Puppe, Werbung eines Reiseanbieters, einer Beratungsfirma und eines Jeans-Herstellers

M3 Die hormonelle Steuerung der Pubertät

Hormone sind Botenstoffe, die im Körper vielfältige Prozesse steuern (➡ 1.3). Die Hormonumstellung für die Entwicklung vom Kind zum fortpflanzungsfähigen Erwachsenen beginnt mit dem **Go**nadotropin-**R**eleasing-**H**ormon, das in einem Bereich des Zwischenhirns (Hypothalamus) ausgeschüttet wird und die Produktion weiterer wichtiger Hormone in der Hirnanhangsdrüse (Hypophyse) anregt. Diese schüttet sowohl **F**ollikel-**S**timulierendes-**H**ormon als auch **L**uteinisierendes-**H**ormon in die Blutbahn aus.

Im weiblichen Körper signalisieren diese Hormone den Eierstöcken, von nun an Eizellen heranreifen zu lassen. Dabei werden die weiblichen Geschlechtshormone Östrogen und Progesteron gebildet. Für die Entwicklung der Geschlechtsorgane und der weiblichen Brust ist vor allem das Östrogen verantwortlich, während das Progesteron die Regulation der monatlichen Regelblutung und somit die Fortpflanzungsfähigkeit steuert. Im männlichen Körper regen FSH und LH die Hoden zur Ausschüttung des männlichen Sexualhormons Testosteron und zur Produktion von Spermienzellen an (**B2**).

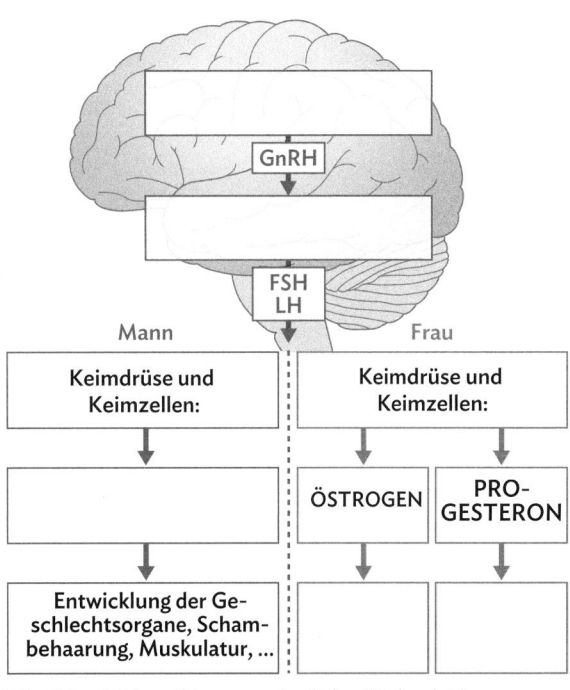

B2 Schaubild zur Steuerung der Pubertät durch Hormone

3.1.2   Der Menstruationszyklus

Ein besonderes Ereignis während der Pubertät ist für Mädchen ihre erste Regelblutung (Menstruation). Diese wird häufig mit einer Mischung aus Ungeduld, Unsicherheit sowie Vorfreude erwartet.

→   **Was ist die Ursache für die monatliche Regelblutung und wie kann man sich vorbereiten?**

Lernweg

Hormonelle Steuerung

1   An der Steuerung des Menstruationszyklus sind verschiedene Hormone beteiligt (M1). Stelle diese Hormone, ihren Produktionsort sowie ihre jeweilige Wirkung tabellarisch dar (Lernanwendung ➡ **QR 03033-028**).

03033-028

2   Beschreibe anhand von M2 die Vorgänge im Eierstock und in der Gebärmutter. Nenne die Veränderungen der Hormonkonzentrationen und der Körpertemperatur zum Zeitpunkt des Eisprungs.

3   Männer und Frauen unterscheiden sich in der Entwicklung ihrer Fruchtbarkeit im Alter (M3).

a)   Beschreibe den Unterschied der Fruchtbarkeit bei Männern und Frauen im Laufe ihres Lebens und begründe, dass dieser Unterschied biologisch sinnvoll ist.

b)   Erkläre den Zusammenhang zwischen dem Hormonspiegel und der Fruchtbarkeit bei Frauen.

Der Menstruationskalender

4
    Ein Menstruationskalender hilft einer Frau dabei, jeden Monat auf die Regelblutung vorbereitet zu sein (Vorlage, ➡ **QR 03008-06**). Erstelle am Computer einen ganz individuellen Menstruationskalender (M4).

03008-06

M1   Hormone steuern einen monatlichen Zyklus

Etwa jeden Monat reift im Eierstock der Frau eine Eizelle heran. Diese kann im Eileiter von einem Spermium befruchtet werden. Die Gebärmutterschleimhaut muss drüsenreich und gut durchblutet sein, damit sich eine befruchtete Eizelle einnisten und zu einem Embryo entwickeln kann. Sie wird meist monatlich aufgebaut und so auf die mögliche Einnistung vorbereitet. Erfolgt keine Befruchtung der Eizelle, so wird die Gebärmutterschleimhaut vom Körper abgestoßen und im nächsten Monat wieder neu aufgebaut.

Diese mehr oder weniger regelmäßig ablaufenden Vorgänge werden von Hormonen gesteuert und beschreiben den weiblichen Menstruationszyklus. Die Zykluslänge schwankt von Frau zu Frau zwischen 23 bis 35 Tagen (häufig 28 Tage). Den Startschuss für den weiblichen Zyklus gibt die Hirnanhangsdrüse (Hypophyse), welche das **F**ollikel-**S**timulierende-**H**ormon (**FSH**) und das **L**uteinisierende-**H**ormon (**LH**) ausschüttet. Über das Blut gelangen diese Hormone zu den

Eierstöcken. Dort wird ein **Follikel** von FSH dazu angeregt heranzureifen. Der Follikel ist ein Bläschen, in dem sich eine unreife Eizelle befindet. Er produziert das Hormon **Östrogen**, unter dessen Einfluss die Gebärmutterschleimhaut verdickt wird. Sind FSH und LH in einem bestimmten Verhältnis vorhanden, so erfolgt der **Eisprung**: Die reife Eizelle verlässt den Follikel und wandert im Eileiter in Richtung Gebärmutter. Nach dem Eisprung kann die Eizelle innerhalb von 24 Stunden durch ein Spermium befruchtet werden. Der aufgeplatzte Follikel bildet nun den sogenannten **Gelbkörper**. Im Gelbkörper wird das Hormon **Progesteron** hergestellt, welches den Aufbau der Gebärmutterschleimhaut zusätzlich unterstützt. Jetzt ist die Gebärmutter bereit für die Einnistung der befruchteten Eizelle. Gleichzeitig hemmt das Progesteron eine weitere Ausschüttung von LH. Wird die reife Eizelle nicht befruchtet, bildet sich der Gelbkörper zurück und die Gebärmutterschleimhaut wird in Form der Regelblutung abgestoßen.

M2 Der Menstruationszyklus

Eine Zyklusdauer von 28 Tagen ist ein Durchschnittswert. Der Eisprung kann auch bereits am 9. Tag oder auch erst am 21. Tag erfolgen. Dementsprechend verkürzt oder verlängert sich der weibliche Zyklus. Die Blutung beginnt etwa 14 Tage nach dem Eisprung. Die Körperkerntemperatur steigt mit dem Eisprung etwa um ein halbes Grad Celsius an (B1).

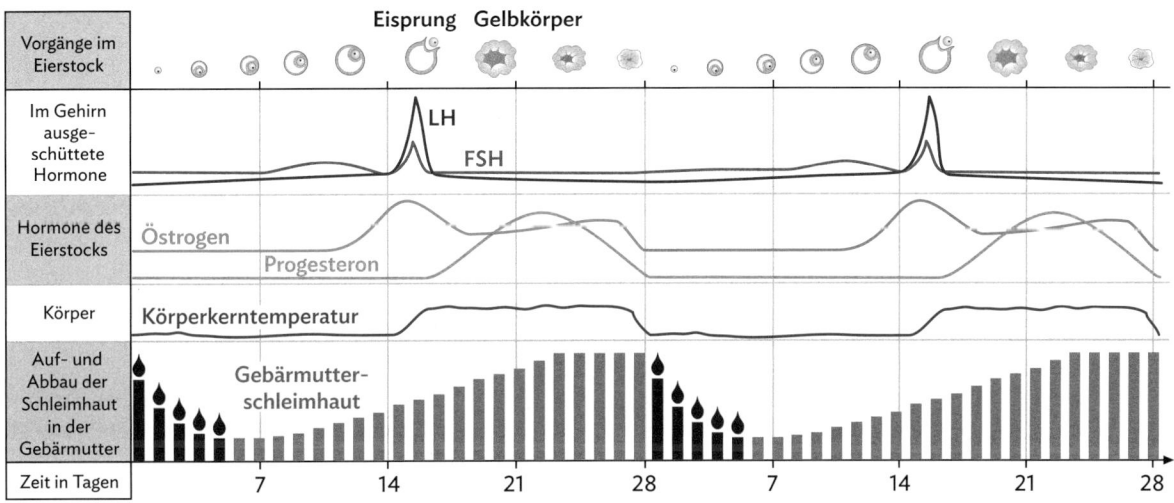

B1 Steuerung des weiblichen Zyklus durch Hormone

M3 Fruchtbarkeit und Menopause

Abbildung **B2** zeigt die Fruchtbarkeit von Mann und Frau je nach Alter sowie die Veränderungen im Hormonspiegel der Frau im Laufe der Zeit. Die letzte Regelblutung der Frau wird als **Menopause** bezeichnet. Die Eierstöcke verringern allmählich ihre Hormonproduktion. Da diese Umstellung im Hormonhaushalt mehrere Jahre dauern kann, spricht man von den Wechseljahren.

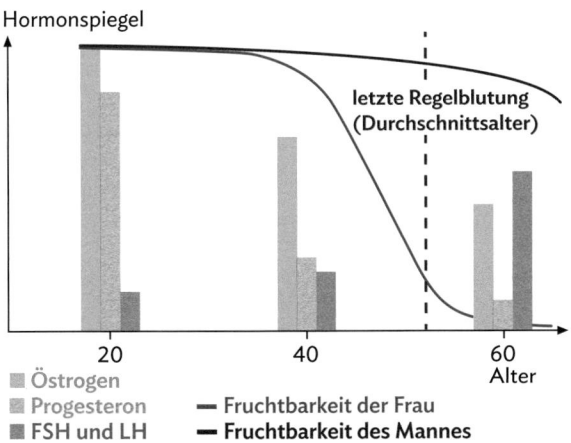

B2 Fruchtbarkeit und Hormone

M4 Der persönliche Menstruationskalender

Erstelle eine Tabelle am Computer und trage Monate und Tage ein. Lass in allen Zeilen etwas Platz zur eigenen Gestaltung.

Im Beispiel **B3** wurden die Stärke der Blutung und Stimmungen eingezeichnet. Erweitere die Spalten- oder Zeilengröße nach Bedarf und entwirf Symbole, die eventuell noch fehlen. So klagen einige Frauen während der Regelblutung zum Beispiel über leichte Kopfschmerzen oder Bauchkrämpfe. Andere fühlen sich gerade ein paar Tage zuvor besonders zum Partner oder zur Partnerin hingezogen. Führt eine Frau einen ausführlichen Kalender, lernt sie sich besonders gut selbst einzuschätzen.

B3 Menstruationskalender

3.1.3 Die Pubertät und der Menstruationszyklus – kompakt

Die hormonelle Steuerung

Höhere Lebewesen können sich in der Regel nicht von Geburt an fortpflanzen. Die **Geschlechtsreife** erlangen sie erst nach einer bestimmten Zeit.

Die Phase zwischen Kindheit und Erwachsenenalter bezeichnet man beim Menschen als **Pubertät**. Sie umfasst etwa die Zeit zwischen dem 11. und 18. Lebensjahr. Wann sie beginnt, ist von Mensch zu Mensch verschieden.

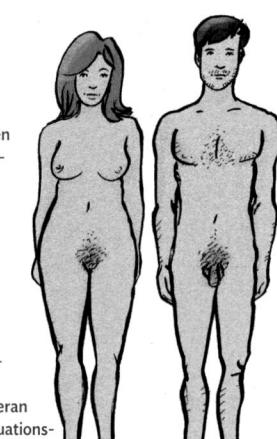

- die Körperformen werden abgerundeter
- das Becken wird breiter
- Achsel- und Schamhaare wachsen
- die Brüste entwickeln sich
- die Geschlechtsorgane wachsen
- Eizellen reifen heran
- die erste Menstruationsblutung setzt ein

- die Muskeln wachsen
- die Schultern werden breiter
- der Stimmbruch setzt ein
- Bart-, Achsel- und Schamhaare wachsen
- die Geschlechtsorgane wachsen
- Spermienzellen reifen heran
- der erste Samenerguss tritt auf

B1 Körperliche Veränderungen in der Pubertät

Basiskonzept

Der Startschuss für die Umstrukturierung erfolgt durch Hormone der Hypophyse, deren Ausschüttung vom Zwischenhirn stimuliert wird. Dieses „Kommando" der Botenstoffe aus dem Gehirn veranlasst bei den Mädchen die Eierstöcke zur Bildung von weiblichen Geschlechtshormonen (**Östrogenen**) und zeigt das Zusammenspiel verschiedener Systemebenen bei der hormonellen Regulation. Bei den Jungen werden die Hoden dazu angeregt, männliche Geschlechtshormone (**Androgene**) herzustellen. Sind genügend Geschlechtshormone produziert, vermindert die Hypophyse ihre Hormonausschüttung. Dies ist eine negative Rückkopplung (BK ➡ im Buchdeckel).

Basiskonzept

Wie bei der Regulierung des Blutzuckers (➡ 1.3.6) erfolgt auch die Wirkung der Geschlechtshormone nach dem Schlüssel-Schloss-Prinzip. Ebenso finden sich auch bei den Geschlechtshormonen Gegenspielerpaare wie z.B. Östrogen und Progesteron (**B3**) (BK ➡ im Buchdeckel).

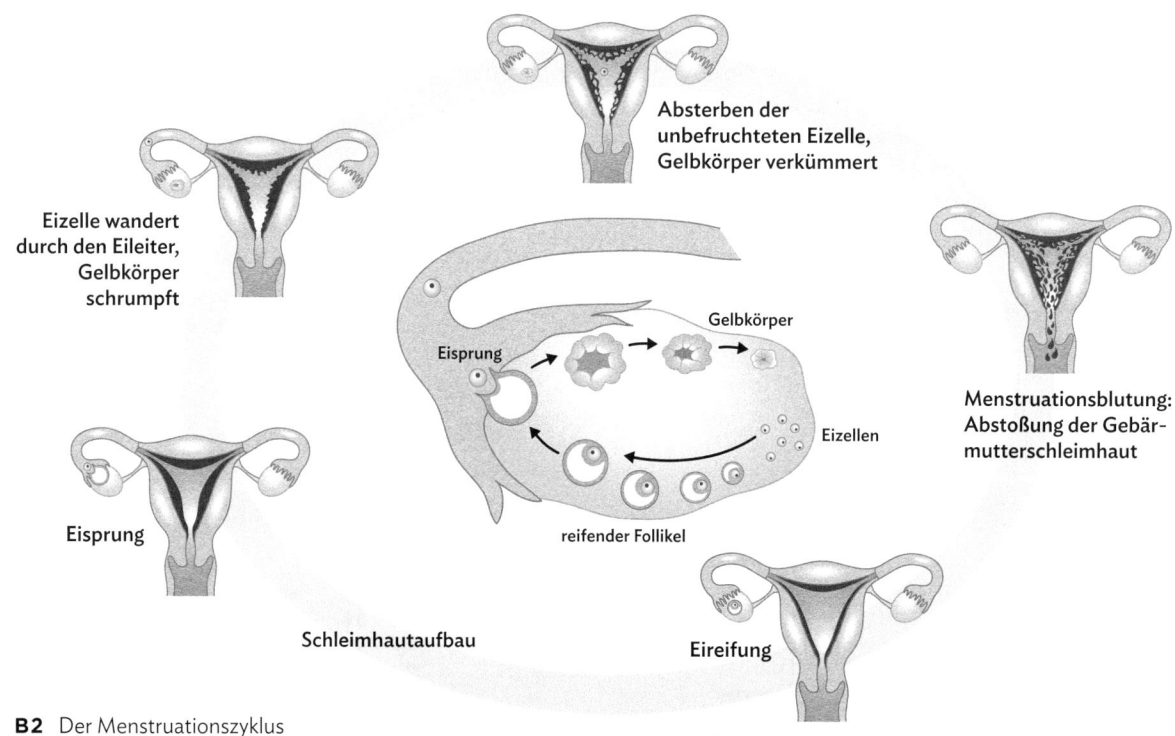

Eizelle wandert durch den Eileiter, Gelbkörper schrumpft

Absterben der unbefruchteten Eizelle, Gelbkörper verkümmert

Eisprung

Gelbkörper

Eisprung

Eizellen

Menstruationsblutung: Abstoßung der Gebärmutterschleimhaut

Schleimhautaufbau

reifender Follikel

Eireifung

B2 Der Menstruationszyklus

Allgemein setzt sie bei Mädchen jedoch etwas früher ein als bei Jungen.

Psychische und physische Veränderungen

Eine Umstellung im Hormonhaushalt wirkt sich auch auf das geistige Erleben aus. So bekommen während der Pubertät zwischenmenschliche Beziehungen einen höheren Stellenwert, es erfolgt eine stärkere Auseinandersetzung mit Moral und Wertvorstellungen und das eigene Verhalten wird stärker hinterfragt. Diese zahlreichen Veränderungen führen häufig zu Verunsicherung und das wiederum zu **Gefühlschaos** und **Stimmungsschwankungen**, weshalb es auch mit Eltern und Familie immer wieder Stress gibt. Die Jugendlichen versuchen zunehmend, ihren eigenen Weg zu gehen.

Die primären Geschlechtsmerkmale (Geschlechtsorgane) sind bereits ab der Geburt vorhanden, reifen aber erst in der Pubertät heran. Zur gleichen Zeit bilden sich zudem die **sekundären Geschlechtsmerkmale** aus, wie z. B. die weibliche Brust oder der männliche Bartwuchs (**B1**). Diese sind nicht unmittelbar für die Fortpflanzung notwendig, signalisieren aber die Geschlechtsreife und beeinflussen die Wahl der Partnerin oder des Partners.

Bei den Männern werden ab jetzt täglich millionenfach Spermienzellen für die Fortpflanzung produziert. Bei den Mädchen sind von Geburt an etwa 400.000 Eizellen angelegt. Die Geschlechtsreife tritt bei ihnen mit dem ersten Eisprung ein. Von nun an reift regelmäßig eine befruchtungsfähige Eizelle heran.

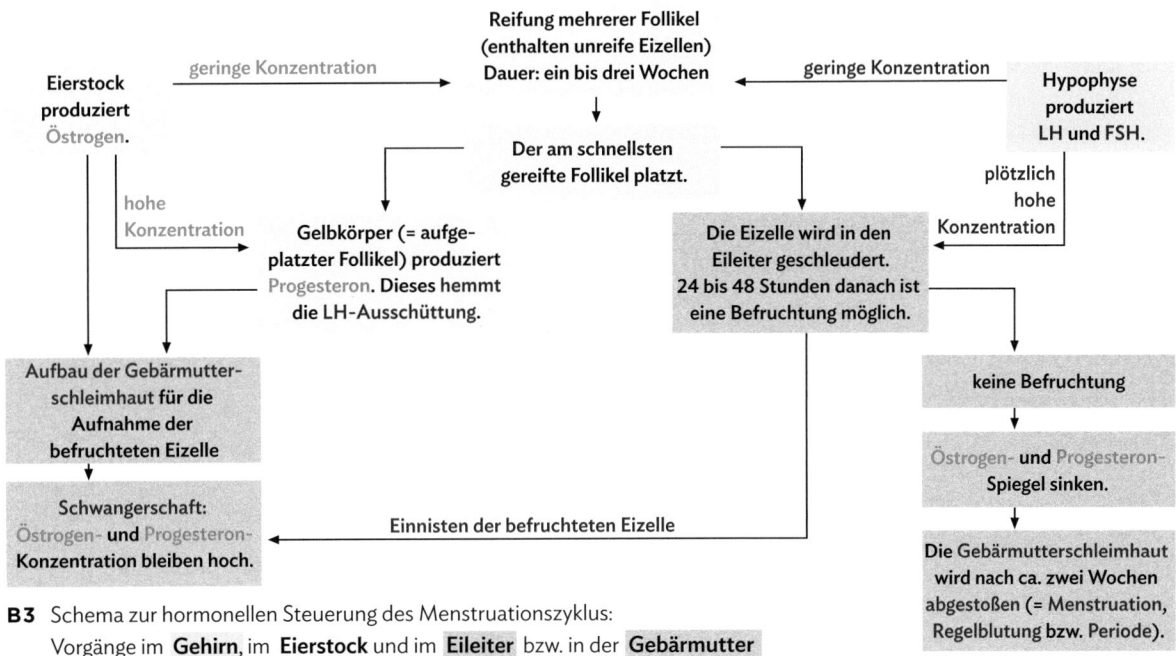

B3 Schema zur hormonellen Steuerung des Menstruationszyklus: Vorgänge im **Gehirn**, im **Eierstock** und im **Eileiter** bzw. in der **Gebärmutter**

Aufgaben

1 Vergleiche die körperlichen Veränderungen während der Pubertät bei Jungen und Mädchen. Stelle Gemeinsamkeiten und Unterschiede in einer Übersicht dar.

2 Beschreibe die Vorgänge während der Phasen des Menstruationszyklus (**B2**) und gehe dabei auch auf die jeweiligen Hormone (**B3**) ein, die die Prozesse steuern (Hilfen ➜ QR 03008-33).

03008-33

3 Es gibt einige Apps, die den klassischen Menstruationskalender ersetzen.

a) Häufig soll man neben der Stärke der Blutung auch die eigene Stimmung angeben. Überlege, warum das von Bedeutung ist.

b) Beschreibe Anforderungen, die du an eine solche App stellen würdest.

c) Begründe, dass solche Apps nicht für eine Verhütung geeignet sind.

3.2.1 Verschiedene Methoden der Empfängnisverhütung

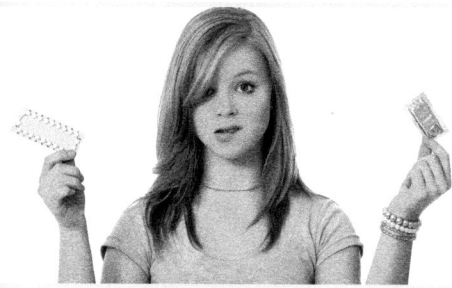

Aktive und verantwortungsvolle Familienplanung setzt voraus, dass man sich über die Möglichkeiten der Empfängnisverhütung informiert. In einer Partnerschaft muss mit diesem Thema offen und respektvoll umgegangen werden.

→ Welche Möglichkeiten der Verhütung gibt es und woher weiß man, welche zu einem selbst und der Partnerin bzw. dem Partner passt?

Lernweg

1 Einige Verhütungsmittel bzw. -methoden sind in M1 aufgeführt. Informiert euch darüber mithilfe des sogenannten Gruppenpuzzles (➡ 3.2.4).

a) Erarbeitet in den Expertengruppen die Wirkungsweise, die korrekte Anwendung sowie die Sicherheit von jeweils einem Verhütungsmittel. Schaut euch dazu auch die Videos zu hormonellen (➡ QR 03020-060) und mechanischen Verhütungsmitteln an (➡ QR 03020-061). Stellt die Vor- und Nachteile dieses Verhütungsmittels in einer Tabelle dar (Informationsmaterialien ➡ QR 03028-011).

03020-060

03020-061

b) Stellt euch die Verhütungsmittel in den Stammgruppen gegenseitig vor und nehmt eine begründete Einteilung in natürliche, mechanische, hormonelle und chemische Verhütungsmittel vor.

03028-011

c) Im Schaubild **B1** sind die Verhütungsmittel in zwei unterschiedlichen Farben hinterlegt. Diskutiert in den Stammgruppen die Bedeutung dieser Farben.

d) Recherchiert bei der BzgA (Bundeszentrale für gesundheitliche Aufklärung) über die „Pille danach" und diskutiert in den Stammgruppen, ob es sich hierbei um ein Verhütungsmittel handelt.

MK

2 Die Pille und das Kondom sind die bevorzugten Verhütungsmittel in Deutschland. Deren richtige Verwendung bestimmt maßgeblich ihre Sicherheit. Beratet in der Gruppe, worauf Frau und Mann bei der Anwendung achten müssen und informiert euch unter Zuhilfenahme von M2 und M3.

3 Mark erzählt Freunden in der Schule, dass er mit seiner Freundin Geschlechtsverkehr haben möchte. Das Thema Verhütung hat er allerdings noch nicht angesprochen. Seine Devise lautet: „Beim ersten Mal wird schon nichts passieren. Es ist doch unromantisch, so etwas zu planen." Formuliere drei Argumente, die Mark davon überzeugen, das Thema Verhütung vorher anzusprechen. Verwende hierzu die Anregungen aus M4.

M1 Die Qual der Wahl

Der sogenannte **Pearl-Index** hilft, die Sicherheit eines Verhütungsmittels zu beurteilen. Er gibt an, wie viele von 100 Frauen innerhalb von einem Jahr schwanger wurden, obwohl sie dieses Verhütungsmittel angewendet haben. Wurde z. B. eine von 100 Frauen trotz Verhütung schwanger, so liegt der Pearl-Index dieses Verhütungsmittels bei 1. Ein Verhütungsmittel ist also umso sicherer, je niedriger der Pearl-Index ist (**B1**).

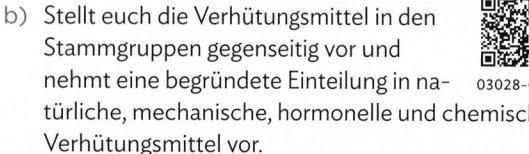

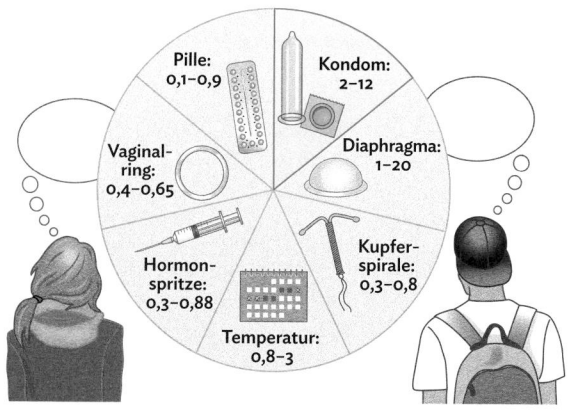

Pille: 0,1–0,9
Kondom: 2–12
Diaphragma: 1–20
Kupferspirale: 0,3–0,8
Temperatur: 0,8–3
Hormonspritze: 0,3–0,88
Vaginalring: 0,4–0,65

B1 Verschiedene Verhütungsmittel und Pearl-Index

M2   Gewusst wie!? – Das Kondom

Kondome gibt es in Apotheken, Drogeriemärkten, im Internet und auch an Automaten in öffentlichen Toiletten und an Plätzen. Egal woher das Kondom stammt, vor der Verwendung muss es stets auf ein Qualitätssiegel und das Ablaufdatum überprüft werden. Das Kondom muss außerdem zur Penisgröße seines Trägers passen. Teste im Vorfeld, welches Kondom weder zu locker noch zu knapp sitzt. Im Internet gibt es sogenannte Kondometer zum Ausdrucken, mit deren Hilfe sich die passende Größe leicht finden lässt.

Die richtige Verwendung:
- Öffne die Verpackung des Kondoms vorsichtig, da Fingernägel oder spitze Gegenstände das Kondom beschädigen können.
- Prüfe die Abrollrichtung des Kondoms auf der Spitze deines Zeigefingers. Ein in falscher Abrollrichtung auf den Penis aufgesetztes Kondom ist nicht mehr sicher (Gefahr des Spermienzellenkontakts!) und muss durch ein neues ersetzt werden.
- Halte die Spitze des Kondoms mit Daumen und Zeigefinger zu, damit keine Luft hineinkommt und somit später Platz für die Spermienzellenflüssigkeit ist.
- Rolle das Kondom mit der freien Hand am Penis ab. Wichtig ist, dass das Kondom bis ganz zum Ende des Penis abgerollt wird. Beim Herausziehen aus der Scheide nach dem Spermienzellenerguss sollte das Kondom am Ansatz festgehalten werden, um ein Abrutschen zu verhindern.
- Das Kondom wird anschließend im Müll entsorgt. Es kann nur ein Mal verwendet werden (**B2**).

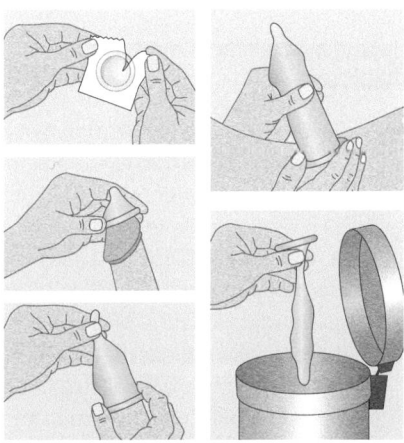

B2 Verwendung des Kondoms

M3   Gewusst wie!? – Die Pille

Die Pille ist ein verschreibungspflichtiges Medikament. Das ist insofern wichtig, damit die Frauenärztin bzw. der Frauenarzt die geeignete Pille aussucht und deren richtige Anwendung ausführlich erklärt (**B3**). Das Rezept für die Pille muss man sich viertel- bis halbjährlich bei der Ärztin bzw. beim Arzt abholen. Diese regelmäßigen Patientengespräche ermöglichen eine Kontrolle über etwaige Nebenwirkungen und, wenn nötig, einen Wechsel auf ein passenderes Präparat. Die Pille muss täglich zur gleichen Uhrzeit eingenommen werden. *Tipp:* Gerade zu Beginn kann es hilfreich sein, eine Erinnerung im Handy einzustellen.
Bei Erbrechen oder Durchfall innerhalb von vier Stunden nach der Einnahme kann der Verhütungsschutz eingeschränkt sein. Besprich das richtige Verhalten in solch einem Fall mit deiner Ärztin bzw. deinem Arzt.

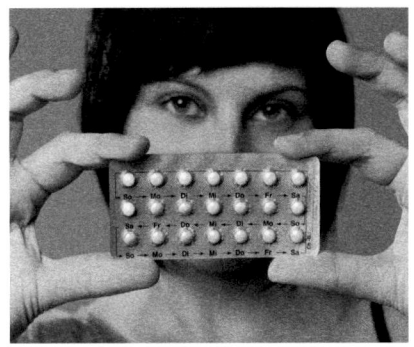

B3 Pillen-Blister für einen Zyklus

M4   Schweigen ist Silber, Reden ist Gold

Vertrauen **ist wichtig, um sich fallen lassen zu können**	Übung **macht den Meister – auch in Sachen Verhütung**	Verantwortung **für das eigene Handeln übernehmen**

sexuell übertragbare Krankheiten	gemeinsam **wichtige** Entscheidungen **treffen**	**Bereit für eine** Schwangerschaft?	respektvoller Umgang **mit der Partnerin oder dem Partner**

3.2.2   Der Schutz vor sexuell übertragbaren Erkrankungen

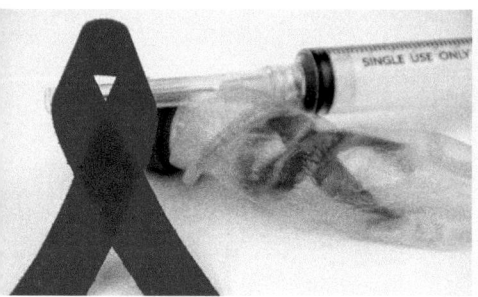

Sexuell übertragbare Erkrankungen (STDs – sexually transmitted diseases) sind Krankheiten, die auch oder hauptsächlich durch Geschlechtsverkehr übertragen werden können. Weltweit leiden bis zu 400 Millionen Menschen unter solchen Erkrankungen.

→ Welche sexuell übertragbaren Krankheiten gibt es und wie schützt man sich vor einer Ansteckung?

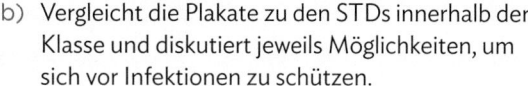

Lernweg

1 Bei der Chlamydieninfektion handelt es sich um eine sexuell übertragbare Krankheit (M1).

a) **MK** Lies den Steckbrief sorgfältig durch, informiere dich über eine weitere STDs (z. B. Syphilis, Gonorrhoe (Tripper), Ulcus molle, Herpes, Krätze, Filzlaus-Befall, Trichomaniasis oder Hepatitis B) und erstelle zu dieser ein Plakat, das die wichtigsten Informationen anschaulich darstellt. Nutze auch die Informationen aus den Videos (➡ QR 03020-062 und ➡ QR 03020-063).

03020-062

03020-063

b) Vergleicht die Plakate zu den STDs innerhalb der Klasse und diskutiert jeweils Möglichkeiten, um sich vor Infektionen zu schützen.

2 Die Begriffe HIV und AIDS hast du vermutlich schon gehört, aber kennst du auch deren genaue Bedeutung? Grenze beide Begriffe voneinander ab (M2). Beschreibe das Krankheitsbild bei AIDS und erläutere die Aussage: *„AIDS ist wie ein Brand in der Feuerwehr“*.

3 **MK** Beschreibe **B2** in M3 und fasse die Hauptaussagen zusammen. Recherchiere, in welchen Regionen es immer noch zu einer Zunahme von Neuinfektionen kommt und finde Gründe dafür.

4 Es ist allgemein bekannt, dass die Verwendung eines Kondoms beim Geschlechtsverkehr vor Ansteckung mit STDs schützen kann. Für einen umfassenden Infektionsschutz solltest du jedoch noch ein paar weitere Expertentipps beachten (M4). Formuliere drei Ratschläge.

M1   Chlamydien – ein Steckbrief

Chlamydien-Infektion

Erreger: Bakterien (Chlamydia trachomatis)
Ist man infiziert, befinden sie sich in den Schleimhäuten von Harnröhre, Vagina und Enddarm, in der Scheidenflüssigkeit und im Sperma.

Ansteckung: Eine Infektion ist bei allen Sexualpraktiken möglich, bei denen es zu Kontakt mit infektiösen Schleimhäuten oder Körperflüssigkeiten kommt. Die häufigsten Übertragungswege sind ungeschützter Vaginal- und Analverkehr.

Behandlung: Antibiotika

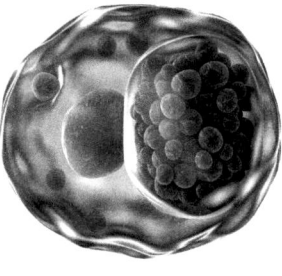

Symptome:
- ungewöhnlicher Ausfluss
- aus Vagina, Penis oder Po
- Brennen beim Wasserlassen
- Juckreiz und Schmerzen im Genitalbereich

Mögliche Folgen:
- nicht behandelte Chlamydien können bei Frauen zu Unterleibsentzündungen und Unfruchtbarkeit führen
- bei schwangeren Frauen sind Frühgeburten und die Übertragung auf das Neugeborene möglich

M2 HIV und AIDS – Was bedeuten diese Abkürzungen?

HIV ist die Abkürzung für **H**umanes **I**mmundefizienz-**V**irus. Übersetzt bedeutet dies „menschliches Abwehrschwäche-Virus". Dieses Virus wird vor allem durch Geschlechtverkehr übertragen und schädigt nach Infektion die körpereigenen Abwehrkräfte, die auch Immunsystem genannt werden (**B1**). Das Immunsystem hat die Aufgabe, in den Körper eingedrungene Krankheitserreger, wie z. B. Bakterien, Pilze oder Viren, unschädlich zu machen. Wenn das Immunsystem nicht richtig arbeitet, können auch ansonsten harmlose Infektionen schwere, sogar lebensbedrohliche Erkrankungen verursachen. Dann spricht man von **A**IDS (**A**cquired **I**mmune **D**eficiency **S**yndrome = „erworbenes Abwehrschwäche-Syndrom"). HIV ist also nicht dasselbe wie AIDS – wer sich mit HI-Viren infiziert hat, ist HIV-positiv, hat aber nicht automatisch AIDS. Eine HIV-Infektion kann nach mehrjährigem Verlauf in die Immunschwäche AIDS übergehen. HIV-Infektionen sind zwar noch immer nicht heilbar, jedoch ermöglichen moderne Medikamente vielen Patienten ein weitgehend normales Leben mit durchschnittlicher Lebenserwartung, wenn die Krankheit früh erkannt wird. Werden die Medikamente regelmäßig genommen, sind Menschen mit HIV nicht mehr ansteckend, da die Konzentration der Viren damit sehr klein gehalten wird.

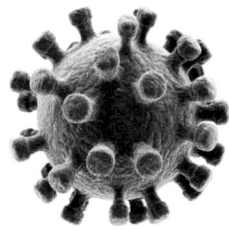

B1 HI-Virus

M3 Neuinfektionen und Todesfälle

Eine Infektion mit HI-Viren ist bis heute nicht heilbar, aber behandelbar. Seit 1996 werden bei einer HIV-Therapie immer mehrere Medikamente gleichzeitig verwendet. Manche Medikamente verhindern, dass das Virus in die Zellen eindringt, andere hingegen verhindern, dass infizierte Zellen neue Viren freisetzen. Eine Behandlung mit mehreren Wirkstoffen wird als Kombinationstherapie bezeichnet. Dadurch hat sich die Lebenserwartung HIV-positiver Menschen drastisch erhöht und entspricht heute etwa der einer HIV-negativen Person. In Deutschland gibt es etwa 90.000 Menschen, die mit dem HI-Virus infiziert sind (**B2**).

Anzahl in Millionen

■ AIDS-Todesfälle ■ HIV-Neuinfektionen

2000 2003 2006 2009 2012 2015 2018 2021

B2 HIV-Neuinfektionen und AIDS-Todesfälle weltweit (Quelle: UNAIDS)

M4 Wie kann ich mich schützen?

Mit Impfungen kann man sich gegen verschiedene Erreger wappnen. So spielen bei der Entstehung von Gebärmutterhalskrebs Humane Papillomviren (HP-Viren) eine entscheidende Rolle. Gegen diese sexuell übertragbaren Viren gibt es eine Impfung. Sie wirkt gegen die häufigsten krebsauslösenden HP-Viren. Auch vor Hepatitis-Viren kann man sich mit einer Impfung schützen.

Nicht nur beim Vaginalverkehr, sondern auch beim Oral- oder Analverkehr können Krankheitserreger über den Kontakt infektiöser Schleimhäute und den Austausch von Körperflüssigkeiten übertragen werden.

Das Ansteckungsrisiko steigt, wenn die Sexualpartnerin oder der Sexualpartner häufig gewechselt wird. Ein Grund mehr, regelmäßig zum Arzt bzw. zur Ärztin zu gehen, aber auch darauf zu bestehen, dass sich eine neue Partnerin oder ein neuer Partner vor dem ersten gemeinsamen Verkehr ebenfalls untersuchen lässt. Das schafft zusätzliches Vertrauen und verhindert die Weitergabe von Krankheitserregern.
Aufgepasst: Das Gesundheitsamt bietet kostenlose HIV-Tests an. Außerdem können sich Frauen bis zum 25. Lebensjahr jährlich kostenlos auf Chlamydien testen lassen.

3.2.3   Verhütung und Infektionsschutz – kompakt

Verschiedene Methoden der Empfängnis-regulation

Es gibt zahlreiche Methoden, eine Schwangerschaft zu verhindern (**B1**). **Barriere-Methoden** (mechanische Methoden) unterbinden ein Vordringen der Spermienzellen in die Gebärmutter und den Eileiter der Frau. Dazu zählen z. B. das **Kondom** und das **Diaphragma**.

    Hormonelle Verhütungsmittel greifen direkt in den Hormonhaushalt der Frau ein. Die meisten unterdrücken hormonell den monatlichen Eisprung. Hierzu zählen unter anderem die **Pille**, der **Vaginalring** und die **Hormonspritze**.

    Wer auf einen Eingriff in den Hormonhaushalt verzichten möchte, kann sich von der Frauenärztin bzw. vom Frauenarzt auch eine **Kupferspirale** in die Gebärmutter einsetzen lassen (chemische Methode).

Verantwortung

Bei einem verantwortungsvollen Umgang mit Sexualität ist eine aktive Familienplanung unabdingbar. So ist es für beide Partner von großer Bedeutung, den richtigen Zeitpunkt für eine Schwangerschaft zu besprechen.

Wer noch zur Schule geht, denkt meist noch nicht an Familienplanung. Die Verantwortung bei der Wahl des richtigen Verhütungsmittels trägt das Paar stets zu gleichen Teilen. Dafür sollte man sich im Vorfeld über die Sicherheit, die Verträglichkeit, den Aufwand der Anwendung und die Kosten informieren. Aufgrund der großen Auswahl kann es hilfreich sein, sich individuell oder gemeinsam medizinisch beraten zu lassen.

Pearl-Index

Der US-amerikanische Biologe RAYMOND PEARL hat ein **Beurteilungsmaß für die Sicherheit** von Verhütungsmitteln entwickelt. Der nach ihm benannte **Pearl-Index** gibt an, wie viele von 100 Frauen jährlich trotz Verwendung dieses Verhütungsmittels schwanger werden. Je kleiner dieser Wert ist, desto sicherer ist die Methode der Empfängnisverhütung. Das Kondom hat beispielsweise einen Pearl-Index von 2–12, die Pille von 0,1–0,9. Der relativ hohe Wert bei den Kondomen ist weniger auf Materialfehler als auf Anwendungsfehler zurückzuführen. Deshalb ist es wichtig, sich mit der Handhabung eines Kondoms vertraut zu machen. Übung macht den Meister.

Methode (mit Pearl-Index)	Wirkungsweise	Vorteile (+) und Nachteile (–)
Kondom (2–12)	über das steife Glied gezogen verhindert es den Austausch von Körperflüssigkeiten	+ Schutz vor STDs, ohne Hormone, einfach erhältlich – häufige Anwendungsfehler
Pille (0,1–0,9)	durch Hormongabe wird die Reifung der Eizelle und damit der Eisprung unterdrückt	+ geringere Menstruationsbeschwerden – Eingriff in den Hormonhaushalt, Nebenwirkungen
Diaphragma (1–20)	Gummikappe, die den Gebärmutterhals verschließt, mit spermizidem Gel	+ sehr lange Haltbarkeit, ohne Hormone – ärztliche Anpassung nötig, erfordert Übung
Temperatur-Methode (0,8–20)	Bestimmung fruchtbarer Tage durch Messung der täglichen Aufwachtemperatur	+ natürliche Verhütung – zahlreiche Fehlerquellen, relativ aufwendige Methode
Kupferspirale (0,3–0,8)	Kupfer-Ionen hemmen die Spermienzellen; stört den Aufbau der Gebärmutterschleimhaut	+ ohne Hormone – v. a. für Frauen, die bereits Kinder haben, Nebenwirkungen
Vaginalring (0,4–0,6)	durch Hormongabe wird die Reifung der Eizelle und damit der Eisprung unterdrückt	+ relativ einfach in der Anwendung, geringere Menstruationsbeschwerden – Eingriff in den Hormonhaushalt, Nebenwirkungen
Hormonspritze (0,3–0,8)	durch Hormongabe wird die Reifung der Eizelle und damit der Eisprung unterdrückt	+ keine Anwendungsfehler möglich, geringere Menstruationsbeschwerden – Eingriff in den Hormonhaushalt, Nebenwirkungen

B1   Eine Auswahl an Verhütungsmitteln

Sexuell übertragbare Erkrankungen (STDs)

Das feuchtwarme Milieu der Genitalien bietet Bakterien, Viren, Pilzen und Parasiten einen hervorragenden Lebensraum. Die Krankheiten, die durch diese Erreger ausgelöst werden, sind vielfältig (**B2**). Der direkte Körperkontakt beim Geschlechtsverkehr ist die beste Voraussetzung für die Übertragung dieser Erreger auf die andere Person. Einige sexuell übertragbare Krankheiten werden durch die Aufnahme infektiöser Körperflüssigkeiten übertragen. Zu den Flüssigkeiten gehören zum Beispiel Spermienzellen und Scheidenflüssigkeit, der Flüssigkeitsfilm der Darmschleimhaut oder (Menstruations-) Blut. Das einzige Verhütungsmittel, das vor einer Ansteckung beim Geschlechtsverkehr schützen kann, ist das Kondom.

Habe ich mich angesteckt?

Man sieht einer Person in der Regel nicht an, ob sie mit einer sexuell übertragbaren Erkrankung infiziert ist. Solange man keinen Nachweis über die Gesundheit des Sexualpartners hat, sollte man stets ein Kondom benutzen.

Ganz unterschiedliche Symptome (Krankheitsmerkmale) (**B3**) können auf sexuell übertragbare Infektionen hinweisen. Diese werden von verschiedenen Erregern ausgelöst (**B2**). Bei Auftreten dieser Symptome sollte zur Sicherheit medizinischer Rat eingeholt werden. Mittlerweile werden in Apotheken auch sogenannte Heimtests für zu Hause angeboten. Diese sind aber nicht immer verlässlich und können zu falschen Ergebnissen führen.

Werden die Krankheiten frühzeitig erkannt, bestehen in der Regel gute Heilungschancen. Außerdem verhindert man auf diese Weise die unwissentliche Übertragung der Erreger auf andere Personen. Um eine Wiederansteckung zu vermeiden, sollte die Partnerin bzw. der Partner immer ebenfalls untersucht und gegebenenfalls auch behandelt werden.

Viren	Bakterien
Genitalherpes, Feigwarzen, Hepatitis B und AIDS	Chlamydien-Infektion, Syphilis und Gonorrhoe (Tripper)

Pilze	Parasiten
Scheidenpilz	Krätze, Filzlaus-Befall

B2 Erreger und eine Auswahl für sexuell übertragbare Krankheiten dieser Erreger

(juckender) Ausschlag

Juckreiz / Brennen

Fieber

Schmerzen beim Urinieren

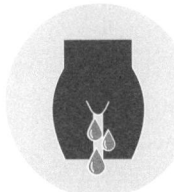
veränderter Ausfluss

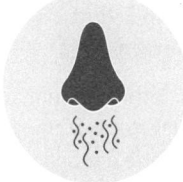
unangenehmer Geruch

B3 Mögliche Symptome einer sexuell übertragbaren Krankheit

Aufgaben

1 Diskutiere die Vor- und Nachteile von hormonellen Verhütungsmitteln im Vergleich zur Verhütung mit dem Kondom.

2 Finde eine Erklärung dafür, dass Jugendliche die Kupferspirale selten als Verhütungsmittel wählen.

3 Bearbeite das Arbeitsblatt zur „Pille danach" (➡ QR 03008-51).

03008-51

4 Ein junges Pärchen möchte miteinander Geschlechtsverkehr haben. Jetzt müssen sie ein passendes Verhütungsmittel auswählen. Beschreibe, wie sie vorgehen sollten, um gemeinsam eine bewusste Entscheidung zu treffen (➡ 3.2.5).

5 Recherchiere die Bedeutung der Roten Schleife im Zusammenhang mit AIDS und deren Geschichte.

MK

3.2.4   Informationen austauschen

Das Gruppenpuzzle

Häufig ist ein Thema sehr komplex oder es gibt viele Aspekte, die bei der Beantwortung einer Frage berücksichtigt werden müssen. Dann ist es sinnvoll, nicht alleine zu arbeiten. Ein „Werkzeug" für das Bearbeiten eines umfangreichen Themas ist das Gruppenpuzzle. Dabei geht es darum, als Gruppe gemeinsam zu einem Ziel zu gelangen. Viele kleine Puzzleteile werden zusammengetragen, um am Ende gemeinsam ein Ergebnis präsentieren zu können (**B1**).

So geht's

1. **Schritt:** Bildet **Stammgruppen**. Die Anzahl der Schülerinnen und Schüler pro Stammgruppe wird von der Lehrkraft vorgegeben und richtet sich nach der Anzahl der Teilthemen. Jedes Stammgruppenmitglied erhält Informationen zu einem Teilbereich des Themas. Bearbeitet das Material zunächst in Einzelarbeit.

2. **Schritt:** Bildet nun **Expertengruppen**. In diesen neuen Gruppen sitzt jeweils nur ein Mitglied aus jeder Stammgruppe. Klärt in den Expertengruppen gemeinsam Verständnisfragen zu dem jeweiligen Teilthema. Bei Problemen fragt die Lehrkraft. Wichtig ist, dass jeder am Ende des 2. Schritts die Inhalte verstanden hat, um sie in Schritt 3 der Stammgruppe vorstellen zu können.

3. **Schritt:** Geht aus den Expertengruppen zurück in die Stammgruppen. Stellt euch jetzt die Inhalte der bearbeiteten Materialien gegenseitig der Reihe nach vor. Fasst die Ergebnisse zusammen und gestaltet gegebenenfalls ein gemeinsames Produkt.

Die Think-Pair-Share Methode

Die Think-Pair-Share Methode eignet sich, um eine komplexe Aufgabe zunächst in Ruhe alleine zu bearbeiten, diese dann mit einem/r Partner/in zu vergleichen und schließlich in der Gruppe zu diskutieren. Dadurch kann eine Gruppe zu vielen Ideen und Lösungen kommen (**B2**).

So geht's

1. **Think:** Bearbeite die Aufgabenstellung zunächst alleine und mache dir Notizen dazu.

2. **Pair:** Tausche deine Arbeitsergebnisse mit deinem/r Partner/in aus. Vergleicht und ergänzt eure Lösungen gegebenenfalls.

3. **Share:** Präsentiert eure Arbeitsergebnisse vor der Klasse. Diskutiert, vertieft und ergänzt sie gegebenenfalls.

B2 Ablauf der Think-Pair-Share Methode

Aufgaben

1 | Bearbeitet nach der Methode Gruppenpuzzle Aufgabe 1 in ➡ **3.2.1** (Materialien ➡ **QR 03008-07**).

03008-07

2 | Bearbeitet nach der Think-Pair-Share Methode die Aufgabe 2 zum Menstruationszyklus in ➡ **3.1.2**.

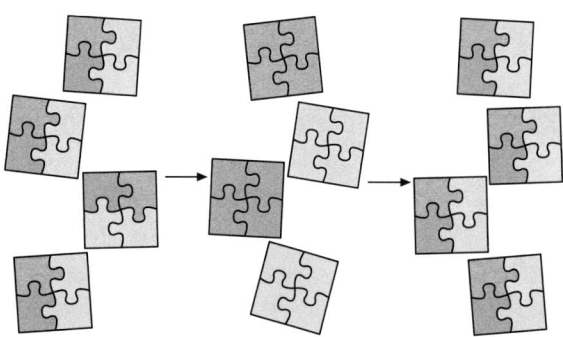

B1 Ablauf des Gruppenpuzzles

3.2.5   Quellen beurteilen

Die Informationen im Internet können aufgrund der unendlich vielen Informationen und Komplexität nicht alle durch Gutachter/-innen oder Herausgeber/-innen kontrolliert werden. Daher ist es wichtig, sich die Internetseiten genau anzusehen und zu beurteilen, ob man der Quelle trauen kann. Zudem ist es auch bei Zeitschriften oder Büchern wichtig, die Informationen stets kritisch zu hinterfragen. Zum Beurteilen von Quellen gibt es einige Regeln, an denen man sich orientieren kann.

So geht's

Beurteile die Qualität der gefundenen Informationen kritisch:

1. **Identität:** Wem gehört die Seite?
Informiere dich über den Inhaber der Internetseite. Du findest ihn als „Absender" wie in jedem Buch, jeder Zeitung und Zeitschrift auch auf einer Internetseite unter „Impressum" oder Kontakt. Es ist Pflicht, im Impressum anzugeben, wer für die Seite verantwortlich ist.

2. **Referenz:** Wer ist der Verfasser der Internetseite?
Unter „Kontakt" oder „Impressum" erfährst du auch, ob es sich beim Inhaber der Internetseite um eine Person, eine Firma, einen Verein oder um eine Zeitung handelt. Sei sehr kritisch, wenn dir ein Anbieter unbekannt ist.

3. **Objektivität:** Stimmt das, was da steht?
Wenn dir die Internetseite nicht bekannt ist, achte zum Beispiel darauf, wie der Text geschrieben ist. Enthält er viel Werbung, sei misstrauisch. Suche lieber nach weiteren Ergebnissen.

4. **Aktualität:** Wie alt ist die Information?
Achte darauf, wie aktuell eine Information ist. Suche auf der Internetseite nach einem Datum. Wenn die Informationen schon sehr alt sind, suche nach aktuelleren Informationen.

CHECKLISTE

Internetrecherche zum Thema Infektionsschutz

Internetadresse 1

Internetadresse 2

Internetadresse 3

Antwort 1

Antwort 2

Antwort 3

Inhalt	Ergebnis 1		Ergebnis 2		Ergebnis 3	
Ist der Inhalt verständlich dargestellt?	☐ ja	☐ nein	☐ ja	☐ nein	☐ ja	☐ nein
Ist auf der Internetseite wenig Werbung?	☐ ja	☐ nein	☐ ja	☐ nein	☐ ja	☐ nein
Ist die Information aktuell?	☐ ja	☐ nein	☐ ja	☐ nein	☐ ja	☐ nein

Anbieter	Ergebnis 1		Ergebnis 2		Ergebnis 3	
Gibt es ein Impressum oder eine Kontaktangabe?	☐ ja	☐ nein	☐ ja	☐ nein	☐ ja	☐ nein
Ist der Anbieter bekannt?	☐ ja	☐ nein	☐ ja	☐ nein	☐ ja	☐ nein

Hinweis: Wenn du mehrere Fragen mit „nein" beantwortet hast, rufe weitere Internetseiten auf.

B1   Checkliste zur Beurteilung von Internetquellen

Aufgaben

1

Recherchiere im Internet zu der Frage: „Wie kann man sich und andere vor einer Ansteckung mit sexuell übertragbaren Krankheiten schützen?" Stelle deine Suchergebnisse anschaulich unter Angabe der Quellen dar (Arbeitsblatt ➡ QR 03008-08).

03008-08

2

Lies die Texte zur Notfallverhütung mit der „Pille danach" aufmerksam durch (➡ QR 03008-09). Diskutiert im Team, worin sich die Texte der Zeitschrift, des Internet-Blogs und der Frauenarztpraxis unterscheiden und welcher Information ihr besonders trauen würdet.

03008-09

3.3.1   Zeugung und Entwicklung in der Schwangerschaft

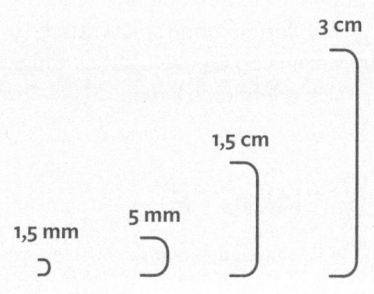

3 cm

1,5 cm

1,5 mm

5 mm

Der Schwangerschaftstest gibt Gewissheit: Ich bin schwanger! Außenstehende sehen einer Frau ihre Schwangerschaft jedoch erst später an, wenn ihr Bauch größer wird. Zu Beginn ist das heranwachsende Leben noch relativ klein. Nur eine Ultraschall-Untersuchung kann es sichtbar machen.

→ Gebt eine Schätzung ab, in welcher Woche der Schwangerschaft der Embryo bzw. der Fetus etwa die entsprechende Größe erreicht hat.

Lernweg

1 Damit ein neuer Mensch entstehen kann, müssen viele Voraussetzungen erfüllt sein.

a) **MK** Recherchiert, was unter den „fruchtbaren Tagen" verstanden wird und welche körperlichen Veränderungen sie bei der Frau ermöglichen.

b) Ordne mithilfe des Textes (M1) die Bilder in der Lernanwendung in die richtige Reihenfolge (→ QR 03033-029). Beschreibe, was auf dem Weg zu einer Schwangerschaft geschieht.

03033-029

2 Nach der Einnistung schreitet die Entwicklung des Ungeborenen voran. Beschreibe mithilfe von **B2** in **M2**, wie die Zellteilung abläuft.

3 **MK** Von der Entstehung der Eizelle bis zur Geburt des Babys vergehen meist 40 Wochen. Stelle mithilfe von **M3** die Körperlänge des Babys in den beschriebenen Schwangerschaftsmonaten in einem Balkendiagramm (digital) dar.

M1   Befruchtung und Einnistung

Beim Orgasmus des Mannes gelangen aus dessen steifem Penis etwa 400 Mio. **Spermienzellen** (männliche Keimzelle) in die Vagina der Frau und rudern in die Eileiter. Wenn beim Eintreffen der Spermienzellen im Eileiter eine **Eizelle** (weibliche Keimzelle) vorhanden ist, kann eine Spermienzelle mit ihrem Kopfteil in die Eizelle eindringen. Dies führt dazu, dass die Hülle der Eizelle sofort für weitere Spermienzellen undurchdringlich wird. Der **Zellkern** der Spermienzelle und der Zellkern der Eizelle verschmelzen dann miteinander und es entsteht die **befruchtete Eizelle**, die **Zygote** (B1). Diese erste Zelle des neuen Kindes wandert nun den Eileiter entlang bis in die Gebärmutter. Auf diesem Weg teilt sie sich viele Male, bis eine hohle Kugel aus über 100 Zellen entsteht. Diese

wird auch als **Bläschenkeim** bezeichnet. Diese Zellansammlung wächst dort in die Gebärmutterschleimhaut, die inneren Zellschichten der Gebärmutter, ein (**Einnistung**). Mit der Einnistung beginnt die Schwangerschaft. Der Keim bildet ein feines, fingerartiges Geflecht, mit dem er in die Gebärmutterschleimhaut eindringt und einen engen Kontakt zu den Blutgefäßen der Mutter herstellt. Dieses Mischgewebe aus kindlichen und mütterlichen Zellen wird **Plazenta** (Mutterkuchen) genannt. Die Plazenta stellt die Verbindungsstelle von Keim und Mutter dar und dient dem Stoffaustausch. Darin befinden sich zahlreiche feine Blutgefäße, sodass der Embryo aus dem mütterlichen Blut optimal mit Sauerstoff und Nährstoffen versorgt werden kann.

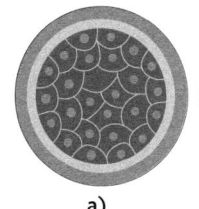 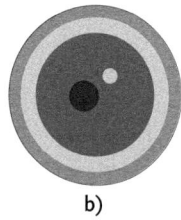 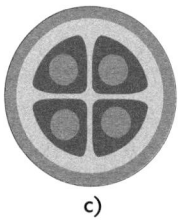  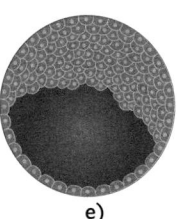 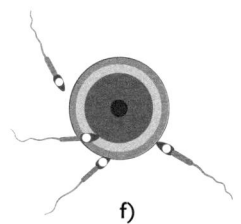

a)   b)   c)   d)   e)   f)

B1 Entstehung und Entwicklung der Zygote

M2 Zellteilung und Zelldifferenzierung

Lebewesen wachsen, indem Zellen wachsen und sich teilen. Aus den sich teilenden Zellen der Zygote gehen zunächst nicht spezialisierte embryonale **Stammzellen** hervor. Diese haben die Fähigkeit, sich zu verschiedenen Zellen entwickeln zu können. Im Verlauf der Entwicklung des Embryos bilden sich hieraus etwa 200 speziali-sierte Zelltypen (**Zelldifferenzierung**), die unterschiedliche Funktionen haben (**B2**).

Zellteilung ist auch nötig, damit Gewebe wachsen und sich regenerieren können. Da die spezialisierten Zellen dies nicht können, enthalten alle Gewebe auch teilungsfähige Stammzellen.

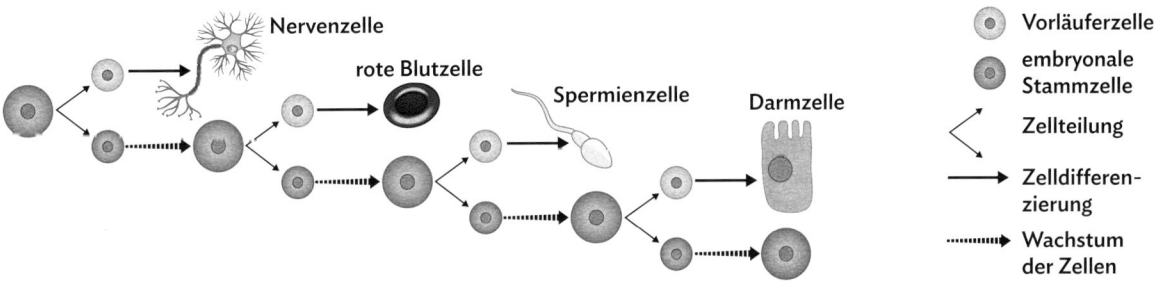

B2 Ablauf der Zellteilung zur Bildung spezialisierter Zellen

M3 Wachstum und Entwicklung des Embryos

Schon in der sechsten Schwangerschaftswoche ist aus dem Keim ein reiskorngroßer (5 mm), kleiner „Wurm" mit einer Verdickung am vorderen Ende, dem Kopf, entstanden. Die Ärztin oder der Arzt kann am Ultraschallbild bereits das Herz schlagen sehen. In der achten Woche ist der Embryo knappe 4 cm lang, Finger und Zehen sind bereits sichtbar. Zwei Wochen später kann man Lippen und Nase erkennen. Auch Augen und Ohren haben sich fast vollständig entwickelt, Arme und Beine werden bewegt. Da nun alle Organe angelegt sind, spricht man nun nicht mehr von einem **Embryo** (**B3**), sondern einem **Fetus**. Nach der 16. Woche ist der Fetus knappe 16 cm groß, wiegt ca. 200 g und beginnt, Geräusche zu hören. Per Ultraschall kann die Ärztin oder der Arzt bereits erkennen, ob der Fetus ein Junge oder ein Mädchen ist. Nach dem 5. Monat ist der Fetus etwa 25 cm groß und 500 g schwer und die Mutter kann die Bewegungen spüren. Im 6. Monat trainiert der Fetus weiter seine Beweglichkeit. In dieser Zeit wächst er auf rund 30 cm heran. In der 28. Woche hat das Ungeborene eine Größe von ca. 35 cm, bei einem Gewicht von etwa 1.300 g. Die Augen sind geöffnet und der Fetus kann sehen, wenn Licht durch die Bauchdecke schimmert. Wenn der Fetus ab der 28. Woche als Frühgeburt zur Welt käme, hätte er relativ gute Überlebenschancen. Bis zum Ende des 8. Monats legt der Fetus vor allem an Muskelgewebe und isolierender Fettschicht zu. Er erreicht eine Größe von ca. 40 cm und ein Gewicht von ca. 1.800 g. Im Laufe des 9. Schwangerschaftsmonats nimmt ein Fetus normalerweise seine Geburtsposition ein und liegt dann mit dem Kopf nach unten im Becken. Am Ende der 36. Woche hat der Fetus etwa 45 cm und 2.700 g erreicht. Bis zur Geburt, die im Normalfall in der 40. Schwangerschaftswoche erfolgt, kommt der Fetus auf eine Länge von ca. 50 cm und ein Gewicht von ca. 3.300 g.

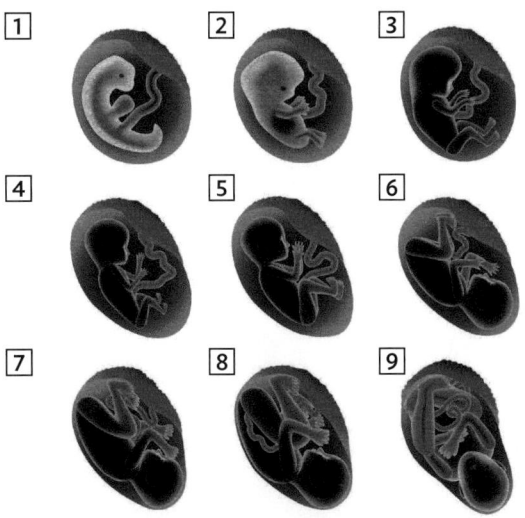

B3 Entwicklung des Embryos zum Fetus

3.3.2   Das Verhalten vor und während der Schwangerschaft

Die meisten Paare freuen sich auf ihr Kind und wollen für den Nachwuchs nur das Beste. Dazu werden Schwangere häufig durch ihren Partner oder ihre Partnerin, ihr Umfeld sowie durch Ärztinnen und Ärzte begleitet.

→   Doch was muss eine Frau vor und während der Schwangerschaft beachten, damit die Gesundheit ihres Nachwuchses gesichert ist?

Lernweg

Die Versorgung des Embryos

1   Der Embryo wird während der Schwangerschaft über den sog. Mutterkuchen, die Plazenta (M1), versorgt. Nenne Stoffe, die zwischen Mutter und Embryo ausgetauscht werden und erkläre am Beispiel der Plazenta ein biologisches Prinzip sowie das zugehörige Basiskonzept (➡ im Buchdeckel). Nenne Stoffe, die die Schwangere nicht zu sich nehmen darf, da sie über die Plazenta zum Ungeborenen gelangen und es schädigen.

Gesundheitsbewusstes Verhalten

2
⌐MK⌐   Informiere dich im Internet über den optimalen Zeitpunkt der Folsäureeinnahme. Werte das Diagramm in M2 diesbezüglich aus.

3
⌐MK⌐   In den sog. Mutterschaftsrichtlinien ist genau festgelegt, welche Untersuchungen bei der Schwangeren zu welchem Zeitpunkt erfolgen sollten (M3). Recherchiere im Internet die Zeitintervalle für die drei Ultraschall-Untersuchungen sowie deren Aussagekraft.

4   Um das Ungeborene nicht zu schädigen, ist ein vorsorgliches Verhalten notwendig.

a)   Bearbeite die Lernanwendung zu Verhaltensweisen, die eine Schwangere unbedingt beachten sollte (➡ QR 03033-030).

03033-030

b)   Beschreibe M4 und erkläre damit, wann eine Schwangere besonders auf eine gesunde Lebensführung achten sollte.

c)   Fasse wichtige Informationen über FASD (M5) zusammen. Bewerte anschließend die Verhaltensweisen des Paares in der Fallanalyse in M6.

M1   Der Austausch von Stoffen in der Plazenta

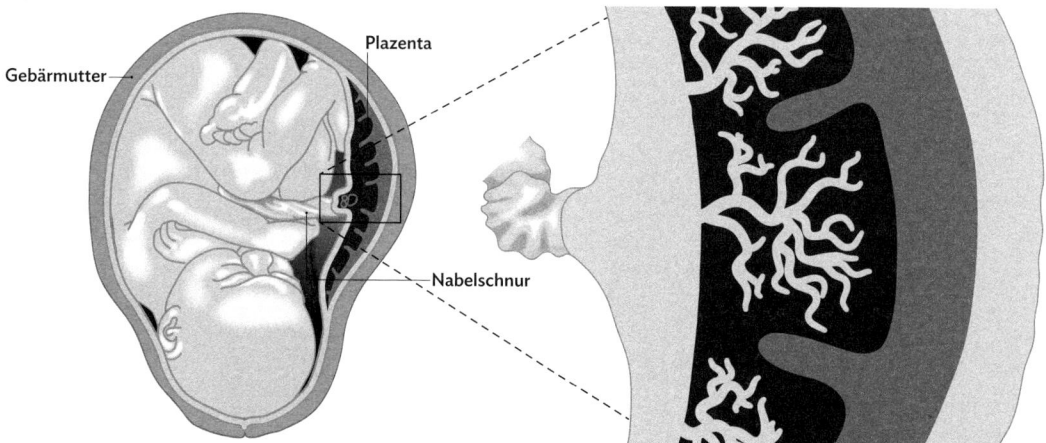

B1   Lage der Plazenta in der Gebärmutter und Aufbau der Plazenta

M2 Einnahme von Folsäure

Anteil der befragten Schwangeren in Prozent

Einnahme von Folsäure bereits vor der Schwangerschaft	Einnahme von Folsäure während der Schwangerschaft	Wissen um Verursachung des offenen Rückens durch Folsäuremangel

B2 Befragung von Schwangeren zur Einnahme von Folsäure

M3 Vorsorgeuntersuchungen

Die Vorsorgeuntersuchungen dienen der Überprüfung der Gesundheit der Schwangeren und des Embryos. Die Eltern können sich mit der Schwangerschaft auseinandersetzen und medizinischen Rat einholen. Die meisten Kosten werden von den Krankenkassen übernommen, manche Leistungen müssen jedoch selbst bezahlt werden. Durch Ultraschalldiagnostik können Fehlbildungen frühzeitig erkannt werden. Die Ultraschallbilder werden interpretiert und bei Unsicherheiten folgen weitere Untersuchungen.

M4 Empfindlichkeit von Embryo/Fetus gegenüber schädlichen Stoffen

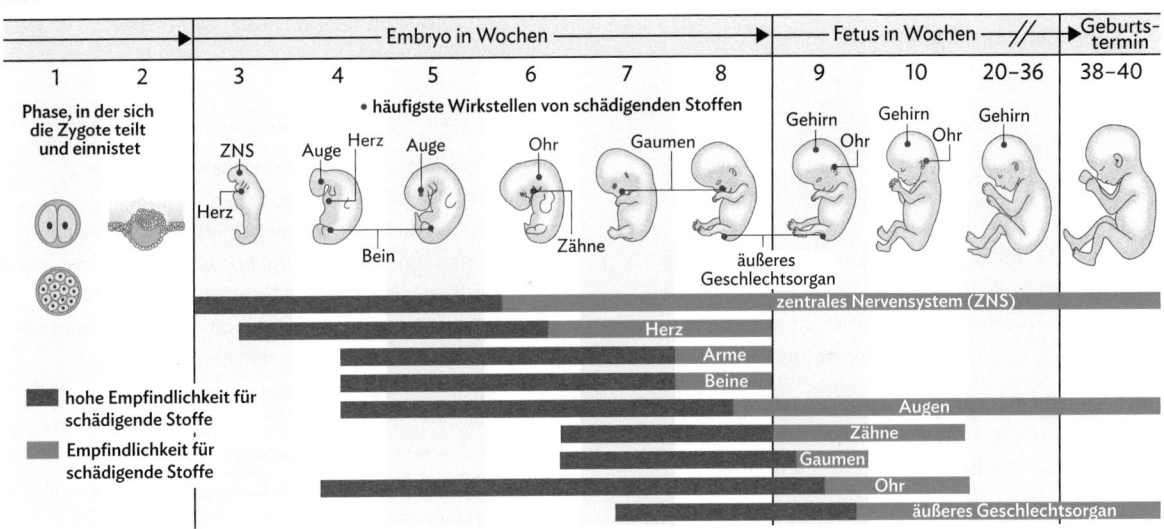

B3 Einfluss von schädigenden Stoffen wie z. B. Alkohol oder anderen Chemikalien auf die Entwicklung von Embryo und Fetus

M5 FASD

FASD steht für *fetal alcohol syndrom disorder* (Alkoholspektrumstörung) und umfasst Symptome, die durch Alkoholkonsum während der Schwangerschaft verursacht werden. Kinder mit FASD sind meist kleiner und untergewichtig. Außerdem haben sie Schwierigkeiten, Emotionen zu deuten oder sich zu konzentrieren. Wer also während der Schwangerschaft Alkohol trinkt (in Deutschland ist das ca. jede 4. Frau), riskiert nicht nur eine Frühgeburt, sondern Hirnschäden, Entwicklungsstörungen und körperliche Behinderungen beim Kind. In schlimmen Fällen wird das Krankheitsbild fetales Alkoholsyndrom (FAS) genannt. Daran leiden in Deutschland ca. 38 von 10.000 Kindern.

M6 Fallanalyse

Sabine und Pierre Moltenhager sind 23 Jahre alt und gehen gerne feiern. So z. B. erst letztes Wochenende. Seit gestern weiß Sabine, dass sie schwanger ist. Kein Alkohol mehr, sagt sie sich! Höchstens ein Schluck Sekt an Silvester zum Anstoßen.

Pierre unterstützt Sabine im Haushalt, da seine Frau gerade sehr viel Stress bei einem Projekt in der Arbeit hat. Er kann hingegen nicht darauf verzichten, zu Hause zu rauchen. Das nervt Sabine. Es bleibt aber kaum Zeit zum Streit, da Sabine schon wieder in die Arbeit muss – noch schnell bei einer Fastfood-Kette vorbei und ab in das Meeting. Oh – ihren Frauenarzttermin hat sie heute ganz vergessen.

3.3.3 Die Schwangerschaft – ungewollt oder unerfüllt

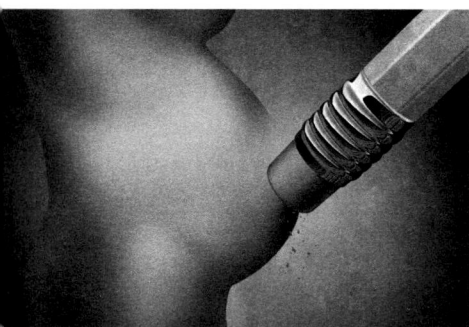

So schön eine Schwangerschaft sein kann und so sehr sich auch ein Paar auf seinen Nachwuchs freut, so gibt es auch Fälle, bei denen das Thema Schwangerschaft keine Glücksgefühle auslöst.

→ Warum kann eine Schwangerschaft ungewollt sein? Welche Rechte hat eine Frau in dieser Situation?

→ Auf der anderen Seite: Welche medizinischen Möglichkeiten gibt es bei unerfülltem Kinderwunsch?

Lernweg

Ungewollte Schwangerschaft

1 Betrachte das obere Bild. Interpretiere die Aussage(n) des Künstlers.

2 Du kennst schon die verschiedenen Methoden der Verhütung (➡ 3.2.1). Erkläre anhand der Wirkungsweise von Kondom und Pille, wie es bei „falscher" Benutzung trotzdem zu einer Schwangerschaft kommen kann (➡ 3.2.1).

3 Beschreibe unter anderem anhand von M1 Situationen und Ursachen, die dazu führen können, dass die Schwangerschaft nicht akzeptiert werden kann und als Unglück empfunden wird.

4 Lies dir M2 durch. Diskutiere, welche Diagnosen bei Vorsorgeuntersuchungen dazu führen könnten, dass sich die Frau nicht mehr sicher ist, ob sie die Schwangerschaft fortführen sollte.

5 Erläutere unter Zuhilfenahme von M3 in eigenen Worten, unter welchen Umständen ein Schwangerschaftsabbruch in Deutschland straffrei vorgenommen werden kann.

Unerfüllter Kinderwunsch

6 Es kommt aber auch vor, dass eine Schwangerschaft vergeblich herbeigesehnt wird.

a) Eine mögliche medizinische Hilfe bei unerfülltem Kinderwunsch stellt eine künstliche Befruchtung dar. Betrachte M4 und beschreibe damit den Ablauf einer In-vitro-Fertilisation (IVF). Beurteile Vor- und Nachteile dieser Methode.

b) Diskutiert, welche seelische Belastung die ungewollte Kinderlosigkeit mit sich bringen kann (Hilfen ➡ QR 03008-34).

03008-34

c) Erläutere Gründe, die für und gegen eine Adoption sprechen.

M1   Auf die Situation kommt es an!

Wir kennen uns doch erst seit zwei Monaten!

Sie müssen damit rechnen, dass Ihr Kind schwere geistige und körperliche Schäden haben wird.

Aber ich will doch erst das Abi machen und studieren!

Ich dachte, du nimmst die Pille!

Aber ich wollte doch eigentlich gar keine Kinder!

Ich wollte den Sex mit ihm eigentlich gar nicht ...

Wir haben uns doch gerade getrennt!

M2   Diagnosen bei einer Schwangerschaftsuntersuchung

Durch die Vorsorgeuntersuchungen (➡ 3.3.2, M3) erhält die Schwangere immer wieder Rückmeldung über den Gesundheitsstatus ihres Kindes. Dies kann beruhigen, aber auch das Gegenteil bewirken.

- Ihrem Kind fehlt ein Finger.
- Ihr Kind hat mit einer gewissen Wahrscheinlichkeit das DOWN-Syndrom (eine geistige und körperliche Behinderung).
- Sie bekommen Zwillinge.

- Es handelt sich um ein Mädchen/einen Jungen.
- Es gibt Auffälligkeiten in der Gehirnentwicklung. Es ist fraglich, ob das Kind lebensfähig ist.
- Ihr Kind hat einen Herzfehler. Dieser kann nach der Geburt operiert werden.

M3   Die rechtliche Lage in Deutschland

§ 218 StGB (Paragraph 218 des Strafgesetzbuchs) *Abbruch der Schwangerschaft*
(1) Wer eine Schwangerschaft abbricht, wird mit Freiheitsstrafe bis zu drei Jahren oder mit Geldstrafe bestraft. [...].

§ 218 a *Straflosigkeit des Schwangerschaftsabbruchs* (Auszug)
Fristenlösung mit Beratungspflicht (nach § 218 Abs. 1):
Der Tatbestand des § 218 ist nicht verwirklicht, wenn
1. die Schwangere den Schwangerschaftsabbruch verlangt und dem Arzt durch eine Bescheinigung nach § 219 Abs. 2 Satz 2 nachgewiesen hat, dass sie sich mindestens drei Tage vor dem Eingriff hat beraten lassen,
2. der Schwangerschaftsabbruch von einem Arzt vorgenommen wird und
3. seit der Empfängnis nicht mehr als zwölf Wochen vergangen sind.

Medizinische Indikation (nach § 218a Abs. 2):
Es besteht eine Gefahr für das Leben oder die körperliche oder seelische Gesundheit der Schwangeren, welche nur durch einen Schwangerschaftsabbruch abgewendet werden kann. Dann besteht Straffreiheit während der gesamten Zeit der Schwangerschaft.

Kriminologische Indikation (nach § 218a Abs. 3):
Es besteht Grund zu der Annahme, dass die Schwangerschaft Folge einer Vergewaltigung oder einer vergleichbaren Sexualstraftat ist. Auch hier ist der Schwangerschaftsabbruch nur innerhalb der ersten zwölf Wochen nach der Empfängnis zulässig.

M4   Ablauf der In-vitro-Fertilisation (IVF)

Während für manche Paare eine Schwangerschaft überraschend kommt, ist sie für andere in weiter Ferne. Aufgrund von Unfruchtbarkeit oder erschwerenden Lebensumständen (z. B. Stress, Schlafmangel) des Mannes und/oder der Frau kann der Kinderwunsch eines Paares auch unerfüllt bleiben. Dies kann für ein Paar eine enorme seelische Belastung darstellen. Mittlerweile gibt es medizinische Möglichkeiten, beim Kinderwunsch nachzuhelfen. So zum Beispiel die „Befruchtung im Glas", die In-vitro-Fertilisation (IVF, **B1**). Eine IVF ist zu ca. 30 % erfolgreich und kostet ca. 3.000 Euro, die teilweise von den Krankenkassen übernommen werden. Bei IVF treten relativ häufig Mehrlingsschwangerschaften auf.

Durch eine Vorbehandlung kann die Beweglichkeit der Spermienzellen verbessert werden, die von der Ärztin bzw. dem Arzt in die Gebärmutter eingebracht werden.

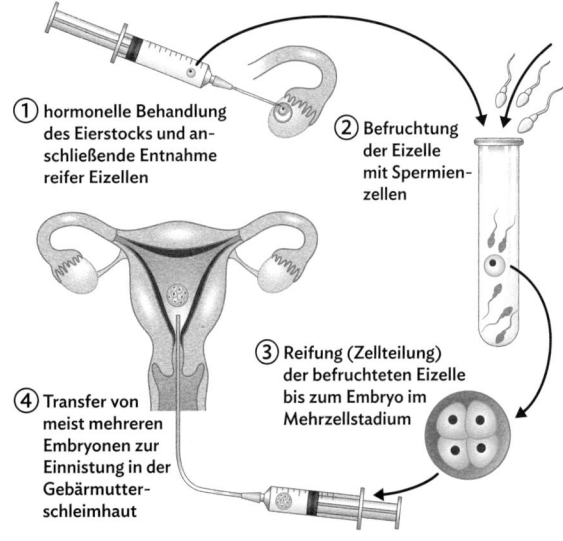

① hormonelle Behandlung des Eierstocks und anschließende Entnahme reifer Eizellen

② Befruchtung der Eizelle mit Spermienzellen

③ Reifung (Zellteilung) der befruchteten Eizelle bis zum Embryo im Mehrzellstadium

④ Transfer von meist mehreren Embryonen zur Einnistung in der Gebärmutterschleimhaut

B1   Ablauf der In-vitro-Fertilisation

3.3.4   Ein neuer Mensch entsteht – kompakt

Die Versorgung des Embryos

An der Gebärmutterwand entwickelt sich der Mutterkuchen, auch **Plazenta** genannt, mit der der Embryo über die Nabelschnur verbunden ist. Hier wachsen die Blutgefäße von Mutter und Kind aufeinander zu. Die Blutgefäße sind nur durch wenige Zellschichten, die sogenannte **Plazentaschranke**, voneinander getrennt (**B1**).

> **Basiskonzept**
>
> Die Plazentaschranke wirkt wie eine Art Filter und lässt vorwiegend Nährstoffe und Sauerstoff für den Embryo hindurch und transportiert Kohlenstoffdioxid und Abfallstoffe fort. Dieses geschieht während der gesamten Zeit der Schwangerschaft und sorgt so für eine optimale **Entwicklung** des Embryos und später des Fetus (BK ➡ im Buchdeckel).

Verhalten vor und während der Schwangerschaft

Allerdings können auch Giftstoffe wie **Nikotin**, **Alkohol** und **Wirkstoffe aus Medikamenten** die Plazentaschranke passieren und den Embryo schädigen. Daher sollte eine Schwangere während der gesamten Schwangerschaft keinen Alkohol trinken, nicht rauchen und keine Drogen konsumieren. Vor der Einnahme von Medikamenten muss ärztlicher Rat eingeholt werden. Vor allem im ersten Drittel können Schädigungen des Gehirns und der Sinnesorgane des Embryos entstehen, da sich diese Organe schon sehr früh entwickeln. Ab der 9. Schwangerschaftswoche spricht man vom Fetus. Das letzte Drittel der Schwangerschaft dient der Reifung von Orga-

nen und v. a. dem Wachstum und der Gewichtszunahme des Fetus. Während der gesamten Schwangerschaft sollte sich die werdende Mutter ausreichend, ausgewogen und gesund ernähren sowie Stress vermeiden und die **Vorsorgeuntersuchungen** wahrnehmen. Schwangere Frauen müssen zur optimalen Versorgung des Embryos unter Umständen Nahrungsergänzungsmittel nehmen, so z. B. **Eisentabletten** oder **Folsäure**. Während der 40 Schwangerschaftswochen finden insgesamt drei **Ultraschalluntersuchungen** statt, wobei z. B. das Wachstum des Babys und dessen Herzschlag kontrolliert werden. Insgesamt sind solche Vorsorgeuntersuchungen sinnvoll, da sie den Gesundheitszustand von Mutter und Kind überprüfen.

Schwangerschaftsabbruch und unerfüllter Kinderwunsch

Nicht immer ist eine Schwangerschaft gewollt. Ein Abbruch ist in Deutschland grundsätzlich verboten. Es gibt jedoch Ausnahmefälle, in denen dieser straffrei durchgeführt werden kann.

Ein Sechstel der Menschen zwischen 25 und 59 Jahren sind ungewollt kinderlos. Als körperliche Ursachen kommen bei Mann und Frau Probleme bei der Bildung oder beim Transport der Keimzellen in Frage, sowie angeborene Fehlbildungen der Geschlechtsorgane. Auch Lebensumstände wie Rauchen oder starker Alkoholkonsum können die Fruchtbarkeit negativ beeinflussen. Der unerfüllte Kinderwunsch kann für ein Paar zu seelischen Problemen führen. So gibt es medizinische Möglichkeiten, ein Paar bei der Zeugung seines Nachwuchses zu unterstützen. Zudem kann das Paar auch die Adoption eines Kindes in Betracht ziehen.

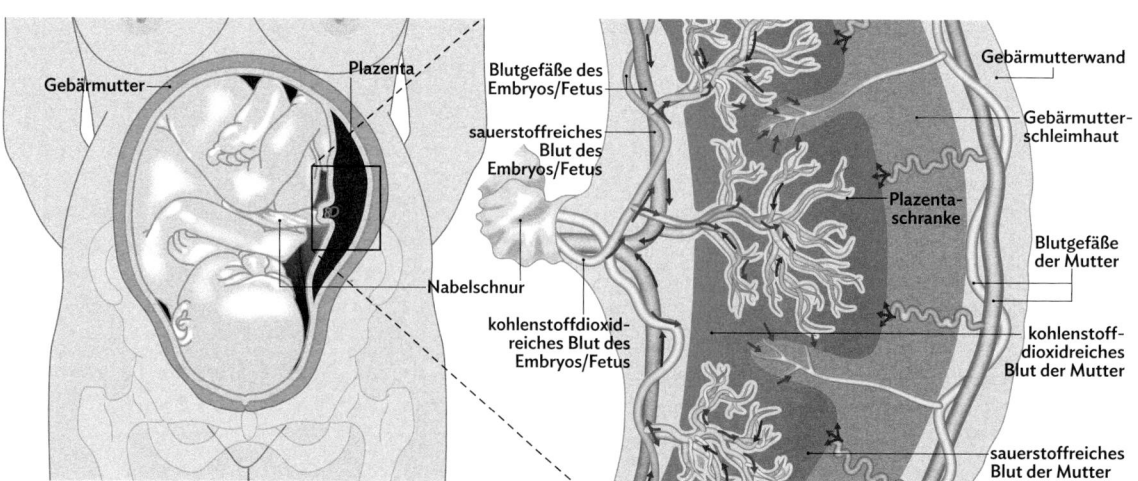

B1   Versorgung des heranwachsenden Kindes über die Plazenta

Bericht 1 von Judith

Als ich von meiner Frauenärztin erfuhr, dass ich in der 9. Woche schwanger bin, war ich 20 Jahre alt.

Von Anfang an sprachen sich alle gegen diese Schwangerschaft aus. Die Mutter meines Freundes meinte, dass wir doch noch viel zu jung wären und beide noch nicht richtig Geld verdienen würden. Seine Schwester wollte meinen Freund auch davon überzeugen, das Kind „wegmachen" zu lassen. Auch in meiner Familie kamen viele negative und entmutigende Worte. Es sei besser für alle Beteiligten, wenn ich das Kind nicht bekäme. Aber ich hatte das Gefühl, dass dieses Kind ein Recht haben sollte, zu leben. Es hatte so viel körperliche Arbeit, Kummer, Stress und Hektik mitgemacht. Es musste einen wirklich starken Lebenswillen haben. Ich wusste, dass ich eine Entscheidung zum Abtreiben immer bereuen würde und dass sie mich niemals mehr loslassen würde. Nur meine Mutter verstand mich. Sie sagte: „Hör auf dein Herz." Das tat ich dann auch. Denn zu diesem Zeitpunkt liebte ich mein Kind bereits von ganzem Herzen! Somit waren alle Gründe für einen Schwangerschaftsabbruch zunichte.

Meine Tochter ist bereits 2 Jahre alt. Ein gesundes, lebhaftes und liebevolles Mädchen. Die Verantwortung hat mich über mich selbst hinauswachsen lassen. Ich habe meine Entscheidung keine Sekunde bereut. Sie ist alles, was für mich zählt, sie ist mein Lebensinhalt. Mein kleiner Engel.

Bericht 2 von Sandra

Ich war 15 Jahre alt und schon ungefähr neun Monate mit meinem Freund zusammen. In den Sommerferien bemerkte ich, dass ich schon lange meine Tage nicht mehr bekommen hatte. Wir haben immer verhütet, aber es muss wohl ein Fehler passiert sein. Bevor ich es meinen Eltern sagen konnte, brauchte ich Gewissheit. Ein Test aus der Apotheke bestätigte meine Annahme: Ich war schwanger. Das war ein riesiger Schock für mich. Meine Mama hat die Nachricht mit Fassung getragen. Sie hat mich die ganze Zeit unterstützt und mich darin bestärkt, mich so zu entscheiden, wie ich es für richtig halte. Das hat mir sehr geholfen, gerade auch, weil mein Vater mit Schweigen mir gegenüber reagiert hat. Die Frauenärztin bestätigte offiziell meine Schwangerschaft – ich war in der zehnten Woche. Als ich das Ultraschallbild sah, war mir sofort klar: Ich bin nicht bereit für dieses Kind! Am nächsten Tag war ich bei der Beratungsstelle. Die Frau dort war sehr einfühlsam und wollte auch die Meinung meines Freundes hören. Der war aber schon wieder in Kanada und hat sich nur selten gemeldet. Diesen Beratungstermin habe ich als verpflichtend abgehakt, ich wusste, dass ich mich definitiv für einen Abbruch entscheide. Am selben Tag noch war ich bei der Voruntersuchung im Krankenhaus. Danach musste ich dann immer noch die gesetzlich vorgeschrieben 72 Stunden warten. So musste ich das ganze Wochenende bis Montag warten. Dann wurde der Eingriff vorgenommen. Heute geht es mir gut mit meiner Entscheidung. Klar, ich denke noch oft daran und rede darüber. Aber ich empfinde die Möglichkeit, heute Kunst zu studieren als wichtig und wertvoll. Ich möchte mich nicht rechtfertigen müssen. Trotzdem merke ich immer wieder, dass das Thema Abtreibung für viele Menschen ein Tabu ist. Aber ich finde, Frauen sollten bei einer ungewollten Schwangerschaft so frei und informiert wie möglich entscheiden können, was mit ihrem Leben, ihrem Körper und ihrer Zukunft passieren soll.

Aufgaben

1. Beschreibe die Versorgung des Kindes mit Sauerstoff durch die Plazenta (**B1**). Leite aus den Eigenschaften der Plazenta bzw. Plazentaschranke Verhaltensregeln für Schwangere ab.

2. Bewerte die folgende Aussage:
   „Jeder Schluck Alkohol in der Schwangerschaft ist zu viel".

3. Lies dir die Berichte von Judith und Sandra aufmerksam durch.
   a) Laut Gesetzgeber haben die schwangeren Mütter alleine das Recht, über eine Abtreibung zu entscheiden. Zwischen dem Beratungsgespräch und dem Termin zum Abbruch müssen mindestens drei volle Tage liegen. Erläutere Gründe für diese Regelungen.
   b) Beschreibe die Handlungsmöglichkeiten, die den Paaren offenstehen. Nenne die ausschlaggebenden Gründe der beiden Pärchen, sich gegen bzw. für einen Schwangerschaftsabbruch zu entscheiden.
   c) Stelle für die verschiedenen Handlungsmöglichkeiten jeweils einen Zusammenhang zu einem Wert her. Folgende Werte kannst du verwenden, vielleicht fallen dir aber auch noch andere ein: Wohlstand, Gemeinschaft, Recht auf Leben, Familie als Heimat, individuelle Freiheit, Karriere, Selbstverwirklichung, Gesundheit, Natürlichkeit.

3.4.1 Liebe und Partnerschaft

Liebe kann von Menschen ganz unterschiedlich empfunden werden und dennoch verbinden viele mit Liebe ähnliche Verhaltensweisen. Es gibt viele Bilder und Symbole, um diesen Begriff darstellen zu können.

→ Warum verbinden wohl viele Menschen dieses Motiv mit Liebe? Geht es dir auch so?

Lernweg

1 Der Begriff „Liebe" kann von unterschiedlichen Menschen ganz verschieden ausgelegt werden.

a) Beschreibe für jedes Bild in M1, auf was oder wen sich die Liebe der Person bezieht.

b) Erläutere, ob die Liebe in den abgebildeten Szenen deiner Meinung nach immer gleich innig sein könnte oder ob du dies ausschließt. Begründe deine Entscheidung.

2 Partnerschaft, Liebe und Sexualität sind oft eng miteinander verbunden.

a) Diskutiert in Kleingruppen, welche Bedeutung diese Begriffe für euch jeweils haben.

b) Grenze die drei Begriffe voneinander ab, indem du die in M2 aufgeführten Begriffe in der Tabelle auf dem Arbeitsblatt zuordnest. Füge zehn weitere

Begriffe in die Tabelle ein und berücksichtige dabei alle drei Spalten (➜ QR 03033-031).

03033-031

c) Tauscht euch zu zweit über eure zugeordneten Begriffe aus und diskutiert eure unterschiedlichen Meinungen. Bedenkt dabei: Es gibt keine richtige oder falsche Lösung!

3 Jeder Mensch würde eine „perfekte Beziehung" anders beschreiben. Lies dir die Aussagen über eine perfekte Beziehung in M3 genau durch. Ordne dann für jede Beschreibung einige Werte 1 bis 6 aus M4 jeweils einer Säule A bis F im Diagramm B2 zu. Berücksichtige, dass sie je nach Höhe der Säule eine andere Bedeutsamkeit haben. Ergänze noch mindestens zwei weitere Beziehungsmerkmale und bewerte auch diese.

M1   Was immer „Liebe" bedeutet?

B1 Menschen können ganz unterschiedlich lieben

M2 Drei Begriffe – unterschiedliche Bedeutung?

Partnerschaft	Liebe	Sexualität

gemeinsame Erlebnisse

Verlass

Fortpflanzung

füreinander da sein

streicheln   umarmen

Lust   Gefühle

sich umeinander kümmern

Vertrauen

miteinander schlafen

Zärtlichkeiten   Intimität

Treue   kuscheln

Petting

umarmen   küssen

Nähe

M3 Verschiedene Vorstellungen zu einer perfekten Beziehung

Mir ist es besonders wichtig, mit meiner Freundin den gleichen Humor zu haben. Aber ich wünsche mir auch eine Partnerin, die mich in traurigen Momenten oder wenn ich Probleme habe unterstützt und für mich da ist. Mich reizt aber auch ihr Körper.

Ayleen

Alex

Ich finde es wichtig, dass sowohl ich als auch mein Partner einen Beruf haben, der uns erfüllt und in dem wir Karriere machen können. Deshalb sollten Aufgaben, z. B. im Haushalt, gerecht verteilt und die Zukunft gemein- sam geplant werden.

Für mich ist es wichtig, meinem Partner vertrauen zu können. Das gilt sowohl im Alltag als auch beim gemeinsamen Klettern. Ich möchte keine Angst vor schlimmen Überraschungen haben.

Kim

M4 Werte in einer Beziehung

1 gemeinsam lachen

2 Gleichberechtigung

3 gemeinsame Zukunftsplanung

4 Vertrauen

5 körperliche Anziehung

6 einander zuhören

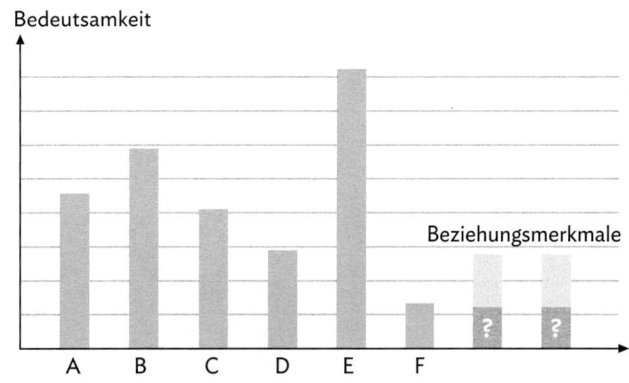

B2 Bedeutsamkeit bestimmter Werte in einer Beziehung

3.4.2   Die sexuelle Selbstbestimmung

Auf Formularen gab es lange nur die Möglichkeit, sein Geschlecht als Mann oder Frau anzugeben. Inzwischen kann meist auch die Option divers angekreuzt werden.

→ Für welche Personen ist diese Möglichkeit geschaffen worden?
→ Welche Herausforderungen im gesellschaftlichen Alltag begegnen ihnen noch?

Lernweg

1 In den letzten Jahrzehnten haben sich die Rollenbilder der Geschlechter stark verändert. Betrachte die Bilder in M1 und beschreibe diese Veränderungen. Erläutere die Auswirkungen des neuen Rollenverständnisses auf die Gestaltung einer Partnerschaft und die Gesellschaft.

2 In der Werbung finden sich viele verschiedene Strategien Kundinnen und Kunden zu gewinnen (M2).
a) Häufig finden sich in der Werbung noch viele stereotype Rollenbilder von Mann und Frau. Begründe, weshalb Firmen ihre Produkte auf diese Weise präsentieren und nimm kritisch Stellung dazu, wie sich diese Art von Werbung auch auf das Schönheitsideal auswirken kann.
b) Erläutere den Begriff „Pinkwashing" und recherchiere Möglichkeiten als Kundin oder Kunde zu prüfen, ob diese Strategie angewendet wird. ⌐MK˥

3 Lest den Text in M3 aufmerksam durch.
a) Diskutiert die Situation der Person in Partnerarbeit und versetzt euch in ihre Situation während ihrer Schulzeit, bevor sie sich als Mädchen mit ihrem neuen Namen vorgestellt hat. Beschreibt ihre Gefühle während einer Gruppenarbeit, wo sich die Klasse in Jungen und Mädchen aufteilen sollte.
b) Recherchiert im Internet Anlaufstellen gegen Diskriminierung und nennt Möglichkeiten von Diskriminierung betroffene Personen zu unterstützen. ⌐MK˥

4 Die Geschlechtsidentität (das gefühlte Geschlecht) sowie die sexuelle Orientierung gehören zur Persönlichkeit eines Menschen und müssen toleriert und respektiert werden.
a) Erläutere die Bedeutung und die Vorteile der in M4 beschriebenen gesetzlichen Regelungen.
b) Finde Argumente für und gegen das Comingout von jugendlichen Homo- oder Bisexuellen (Hilfen ➡ QR 03033-032).

03033-032

M1   Typisch Mann – typisch Frau?

B1 Rollenbilder damals und heute

M2 Ein Wandel im Marketing?

Auch heute finden sich in der Werbung zahlreiche stereotype Rollenbilder: Männer rasen auf kurvigen Bergstraßen im neuesten Automodell und Frauen kochen glücklich ein gesundes Mittagessen für die ganze Familie. Oft sieht man auch muskulöse Männerkörper, die für eine Badehose am Strand Modell stehen und glatte Frauenbeine, die rasiert werden. Neben dem perfekten Licht und den perfekten Körpern, kommen natürlich auch immer bessere Techniken der Bild- und Videobearbeitung, sowie künstliche Intelligenz (➡ 1.3.7) zum Einsatz. Trotzdem greifen Unternehmen in ihrer Werbung auch gesellschaftliche Entwicklungen auf und so findet sich heute auch immer mehr Diversität in der Werbung wieder. Einige Unternehmen unterstützen dabei auch gezielt mit Projekten diskriminierte Gruppen, andere nutzen zwar die Vorteile eines diversen Marketings, um ihr Image zu pflegen, übernehmen aber keine Verantwortung im Diskriminierungsschutz. Diese Strategie wird als „Pinkwashing" bezeichnet.

M3 Zu sich selber finden

„Mit dem Beginn meiner Pubertät wurde ich immer unzufriedener. Mein Gefühl, dass der Körper, in dem ich geboren wurde, nicht zu mir passt hat sich immer deutlicher bestätigt. Dank der Unterstützung von meiner besten Freundin konnte ich mich bei meinen Eltern und auch in meiner Klasse öffnen und alle haben mich dann auch mit meinem neuen Namen angesprochen. Hormonelle Therapie und Operationen ermöglichen mir, dass ich als Frau leben kann. Heute wache ich jeden Tag als stolze selbstbewusste Frau auf und liebe meinen Körper (**B2**)."

B2 Endlich angekommen

M4 Toleranz und rechtliche Grundlagen

Intersexualität bezeichnet das Phänomen, dass einige Menschen nicht eindeutig einem biologischen Geschlecht zugewiesen werden können. Intersexuelle Personen besitzen sowohl männliche als auch weibliche Geschlechtsmerkmale, die jeweils unterschiedlich stark ausgeprägt sind. Erwachsene Intersexuelle haben nicht unbedingt eine Geschlechtsidentität als Mann oder als Frau, z. T. fühlen sie sich auch zwischen den Geschlechtern bzw. möchten gar nicht eingeordnet werden. Seit Ende 2018 besteht in Deutschland die Möglichkeit, die Angabe „divers" als dritte Geschlechtsoption anstelle von „männlich" oder „weiblich" im Personenregister eintragen zu lassen. Alternativ kann der Eintrag des Geschlechts auch leer gelassen werden.

Transgender ist ein Oberbegriff für alle Personen, die sich nicht dem Geschlecht zugehörig fühlen, das ihnen bei der Geburt zugewiesen wurde. Transgender-Personen (vgl. M3) haben oft das Gefühl, im falschen Körper leben zu müssen. Dies kann schwerwiegende psychische Folgen haben. Daher ist es in Deutschland möglich, dass solche Menschen ihren Vornamen ändern können. Auch körperlich kann eine Anpassung an die Geschlechtsidentität erfolgen. Hierzu sind Hormonbehandlungen und unter Umständen auch operative Eingriffe möglich.

Während sich **bisexuelle Menschen** sexuell von Personen des gleichen und des anderen Geschlechts angezogen fühlen, finden **homosexuelle Menschen** ausschließlich Personen des gleichen Geschlechts anziehend. Das sog. Coming-out – das öffentliche Bekenntnis zu seiner sexuellen Orientierung – fällt vielen nicht heterosexuellen Menschen auch heutzutage noch schwer, da sie leider nicht überall auf Toleranz stoßen. Seit 2017 können homosexuelle Paare in Deutschland eine Ehe schließen.

3.4.3   Liebe und Sexualität – kompakt

Die Bedeutung von Sexualität

Die eigene Sexualität konzentriert sich auf Gefühle, die man selbst verspürt. Weil dies ein sehr **individuelles Empfinden** ist, darf man nicht außer Acht lassen, dass jeder anders fühlt (**B1**). Jeder Mensch hat folglich ein anderes Empfinden dafür, was sich gut anfühlt. Während manche Menschen es mögen, sich zu küssen oder miteinander zu schlafen, genießen es andere mehr, sich zu streicheln, zu kuscheln oder suchen nur die emotionale Nähe zu einer anderen Person.

Die geschlechtliche Identität

Die Mehrheit der Menschen identifiziert sich mit dem biologischen Geschlecht, das sich aufgrund ihrer körperlichen Geschlechtsmerkmale ergibt. Es kann aber auch vorkommen, dass ein Mensch körperlich als Mann geboren wurde, sich aber als Frau fühlt und auch als Frau leben will (oder umgekehrt). Seine **Geschlechtsidentität** passt demnach nicht zu seinem biologischen Geschlecht. Diese Menschen nennt man **Transgender**. Für Personen, die sich keinem Geschlecht zugehörig fühlen, besteht seit 2018 die Möglichkeit unter bestimmten Voraussetzungen die dritte Geschlechtsoption „**divers**" in Personenregister eintragen zu lassen.

B1   Jugendliche

Hermaphroditos ist eine Figur aus der griechischen Mythologie. Bereits in der Antike war also der Begriff des Hermaphroditismus, also der Zwittrigkeit, bekannt. Er bezeichnet Menschen, die sowohl weibliche als auch männliche Geschlechtsmerkmale aufweisen. Man spricht von **Intersexualität**. In Deutschland leben über 100.000 intersexuelle Menschen. Da die Ausprägung der Geschlechtsmerkmale jedoch unterschiedlich stark sein kann und deshalb manchmal gar nicht bemerkt wird, ist von einer noch höheren Anzahl auszugehen.

Die sexuelle Orientierung

Die eigene Sexualität beinhaltet nicht nur die Geschlechtsidentität, sondern auch eine Ausrichtung emotionaler und körperlicher Anziehung, also eine **sexuelle Orientierung**. Fühlt sich jemand vorwiegend zu Menschen des anderen Geschlechts hingezogen, wird von **Heterosexualität** gesprochen. Richtet sich die Anziehung vorwiegend auf Menschen des gleichen Geschlechts, fällt dies unter den Begriff der **Homosexualität**. Es gibt aber auch Menschen, die sich zum eigenen und zum anderen Geschlecht hingezogen fühlen. Dies wird als **Bisexualität** bezeichnet. Generell kann man sexuelle Orientierungen, die nicht heterosexuell sind, auch als **queer** zusammenfassen. Letztendlich darf aber jeder frei entscheiden, ob und wie man sich bezeichnen möchte.

> ### Basiskonzept
>
> Die Sexualität und die Geschlechtsidentität eines Menschen zeichnen sich durch ihre Variabilität aus. Kein Mensch kann sich seine Geschlechtsidentität oder sexuelle Orientierung aussuchen. Sie sind **wesentlicher Bestandteil der Persönlichkeit** eines Menschen und dürfen kein Grund für Ausgrenzung oder Diskriminierung sein. Um diese einfache Wahrheit in die Praxis um zu setzten, muss sowohl in Deutschland als auch weltweit noch viel getan werden (BK ➡ **im Buchdeckel**).

Rollenbilder in der Gesellschaft

Das Thema Sexualität wird aber auch von außen stark beeinflusst. Politische, religiöse und kulturelle Einflüsse prägen die Menschen darin, was angemessen ist und was nicht. Im 21. Jahrhundert nehmen die Medien zunehmend mehr Einfluss auf die Sexualität. Sexualisierte Werbung auf Plakaten, Fernsehsendungen mit über-

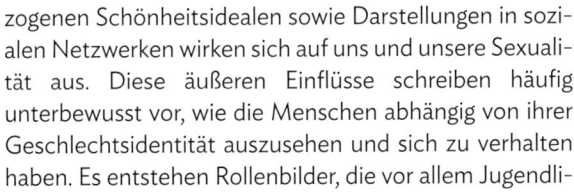

B2 Die Regenbogenflagge als ein Symbol für Toleranz und Akzeptanz.

B3 Der gesellschaftliche Einfluss auf die eigene Identität kann belastend sein.

zogenen Schönheitsidealen sowie Darstellungen in sozialen Netzwerken wirken sich auf uns und unsere Sexualität aus. Diese äußeren Einflüsse schreiben häufig unterbewusst vor, wie die Menschen abhängig von ihrer Geschlechtsidentität auszusehen und sich zu verhalten haben. Es entstehen Rollenbilder, die vor allem Jugendli-

che enorm unter Druck setzen können. Der Versuch, sich in diese Rollenbilder zu zwängen, um bei anderen anzukommen, scheitert häufig, wenn das angestrebte vermeintliche Ideal nicht zu dem eigenen inneren Empfinden passt. Psychische Probleme und ein geschwächtes Selbstbewusstsein können die Folge sein.

Aufgaben

1 | Die Regenbogenflagge (**B2**) wird häufig mit Homosexualität in Verbindung gebracht. Dabei steht sie symbolisch für weitaus mehr. Recherchiere, in welchen Zusammenhängen sie noch verwendet wird. Recherchiere auch, wieso manche queere Menschen die Regenbogenflagge inzwischen ablehnen und stattdessen die "Progress-Flag" bevorzugen.

2 | Recherchiere die Bedeutung der Abkürzung von CSD und formuliere zwei Gründe, welche die Notwendigkeit solcher Veranstaltungen nahelegen. Recherchiere auch geschichtliche Hintergründe zum CSD und der queeren Bewegung. Stelle die Rechercheergebnisse übersichtlich dar.

3 | „Intoleranz und Diskriminierung zeigen sich häufig im Sprachgebrauch." Erläutere diese Aussage und finde Beispiele.

4 | Beschreibe, wie man **B3** mit den Themen zur Geschlechtsidentität, der sexuellen Orientierung und der Auseinandersetzung mit Rollenbildern in Verbindung bringen kann.

5 | Auch in der Schule gibt es typische Rollenbilder für Jungen und Mädchen. So wird immer wieder behauptet, dass Mädchen bessere Aufsätze schreiben und Jungen in den Naturwissenschaften besser abschneiden. Erkläre, zu welchen Schwierigkeiten ein solches Rollenbild in der Schule führen kann.

6 | Das Verlangen nach Sexualität ist bei jedem Menschen unterschiedlich ausgeprägt und gleicht einem Spektrum. Während einige Menschen mehr Sexualität wünschen, gibt es andere die weniger oder keine Sexualität wünschen. In diesem Fall spricht man auch von Asexualität (➡ 3.4.4). Nenne Gründe, wieso asexuelle Menschen auch häufig mit Vorurteilen zu kämpfen haben.

7 | Transsexuelle Menschen sollen es in Zukunft einfacher haben ihr Geschlecht zu ändern. Dazu ist das sog. „Selbstbestimmungsgesetz" in Planung. Recherchiere den aktuellen Stand.

3.4.4   Vielfalt gemeinsam leben

Eine starke Gesellschaft hält zusammen und zieht ihre Stärke aus den Menschen, die sie miteinander gestalten. Diese sind verschieden, was die Stärke unserer Demokratie ausmacht. Auch in der Sexualität zeigt sich diese Vielfalt.

Beziehungsmodelle sind verschieden

Denkt man an ein Paar, dann sehen viele Menschen vor sich einen Mann und eine Frau. Jenseits dieses so genannten **heteronormativen** Beziehungsmodells gibt es jedoch zahlreiche weitere Formen von Beziehungsmodellen, die alle vereint, dass sich die Beziehungspersonen in der Partnerschaft wohlfühlen und sich mit Respekt begegnen. Neben homosexuellen und bisexuellen Paaren (➥ 3.4.3) gibt es auch Menschen, denen bei einer Partnerschaft nur der Chararkter unabhängig vom Geschlecht wichtig ist. Einige dieser Personen wählen für sich die Bezeichnung **pansexuell** und stellen klar, dass sie explizit auch transsexuelle Personen mit in die Wahl einer Beziehungsperson einschließen. Bisexuelle und pansexuelle Partnerschaften können leicht von außen als heterosexuelles Paar wahrgenommen werden, wenn eine Frau und ein Mann zueinander finden. Ihre sexuelle Orientierung ist dann unsichtbar.

Neben Paaren, die aus zwei Beziehungspersonen bestehen, gibt es auch Menschen, die in **polyamoren** Beziehungen leben (**B1**). In diesen Beziehungen lieben sich mehr als nur zwei Personen. Nicht zu verwechseln sind polyamore Beziehungen mit **offenen** Beziehungen, wo ein Paar sich dazu entschließt, Sex und Zärtlichkeit auch mit anderen Personen zu erleben. Jeder Mensch darf für sich selbst frei entscheiden, welches Beziehungsmodell gelebt werden soll, solange alle beteiligten Personen einverstanden sind.

B1   Polyamores Beziehungsmodell

Lieben im Spektrum

Häufig versuchen wir alles, was wir wahrnehmen, zu kategorisieren und übersehen dabei, dass sich viele Dinge nicht in Schubladen packen lassen. Oft ist die Realität ein **Spektrum** und nicht nur schwarz und weiß. Dies gilt auch für das sexuelle Verlangen, das bei jedem Menschen unterschiedlich stark ausgeprägt ist. Es gibt Menschen mit starkem sexuellen Verlangen und auch Menschen, die kaum oder gar kein sexuelles Verlangen verspüren. Auch diese Personen werden oft übersehen und sind auch heute noch mit vielen Vorurteilen konfrontiert. Auch deswegen sind die Begriffe **Asexualität** und **Aromantik** noch nicht sehr verbreitet. Asexuelle Personen haben kaum oder gar kein sexuelles Verlangen, wohingegen aromantische Menschen kein oder kaum Interesse an einer romantischen Beziehung haben.

Das binäre Geschlechtersystem

Auch in diesem Buch begegnen dir immer wieder Formulierungen wie z.B. „Wissenschaftlerinnen und Wissenschaftler", wenn über bestimmte Personengruppen gesprochen wird. Auch dieses sind nur Kategorien, die aber nicht das gesamte Spektrum der Geschlechtsidentität abbilden. Zusätzlich zu männlichen und weiblichen Personen, die sich mit ihrem Geburtsgeschlecht identifizieren sowie transsexuellen Menschen, gibt es auch Personen, die sich mit keiner der beiden Kategorien „weiblich" oder „männlich" identifizieren. Diese Personen werden auch als **nicht-binär** (engl. **non-binary**) bezeichnet und zeigen, dass das **binäre Geschlechtersystem** eine starke Vereinfachung der Realität darstellt. Nicht zu verwechseln sind nicht-binäre Personen mit intersexuellen Menschen, die aufgrund ihrer angeborenen Körpermerkmale nicht dem männlichen oder weiblichen Geschlecht eindeutig zugeordnet werden können (➥ 3.4.3).

Geschlechterrollen hinterfragen

Im Laufe der Geschichte der Menschheit haben sich Geschlechterrollen immer wieder verändert und sind auch stark vom Kulturraum abhängig. So wird zum Beispiel ein Rock von vielen Menschen in Deutschland als ein stereotypes Kleidungsstück für Frauen wahrgenommen, wohingegen ein schottischer Kilt ein stereotypes Kleidungsstück für Männer ist, obwohl beide Kleidungsstücke ähnlich geschnitten sind. Über die Kleidung hinaus gibt es viele Eigenschaften die mit Frauen oder Männern assoziiert werden. **Dragqueens** und **Dragkings** üben Kritik an dieser binären Einord-

B2 Dragqueen

B3 Regenbogenflagge auf dem Reichstagsgebäude

nung, indem sie durch ihren inszenierten (häufig über-zeichneten) Stil diese Stereotype kritisieren (**B2**).

Sich gegenseitig stärken

Die eigene sexuelle Orientierung zu entdecken und für sich anzunehmen, ist ein Teil des **Coming-Outs** von nicht-heterosexuellen (**queeren**) Jugendlichen. Dieser erste Teil geht dem zweiten Coming-out voraus, wor-unter die Kommunikation der sexuellen Orientierung an das Umfeld bezeichnet wird. Dies steht natürlich je-dem frei, doch häufig sind es Ängste vor Diskriminie-rung und Zurückweisung die Jugendliche von einem Outing abhalten. Hier liegt die Verantwortung bei je-dem Einzelnen ein diskriminierungsfreies Umfeld zu schaffen. Erst in den 1970er Jahren begannen in den USA heterosexuelle Menschen für die Akzeptanz und

Rechte von nicht-heterosexuellen Menschen zu kämp-fen. Diese heterosexuellen Verbündeten der **queeren Gemeinschaft** werden als **Allys** bezeichnet. Durch die Unterstützung der Allys konnte im Oktober 2017 die Ehe für alle in Deutschland geöffnet werden und im Mai 2023 wehte erstmals die Regenbogenflagge über dem Reichstagsgebäude in Berlin als ein Zeichen der Solida-rität mit queeren Menschen (**B3**). Neben Gesetzen, die die Rechte für queere Menschen sichern, muss aber auch heute noch viel für die Akzeptanz queerer Men-schen getan werden. Beispielsweise solidarisieren sich z. B. (Profi-)Fußballspielerinnen und (Profi-)Fußball-spieler öffentlich durch Regenbogenarmbinden mit der queeren Gemeinschaft. Auch in den Medien, z. B. in Film und Serien, finden sich heutzutage viele queere Rollen.

Aufgaben

1 Diskutiert in Kleingruppen Möglichkeiten Diskri-minierung entgegenzuwirken. Erstellt eine (digi-tale) Mindmap oder ein Plakat und präsentiert eure Ergebnisse in der Klasse.
_MK_

2 Jedes Jahr finden in vielen unterschiedlichen Städ-ten in Deutschland im Rahmen des Christopher-Street-Days (CSDs) Demonstrationen statt.
a) Stelle eine Hypothese auf, wieso auch heute trotz vieler Antidiskriminierungsgesetze in Deutschland Veranstaltungen wie der CSD nötig sind. Tauscht eure Ergebnisse in Kleingruppen aus.
b) Recherchiert gemeinsam im Internet weitere
_MK_ Gründe für das Stattfinden solcher Veranstaltun-

gen. Nennt Orte und Situationen, in denen queere Menschen von Diskriminierung betroffen sein können.

3 Deutschland hat 2017 die Ehe für alle geöffnet.
_MK_ Recherchiere im Internet die Anzahl der Länder in denen gleichgeschlechtliche Paare heiraten dürfen und die Anzahl der Länder, in denen gleichge-schlechtlichen Paaren eine strafrechtliche Verfol-gung droht.

4 Bearbeite die Lernanwendung zu „Vielfalt gemeinsam leben" (➡ **QR 03033-033**).

03033-033

Zum Üben und Weiterdenken

Schwangerschaft und Gesundheit für Mutter und Kind

1 Jeder Mensch befindet sich die ersten 9 Monate seines Lebens eingebettet im Bauch der Mutter. Diese Zeit ist bestimmend für beide und es müssen einige Dinge beachtet werden, damit Mutter und Kind gesund bleiben.

a) Führe zu Hause folgenden Modellversuch durch: Lege ein rohes Ei in einen Gefrierbeutel, fülle diesen mit Wasser und verschließe ihn dicht und fest. Versetze nun dem Ei einen oder mehrere Stöße.

b) Beschreibe Deine Beobachtungen und erkläre anhand des Modells die Bedeutung der Fruchtblase.

c) Erkläre, was durch den Beutel, das Wasser und das Ei dargestellt wird und beurteile die Stärken und Schwächen dieses Modells.

2 Die Zykluslänge ist der Zeitraum vom ersten Tag der Regelblutung bis zum letzten Tag vor der darauffolgenden Blutung. Der Eisprung findet etwa 14 Tage vor Ende des Zyklus in einem der beiden Eierstöcke statt.
Beurteile zusammen mit deinem Wissen über den Zyklus und dem Diagramm **B1** die Aussage:
„Ab dem ersten Tag der Blutung kann man mindestens 10 Tage lang nicht schwanger werden."

B1 Häufigkeit der Zykluslängen

Sprache und Geschlechterrollen

3 Es fällt Menschen häufig schwer, offen und entspannt über das Thema Sexualität zu sprechen. Dabei ist die Wortwahl entscheidend.

a) Sammle verschiedene Begriffe zum Thema Sexualität. Markiere anschließend Begriffe, die du angemessen findest, mit einem grünen Punkt und Begriffe, die du unangemessen findest, mit einem roten Punkt. Wenn du einen Begriff als unangemessen markierst, formuliere eine Begründung für deine Entscheidung.

b) Diskutiert im Klassenverband die Verwendung von Begriffen, die sowohl als angemessen als auch als unangemessen markiert wurden. Argumentiert sachlich mit den zuvor überlegten Begründungen.

c) Untersucht in arbeitsteiligen Gruppen verschiedene Songtexte (z. B. Rap-Song oder Liebesballade) bezüglich der Angemessenheit von Begriffen zur Sexualität. Stellt eine Hypothese über die Absicht der Verfasserin oder des Verfassers auf.

Intersexualität

4 Nicht alle Menschen werden mit eindeutig weiblichen oder männlichen Merkmalen geboren. Ein Teil der Menschen haben sowohl Merkmale, die dem weiblichen als auch dem männlichen Geschlecht zuzuordnen sind. Dabei sind die Merkmale sehr individuell verteilt und bewegen sich auf einem Spektrum. Früher wurden häufig nach der Geburt Operationen durchgeführt, um intersexuelle Kinder einem Geschlecht anzugleichen. Heute wird von solchen Operationen abgesehen.

a) Recherchiere weitere Informationen zum Thema
MK Intersexualität und erkläre den Begriff „Intersexualitätsspektrum".

b) Bewerte den Verzicht auf anpassende Operatio-
MK nen nach der Geburt. Recherchiere für deine Argumentation auch Informationen dazu im Internet.

c) Erkläre, wieso auch heute noch viele intersexuelle
MK Menschen von Diskriminierung betroffen sein können und nenne mögliche Maßnahmen zum Schutz vor Diskriminierung. Recherchiere ggf. auch hierzu im Internet.

Prä-Expositions-Prophylaxe (PrEP)

5 Kondome schützen vor einer HIV-Infektion. Seit
MK einigen Jahren existiert auch die PrEP zum Schutz vor HIV. Recherchiere zur PrEP und erkläre den Begriff „Safer Sex".

Alles im Blick

Arbeitsblatt (➡ QR 03033-034).

03033-034

Ein neuer Mensch entsteht

Dringt ein Spermium in die Eizelle ein, verschmelzen der Zellkern des Spermiums und der Zellkern der Eizelle miteinander, sodass die befruchtete Eizelle, die Zygote, entsteht. Diese erste Zelle wandert nun den Eileiter entlang bis in die Gebärmutter. Auf diesem Weg teilt sie sich viele Male, bis eine hohle Kugel aus über 100 Zellen entsteht. Diese wird auch als Bläschenkeim bezeichnet, der sich ca. sechs Tage nach der Befruchtung in die Gebärmutterschleimhaut einnistet und ab diesem Moment als Embryo bezeichnet wird. Der Embryo/Fetus wird während der Schwangerschaft über die sog. Plazenta von der Mutter versorgt. Da die Plazenta für bestimmte Stoffe (auch Giftstoffe) durchlässig ist, sollte eine Schwangere auf eine gesunde Lebensweise achten und insbesondere auf Alkohol, Nikotin, weitere Drogen und möglichst auch auf bestimmte Medikamente verzichten.

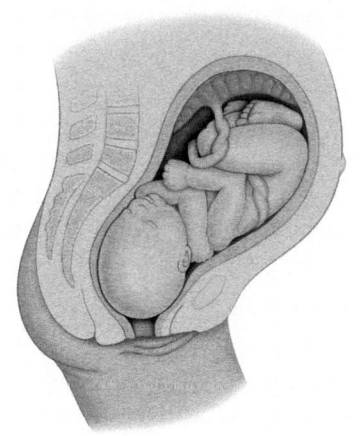

➡ 3.1, 3.3

Verhütungsmethoden und Schutz vor Infektionskrankheiten

Ab der Geschlechtsreife ist eine Schwangerschaft möglich. Will Sexualität ohne Kinderwunsch gelebt werden, kann dies nur durch die richtige Anwendung von Verhütungsmethoden erfolgen. Hierbei unterscheidet man natürliche, hormonelle, chemische und mechanische Methoden. Nur die richtige Verwendung eines Kondoms verhindert neben einer Schwangerschaft zusätzlich die Ansteckung mit einer sexuell übertragbaren Krankheit. Denn gerade durch den Austausch von Körperflüssigkeiten bei einem intimen Kontakt können Krankeitserreger die Partnerin oder den Partner leicht erreichen.

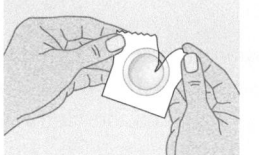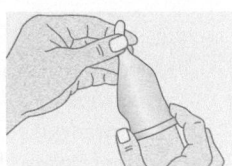

➡ 3.2

Respektvoller Umgang mit Sexualität

Sexualität sichert den meisten Lebewesen das Fortbestehen ihrer Art. Hinter dem Begriff steckt jedoch viel mehr als nur der Fortpflanzungsakt. Das sexuelle Erleben und Verhalten eines Menschen setzt sich aus körperlichen, psychischen und sozialen Faktoren zusammen. Umso wichtiger ist es, mit dem Thema Sexualität respektvoll und mit der eigenen Sexualität bewusst umzugehen. Jeder Mensch soll über seine Sexualität frei bestimmen können, weshalb Grenzüberschreitungen gegen den Willen einer Person rechtlich verfolgt werden. Außerdem hat jeder unabhängig von seiner sexuellen Orientierung oder seiner Geschlechtsidentität das Recht auf Toleranz und Akzeptanz.

➡ 3.4

Ziel erreicht?

1. Selbsteinschätzung

Wie gut sind deine Kenntnisse in den Bereichen A bis D? Schätze dich selbst ein und kreuze auf dem Arbeitsblatt in der Auswertungstabelle unten die entsprechenden Kästchen an (➡ QR 03033-035).

03033-035

2. Überprüfung

Bearbeite die untenstehenden Aufgaben (Lernanwendung ➡ QR 03033-036). Vergleiche deine Antworten mit den Lösungen auf S. 255 f. und kreise die erreichte Punktzahl in der Auswertungstabelle auf dem Arbeitsblatt ein. Vergleiche mit deiner Selbsteinschätzung.

03033-036

Kompetenzen

Den Menstruationszyklus erläutern und die Befruchtung und die Entstehung eines Embryos sowie die Entwicklungsschritte der Schwangerschaft beschreiben

4P **A1** Der Hormonspiegel für Progesteron kann z. B. infolge einer Erkrankung zu niedrig sein. Beschreibe die Auswirkungen auf den Menstruationszyklus.

4P **A2** Die Entstehung eines Kindes läuft in verschiedenen Phasen ab. Stelle die folgenden Aussagen, in die sich jeweils ein Fehler eingeschlichen hat, richtig:
- Bei der Befruchtung kann es vorkommen, dass mehrere Spermienzellen in die Eizelle eindringen.
- Die Schwangerschaft beginnt mit der Befruchtung der Eizelle.
- Zur Versorgung des Fetus wandern die nötigen Stoffe direkt über die Nabelschnur aus dem mütterlichen in das kindliche Blut.
- Die mit Flüssigkeit gefüllte Plazenta, in der der Fetus schwebt, schützt diesen vor Stößen.

4P **A3** Beschreibe mithilfe des Diagramms, inwiefern das Körpergewicht des Ungeborenen mit den drei Phasen der Organentwicklung zusammenhängt.

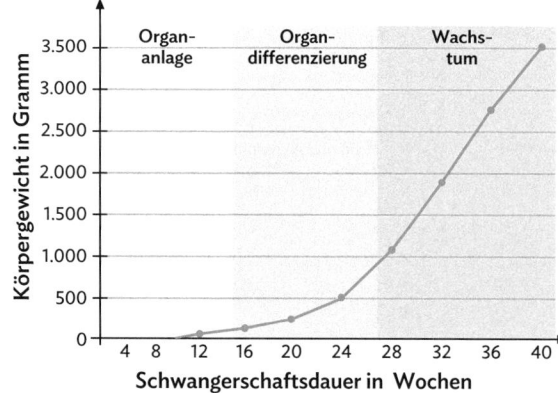

zu A2

Das Verhalten in der Schwangerschaft im Hinblick auf die Gesundheit des Kindes bewerten und kontroverse Positionen zum Thema Schwangerschaftsabbruch abwägen

B1 Eine unvorsichtige schwangere Frau trinkt alkoholhaltige Getränke. Dabei gefährdet sie die Entwicklung des Kindes. Beschreibe den Weg des Alkohols vom Verdauungstrakt der Mutter bis in das Gehirn des Embryos. **4P**

B2 Die folgende Tabelle zeigt Auswirkungen des Rauchens auf die körperliche Entwicklung des Kindes. Zudem kommt es bei Raucherinnen häufiger zu Frühgeburten, angeborenen Herzfehlern sowie einem erhöhten Risiko für Allergien bei den Kindern.

	Gewicht	Größe	Kopfumfang
Nichtraucherinnen	4.308 g	51,4 cm	34,9 cm
Raucherinnen (1–5 Zigaretten pro Tag)	3.289 g	50,8 cm	34,6 cm
Raucherinnen (bis 20 Zigaretten pro Tag)	3.060 g	49,9 cm	34,6 cm

zu B2

a) Erstelle aus den Daten der Tabelle ein Säulendiagramm zur Körpergröße der Neugeborenen bei Raucherinnen und Nichtraucherinnen. **3P**

b) Bewerte anhand der oben gegebenen Informationen das Rauchen in der Schwangerschaft. **3P**

B3 Die Entscheidung zu einer Schwangerschaft hängt von der jeweiligen Lebenssituation ab. Finde je zwei Gründe, die für ein junges, noch in der Ausbildung stehendes Paar für und gegen eine Schwangerschaft sprechen. Berücksichtige Aspekte der Lebensplanung, Wünsche und Werte. **4P**

Verschiedene Methoden der Empfängnisverhütung und ihre Bedeutung für den Schutz
vor sexuell übertragbaren Infektionskrankheiten
beschreiben, vergleichen und auswählen

4P C1 Beschreibe unter Verwendung von Beispielen den
Unterschied zwischen hormonellen Verhütungsmitteln und sogenannten Barriere-Methoden.

8P C2 Erstelle für die Einnahme der Pille und die Verwendung eines Kondoms jeweils eine Liste mit
Vor- und Nachteilen. Nenne die Faktoren, die dir
am wichtigsten erscheinen, und erkläre, warum es
nicht sinnvoll ist, Freunden ein Verhütungsmittel
zu empfehlen.

4P C3 Nenne mögliche Erreger von sexuell übertragbaren Krankheiten und beschreibe die verschiedenen Übertragungswege.

3P C4 Lege drei Maßnahmen dar, wie du dich vor der
Ansteckung mit dem HI-Virus schützen kannst.

3P C5 Gib an, ob folgende Aussagen richtig oder falsch
sind:
Silke: „Wenn ich ungeschützten Geschlechtsverkehr habe, werde ich auf jeden Fall schwanger".
Charly: „Wenn ich ein Kondom verwende, kann
meine Freundin auf keinen Fall schwanger
werden."
Sven: „Wenn wir ein Kind wollen, müssen wir
möglichst um den Eisprung herum miteinander
schlafen."

Die Bedeutung der Sexualität für die Partnerschaft (auch gleichgeschlechtliche) sowie
unterschiedliche Formen der sexuellen Orientierung und geschlechtlichen Identität wertfrei
beschreiben und Sachinformationen von Wertungen unterscheiden

D1 Erkläre den Unterschied zwischen Geschlechts-   **4P**
identität und sexueller Orientierung.

zu D1

D2 Beurteile, ob es sich bei den folgenden Aussagen,   **6P**
um Sachinformationen oder Wertungen handelt:
- „Menschliche Sexualität dient einzig und allein
  der Fortpflanzung."
- „Homosexualität ist eine sexuelle Orientierung,
  die natürlich ist und nicht gewählt werden
  kann."
- „Heterosexualität ist die Norm."

Auswertung

Ich kann ...	prima	ganz gut	mit Hilfe	lies nach auf Seite
A den Menstruationszyklus erläutern und die Befruchtung und die Entstehung eines Embryos sowie die wichtigsten Entwicklungsschritte der Schwangerschaft beschreiben.	☐ 12–11	☐ 10–8	☐ 7–5	96–99, 108–109
B Verhaltensweisen in der Schwangerschaft im Hinblick auf die Gesundheit des Kindes bewerten und kontroverse Positionen zum Thema Schwangerschaftsabbruch abwägen.	☐ 14–12	☐ 11–8	☐ 7–6	110–115
C verschiedene Methoden der Empfängnisverhütung und ihre Bedeutung für den Schutz vor sexuell übertragbaren Infektionskrankheiten (HIV) beschreiben, vergleichen und auswählen.	☐ 22–19	☐ 18–13	☐ 12–9	100–105
D die Bedeutung der Sexualität für die Partnerschaft (auch gleichgeschlechtliche) sowie unterschiedliche Formen der sexuellen Orientierung und geschlechtlichen Identität wertfrei beschreiben und Sachinformationen von Wertungen unterscheiden.	☐ 10–9	☐ 8–7	☐ 6–5	116–121

4 Grundlagen der Vererbung

Startklar?

Die folgenden Basiskonzepte (BK ➡ im Buchdeckel) helfen dir, die neuen Inhalte von Kapitel 4 mit deinem Vorwissen zu verknüpfen (Lernanwendung ➡ QR 03033-037).

03033-037

Die geschlechtliche Fortpflanzung

Reproduktion (Fortpflanzung) ist ein Kennzeichen des Lebens. Mikroorganismen vermehren sich hauptsächlich durch Zweiteilung und auch Pflanzen können sich z. B. durch Ableger ungeschlechtlich fortpflanzen. Die meisten mehrzelligen Lebewesen können das jedoch nicht, sie pflanzen sich geschlechtlich fort. Bei der geschlechtlichen Fortpflanzung sind spezialisierte Fortpflanzungszellen (Keimzellen), Eizellen und Spermienzellen, beteiligt. Über verschiedene Wege, beispielsweise Bestäubung (B1) bei Blütenpflanzen oder Begattung (B2) bei vielen Tieren, werden Eizellen und Spermienzellen miteinander in Kontakt gebracht. Die Verschmelzung der Keimzellen wird als Befruchtung bezeichnet. Dabei wird die Erbinformation der beiden Zellen in einem gemeinsamen Zellkern vereint. Über Zellteilungen entwickelt sich schließlich wieder ein neues, mehrzelliges Lebewesen.

➡ **BK Entwicklung**

B1 Geschlechtliche Fortpflanzung bei der Erdbeere durch Bestäubung und Befruchtung

B2 Geschlechtliche Fortpflanzung bei Säugetieren durch Begattung und innere Befruchtung

Variabilität

Jedes Individuum unterscheidet sich von seinen Artgenossen in der Ausprägung von bestimmten Merkmalen. Jede Wildkatze hat Ohren, aber die Länge, Form und Farbe können sich unterscheiden. Manchmal sind die Wildkatzen in einer Region jedoch untereinander ähnlicher im Vergleich mit Wildkatzen aus anderen Regionen. Dies kann durch unterschiedliche Umwelteinflüsse in den verschiedenen Regionen verursacht worden sein. Im Laufe der Generationen sind so unterschiedliche Angepasstheiten entstanden.

➡ **BK Entwicklung**

Aufgaben

➡ Lösungen auf S. 256

1 Beschreibe die ungeschlechtliche Fortpflanzung und die geschlechtliche Fortpflanzung.

zu A2

2 Eine Gruppe von Pflanzen derselben Art wächst am Waldboden. Man zählt in dem Waldstück 38 Individuen mit vor allem kleineren dicken sog. Sonnenblättern und 267 Individuen mit vor allem dünnen sog. Schattenblättern. Im Rahmen von Forstarbeiten werden viele Bäume im Waldstück gefällt. Zwei Jahre später wird die Bodenpflanzenart erneut gezählt. Stelle eine Hypothese auf, wie sich die Verteilung der Blattform der Bodenpflanzenart verändert haben könnte.

Die Erbinformation

4.1.1   Die Bedeutung des Zellkerns

Lebewesen bestehen aus Zellen. Die Anzahl der Zellen kann unterschiedlich sein. Zellen können sehr verschieden aussehen und sie können auch diverse Funktionen haben. Jedoch haben nahezu alle Zellen einen Zellkern.

→   Welche Bedeutung hat der Zellkern?

Lernweg

Die Bedeutung des Zellkerns

1 | Versuche mit der Schirmalge *Acetabularia* konnten wesentliche Erkenntnisse zur Bedeutung des Zellkerns beitragen.

a) Erstelle einen kurzen Steckbrief der Schirmalge *Acetabularia* (Arbeitsblatt ➥ QR 03023-22) (M1).

03023-22

b) Beschreibe die Durchführung der in M2 dargestellten Versuche **A** und **B**.

c) Erläutere die Versuchsergebnisse bezüglich der Erkenntnisse zur Bedeutung des Zellkerns.

2 | In einem weiteren Experiment wurde mit verschiedenen *Acetabularia*-Arten experimentiert (M3).

a) Beschreibe die Versuchsdurchführung anhand der Abbildung in **B3** und leite dann eine Fragestellung ab, die durch das Experiment geklärt werden sollte.

b) Stelle Hypothesen zum Versuchsergebnis des Experiments auf.

c) Nenne die neuen Erkenntnisse zur Bedeutung des Zellkerns, die durch diesen Versuch erlangt wurden.

Zellteilung

3 | Eineiige Zwillinge haben ein nahezu identisches Aussehen. Erläutere die Bedeutung und die Eigenschaften des Zellkerns bei der Entstehung von eineiigen Zwillingen (M4).

4 | Rote Blutzellen besitzen keinen Zellkern. Begründe mithilfe von M4, wie trotzdem täglich viele neue rote Blutzellen gebildet werden können, auch wenn sich die roten Blutzellen nicht selbst teilen können (Hilfen ➥ QR 03023-23).

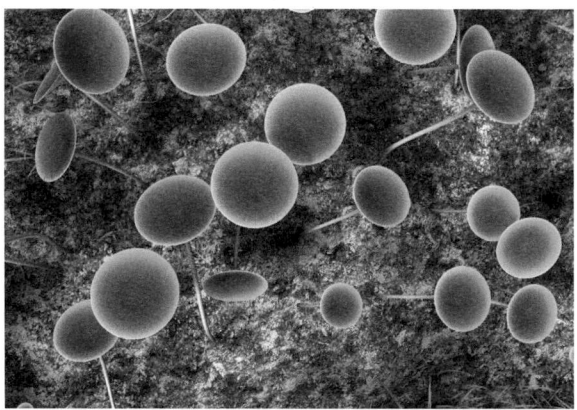

03023-23

M1   Die Schirmalge – Eine besondere Pflanze

Die Schirmalge *Acetabularia mediterranea* ist ein bis zu 14 cm langes Pflänzchen, welches einen flachen, geriffelten Schirm an einem dünnen Stiel trägt (**B1**). Beheimatet sind die zwölf weltweit vorkommenden *Acetabularia*-Arten vorwiegend in tropischen und subtropischen Meeren. Sie unterscheiden sich durch das Aussehen ihres Schirmes. Die Pflanze lässt sich in drei Abschnitte unterteilen: Schirm, Stiel, wurzelartiger Fuß mit Zellkern, womit die Pflanze am Untergrund verankert ist. Das Besondere ist jedoch, dass die *Acetabularia*-Pflanzen nur aus einer einzigen Zelle mit Zellkern im Fuß bestehen. Der Biologe JOACHIM HÄMMERLING nutzte in den 1930er Jahren die Pflanze für die Forschung, da sie eine hohe Regenerationsfähigkeit besitzt.

B1   Schirmalge *Acetabularia mediterranea*

M2 Experimente mit der Schirmalge

HÄMMERLING machte folgende Versuche mit der Schirmalge *Acetabularia* (**B2**):

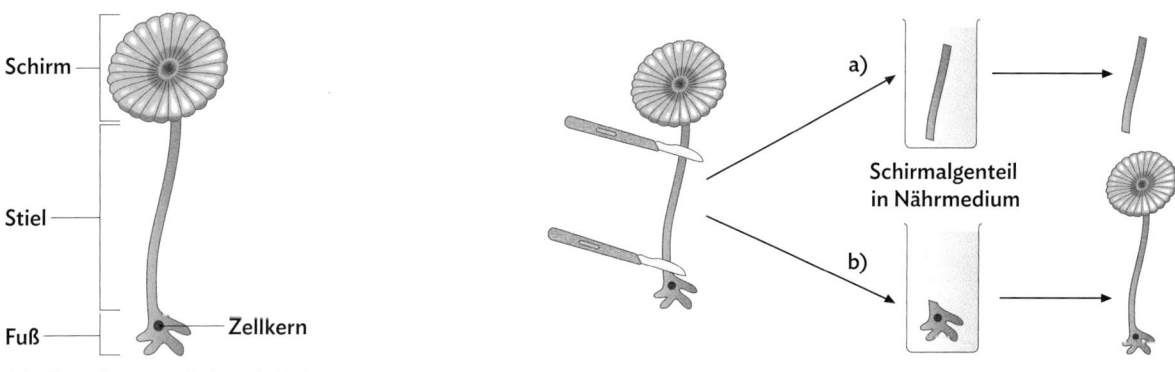

B2 Experimente mit *Acetabularia*

M3 Experimente mit verschiedenen Schirmalgen-Arten

Im folgenden Versuch wurden zwei verschiedene *Acetabularia*-Arten eingesetzt (**B3**).

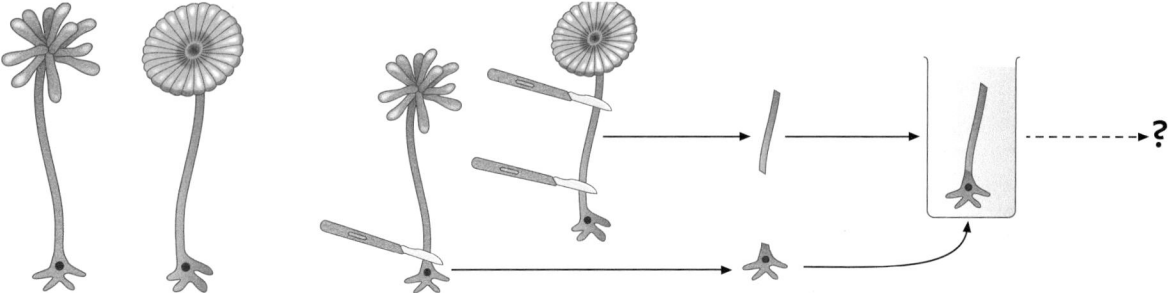

B3 Experimente mit verschiedenen *Acetabularia*-Arten

M4 Zellteilung

Lebewesen wachsen, indem sich ihre Zellen teilen. Bei sich geschlechtlich fortpflanzenden Organismen entstehen aus der Zygote (befruchtete Eizelle) zwei Tochterzellen mit jeweils einem Zellkern. Die Zellkerne der Tochterzellen besitzen ebenfalls die gesamte und identische Information zur Entstehung eines neuen Lebewesens. Weitere Zelltei- lungen folgen und aus der Zygote entsteht in der Embryo- nalentwicklung ein neuer Organismus (**B4**). Die Zellen spezialisieren sich (**Zelldifferenzierung**) währenddessen und haben unterschiedliche Funktionen. Die Informatio- nen zur Differenzierung und zur Funktion der Zelle ist im Zellkern jeder Zelle als Erbinformation verschlüsselt.

B4 Erste Zellteilungen der Embryonalentwicklung

4.1.2   Die Chromosomen

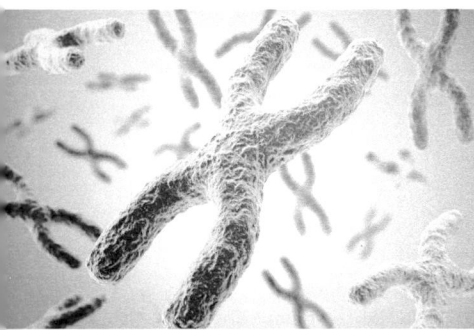

Bei einem Verdacht auf Erbkrankheiten werden Zellen der betroffenen Person mikroskopisch untersucht. Dabei findet man im mikroskopischen Bild Strukturen, die sich gut anfärben lassen und daher gut sichtbar sind – die Chromosomen (s. links). Schon während der Schwangerschaft kann eine Gewebsprobe des Ungeborenen Aufschluss über mögliche Veränderungen des Erbmaterials geben.

→   Wie lassen sich Chromosomen untersuchen?

Lernweg

Die Chromosomen

1 \ Die Chromosomen, die unter dem Mikroskop zu sehen sind, sehen nicht alle gleich aus. Vergleiche die Chromosomen in **B1** untereinander und beschreibe Gemeinsamkeiten und Unterschiede. Verwende die Fachausdrücke aus **M1**.

2 \ Definiere mithilfe von **M2** folgende Fachbegriffe: Autosomen, Gonosomen und homologe Chromosomen.

3 \ Beurteile die folgenden Aussagen (**M2**).
a)   Die Chromosomenanzahl in diploiden Körperzellen ist stets gerade.

b)   Je mehr Chromosomen ein Lebewesen hat, desto intelligenter ist es.
c)   Die Anzahl der Chromosomen ist artspezifisch.
d)   Alle Körperzellen enthalten den kompletten Chromosomensatz.

4   Die Abbildung **B4** zeigt den Chromosomensatz eines Menschen (**M3**).
a)   Ordne die Chromosomen in **B4** in Paaren an (Arbeitsblatt ➡ **QR 03033-038**). Gib alle Kriterien an, nach denen du die homologen Chromosomen einander zuordnest.

03033-038

b)   Leite begründet ab, ob es sich um das Karyogramm einer Frau oder eines Mannes handelt.

M1   Der Aufbau der Chromosomen

Chromosomen sind zwar immer im Zellkern vorhanden, sehen aber nur während der Zellteilung so aus wie in **B1**. Dazu ändern sie ihre Struktur von einer fadenförmigen sog. **Arbeitsform** in die kondensierte sog. **Transportform**. In der Transportform lassen sich die Chromosomen am besten mikroskopisch untersuchen. Die

Zwei-Chromatid-Chromosomen bestehen aus zwei **Schwesterchromatiden** mit identischer Erbinformation, die an einer Stelle, dem **Zentromer**, zusammengehalten werden.

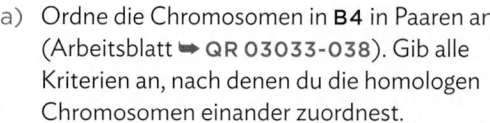
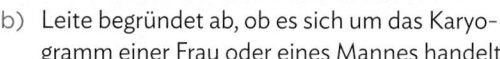

Zentromer

Schwester-
chromatiden

Zwei-Chromatid-
Chromosom

B1   Bau eines Chromosoms (links) und gefärbte Chromosomen (rechts)

In der Transportform können die Zwei-Chromatid-Chromosomen unter dem Lichtmikroskop sichtbar gemacht und gezählt werden (**B2**). Der Mensch besitzt in jeder Körperzelle 46 Chromosomen (**B3**), die zu 23 Paaren angeordnet werden können. Da die Chromosomen in den Körperzellen paarweise bzw. doppelt auftreten, spricht man von einem **diploiden** (di, griech.: zwei) Chromosomensatz. 44 Chromosomen zählen zu den sog. **Autosomen** („Körperchromosomen"). Hier gibt es von jeder Sorte zwei Stück, die sich in ihrer Größe und Form völlig gleichen. Sie tragen jeweils Informationen für die gleichen Merkmale (z. B. Haarfarbe), die allerdings unterschiedlich ausgeprägt sein können (z. B. braun oder blond). Die **Autosomen** können zu 22 sog. **homologen** (gleichartigen) **Chromosomenpaaren** angeordnet werden. Die restlichen beiden Chromosomen des Menschen nennt man **Gonosomen** („Geschlechtschromosomen"). Sie bestimmen das biologische Geschlecht. Frauen haben zwei homologe X-Chromosomen, die relativ groß sind. Männer besitzen ein großes X- und ein sehr kleines Y-Chromosom. Man gibt den Chromosomensatz des Menschen daher auch als **46,XX** bzw. **46,XY** an.

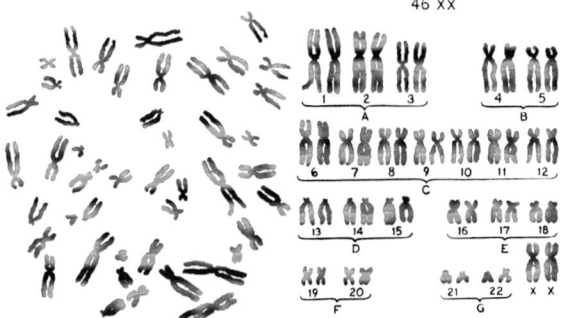

B2 Chromosomen

Art	Chromo-somenzahl	Art	Chromo-somenzahl
Pferdespul-wurm	2	Natternzunge (Farn)	520
Weinberg-schnecke	54	Zaun-eidechse	38
Taufliege	8	Amsel	80
Goldfisch	94	Schachtelhalm	216
Mensch	46	Tomate	24
Hund	78	Sommerlinde	164
Katze	38	Schimpanse	48
Gorilla	48		

B3 Anzahl der Chromosomen pro Körperzelle verschiedener Lebewesen

Ein **Karyogramm** ist die geordnete fotografische Darstellung aller Chromosomen einer Zelle in ihrer Transportform. Meistens werden dafür weiße Blutzellen verwendet, da sich diese im Brutschrank sehr leicht zur Teilung anregen lassen. Während der Zellteilung liegen die Zwei-Chromatid-Chromosomen in der charakteristischen, mikroskopisch gut sichtbaren Transportform vor. Diese werden angefärbt und das mikroskopische Bild wird fotografiert. Daraus ergibt sich eine Darstellung wie in **B4**. Die Chromosomen werden entsprechend ihrer Größe, Form, der Lage des Zentromers und ihres **Bandenmusters** so sortiert, dass die homologen Chromosomen als Paar nebeneinander liegen.

Diese Darstellung eignet sich besonders gut, um bestimmte Abweichungen und Auffälligkeiten bei den Chromosomen zu erkennen. Deshalb nutzt man Karyogramme z. B. in der Diagnostik von erblich bedingten Krankheiten (➡ 2.5.2).

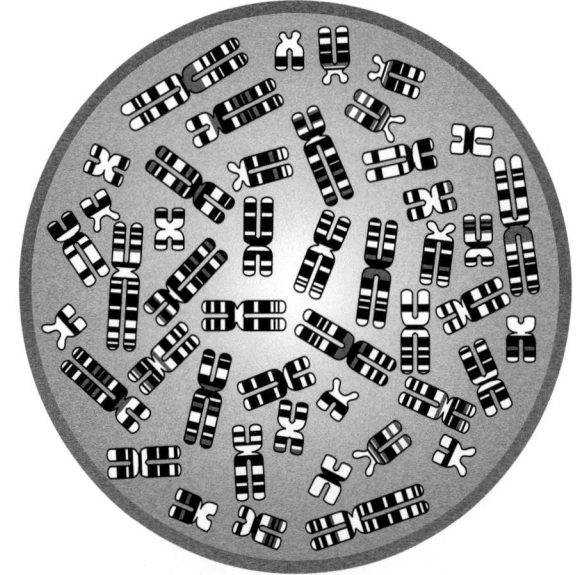

B4 Angefärbte Chromosomen des Menschen

4.1.3 Erbinformation – kompakt

Die Bedeutung des Zellkerns

Der **Zellkern** ist ein Zellorganell der Zelle (**B1**). Unter dem Lichtmikroskop wurde er bereits vor fast 400 Jahren entdeckt.

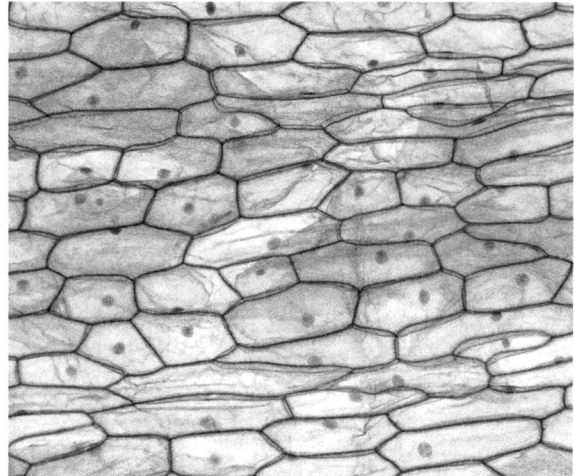

B1 Epidermiszellen der roten Küchenzwiebel mit Zellkernen

Lange Zeit wusste man jedoch nicht, welche Aufgabe der Zellkern hat. Mithilfe von Experimenten unter anderem mit der Schirmalge *Acetabularia* konnte man wesentliche Erkenntnisse über die Bedeutung des Zellkerns erlangen (**B2**). Dazu wurden der einzelligen Schirmalge *Acetabularia*, die aus einem Schirm, einem Stiel und einem Fuß mit Zellkern besteht, verschiedene Teile entfernt und kultiviert. Weder der Schirm noch der Stiel konnten eine neue vollständige Schirmalge hervorbringen. Lediglich in dem Experiment, wo der Fuß mit Zellkern entfernt wurde wuchs eine neue Alge heran. Heute weiß man, dass der Zellkern die **Erbinformation** enthält und die Vorgänge in einer Zelle steuert.

B2 *Acetabularia* Algen

Die Chromosomen

Erst bei einer Zellteilung werden die **Chromosomen**, die immer vorhanden sind, erkennbar (**B3**). Vor der Kernteilung liegen die Chromosomen als **Zwei-Chromatid-Chromosomen** vor, die aus zwei identischen **Schwesterchromatiden** bestehen und am **Zentromer** zusammengelagert sind. Chromosomen können dabei ganz verschiedene Formen aufweisen, wobei sie sich in der Länge ihrer Chromatiden, der Lage ihres Zentromers und in ihrem Bandenmuster unterscheiden können (**B4**).

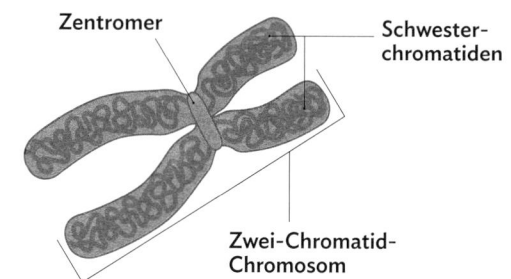

B3 Bau eines Zwei-Chromatid-Chromosoms

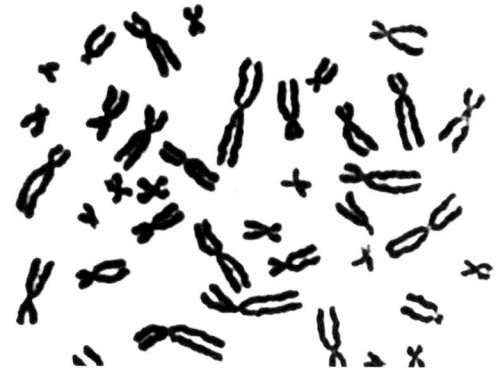

B4 Verschiedene Zwei-Chromatid-Chromosomen

Das Karyogramm

Ein **Karyogramm** zeigt alle Chromosomen einer Zelle. Die Chromosomen werden angefärbt, sortiert und nach der Größe und der Lage des Zentromers geordnet. Diese Darstellungsform eignet sich gut für die Diagnostik z. B. von erblich bedingten Erkrankungen, die im Karyogramm von Molekularbiologinnen und Molekularbiologen (➥ **S. 272 f.**) ausgewertet werden. In den Körperzellen des Menschen liegt ein **diploider** (doppelter) **Chromosomensatz** aus 22 homologen **Autosomenpaaren** und zwei Geschlechtschromosomen (Frau: 46,XX; Mann: 46,XY) vor. Homologe Chromosomen tragen jeweils Informationen für die gleichen Merkmale, wie z. B. die Augenfarbe. Die Ausprägung der Information kann aber unterschiedlich sein, z. B. braun oder blau.

1 Seit 1950er-Jahren wird auch an Zellkernen von Amphibien und Reptilien geforscht. Verschiedene Experimente wurden 1962 von dem Wissenschaftler GURDON mit dem Krallenfrosch (*Xenopus laevis*) durchgeführt (**B5**).

B5 Krallenfrosch in Wildform (links) und Albino (rechts)

MK a) Recherchiere Informationen zum Vorkommen und der Lebensweise des Krallenfrosches.
MK b) Recherchiere den Grund, wieso der Krallenfrosch als Modellorganismus in der Forschung eingesetzt wird.
c) Beschreibe die Versuchsdurchführung (**B6**) und erläutere das Ergebnis.

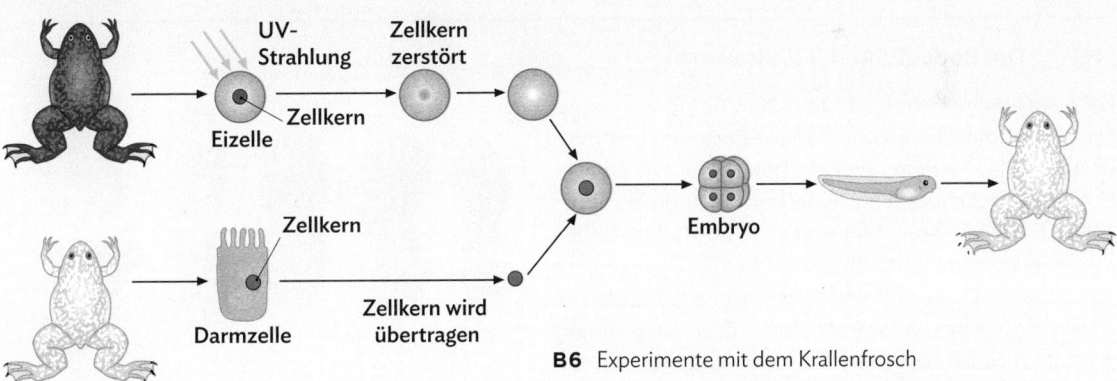

B6 Experimente mit dem Krallenfrosch

2 Das Karyogramm **B7** wird für diagnostische Zwecke im Bereich der Chromosomenanalyse genutzt. Werte das vorliegende Karyogramm aus und nenne eine Auffälligkeit.

3 Bearbeite die Lernanwendung zur Erbinformation (➜ QR 03033-039).

03033-039

B7 Karyogramm (Schemazeichnung) einer Person

135

4.2.1 Die Verdopplung der Erbinformation

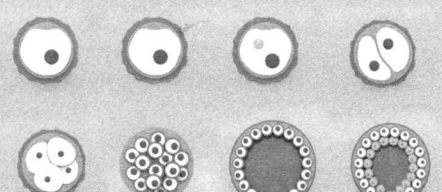

Das Wunder des Lebens beginnt mit dem Verschmelzen des Eizellen- und des Spermiumkerns. Das Neugeborene besteht aus etwa 100 Billionen Zellen und in jeder steckt die vollständige Erbinformation.

→ Wie kann es sein, dass sich eine Zelle teilt und dennoch in beiden neuen Zellen die gesamte Erbinformation steckt?

Lernweg

Die Bedeutung der Zellteilung

1 \ Die Zellteilung ist ein biologisch enorm bedeutsamer Prozess, ohne den kein Lebewesen existieren könnte. Stelle die Funktionen der Zellteilung mithilfe von M1 stichpunktartig dar.

Die Verdopplung der Erbinformation

2 \ Nicht nur die Zelle teilt sich, sondern im Zusammenhang damit auch der Zellkern. Wichtig ist die Reihenfolge, in der diese beiden Teilungen ablaufen (M2).

a) Beschreibe, worin sich die beiden Hypothesen zur Zellteilung und Kernteilung voneinander unterscheiden.
b) Prüfe beide Hypothesen auf Plausibilität und entscheide dich begründet für eine von ihnen.

3 \ M3 beschreibt verschiedene Gründe für Zellteilungen, deren Ergebnis identische Zellen sind. Zeige anhand der Beispiele den Zusammenhang zwischen dem Ergebnis und der Bedeutung der Zellteilung auf.

M1   Die Bedeutung der Zellteilung

Bei etwa einem Viertel der Menschen treten zumindest zeitweise Kopfschuppen auf. Diese bestehen aus mindestens 500 zusammenhängenden Hornzellen der Kopfhaut. Doch was dem Auge verborgen bleibt: Jeder Mensch verliert pro Minute etwa 40.000 Hautzellen und zwei Millionen rote Blutzellen werden pro Sekunde funktionslos. Diese und weitere beanspruchte Zellen im Körper des Menschen werden durch Zellteilung ständig ersetzt. Weitere Aufgaben der Zellteilung können aus den Abbildungen **B1** bis **B3** abgeleitet werden.

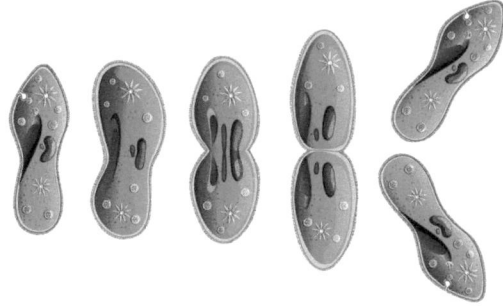

B2 Zellteilung beim einzelligen Pantoffeltierchen

B1 Ein junger Keimling wächst heran

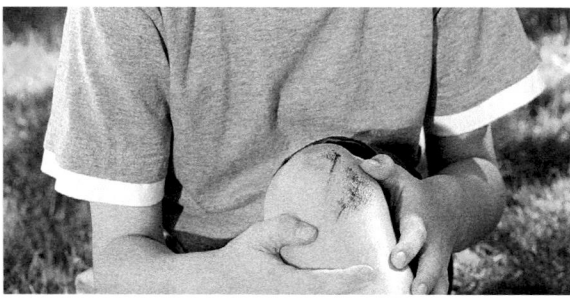

B3 Schürfwunde

Teilt sich eine Zelle, so braucht natürlich jede Tochter- zelle einen eigenen Zellkern. Daher muss auch eine Teilung des Zellkerns stattfinden. Zur Frage, in welcher Reihenfolge Zellteilung und Kernteilung stattfinden, gibt es unterschiedliche Hypothesen:

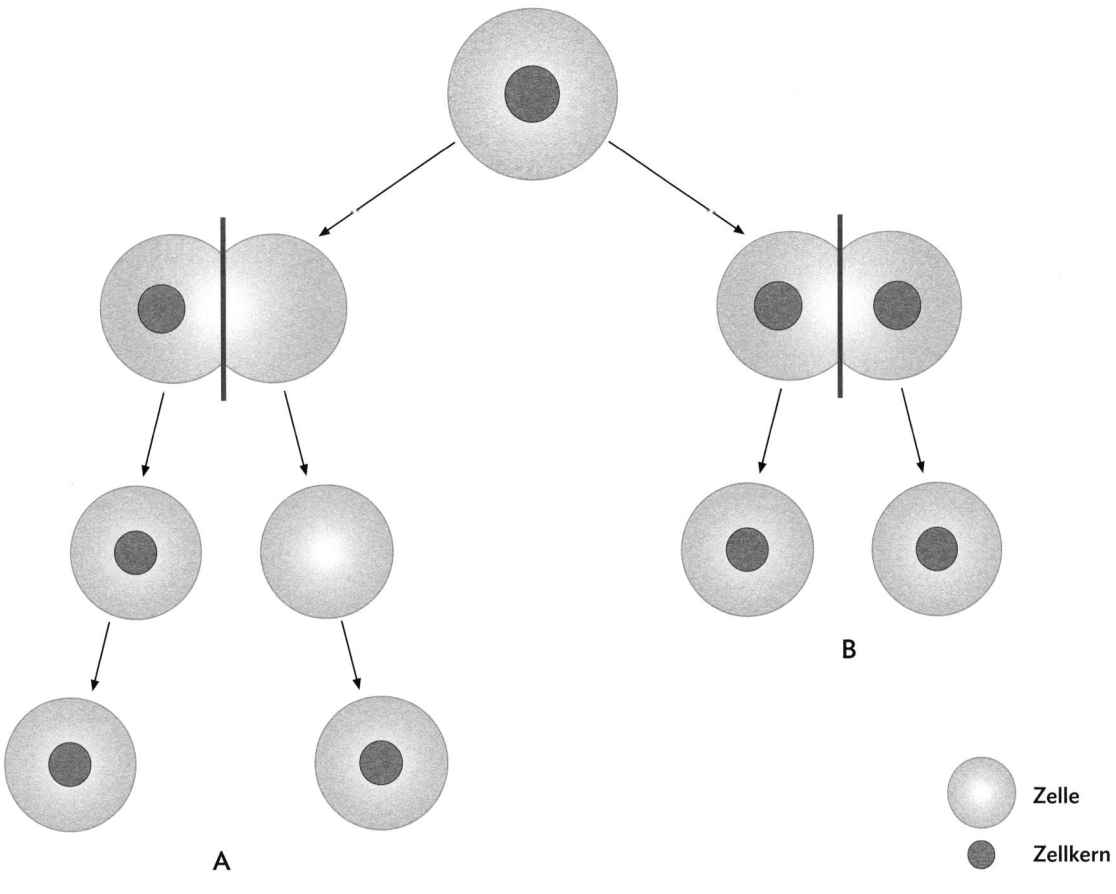

A

B

○ Zelle

● Zellkern

B4 Hypothesen zur Kernteilung und zur Zellteilung

M3   Die Bedeutung der Zellteilung

Bei Pflanzen kann Wachstum durch die Zunahme der Größe der Zellen erfolgen. Das ermöglicht z. B. auch Neigungen der Blätter in Ausrich- tung zum Stand der Sonne. Deshalb ist Wachstum ohne Zellteilung bei Pflanzen und Tieren undenkbar. Wie schnell ein Lebewesen wachsen kann, hängt entscheidend von der Zellteilungsrate ab.

Einzellige Lebewesen vermehren sich bei guten Bedingungen in regelmäßi- gen Abständen durch die Zweiteilung. Dabei findet eine Kernteilung (Mitose) mit anschließender Zellteilung statt, wobei zwei identische Nachkommen entstehen.

Zellen wachsen heran und teilen sich, anschließend wachsen sie wieder heran, um sich erneut zu teilen. In den meisten Fällen dient dies dem Ersatz von Zellen, sodass die neuen Zellen wieder die gleiche Aufgabe im Organismus erfüllen.

Komplexere Lebewesen weisen unterschiedliche Zelltypen auf, die verschieden gestaltet und mit unterschiedlichen Aufgaben betraut sind. Diese Differenzie- rung wird häufig schon bei der Zellteilung beobachtet.

4.2.2 Die Zellteilung

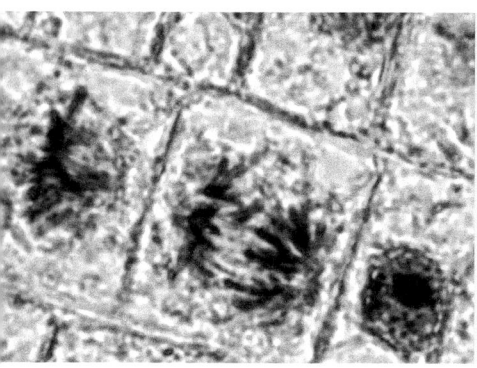

Welche Dinge würdest du Außerirdischen zeigen, damit sie sich die Menschheit vorstellen können, wenn du nur 115 Bilder zeigen dürftest? Im Jahr 1977 wurden die beiden Raumsonden Voyager 1 und 2 gestartet. Ziel? Das Universum. Mit an Bord? Zwei vergoldete Datenscheiben mit essenziellen Informationen über den Planeten Erde und die Menschheit. Auf der „Golden Record" ist auch ein Foto, das die Zellteilung zeigt (Bild links).

→ **Was ist das Besondere an der Zellteilung?**

Lernweg

Die Zellteilung

1 Der Zellzyklus ist ein Prozess, der in allen sich teilenden Zellen stattfindet. Beschreibe den Zellzyklus (**B1** in **M1**) und erkläre die Veränderungen während der G-, S- und Mitose-Phase. Nutze dazu auch das Video über den Zellzyklus (➜ **QR 03020-064**). Erläutere die Bedeutung aller Phasen des Zellzyklus für ein vielzelliges Lebewesen. Bearbeite zusätzlich die Lernanwendung (➜ **QR 03033-040**).

03020-064

03033-040

2 Während der Mitose wird das Erbmaterial des Zellkerns aufgeteilt. Informiere dich mithilfe von M2 über die Mitose. Bring die Abbildungen auf dem Arbeitsblatt oder in der Lernanwendung (➜ **QR 03033-041**) in die richtige Reihenfolge. Ordne die passenden Textbausteine zu und benenne die Mitose-Phasen.

03033-04

3 Auf der Golden Record befindet sich ein Bild mit Zellen in verschiedenen Mitose-Phasen (siehe Einleitung). Ordne den Zellen begründet die jeweilige Mitose-Phase zu und benenne sie.

4 Zellen, die sich gerade in Teilung befinden, können mithilfe eines Lichtmikroskops untersucht werden (**V3**). Identifiziere und skizziere zwei verschiedene unter dem Mikroskop sichtbare Mitose-Phasen.

M1 Der Zellzyklus

Jeder Mensch entsteht durch die Verschmelzung einer Spermienzelle mit einer Eizelle, aus der die befruchtete Eizelle (Zygote) hervorgeht. Diese fängt bald nach der Befruchtung an, sich zu teilen. Jede Tochterzelle ist nur halb so groß wie die Ausgangszelle. Damit eine weitere Zellteilung stattfinden kann, muss die Erbinformation verdoppelt werden und die Zelle muss wachsen. Dies geschieht in der Interphase des Zellzyklus (**B1**). In der Teilungsphase findet vor der Zellteilung die Teilung des Zellkerns statt. Diese Kernteilung wird als **Mitose** bezeichnet. Nicht alle Zellen teilen sich zeitlebens. Sie können auch in ein Dauerstadium übergehen, wie z. B. Herzmuskel- oder Gehirnzellen.

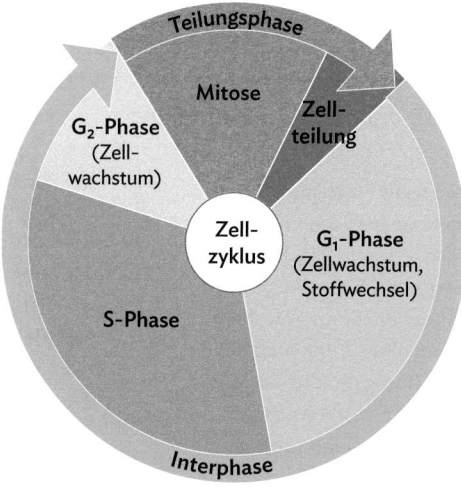

B1 Der Zellzyklus

M2 Die Mitose – Die erbgleiche Teilung des Zellkerns

Forschungen mithilfe von Mikroskopen Anfang des 19. Jahrhunderts bestätigten, dass neue Zellen durch Teilung aus bereits vorhandenen Zellen entstehen. Außerdem war klar, dass der Zellteilung eine Teilung des Zellkerns vorausgehen muss. Der Zellkern konnte zunächst noch nicht beobachtet werden. Erst nach Verbesserung der Mikroskopie und durch neue Färbetechniken sah man, was im Zellkern bei Lebewesen während der Kernteilung passiert. Die Kernteilung wird auch als **Mitose** bezeichnet und wird in mehrere **Mitose-Phasen** unterteilt. Während der **Prophase** werden die Chromosomen sichtbar und die Kernhülle, die den Zellkern umgibt, löst sich auf. Zu diesem Zeitpunkt bestehen die Chromosomen aus zwei **identischen Schwesterchromatiden (Zwei-Chromatid-Chromosomen)**. Ein **Spindelapparat** aus Proteinfasern (Spindelfasern) baut sich auf. In der **Metaphase** ordnen sich die Zwei-Chromatid-Chromosomen in der Zellmitte (Zelläquator) an. In der **Anaphase** werden dann die beiden Schwesterchromatiden jedes Chromosoms am Zentromer voneinander getrennt und durch Verkürzung der Spindelfasern werden die Ein-Chromatid-Chromosomen zu den entgegengesetzten Zellpolen gezogen. Mit der Bildung der neuen Kernhüllen in der **Telophase** ist die Mitose (Kernteilung) beendet (**B2**). Mit der darauf folgenden Zellteilung ist das Erbmaterial identisch auf zwei Tochterzellen aufgeteilt worden. Das Ergebnis sind zwei erbgleiche Zellen, die sich dann wieder teilen können.

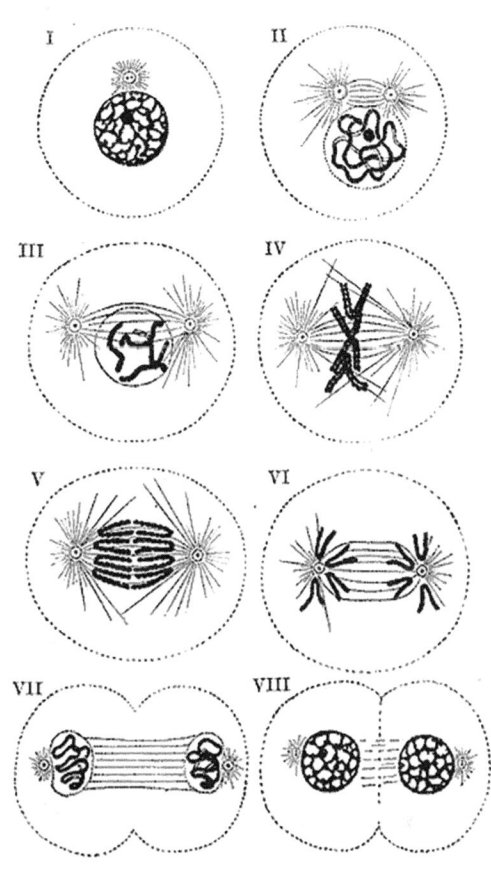

B2 Lehrbuch: Gray's Anatomy (1918)

V3 Mikroskopie von Mitosestadien

Während der Mitose liegen die Chromosomen in ihrer kompakten Transportform vor und sind deshalb im Lichtmikroskop gut erkennbar. Besonders gut für die Mikroskopie eignen sich sehr schnell teilende Gewebe, beispielsweise Zwiebelwurzelspitzen. In diesen können verschiedene Mitose-Stadien (**B3**) beobachtet werden. Zur besseren Sichtbarkeit werden die Chromosomen angefärbt. Mikroskopiere die angefärbten Zwiebelwurzelspitzen (Anleitung ➡ **QR 03023-34**) mit einer starken Vergrößerung (etwa 400×). Alternativ kannst du auch Dauerpräparate mikroskopieren.

03023-34

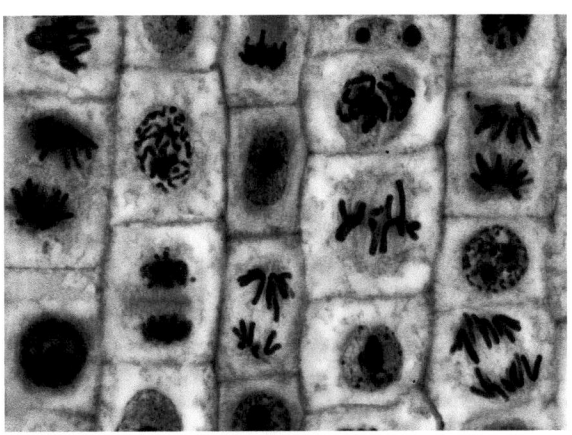

B3 Angefärbtes Zwiebelwurzel-Präparat unter dem Mikroskop (Vergrößerung ca. 400×)

4.2.3   Die Zellteilung – kompakt

Warum teilen sich Zellen?

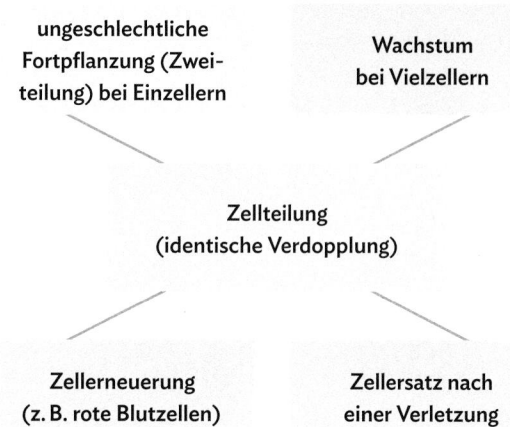

B1   Bedeutung der Zellteilung bei Einzellern (gelb) und Vielzellern (grün)

Der Zellzyklus

Nach einer Zellteilung treten die **beiden** neuen, **identischen** Zellen in die sog. **Interphase** ein (**B3**). Diese besteht aus zwei G-Phasen (*gap* (engl.): Lücke) und einer S-Phase (Synthese-Phase). In den beiden G-Phasen **wachsen** die nach der Teilung zunächst kleineren Zellen heran und vermehren ihre Zellbestandteile. Zudem kann die Zelle in dieser Phase ihre eigentliche **Funktion** ausüben. Während der S-Phase wird die Erbinformation verdoppelt, indem jedes Chromatid **verdoppelt** wird, sodass wieder Zwei-Chromatid-Chromosomen entstehen. In der **Mitose** (Kernteilung) wird dann das verdoppelte Erbmaterial **identisch** auf die beiden Zellkerne **aufgeteilt**, wobei die **Chromosomenzahl** der Zellen **konstant** bleibt. Die Abfolge von Interphase und Mitose mit anschließender Zellteilung wird **Zellzyklus** genannt (**B1**).

Die Mitose

Zu Beginn der **Mitose** (Kernteilung) wickeln sich die Chromosomen auf und erhalten ihre Transportform, sodass die Zwei-Chromatid-Chromosomen unterscheidbar werden. Die Kernhülle, die den Zellkern zum Zellplasma abgrenzt, löst sich auf. Von den Zellpolen ausgehend bildet sich der sog. Spindelapparat aus. Dieser besteht aus den Spindelfasern (lange Stränge aus Proteinen), die bis zur Äquatorialebene (Zellmitte) reichen. Anschließend ordnen sich die Zwei-Chromatid-Chromosomen an der Äquatorialebene in der Mitte der Zelle an. Danach werden die Zwei-Chromatid-Chromosomen am Zentromer getrennt. Die Spindelfasern docken an den Ein-Chromatid-Chromosomen an und zie-

Ein Kennzeichen von Lebewesen ist, dass sie die Fähigkeit besitzen, sich zu reproduzieren. Grundlage hierfür ist die Weitergabe der Erbinformation an ihre Nachkommen (BK ➡ im Buchdeckel).

hen die Schwesterchromatiden zu entgegengesetzten Zellpolen (**B3**). Am Ende befindet sich an jedem Zellpol ein vollständiger Chromosomensatz. Zum Schluss wird eine neue Kernhülle gebildet und die Ein-Chromatid-Chromosomen werden wieder von der Transport- in die Arbeitsform überführt. Die Mitose ist abgeschlossen und zwei neue Zellkerne mit dem vollständigen Chromosomensatz sind gebildet worden. An die Mitose (Kernteilung) schließt direkt eine Zellteilung an. Eine neue Zellmembran wird eingezogen und teilt somit die Zelle. Es sind zwei neue Zellen mit je einem vollständigen Zellkern entstanden (**B2**).

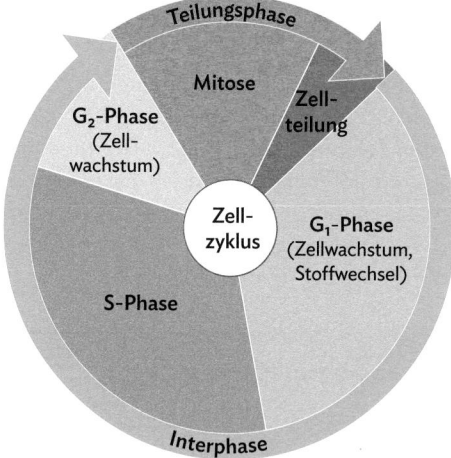

B2   Der Zellzyklus

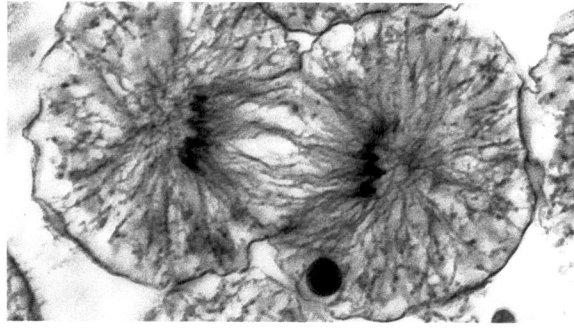

B3   Chromosomen werden zu den Zellpolen gezogen; hier in einer embryonalen Zelle eines Felchen (Fischart)

Zellteilung
Der vollständige Chromosomensatz ist jeweils im Zellkern verpackt. Eine neue Zellmembran teilt die Zelle.

Späte Prophase
Aufwicklung der Zwei-Chromatid-Chromosomen zur Transportform.

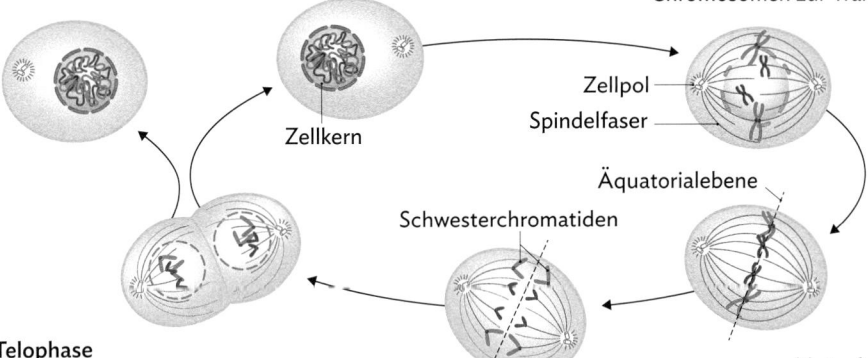

Zellkern

Zellpol

Spindelfaser

Äquatorialebene

Schwesterchromatiden

Telophase
Die Ein-Chromatid-Chromosomen befinden sich an den Zellpolen. Die Kernmembran bildet sich neu.

Anaphase
Es werden jeweils identische Ein-Chromatid-Chromosomen zu den Zellpolen gezogen.

Metaphase
Anordnung der Zwei-Chromatid-Chromosomen in der Äquatorialebene (Zellmitte)

B4 Vorgänge während der Teilungsphase: Mitose (Kernteilung) mit anschließender Zellteilung

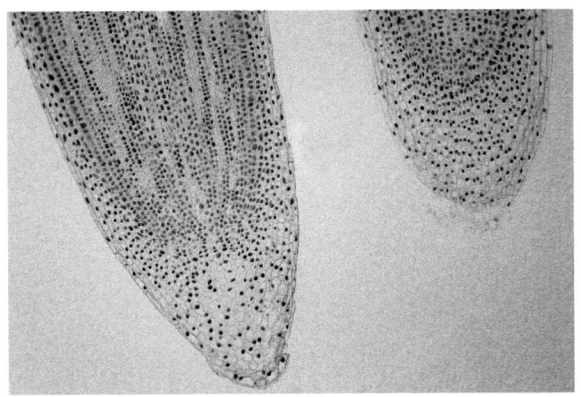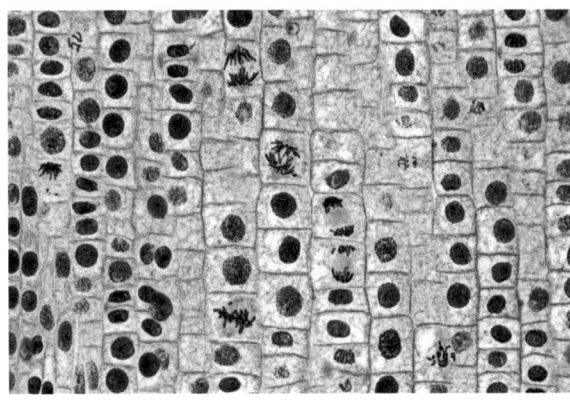

B5 Mikroskopie von gefärbten Zwiebelwurzelspitzen-Präparaten der Küchenzwiebel in 10 x-Vergrößerung (links) und ca. 400 ×-Vergrößerung (rechts)

Aufgaben

1 Erläutere, wieso bei einer Mitose mit anschließender Zellteilung zwei Tochterzellen mit völlig identischem Erbmaterial entstehen.

2 Entwickle ein eigenes Modell zur Veranschaulichung der Mitose. Verwende dazu z. B. Wollreste in unterschiedlichen Farben und Druckknöpfe zum Basteln von Modellchromosomen. Vergleicht eure Modelle im Klassenverband und diskutiert Stärken, Schwächen und Grenzen.

3 Bearbeite die Lernanwendung zum Zellzyklus und der Mitose (➥ QR 03033-042).

03033-042

4 Die Abbildung **B5** zeigt gefärbte Wurzelspitzen-Präparate der Küchenzwiebel. Betrachte die Abbildung **B5** (rechts) und nenne die Anzahl der Zellen, die sich in der Metaphase befinden und die Anzahl der Zellen, die sich in der Anaphase befinden.

4.3.1 Der Ablauf der Meiose

Viele Menschen haben Geschwister. Führt eine kleine Umfrage in der Klasse durch! Gibt es Geschwister, deren Verwandtschaft man kaum vermuten würde, obwohl sie doch von den gleichen Eltern stammen? Der Schlüssel zur Erklärung der Unterschiede liegt im Erbmaterial der Eizellen und Spermienzellen.

→ **Woher kommen die Unterschiede in den Keimzellen?**

Lernweg

Das Karyogramm

1 **B1** in **M1** zeigt das Karyogramm eines Menschen. Stelle eine Hypothese auf, welcher Vorgang der Mitose durch das Gift Colchizin verhindert werden muss, damit möglichst viele Chromosomen in der Zwei-Chromatid-Form vorliegen.

Die Meiose

2 Erkläre unter Verwendung von **M2** die Bedeutung der Meiose. Formuliere eine Hypothese, wie die Chromosomen (siehe Karyogramm, **B1**) auf die Keimzellen aufgeteilt werden müssen.

3 Die Meiose verläuft im Gegensatz zur Mitose in zwei Teilschritten. In **M3** sind der Verlauf und die Ergebnisse beider Schritte dargestellt. Übernimm die Skizze (**B2**) in deine Unterlagen und vervollständige die Zwischenschritte (Materialien ➥ **QR 03033-043**), indem du die Chromosomen, Zellpole und Spindelfasern in die leeren Zellen korrekt einzeichnest.

03033-043

4 Spermienzellen und Eizellen entstehen beide durch Meiose, deren Verlauf sich im Detail aber stark unterscheidet. Vergleiche mithilfe von **M4** die Bildung von Spermienzellen mit der Bildung von Eizellen hinsichtlich Gemeinsamkeiten und Unterschiede in einer Tabelle.

M1 **Karyogramme auswerten**

Der Chromosomensatz des Menschen besteht aus 46 Chromosomen. Um die Chromosomen z. B. auf Krankheiten zu untersuchen, wird ein **Karyogramm** erstellt (B1), bei dem die 23 Chromosomenpaare nach verschiedenen Kriterien geordnet werden (➥ 4.1.2, M3). Der kürzere Abschnitt der Chromosomen, gemessen vom Zentromer aus, zeigt dabei immer nach oben und wird p-Arm genannt (von franz. petit = klein). Der längere, nach unten zeigende Abschnitt des Chromosoms wird als q-Arm bezeichnet (q als

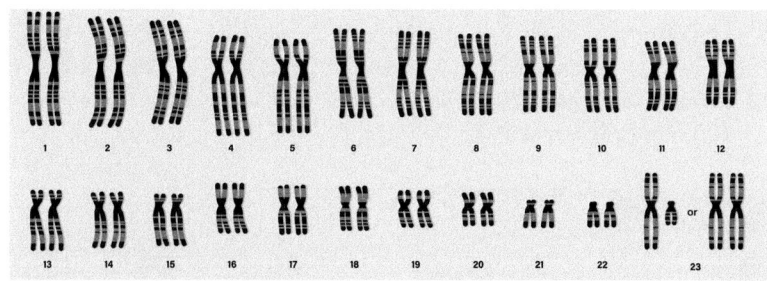

B1 Karyogramm eines Menschen

nächster Buchstabe im Alphabet). Damit die Chromosomen in der gut anschaulichen Zwei-Chromatid-Chromosom-Form vorliegen, muss

die Mitose zu einem geeigneten Zeitpunkt unterbrochen werden. Dazu verwendet man in der Medizin und Zellbiologie das Gift **Colchizin**.

M2 Die Entstehung neuen Lebens

Neues Leben entsteht im Tier- und Pflanzenreich bei der geschlechtlichen Fortpflanzung aus nur einer einzigen Zelle, der **befruchteten Eizelle (Zygote)**. Diese entsteht durch das Verschmelzen sowohl von Eizelle und Spermienzelle als auch von deren Zellkernen. Würde man zwei normale Körperzellen verschmelzen lassen, so lägen in der neuen Zelle doppelt so viele Chromosomen vor. Daher reifen in geschlechtsreifen Tieren und damit auch im Menschen **Keimzellen**, **Spermienzellen** und **Eizellen**, heran. Über mitotische Zellteilungen können diese jedoch nicht entstehen, da sie dann die gleiche Chromosomenzahl wie die Ausgangszelle hätten. Durch den Prozess der Reifeteilung, der sog. **Meiose**, wird die Anzahl der Chromosomen in den Keimzellen dagegen halbiert.

Das Genom des Menschen enthält 22 homologe Chromosomenpaare und ein Gonosomenpaar (➡ 4.1.2, M2). Jeweils eines der **homologen Chromosomen** stammt vom **Vater**, das andere von der **Mutter** (vgl. **B2**). Auf den homologen Chromosomen liegen jeweils die Erbanlagen für die gleichen Merkmale (z. B. die Haarfarbe), aber oft in unterschiedlicher Ausprägung (z. B. blond oder braun). In den Keimzellen muss von jedem der homologen Chromosomen genau eines vorhanden sein. Ob das von der Mutter oder das vom Vater in die Keimzelle gelangt, entscheidet der Zufall.

M3 Phasen und Vorgänge während der Meiose

Ähnlich wie bei der Mitose lässt sich auch die Meiose in unterschiedliche Phasen gliedern. Bei der **Meiose I,** der **Reduktionsteilung**, wird aber im Gegensatz zur Mitose die Anzahl der Chromosomen in den Tochterzellen reduziert (**haploider** Chromosomensatz), da sich an jedes Zwei-Chromatid-Chromosom nur eine Spindelfaser anlagert. Die **Meiose II**, die **Äquationsteilung**, läuft von der Funktionsweise ähnlich wie die Mitose ab.

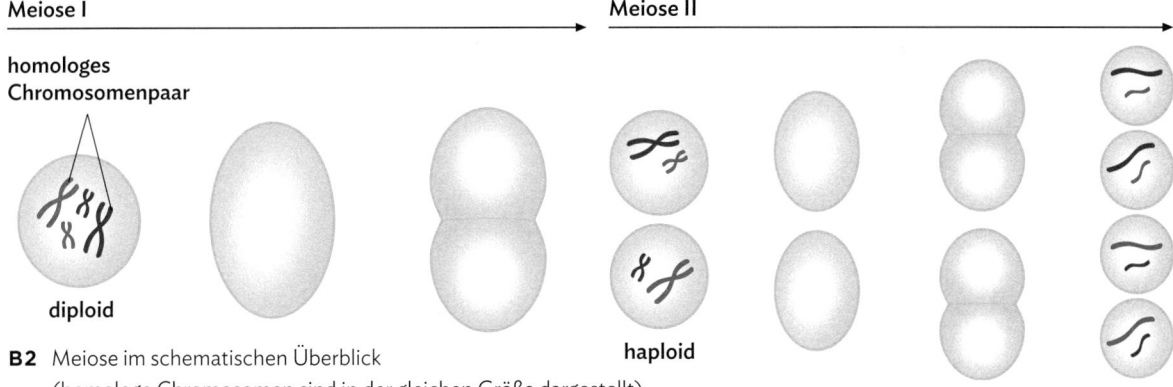

B2 Meiose im schematischen Überblick
(homologe Chromosomen sind in der gleichen Größe dargestellt)

M4 Die Bildung von Spermienzellen und Eizellen

Spermienzellen und Eizellen werden im Vorgang der Meiose aus **Urkeimzellen** gebildet. Der Ablauf und die Häufigkeit der Keimzellenbildung unterscheidet sich bei den beiden Geschlechtern. Beim Mann findet die Spermienzellenbildung ab der Pubertät täglich millionenfach in den Hoden statt. Bei Frauen hingegen sind bereits zur Geburt alle Eizellen in einem frühen Stadium der Meiose I angelegt. Ab der Pubertät reifen dann monatlich einige Eizellen heran, wobei jeweils eine unter ihnen befruchtungsbereit wird.

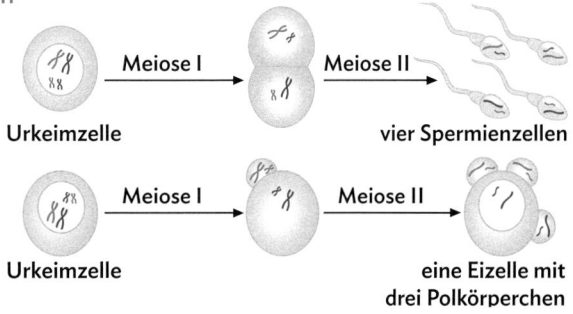

B3 Spermien- und Eizellenbildung

4.3.2 Bedeutung der geschlechtlichen Fortpflanzung

Die geschlechtliche Fortpflanzung ist für Lebewesen in vieler Hinsicht umständlich, zeitaufwändig und riskant. Trotzdem hat sich diese Art der Fortpflanzung bei höheren Pflanzen und Tieren durchgesetzt, weil dadurch eine Variabilität der Eigenschaften bei den Nachkommen erreicht wird.

→ Wie kommt die Variabilität unter den Nachkommen zustande?
→ Was sind die Vorteile der geschlechtlichen Fortpflanzung und welche Hindernisse müssen Lebewesen hierfür überwinden?

Lernweg

1 Die meisten Geschwister unterscheiden sich deutlich voneinander. Wie kommen diese Unterschiede zustande, obwohl doch beide die gleichen Eltern besitzen?

a) Führe das Spiel aus M1 durch und erläutere mit den Ergebnissen das Zustandekommen von Ähnlichkeiten und Unterschieden bei Geschwistern (Anleitung
➡ QR 03023-36).

03023-36

b) Führe die Rechnung aus der Aufgabenstellung durch.

2 Ein Hasenweibchen bringt durchschnittlich pro Wurf zwei bis acht Junge zur Welt. In **B2** (**M2**) sind die Eltern sowie deren Nachkommen eines Wurfes dargestellt.

a) Beschreibe die äußerlichen Merkmale der Eltern und der Nachkommen (**B2**) und erkläre das Zustandekommen der Unterschiede.

b) Der Fuchs ist ein natürlicher Fressfeind des Hasen. Identifiziere die Individuen, deren äußeres Erscheinungsbild in den angegebenen Lebensräumen (**B2**) jeweils vorteilhaft ist und begründe.

c) Begründe die Nachteile eines Wurfes, bei dem alle Nachkommen gleich aussehen. Verwende für deine Argumentation einen konkreten Lebensraum.

3 Den Vorteilen der geschlechtlichen Fortpflanzung **MK** stehen auch Herausforderungen gegenüber. Erstelle mithilfe der Informationen in **M3** und **M4** eine (digitale) Mindmap zu den Vorteilen und den damit verbundenen Herausforderungen für Lebewesen.

M1 Das „Meiose-Spiel"

Wieso sind sich Geschwister ähnlich oder unähnlich? Mithilfe dieses Spiels wird deutlich, warum die Vorgänge in der Meiose für den Grad der Ähnlichkeit verantwortlich sind.

Material: verschiedenfarbige Papierstrohhalme oder Papierstreifen (**B1**)
Ablauf: Die Strohhalme symbolisieren die Chromosomen einer Urkeimzelle. Aus Gründen der Übersicht sind nur vier Chromosomenpaare dargestellt. Gleichlange Strohhalme stellen ein homologes Chromosomenpaar dar (➡ 4.1.2, **M2**). Gleichfarbige Chromosomen stammen von der Mutter bzw. dem Vater. Nach der Meiose I befindet sich in jeder Tochterzelle jeweils ein Chromosom jedes Typs (jeder „Länge"). Verteile die Chromosomen richtig auf die Tochterzellen. Vergleiche anschließend mit mehreren Nachbarn die Ausstattung der Tochterzellen. Berechne die Anzahl an Verteilungsmöglichkeiten der Chromosomen bei vier Chromosomenpaaren, sowie für 23 Chromosomenpaare wie beim Menschen.

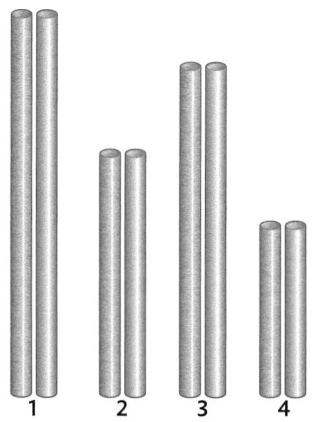

B1 Verschiedene Chromosomenpaare im vereinfachten Modell

B2 Hasenfamilie (oben) und ihre unterschiedlichen Lebensräume (unten)

M3   Mutationen – zufällige Veränderungen der Erbinformation

Die Chromosomen des Vaters und der Mutter werden während der Meiose zufällig verteilt. Zusätzlich sorgen auch **Mutationen** (Veränderungen) der Erbinformation für eine Erhöhung der Variabilität. Mutationen treten zufällig auf, können jedoch durch Umwelteinflüsse, wie z. B. ultraviolette Strahlung, vermehrt auftreten. Mutationen sind somit der Grund, dass auch bei sich ungeschlechtlich fortpflanzenden Organismen eine Variabilität der Nachkommen zu beobachten ist.

M4   Vor- und Nachteile geschlechtlicher Fortpflanzung

Die geschlechtliche Fortpflanzung zeichnet sich durch die hohe Anzahl an Kombinationsmöglichkeiten elterlicher Gene in den Nachkommen aus. Dies ist vorteilhaft für die Entstehung eventuell besser angepasster Lebewesen an ihre sich stets verändernde Umwelt.

Haben zwei Individuen jeweils ein für das Leben vorteilhaftes Merkmal, so können diese beiden Merkmale durch Neukombination der elterlichen Gene in einem Individuum vereint werden.

Tiere verfügen teilweise über sehr große Reviere. In der Paarungszeit müssen sich die Fortpflanzungspartner zunächst finden und dann beide paarungsbereit sein.

Um sich geschlechtlich fortpflanzen zu können, ist die Bildung der Keimzellen eine wichtige Voraussetzung. Dies ist für das Lebewesen durchaus mit einem entsprechenden Energieaufwand verbunden.

Durch die zufällige Weitergabe lediglich der Hälfte der Erbinformationen beider Eltern kann es sein, dass ein negatives Merkmal durch Zufall nicht an die Nachkommen weitergegeben wird. Bei der ungeschlechtlichen Fortpflanzung wird stets die gesamte Erbinformation weitergegeben.

Bei einigen Pflanzen ist die erfolgreiche geschlechtliche Fortpflanzung von anderen Arten abhängig. Diese werden zur Übertragung der Keimzellen auf eine andere Pflanze benötigt.

Bei einigen Tierarten sind die Nachkommen zunächst auf die Pflege der Eltern angewiesen, bis sie selbstständig sind. Außerdem sind sie in der Regel nicht direkt nach der Geburt paarungsfähig, wodurch sich längere Generationszeiten ergeben.

4.3.3 Das technische Klonen

„Klonen – Klonen kann sich lohnen. Tiere, Obst und Bohnen – und Personen…" so klingt es in einem Lied von Max Raabe. Klonen bedeutet, völlig erbgleiche Individuen zu erzeugen. Bei eineiigen Zwillingen oder bei der ungeschlechtlichen Vermehrung von Pflanzen durch Ableger geschieht das ganz natürlich. Technisches Klonen bezeichnet dagegen die gezielte Herstellung von identischen Tieren, Pflanzen, Menschen…

→ Aber lohnt sich das wirklich? Und wie geht das überhaupt?

Lernweg

1 Erbgleiche Individuen oder Klone können auf natürliche Weise entstehen.

a) Erläutere die unterschiedliche Entstehung der Klone in **M1** und begründe die Gemeinsamkeit beider Wege.

b) Nenne ein weiteres Beispiel, wie auf natürlichem Wege Klone entstehen können.

2 Werden Klone künstlich erzeugt, spricht man von technischem Klonen.

a) Beschreibe das grundsätzliche Verfahren in **B3** (**M2**) bis zur Entstehung des Embryos.

b) Begründe, dass auch bei dem schon bekannten Experiment mit dem Krallenfrosch (➡ 4.1.3, **B6**) technisch geklont wurde.

c) Erläutere den Unterschied zwischen dem reproduktiven und dem therapeutischen Klonen in **M2**.

3 Schon seit dem Auftreten von Klonschaf Dolly wird die Methode des reproduktiven Klonens kontrovers betrachtet.

a) Leite aus den Fakten in **M3** Chancen und Risiken des reproduktiven Klonens ab.

b) Nenne Argumente, die das Verbot des Klonens von Menschen begründen.

c) Stelle mithilfe von **M3** eine Pro-und Contra-Liste zum Klonen eines verstorbenen Hundes zusammen.

M1 Natürliches Klonen

Bei der ungeschlechtlichen Fortpflanzung von Erdbeerpflanzen durch Ableger entstehen Klone, also neue Erdbeerpflanzen, die völlig erbgleich mit der Ausgangspflanze sind (**B1**). Auch die bei der geschlechtlichen Fortpflanzung entstehenden eineiigen Zwillinge sind Klone mit identischem Erbmaterial. Dabei können während der frühen Zellteilungen in der Embryonalentwick-lung zwischen dem ersten und neunten Tag der Schwangerschaft die Eihäute, die den Embryo umgeben, einwachsen, wobei zwei erbgleiche Embryonen entstehen (**B2**). Eineiige Zwillinge können auch noch nach dem neunten Tag entstehen, wobei dabei die Eihäute nicht mehr einwachsen.

B1 Entstehung neuer Erdbeerpflanzen durch Ableger

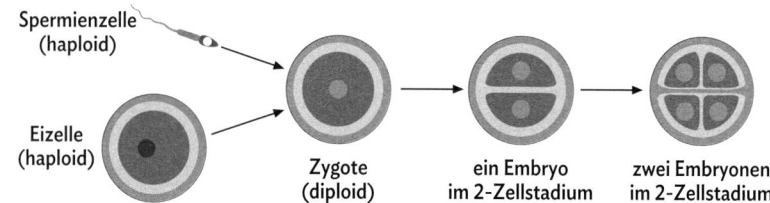

B2 Entstehung eineiiger Zwillinge durch Einwachsen der Eihäute

M2 Technisches Klonen

An einem Säugetier wurde das **Klonen durch Kerntransfer** erstmals 1996 erfolgreich durchgeführt. Der künstlich erzeugte Embryo eines Schafes wurde von einem Leihmutterschaf ausgetragen. Das erste Klonschaf Dolly, das bei diesem **reproduktivem Klonen** entstand, litt aber an vorzeitigen Alterungserscheinungen und größerer Anfälligkeit für Krankheiten. Dies beobachtete man auch bei weiteren Klontieren, die nach der Dolly-Methode erzeugt wurden.

Beim **therapeutischen Klonen** ist die Zielsetzung nicht die Erzeugung neuer Lebewesen, sondern es geht darum, embryonale Stammzellen (➡ 3.3.1, **B2**) zu gewinnen. Aus den noch unbegrenzt entwicklungsfähigen Stammzellen können rein theoretisch alle möglichen Gewebe und vielleicht sogar Organe produziert werden.

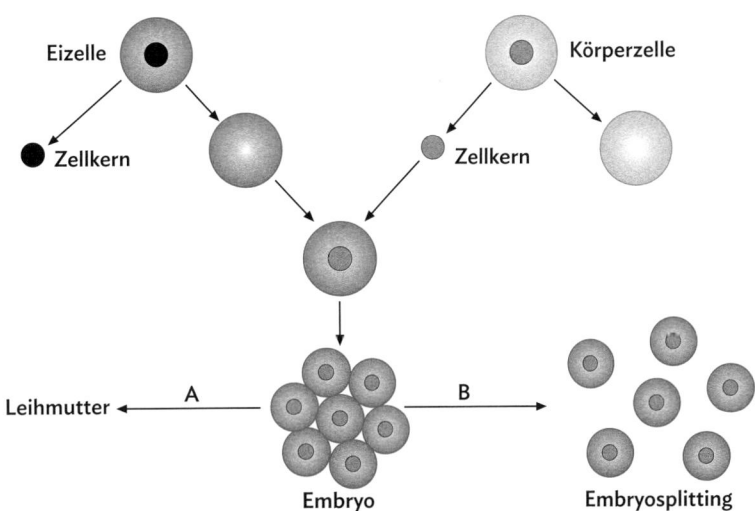

B3 Methode des technischen Klonens
  A reproduktives Klonen, **B** therapeutisches Klonen

So wäre es möglich, beispielsweise künstlich Nieren zu erzeugen, die nicht vom Körper abgestoßen werden.

M3 Fakten zum reproduktiven Klonen

Die Erfolgsrate beim technischen Klonen durch Kerntransfer liegt bei 2 bis 3 %. Das bedeutet, dass sich nur 2 bis 3 % der Eizellen zu Lebewesen entwickeln.

In Deutschland ist das reproduktive Klonen von Menschen verboten.

Da auch außerhalb des Zellkerns etwas Erbmaterial in den Mitochondrien vorhanden ist, stimmen durch Kerntransfer erzeugte Klone nicht vollständig überein.

Im August 2020 wurde ein Przewalski-Fohlen geboren, das mithilfe von 40 Jahre zuvor tiefgefrorenen Zellproben entstanden ist.

In den USA, Japan, China und Südkorea haben sich Unternehmen auf das Klonen von Zuchtbullen mit hoher Spermienzellenproduktion spezialisiert.

Für 100.000 Dollar kann man sich bei einer südkoreanischen Firma einen Klon seines Haustieres liefern lassen.

In Deutschland ist das kommerzielle Klonen von Tieren verboten. Es ist nur für wissenschaftliche Zwecke erlaubt.

Hochleistungspferde für das Springreiten werden bereits seit 20 Jahren im größeren Umfang geklont.

4.3.4 Neukombination des Erbmaterials – kompakt

Das Karyogramm des Menschen

Ein **Karyogramm** wird aus teilungsfähigen Zellen gewonnen. Es zeigt die Zwei-Chromatid-Chromosomen während der Metaphase der Mitose in ihrer Transportform. Die Chromosomen werden angefärbt und das mikroskopische Bild wird fotografiert. Dann werden die Chromosomen entsprechend ihrer Größe, der Lage des Zentromers und ihres Bandenmusters so sortiert, dass die homologen Chromosomen als Paar nebeneinander liegen. Daraus ergibt sich eine Darstellung wie in **B1**.

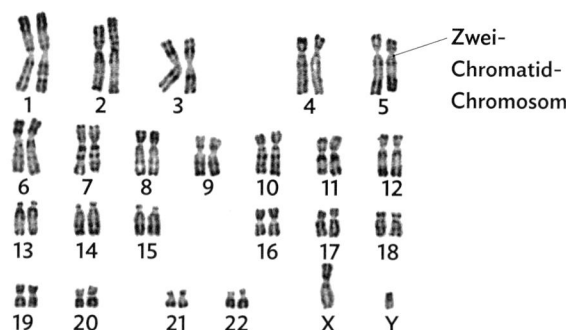

B1 Originalfoto des Karyogramms eines Menschen

Die Meiose

Keimzellen werden über den Prozess der **Meiose** (Reifeteilung) gebildet. In der **Reduktionsteilung** der Meiose werden die homologen Chromosomen voneinander getrennt, sodass nur noch jeweils die Hälfte der Chromosomen in einer Zelle enthalten ist. Beide Zellen treten dann in die **Äquationsteilung** ein, bei der die identischen Schwesterchromatiden getrennt werden. Dieser Vorgang entspricht somit annähernd einer mitotischen Teilung aber mit jeweils nur der Hälfte der Chromosomen (**B2**).

Die Spermienzellen- und Eizellenbildung

Auch wenn sowohl männliche als auch weibliche Keimzellen über Meiose entstehen, so ist der genaue Ablauf stark unterschiedlich. Bei Männern entstehen aus jeder Urkeimzelle **vier Spermienzellen**, bei Frauen **eine Eizelle mit drei Polkörperchen**. Während bei Männern die Meiose täglich millionenfach abläuft, sind bei der Frau alle Eizellen bereits bei der Geburt angelegt und reifen ab der Pubertät monatlich weiter heran.

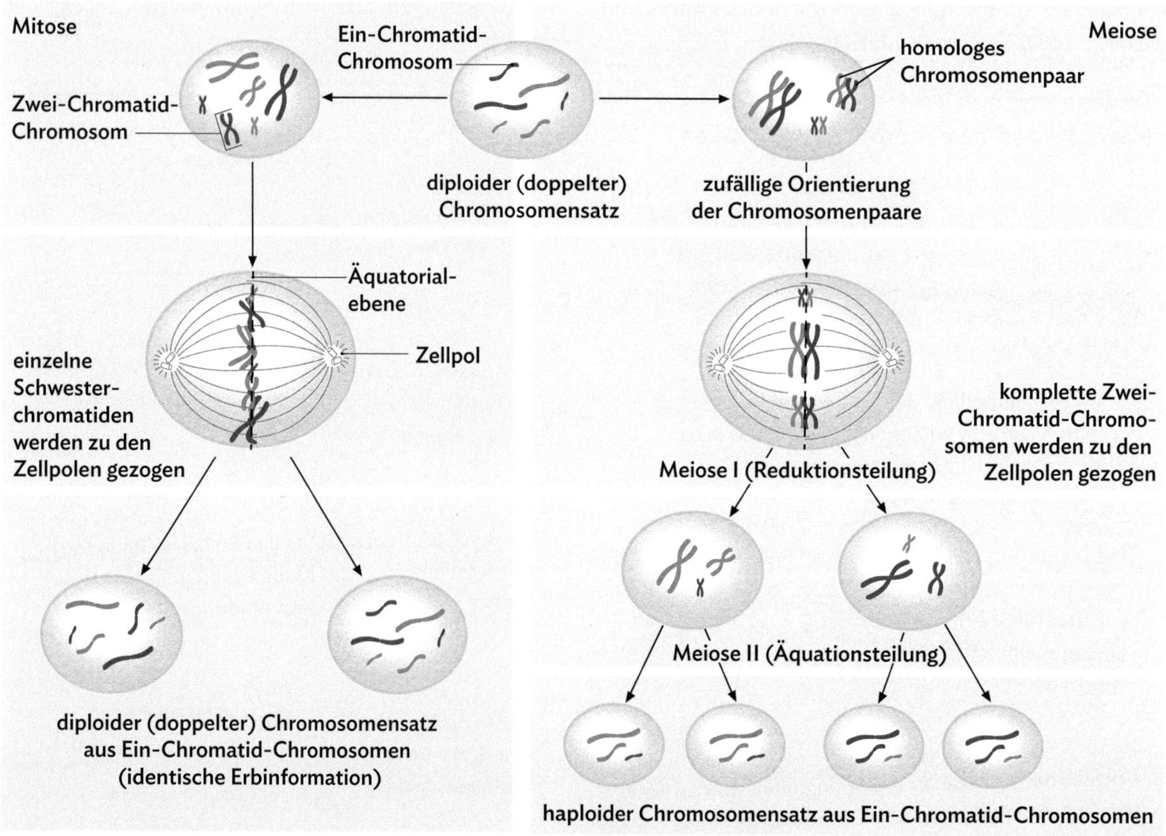

B2 Vergleich der Vorgänge während der Mitose (links) mit denen während der Meiose (rechts)

Die Bedeutung der Meiose

Gerade unter veränderten Umweltbedingungen ist es von großem Vorteil, wenn Nachkommen **veränderte Merkmale bzw. Merkmalskombinationen** aufweisen. Ein Individuum, das beispielsweise eine bessere Tarnung hat oder besonders widerstandsfähig gegen schädliche Einflüsse ist, hat dadurch eine **höhere Überlebenschance** und ggf. auch mehr eigenen Nachwuchs. So können sich über viele Generationen hinweg vorteilhafte Merkmale durchsetzen, was zu einer besseren **Angepasstheit** (BK Struktur und Funktion ➡ im Buchdeckel) eines Lebewesens führt.

Verantwortlich für die große Variation der Merkmalsausprägungen und -kombinationen (**B3**) ist die **geschlechtliche Fortpflanzung**. In deren Rahmen werden Keimzellen durch meiotische Zellteilungen gebildet. Die Vorgänge in der **Meiose** führen zum einen zu der **Reduktion der Chromosomenzahl** (**B4**), so wird eine Verdopplung des Erbmaterials bei der Verschmelzung der Keimzellen verhindert. Zum anderen führen sie zu **Keimzellen mit unterschiedlichem Erbmaterial:** Von den homologen Chromosomen stammt eines von der eigenen Mutter und das andere vom eigenen Vater. Bei der Trennung der Chromosomenpaare in der Meiose ist es allerdings vollkommen dem **Zufall** überlassen, welches der beiden Chromosomen in welche Keimzelle gelangt. Dies hängt von der Anordnung in der Äquatorialebene ab. Für jedes Chromosomenpaar gibt es daher zwei Möglichkeiten der Verteilung. Bei 23 Chromosomenpaaren ergeben sich über acht Millionen verschiedene Verteilungsmöglichkeiten und damit genau so viele verschiedene denkbare Keimzellen. Wiederum zufällig ist auch, welche der Keimzellen dann bei der **Befruchtung** tatsächlich miteinander verschmelzen.

Bei Menschen ist somit auch die **Festlegung des Geschlechts** der Nachkommen dem Zufall überlassen. Jede Eizelle trägt ein X-Chromosom, wohingegen eine Spermienzelle entweder ein X- oder ein Y-Chromosom trägt. Verschmilzt eine Spermienzelle mit einem Y-Chromosom mit einer Eizelle, ist das Kind biologisch männlich (XY) und im Fall einer Spermienzelle mit einem X-Chromosom biologisch weiblich (XX) (➡ 2.1.4, M2). Zusätzlich tragen auch zufällige Veränderungen der Erbinformation, die **Mutationen**, zur Erhöhung der Variabilität bei.

B3 Variabilität beim asiatischen Marienkäfer

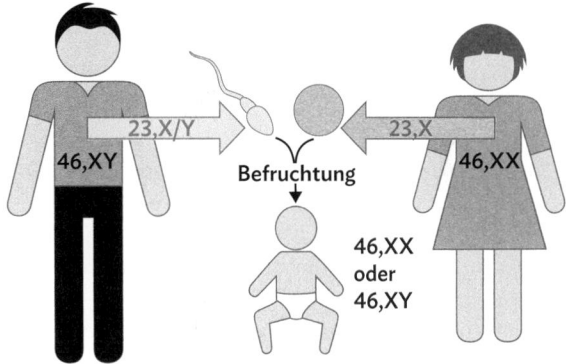

B4 Reduktion der Chromosomenzahl vor der Befruchtung

Aufgaben

1 Die Gemeine Stechmücke vermehrt sich teilweise in den Sommermonaten stark. Nur die weiblichen Tiere stechen, um an Blut zu gelangen, das sie zum Aufbau ihrer Eier benötigen. Dabei hat sie diploiden Chromosomensatz von sechs Chromosomen.

a) Fertige eine **beschriftete** Skizze der für die Variabilität **entscheidenden Phase** der Meiose an! Stelle die Chromosomen in Paaren dar und kennzeichne ihre Herkunft eindeutig (Hilfen ➡ **QR 03023-37**). 03023-37

b) Gib alle möglichen Keimzellen an, die die Stechmücke bilden kann. Begründe daran den Umfang der Variabilität unter den Nachkommen der Stechmücke.

c) Nenne Unterschiede zwischen der Mitose und Meiose mithilfe des Videos (➡ **QR 03020-065**).

03020-065

2 „Die Körperzellen eines Katers können mehr mütterliche Chromosomen enthalten als seine Spermienzellen." Nimm Stellung zu dieser Aussage.

4.3.5 Ein Erklärvideo erstellen

Was ist ein Erklärvideo?

Erklärvideos sollen der betrachtenden Person helfen, Themen besser zu verstehen. Im Internet findet man eine Vielzahl an Erklärvideos in unterschiedlichen Stilen. Hier werden drei Beispiele vorgestellt, die du mithilfe eines Tablets, eines Smartphones oder einer Kamera leicht selbst erstellen kannst.

1. Bei der **Legetrick-Technik** führen einzelne Bildelemente durch die Erklärung. Dazu werden Sachverhalte mit wechselnden Figuren, Symbolen, Icons oder kurzen Textfeldern veranschaulicht. Eine Erzählerin oder ein Erzähler, der nicht im Bild zu sehen ist, begleitet diese Animation.

2. Das **How-To-Video** wird auch **Video-Tutorial** genannt. Es entspricht einer Gebrauchsanweisung im Videoformat und soll auch ohne Sprache den Sachverhalt verdeutlichen können.

3. **Vlogging** ist ein Kunstwort. Es beschreibt ein digitales Tagebuch ("Blog") im Videoformat. Bei diesem Videostil spricht eine erklärende Person direkt in die Kamera. Hier steht die Persönlichkeit der oder des Erzählenden im Vordergrund (**B1**).

So geht's

1. Erstelle ein Storyboard, also eine Art Drehbuch zum Video.

Überlege, wie du das Thema kurz und prägnant darlegen möchtest. Entwirf einen Text, den du zur Vertonung des Erklärvideos verliest oder sinngemäß wiedergibst. Führe darin zu Beginn kurz in die Thematik ein, nutze eine leicht verständliche Sprache und achte auf die korrekte Verwendung von Fachbegriffen (**B2**).

Legetrick-Technik: Verfasse den Text wie eine kleine Geschichte, in der die Sachverhalte erklärt werden ("Storytelling").

How-To-Video: Sprich die Zuschauenden direkt an, sodass sie es wie ein persönliches Gespräch empfinden. Stelle verwirrende oder komplexe Inhalte möglichst klar dar. Beachte, dass der Text hier nur unterstützt und das Gezeigte auch ohne Vertonung verständlich sein sollte.

Vlogging-Stil: Sprich die Zuschauenden, wie in einem Gespräch, direkt an.

2. Bereite das Material vor, das im Video zu sehen sein soll.

Legetrick-Technik: Überlege dir geeignete Symbole oder einfache Bilder, die den gesprochenen Text unterstützen können. Erstelle sie mit dem Computer oder per Hand. Wähle sinnvolle Größenverhältnisse und nutze den ganzen Bildausschnitt des Videos. Führe dazu eine Legeprobe durch. Ein Erklärvideo lässt sich mit wenigen Materialien erstellen (**B3**).

How-To-Video: Lege alle Geräte und Materialien sauber bereit, die du für die Erklärungen brauchst. Baue nötige Versuchsaufbauten ordentlich auf.

Vlogging-Stil: Hier benötigst du keine besonderen Materialien.

3. Wähle einen ruhigen Hintergrund, der nicht ablenkt.

Legetrick-Technik: Verwende z. B. einen weißen Tonkarton, auf dem du die Symbole und Icons beim Erklären ablegst.

How-To-Video: Räume auf, damit nichts ablenkt, das nichts mit dem Video zu tun hat.

Vlogging-Stil: Nutze eine weiße Wand oder die gesäuberte Tafel als Hintergrund für deinen Vortrag.

4. Positioniere das Aufnahmegerät.

Die Aufnahme soll ruckelfrei sein und keine Störgeräusche enthalten. Nutze einen Raum, in dem du ungestört drehen kannst. Um das Aufnahmegerät zu fixieren, eignet sich ein Stativ. Der Bildausschnitt sollte nur den gewählten Hintergrund zeigen. Ränder vom Tonkarton oder Bilder an einer weißen Wand stören das Video.

5. Bereite dich auf den Videodreh vor.

Im Team geht es leichter. Legt alle für den Dreh notwendigen Materialien zusammen und verteilt die Aufgaben, z. B. Bedienen des Aufnahmegeräts, Lesen des Erklärtextes, Positionieren der Symbole/Icons/Geräte. Probt die Vorgehensweise. Achtet dabei auf eine angemessene Geschwindigkeit, sodass man den Erklärungen im Video gut folgen kann.

Vlogging-Stil: Nutze als Erzählerin oder Erzähler deine Persönlichkeit. Dein Auftreten soll Aufmerksamkeit und Empathie bei den Zuschauenden erzeugen, ohne jedoch zu stark in den Vordergrund zu rücken und den eigentlichen Inhalt zu verdrängen.

6. Führe den Videodreh durch.

B1 Beim Vlogging spricht die erklärende Person direkt in die Kamera

Check-Liste
✓ Hat das Video einen ausagekräftigen Titel und/oder wird der Inhalt zu Beginn des Videos genannt?
✓ Passen die Inhalte und der Schwierigkeitsgrad des Videos zu denen des Biologieunterrichts?
✓ Beschränkt sich das Video auf wesentliche Grundlagen?
✓ Werden schwierige Inhalte wiederholt oder zusammengefasst?
✓ Werden Denkschritte deutlich gekennzeichnet, z. B. durch Nummerierung oder Überschriften?
✓ Werden Erklärungen durch Bilder oder Anschauungsmaterial ergänzt?
✓ Werden Fachbegriffe genannt und korrekt verwendet und Inhalte richtig dargestellt?
✓ Ist die Sprache verständlich und nicht zu komplex?
✓ Ist die Stimme der sprechenden Person lebendig, deutlich und motivierend?

B2 Verschiedene Quellen zur Konzepterstellung

B3 Materialien, die zum Erstellen eines Erklärvideos verwendet werden können

Aufgaben

1 MK Stelle in einem Legetrick-Technik-Video den Vorgang der Mitose (➡ 4.2.3) einer Zelle mit vier homologen Chromosomenpaaren dar.

2 MK Erläutere mithilfe eines Erklärvideos die Bedeutung des Zellkerns anhand des *Acetabularia*- oder Krallenfrosch-Experiments (➡ 4.1.1 und 4.1.3).

3 MK Überlege dir ein Thema aus dem Bereich der Vererbungslehre, das man mit einem Video im Vlogging-Stil gut erklären kann und erstelle ein entsprechendes Video (Arbeitsblatt ➡ QR 03033-044).

03033-044

151

4.4.1 Grundlagen der Vererbung

Der lateinische Name des Leoparden und des schwarzen Panthers lautet *Panthera pardus*, denn sie werden, da sie gemeinsam fortpflanzungsfähige Nachkommen zeugen können, derselben Art zugeordnet.
Bis heute halten viele die beiden Formen für unterschiedliche Arten, dabei ist lediglich die Grundfarbe des Fells entweder hell oder dunkel ausgebildet. Wenn man ganz genau hinsieht, kann man das typische Muster auch bei den dunklen Tieren erkennen.

→ Wie lässt sich das unterschiedliche Aussehen erklären?

Lernweg

Das kleine 1 mal 1 der Vererbung

1 Um die komplexen Vorgänge der Vererbung (**Genetik**) zu beschreiben und zu erklären, die dazu führen, dass Leopard und schwarzer Panther so unterschiedlich aussehen, ist eine große Vielfalt an Begriffen aus der Genetik nötig.

a) **MK** Führe dein (digitales) Glossar oder dein Buddybook (Anleitung ➡ QR 03023-39) fort, indem du die fett gedruckten Begriffe aus dem Kapitel ergänzt (M1).

03023-39

b) Ergänze zu jeder Definition ein Beispiel (M1).

c) **MK** Entwickle am Beispiel des *Panthera pardus* eine (digitale) Concept-Map, die den Zusammenhang zwischen Genotyp und Phänotyp darstellt. Verdeutliche den Einfluss der Umwelt.

Die Uniformitäts- und Spaltungsregel

2 Die Vererbung lässt sich mithilfe von Regeln beschreiben und vorhersagen.
Formuliere einen Merksatz zur Uniformitätsregel für dein Glossar bzw. Buddybook (M2). Ergänze zusätzlich die Spaltungsregel (M3).

3 Kreuzt man zwei Elterntiere, die in Bezug auf das zu untersuchende Merkmal beide heterozygot sind, entstehen Genotypen bzw. Phänotypen statistisch betrachtet nach einer spezifischen Verteilung (1:2:1 bzw. 1:3). Entwickle ein Kreuzungsschema auf Basis von **B2**, das beide Verhältnisse belegt (M3) (Hilfen ➡ QR 03033-045).

03033-045

M1 Grundbegriffe der Vererbung

Leopard und schwarzer Panther unterscheiden sich in ihrem Merkmal *Fellfarbe*. Tierpflegende im Zoo können aber auch mehrere Leoparden voneinander unterscheiden. Dies liegt daran, dass sie sich hinsichtlich diverser **Merkmale** nicht gleichen. Größe, Ohrenlänge und Fellzeichnung sind Merkmale, die in verschiedenen Varianten vorliegen. Die Gesamtheit aller Merkmale, also das Erscheinungsbild, bezeichnet man als **Phänotyp** eines Lebewesens. Man kann aber auch nur die Ausprägung eines einzelnen Merkmals als Phänotypen bezeichnen. Erklären und vorhersagen kann man unterschiedliche Phänotypen auf Grund der Informationen, die in unserer Erbinformation gespeichert sind. Der Abschnitt des Chromosoms, der für die Ausprägung eines Merkmals

verantwortlich ist, wird als **Gen** bezeichnet. Die Gene können in unterschiedlichen Ausprägungsformen vorliegen, die als **Allele** bezeichnet werden. So kann ein Gen, das für die Ohrenlänge bestimmend ist, sowohl in einer Form vorliegen, die zu längeren oder zu kürzeren Ohren führen kann. Der Begriff **Genotyp** kann sich sowohl auf ein einzelnes Gen als auch auf die Gesamtheit aller Gene eines Lebewesens beziehen. Genotyp und Phänotyp sind sozusagen zwei Seiten einer Gleichung, wobei der Genotyp die Erbinformation (Code) umfasst und der Phänotyp das Ergebnis ist. Schlussendlich hat allerdings auch die Umwelt einen Einfluss auf das Aussehen eines Lebewesens. So kann beispielsweise viel Bewegung das Aussehen verändern.

Leoparden können schwarze Panther zeugen – Die Uniformitätsregel

Bei der Vereinigung von Spermienzelle und Eizelle (➡ 4.3.4, **B4**) wird von väterlicher und mütterlicher Seite je ein vollständiger Chromosomensatz geliefert. Die zueinander homologen Chromosomen der Autosomen (➡ 4.1.2) haben jeweils an derselben Stelle die gleichen Gene, also beispielsweise für die Fellfarbe. Sie weisen beim Leopard bzw. schwarzen Panther somit unterschiedliche Allele, also Erbanlagen für Ausprägungen, auf (**B1**), beispielsweise für gelbes oder schwarzes Fell. Liegen unterschiedliche Allele vor, so überdeckt das eine Allel meistens komplett das andere, das Tier ist also beispielsweise nur gelb, obwohl es auch das Allel für schwarze Farbe in den Zellen hat. Die Variante, die sich durchsetzt, wird als **autosomal-dominant** bezeichnet und mit einem Großbuchstaben versehen. Hier ist es das Allel für

die helle Fellfarbe (**A**) des Leoparden (**B2**). Das Allel, das unterliegt, hier die dunkle Fellfarbe (**a**), beschriftet man mit demselben Buchstaben in klein und nennt man **autosomal-rezessiv**. Wenn also von einem Gen zwei unterschiedliche Allele vorliegen, entscheidet das dominante Allel über das Aussehen des Lebewesens. Der Genotyp eines Individuums bestimmt also den Phänotyp.

In Beispiel **B1** weisen Mutter (AA) und Vater (aa) auf beiden homologen Chromosomen jeweils dasselbe Allel auf: Sie sind für dieses Merkmal reinerbig (**homozygot**). Alle Nachkommen dieser beiden Individuen werden für dieses spezielle Merkmal denselben Geno- und Phänotyp haben, denn es kann nur die Allel-Kombination Aa entstehen. Diese Beobachtung bezeichnet man in der Biologie als **Uniformitätsregel** (uniformis, lat.: gleichartig).

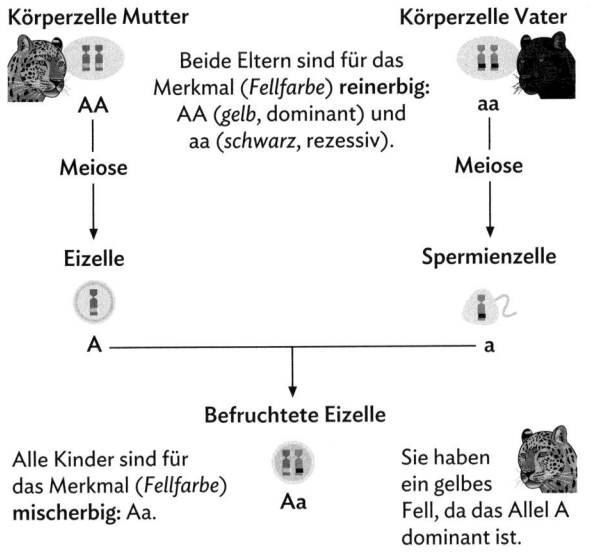

Körperzelle Mutter AA — **Körperzelle Vater** aa

Beide Eltern sind für das Merkmal (*Fellfarbe*) reinerbig: AA (*gelb*, dominant) und aa (*schwarz*, rezessiv).

Meiose → **Eizelle** A

Meiose → **Spermienzelle** a

Befruchtete Eizelle Aa

Alle Kinder sind für das Merkmal (*Fellfarbe*) **mischerbig**: Aa.

Sie haben ein gelbes Fell, da das Allel A dominant ist.

B1 Ein Merkmal, aber zwei Allele: Wie das Erbmaterial der Eltern das Aussehen der Kinder beeinflusst

	Phänotyp	Mutter	×	Vater
Eltern	Genotyp	AA		aa
	Keimzellen	A A	×	a a

	Kreuzungs- schema ♀	♂ a	a
Nachkommen	A	Aa	Aa
	A	Aa	Aa

B2 In einem Kreuzungsschema werden die möglichen Ergebnisse von Paarungen dargestellt, hier am Beispiel einer Leopardenmutter und eines schwarzen Panthervaters

---

Leoparden und schwarze Panther innerhalb eines Wurfes – Die Spaltungsregel

Die unterschiedlichen Farbvarianten können auch innerhalb eines Wurfes auftreten. Dies ist der Fall bei der Verpaarung von Leoparden und schwarzen Panthern und sogar auch bei der Verpaarung von zwei Leoparden. Schwarze Panther, die miteinander verpaart werden, bringen jedoch keine Leoparden zur Welt. Dies hängt von der Erbinformation der Elterntiere ab. Schwarze Panther sind stets reinerbig (homozygot) hinsichtlich des Merkmales Fellfarbe, denn nur bei zwei rezessiven

Allelen (aa), kann die schwarze Fellfarbe im Phänotyp auftreten. Bei den Leoparden sieht dies anders aus, sie können sowohl homozygot (AA) also auch mischerbig (**heterozygot**) (Aa) sein.

> **Spaltungsregel: Ist mindestens ein Elternteil bezüglich eines Merkmals heterozygot, spalten sich die Nachkommen der verschiedenen Würfe statistisch betrachtet bezüglich ihrer Phänotypen auf.**

4.4.2   Dihybride und intermediäre Erbgänge

Wichtige Erkenntnisse zur Vererbungslehre gehen auf die botanischen Arbeiten von JOHANN GREGOR MENDEL an der Erbsenpflanze (siehe Briefmarke) und KARL CORRENS an der Wunderblume zurück. Beide Pflanzenarten eignen sich hervorragend, um Regeln der Vererbung kennenzulernen.

→ Gelten die Vererbungsregeln auch für andere Arten?
→ Was haben die beiden Forscher bereits im 19. Jahrhundert über die Vererbung herausfinden können?

Lernweg

1 Ergänze die fett gedruckten Begriffe aus M1 in deinem Glossar bzw. Buddybook (Anleitung ➡ QR 03023-39) und erkläre sie mit eigenen Worten.

03023-39

2 In der Zucht kann es von Interesse sein, Rinder zu züchten, die eine Kombination von Merkmalen ihrer Eltern haben.

a) Nenne die Geno- und Phänotypen zu allen in M2 abgebildeten Rindern.

b) Fertige ein vollständiges Kreuzungsschema an, das die Kreuzung eines braunen weiblichen Rindes aus der P- mit einem schwarzen männlichen Rind aus der F_1-Generation darstellt. Gib auch die Keimzellen an (Arbeitsblatt und Hilfen ➡ QR 03033-046).
03033-046

c) Kann man es sich nicht leichter machen, indem man einfach Hybridnachkommen aus unterschiedlichen Verpaarungen miteinander kreuzt? Widerlege diese Aussage zu der F_2-Generation mithilfe des Kreuzungsschemas aus b).

3 Leite die Unabhängigkeitsregel aus der Kreuzung M2 mithilfe von M3 ab (Hilfen ➡ QR 03023-42).

03023-42

4 Der Begriff *intermediär* stammt aus dem Französischen und bedeutet „in der Mitte liegend, dazwischen befindlich".

a) Definiere den Begriff unvollständige Dominanz (M4).

b) Diskutiere mit deiner Sitznachbarin oder deinem Sitznachbarn, welcher der konkurrierenden Fachbegriffe im Unterricht verwendet werden sollte (M4).

5 Anhand der Abbildung B2 in M4 kann man erkennen, dass die Uniformitätsregel auch auf diesen Erbgang zutrifft. Überprüfe, indem du das Kreuzungsschema abzeichnest und für die F_2-Generation ergänzt, ob sich hier auch die Spaltungsregel anwenden lässt.

M1   Generationen im Blick

Insbesondere bei Erbgängen, die mehrere Generationen umfassen, benötigten Forscherinnen und Forscher weitere Begriffe, um sich verständlich auszudrücken. Die Elterngeneration wird deshalb als **Parentalgeneration** bezeichnet, abgekürzt mit dem Buchstaben P (**P-Generation**). Die Folgegenerationen, auch Tochtergenerationen genannt, sind nach dem lateinischen Wort *filia* (Tochter) benannt und werden als **Filialgeneration** bezeichnet. Je nach Fortschritt des Stammbaums wird dann einfach durchnummeriert: **F_1-Generation**, **F_2-Generation**, usw. Die Individuen, die in der F_1-Generation von der Kreuzung zweier unterschiedlicher homozygoter Rassen (bei Tieren) oder Sorten (bei Pflanzen) entstehen, sind alle heterozygot uniform (Uniformitätsregel). Diese heterozygoten Nachkommen werden als **Hybride** bezeichnet. So können z. B. zwei homozygote Rinderrassen miteinander gekreuzt werden und es entstehen so genannte Hybridrinder in der F_1-Generation.

M2 Züchten von Hybridrindern

P-Generation

Phänotyp	Mutter		×	Vater
Genotyp	aaBB			AAbb
Keimzellen	aB		×	Ab

F₁-Generation

Phänotyp	Mutter	×	Vater
Genotyp	AaBb		AaBb
Keimzellen	AB Ah aB ab	×	AB Ab aB ab

F₂-Generation

Kreuzungsschema

♀ \ ♂	AB	Ab	aB	ab
AB	AABB	AABb	AaBB	AaBb
Ab	AABb	AAbb	AaBb	Aabb
aB	AaBB	AaBb	aaBB	aaBb
ab	AaBb	Aabb	aaBb	aabb

B1 Kreuzung von Schwarzbunter und Braunvieh (P-Generation) sowie zwei Hybridrindern (F₁-Generation). Allele: A schwarz (dominant), a rotbraun (rezessiv), B einfarbig (dominant) und b gefleckt (rezessiv)

M3 Unabhängigkeitsregel

MENDEL stellte in seinen Kreuzungsversuchen mit Erbsenpflanzen fest, dass Merkmale nicht zwingend gekoppelt miteinander vererbt werden müssen. So lässt sich bei der Rinderzucht beobachten, dass das Merkmal *gefleckt* nicht an das Merkmal *Farbe* gekoppelt ist. Sie werden unabhängig voneinander vererbt: **Unabhängigkeitsregel**. So entstehen auch Nachkommen mit neuen Merkmalskombinationen, die anders aussehen als ihre Eltern.

M4 Intermediärer Erbgang

Im Jahr 1900 wies KARL CORRENS mithilfe der Wunderblume eine weitere Besonderheit der Vererbungslehre nach. Er kreuzte Pflanzen mit weißen und roten Blüten und erhielt eine uniforme F₁-Generation mit rosafarbenen Blüten. Dieser Phänotyp der F₁-Generation liegt zwischen den Phänotypen der P-Generation, weshalb dieser Erbgang auch als **intermediärer Erbgang** bezeichnet wird (**B2**). Beide Allele des Gens für *Farbe* setzen sich im Phänotyp teilweise durch, weshalb synonym auch der Begriff **unvollständige Dominanz** geprägt wurde.

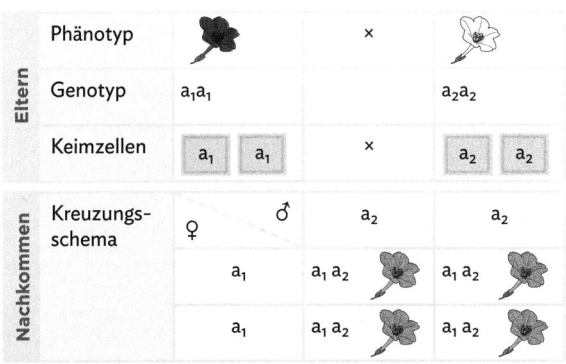

Eltern

Phänotyp		×	
Genotyp	a_1a_1		a_2a_2
Keimzellen	a_1 a_1	×	a_2 a_2

Nachkommen

Kreuzungsschema

♀ \ ♂	a_2	a_2
a_1	$a_1 a_2$	$a_1 a_2$
a_1	$a_1 a_2$	$a_1 a_2$

B2 Kreuzungstabelle der Wunderblume: Phänotyp, Genotyp und Geschlechtszellen der P- und F₁-Generation. Alle Allele erhalten den gleichen Kleinbuchstaben, zusätzlich werden sie zur Unterscheidung mit Indexzahlen versehen. a_1 steht also für das Allel rote Blütenfarbe, a_2 für die weiße Variante.

4.4.3 Analyse von Familienstammbäumen

Auch Menschen unterliegen den Vererbungsregeln. Manchmal tauchen in Familien Merkmale nach vielen Generationen wieder auf, während andere zu verschwinden scheinen. Um möglichst genaue Vorhersagen bezüglich des Auftretens eines Merkmals treffen zu können, werden Informationen aus verschiedenen Generationen benötigt.

→ Wie stellt man diese Informationen dar und wie wertet man sie aus?

Lernweg

1 Menschen mit Albinismus können den Farbstoff Melanin nicht produzieren, weil bei ihnen ein Gen für ein Enzym defekt ist, das für die Herstellung von Melanin wesentlich ist. Ihre Haut ist sehr hell und die Regenbogenhaut ihrer Augen ist nur schwach gefärbt, sodass diese rötlich bis rot erscheinen.

a) Recherchiere, welche gesundheitlichen Risiken ⌐MK⌐ der Albinismus für einen Menschen mit sich bringt und wie er sich davor schützen kann.

b) Albinismus könnte dominant oder rezessiv vererbt werden. Bestimme die Art der Vererbung, indem du für beide Fälle mögliche Allelkombinationen ausprobierst. Formuliere deine Begründung in Worten (M1 und ➡ 4.4.6).

c) Bestimme die Genotypen aller Familienmitglieder.

2 Ergänze in deinem Glossar bzw. Buddybook (Anleitung ➡ QR 03023-39) eine Definition zum gonosomalen Erbgang, sowie weitere neue Fachbegriffe aus M2.

03023-39

3 Bestimme die Art des Erbgangs, der im Stammbaum B3 vorliegt (M2 und M3, Arbeitsblatt ➡ QR 03033-047).

03033-047

4 Die Vererbung von Blutgruppen ist komplex (M4).

a) Erstelle eine Tabelle, in der du alle möglichen Kombinationen von Genotypen mit ihren Phänotypen notierst.

b) Gib anschließend die möglichen Genotypen für den Stammbaum B3 an.

M1   Albinismus

Unter 20.000 Menschen ist weltweit nur einer von Albinismus betroffen. Es sind Menschen mit einem seltenen Phänotyp, der sich vom Durchschnitt deutlich unterscheidet. Auch heute sind Menschen mit Albinismus manchmal noch von Diskriminierung betroffen.

Arbeitsblatt
➡ QR 03033-054

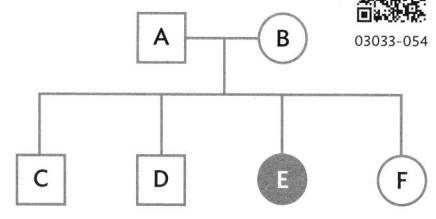

03033-054

B1 Kind mit Albinismus in Tansania

B2 Stammbaum einer Familie mit Albinismus

Frau Mann

● ■ betroffen

○ □ nicht betroffen

M2 Gonosomale Vererbung

Beim Vergleich der Karyogramme von Männern und Frauen (➡ 4.1.2) fällt ein Unterschied in einem Chromosomenpaar auf: Frauen haben zwei X-Chromosomen, Männer ein X- und ein Y-Chromosom. Auf dem Y-Chromosom befinden sich nur wenige Gene, die v. a. für die Ausbildung des männlichen Phänotyps relevant sind. Von allen Genen, die sich auf dem X-Chromosom befinden, liegen also in jeder weiblichen Körperzelle zwei Allele vor, in jeder männlichen Körperzelle nur eines. Ein verändertes Allel des X-Chromosoms kommt beim Mann immer zur Ausprägung im Phänotyp, bei einer heterozygoten Frau hingegen nur dann, wenn es dominant ist. Wenn das Allel eines Gens auf dem X-Chromosom dagegen rezessiv ist, muss es homozygot (also auf beiden X-Chromosomen) vorkommen, damit es phänotypisch sichtbar wird. Frauen, die auf einem X-Chromosom ein rezessiv verändertes Allel tragen, das bei ihnen phänotypisch nicht zur Ausprägung kommt, nennt man **Überträgerinnen**. Sie können dieses Allel an ihre Nachkommen vererben. Männer, die dieses veränderte Allel tragen, sind gleichzeitig **Merkmalsträger** und vererben dieses Allel nur an ihre Töchter. Man spricht von **X-chromosomaler** oder **gonosomaler Vererbung.**

M3 Hämophilie – eine gonosomale Vererbung

Hämophilie, auch Bluterkrankheit genannt, ist eine erblich bedingte Störung der Blutgerinnung. Infolge eines Gendefektes kann eines der vielen Enzyme, die bei der Blutgerinnung eine Rolle spielen, nicht gebildet werden. Bereits bei einer kleineren Verletzung kann es zu kaum stillbaren Blutungen kommen. Therapiert wird u. a. durch Zugabe der fehlenden Faktoren, die heute gentechnisch (➡ 4.4.8) hergestellt werden können.

Hinweis: Da bei einer gonosomalen Vererbung die Gonosomen zentral sind, notiert man die Allele als X^A bzw. X^a, je nachdem ob die Erkrankung dominant oder rezessiv vererbt wird (➡ 4.4.6). Wichtig ist, dass man dies stets in einer Legende festlegt (**B3**).

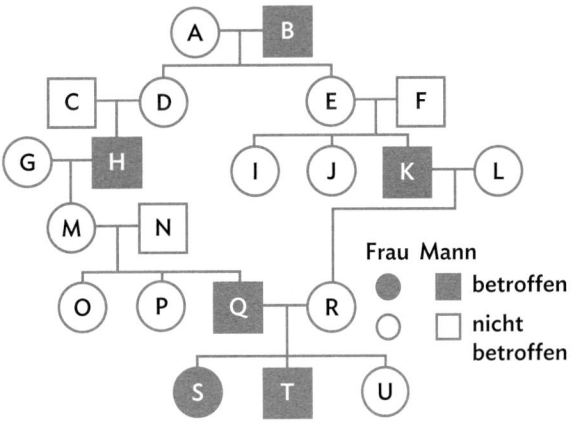

B3 Stammbaum einer von Hämophilie betroffenen Familie

M4 Vererbung von Blutgruppen

Blutgruppen werden nach KARL LANDSTEINER und dem **ABO-System** in die Varianten A, B, 0 und AB unterteilt, wobei die Benennung auf das Auftreten gewisser Antigene zurückzuführen ist. Das Gen, das die Information zur Ausbildung der Antigen-Eigenschaft enthält, kommt in drei verschiedenen Allelen vor, von denen jeder Mensch zwei besitzt. Anhand von **B4** lässt sich die Vererbung der Blutgruppen erläutern: Menschen mit Blutgruppe 0 sind homozygot (Familie 3). Die Allele für die Blutgruppen A und B sind dominant über das Allel für 0 (Familien 1 und 2). Die Allele A und B prägen sich nebeneinander und unabhängig voneinander vollständig im Phänotyp aus (Familie 4 und 5). Im Zusammenhang mit Menschen und Tieren spricht man von **Kodominanz.**

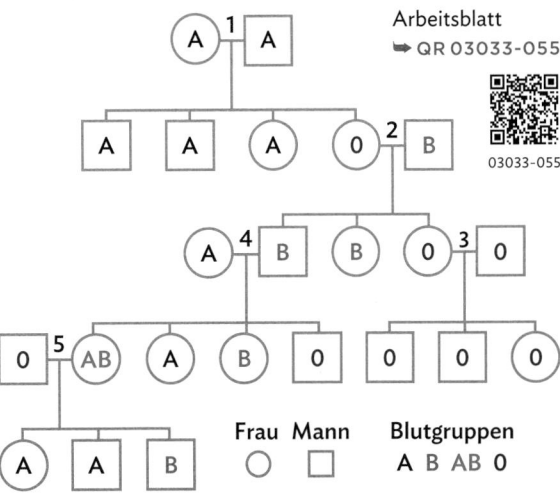

Arbeitsblatt ➡ QR 03033-055

03033-055

B4 Phänotypischer Modellstammbaum Blutgruppen

4.4.4 Vom Gen zum Merkmal

„Hmmmh" wie lecker sind die Zimtsterne nach Uromas altem Rezept. Im Rezept steht, wie sie gemacht werden, aber um sie herzustellen, braucht man außerdem Zutaten und Werkzeuge ...
Auch Gene sind „Rezepte" zur Herstellung bestimmter Merkmale, also beispielsweise von Blütenfarbstoffen.

→ Aber wie werden die Informationen der Chromosomen realisiert? Und welche Zutaten und Werkzeuge braucht die Zelle dafür?

Lernweg

Enzyme als Genprodukte

1 Enzyme haben eine Schlüsselrolle auf dem Weg vom Gen zum Merkmal. Skizziere den Zusammenhang am Beispiel des pinkfarbenen Blütenfarbstoffs in M1 in Form eines Flussdiagramms.

2 Die Herstellung eines Blütenfarbstoffs kann mit der Herstellung von Zimtsternen (s. o.) verglichen werden. Vergleiche beide Prozesse mithilfe von M1, indem du dem Rezeptbuch, dem Rezept, den Zutaten, den Werkzeugen und den Zimtsternen die entsprechenden Parallelen in der Lernanwendung zuordnest (➥ QR 03033-048).

03033-048

Die Genwirkkette

3 Der violette Blütenfarbstoff entsteht bei den Petunien nur dann, wenn zwei funktionstüchtige Gene zusammenwirken. Beschreibe die Genwirkkette in M2.

4 Viele Merkmalsausprägungen gehen auf funktionslose Gene zurück, die betreffenden Pflanzen haben dann beispielsweise andersfarbige Blüten. Begründe mithilfe von M2 die Folgen eines Defekts von Gen 1 oder Gen 2 bzw. beider Gene bei den Petunien.

Gene und Umwelt

5 Die Ausprägung eines Merkmals wird nicht immer ausschließlich durch Gene bestimmt, auch Umweltbedingungen können einen Einfluss haben. Werte die Experimente zur Fellfärbung des Russenkaninchens in M3 aus.

6 Erkläre die Fellfärbung der erwachsenen Tiere und der Jungtiere des Russenkaninchens in M3.

M1   Entstehung eines Blütenfarbstoffs

Petunien sind beliebte Balkonpflanzen, die violett, pink oder weiß blühen (**B1**). Die unterschiedlichen Ausprägungen des genetisch bedingten Merkmals Blütenfarbe entstehen durch unterschiedliche Blütenfarbstoffe. In den Zellen der pinkfarbenen Blüten ist beispielsweise ein pinkfarbener Blütenfarbstoff in der Zellsaftvakuole gelöst. Die Information zur Bildung dieses Blütenfarbstoffs ist im Zellkern in den beiden Allelen eines Gens, also eines bestimmten **Chromosomenabschnitts**, gespeichert. Der Farbstoff wird aber nicht direkt von dem Gen gebildet, sondern er entsteht dadurch, dass ein bestimmtes Enzym einen bestimmten Ausgangsstoff der Zelle in den Blütenfarbstoff umwandelt. Dieser wird dann anschließend in der Zellsaftvakuole gespeichert. Das Enzym wiederum wird von dem Gen für die Blütenfarbe gebildet. Der Weg vom Gen zum Merkmal Blütenfarbe führt also über das Enzym.

Generell enthalten Gene die Bauanleitungen für Proteine, meistens für Enzyme, die dann aus Vorstufen die Stoffe bilden, die für die Merkmale verantwortlich sind. Enzyme sind also die direkten **Genprodukte**.

B1 Petunien in unterschiedlichen Blütenfarben

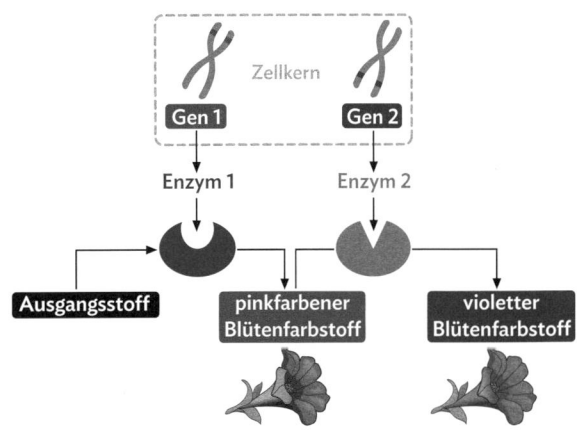

B2 Genwirkkette: Bildung des Blütenfarbstoffs (Petunie)

Oft sind an der Ausbildung eines Merkmals mehrere Enzyme und damit auch mehrere Gene beteiligt. Die dazugehörigen Gene können auf demselben Chromosom oder auch auf verschiedenen Chromosomen liegen. Ein solches Zusammenwirken verschiedener Enzyme in aneinandergereihten Stoffwechselreaktionen bei der Merkmalsbildung bezeichnet man als **Genwirkkette**.

Bei der Petunie (**B1**) wird der violette Blütenfarbstoff nur gebildet, wenn zwei Enzyme zusammenwirken, es sind also auch zwei intakte Gene dafür erforderlich. Petunien, bei denen eines dieser Gene defekt ist, haben pinkfarbene oder weiße Blüten. Weiße Blüten enthalten keine Blütenfarbstoffe (**B2**).

M3   Die Fellfärbung beim Russenkaninchen

B3 Erwachsenes Russenkaninchen mit typischer Färbung im Winter

Russenkaninchen sind relativ kleine Kaninchen mit einer typischen Fellfärbung bei den erwachsenen Tieren, die besonders im Winter stark ausgeprägt ist. Die Jungtiere werden reinweiß geboren, erst nach dem Verlassen des Nests bekommen sie mit den ersten Haarwechseln nach und nach das Aussehen der erwachsenen Tiere (**B3**).

In Experimenten konnte die Temperaturabhängigkeit der Fellfärbung nachgewiesen werden:

Experiment A: Wird einem Russenkaninchen im Winter das Fell an einer Stelle auf dem Rücken geschoren, so wächst das Fell dort schwarz nach, erst nach dem nächsten Haarwechsel verschwindet der Fleck auf dem Rücken wieder.

Experiment B: Wird einem Russenkaninchen im Sommer das Fell an einer Stelle auf dem Rücken geschoren, so wächst das Fell dort weiß nach, es entsteht also kein Fleck auf dem Rücken. Untersuchungen haben außerdem ergeben, dass ein Enzym, das für die Ausbildung der schwarzen Fellfärbung verantwortlich ist, temperaturempfindlich ist. Bei Temperaturen über 35 °C kann es keine Stoffe mehr umsetzen.

Werden Merkmale aufgrund von Umwelteinflüssen unterschiedlich ausgeprägt, spricht man von **Modifikationen**. Im Fall der Russenkaninchen entstehen die unterschiedlichen Modifikationen durch unterschiedliche Außentemperaturen.

4.4.5 Regeln der Vererbung – kompakt

Grundlagen der Vererbung

Nicht nur verschiedene Arten, sondern auch Individuen derselben Art unterscheiden sich hinsichtlich verschiedener **Merkmale**. Ihr Aussehen, wie die Fellfarbe, Blütenfarbe oder die Länge der Wimpern ist durch unterschiedliche Ausprägungen jenes Merkmals charakterisiert. Die Merkmale sind dabei das Ergebnis von einzelnen **Genen** (oder mehreren). Gene sind Chromosomen-Abschnitte, in denen die Erbinformation für ein Merkmal hinterlegt ist. Sie können in verschiedenen Ausprägungen (**Allelen**) vorliegen und so zur **Variabilität** innerhalb einer Art beitragen (BK ➡ im Buchdeckel).

Als Phänotyp bezeichnet man die Summe aller äußeren Merkmale bzw. einzelne Merkmale, die Gegenstand einer Untersuchung sind. Der **Phänotyp** ist **genetisch** (erblich) bedingt und so beeinflussen ein oder mehrere Gene (= Abschnitte eines Chromosoms) jeweils ein Merkmal. Sind die beiden Allele eines Gens identisch, ist das Lebewesen in Bezug auf diese homozygot (AA/aa), unterscheiden sie sich voneinander, ist es heterozygot (Aa). Jenes Allel, welches sich bei einer heterozygoten genetischen Zusammensetzung im Phänotyp durchsetzt, bezeichnet man als das **dominante** Allel. Es wird in Kreuzungsschemata mit einem Großbuchstaben gekennzeichnet. Mit einem Kleinbuchstaben wird das Allel, das phänotypisch nur im homozygoten Zustand sichtbar wird, gekennzeichnet. Man bezeichnet dieses Allel als **rezessiv**. Die Gesamtheit der genetischen Merkmale, aber auch die Allelkombination eines Gens, wird als **Genotyp** bezeichnet. Der Genotyp bezeichnet also die Erbinformationen und der Phänotyp das Ergebnis.

Die drei Regeln der Vererbung

Bereits im 19. Jahrhundert konnte MENDEL (➡ 4.4.7) durch Kreuzungs-Experimente mit Erbsenpflanzen Regeln aufstellen: Kreuzt man zwei homozygote Eltern, die sich hinsichtlich eines Merkmals unterscheiden, ist die **F₁-Generation** (1. Filialgeneration bzw. 1. Tochtergeneration) genotypisch und phänotypisch **uniform** (**Uniformitätsregel**).

Kreuzt man zwei hinsichtlich desselben Merkmals gleichartig heterozygote Eltern, so spaltet sich die Filial-

generation statistisch betrachtet phänotypisch in einem Verhältnis von 1:3, genotypisch in einem Verhältnis 1:2:1 auf (**Spaltungsregel**).

Eine Besonderheit stellt der **intermediäre Erbgang** dar. Hier werden beide Allele eines Gens **unvollständig dominant** vererbt, sodass in der F₁-Generation ein Phänotyp auftritt, der zwischen den Phänotypen der P-Generation liegt.

Werden zwei homozygote Eltern, die sich hinsichtlich mehrerer Merkmale unterscheiden, gekreuzt, so werden die Merkmale unabhängig voneinander vererbt (**Unabhängigkeitsregel**). Wenn man die Vererbung von zwei Merkmalen in den Blick nimmt (**B1**), wie die Farbe und die Form von Erbsensamen, spricht man auch von **dihybriden Erbgängen**, im Gegensatz zu den **monohybriden Erbgängen**, bei denen nur ein Merkmal betrachtet wird.

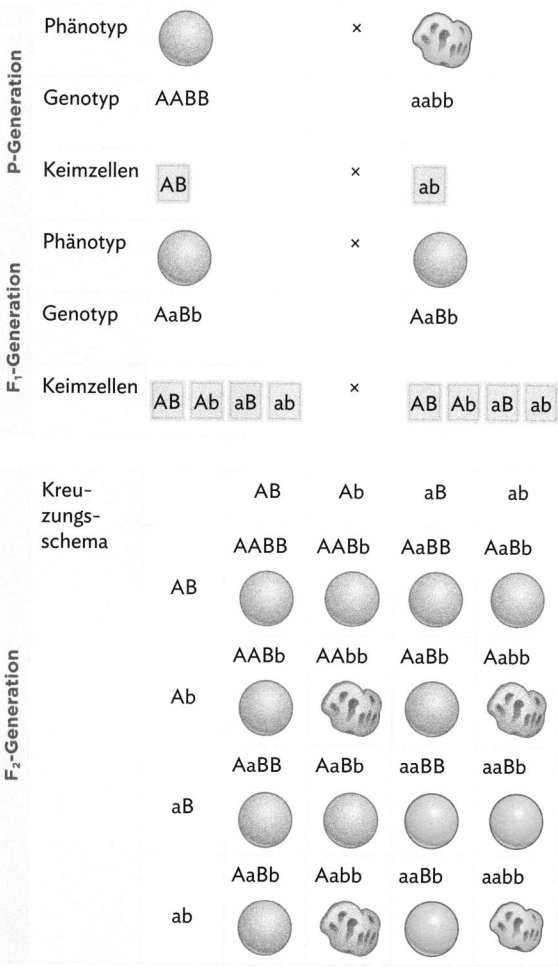

B1 Kreuzung von Erbsenpflanzen

Gonosomale Vererbung

Die Informationen über Merkmale sind nicht nur auf Autosomen, sondern auch auf Gonosomen, hier in erster Linie auf dem großen X-Chromosom, gespeichert. Weil ein Mann im Gegensatz zu einer Frau nur ein einziges X-Chromosom besitzt, wird ein verändertes X-chromosomales Allel in jedem Fall in seinem Phänotyp ausgeprägt, er ist also Merkmalsträger. Eine Frau ist allerdings nur dann Merkmalsträgerin, wenn die veränderte Form zwei Mal vorliegt (im Fall eines rezessiv wirkenden Allels), sie also hinsichtlich des Merkmals homozygot ist. Eine heterozygote Frau zeigt das veränderte Merkmal nicht im Phänotyp, kann aber das veränderte Allel weitergeben, sie ist eine Überträgerin. Ob ein Merkmal gonosomal vererbt wird, kann durch die Stammbaumanalyse von Familienstammbäumen herausgefunden werden.

Familienstammbäume

Um ein Vererbungsmuster zu verdeutlichen oder Vorhersagen zum Auftreten von Merkmalen zu treffen, sammeln Genetikerinnen und Genetiker Informationen zu Familien über verschiedene Generationen hinweg, um daraus Stammbäume abzuleiten. Die Analyse dieser Stammbäume ermöglicht dann Rückschlüsse zu den vorliegenden Erbgängen (➡ 4.4.6).

Aufgaben

1 GREGOR MENDEL gewann durch seine Experimente mit Erbsenpflanzen Erkenntnisse über verschiedene Erbgänge. Schaue dir die Videos zur Uniformitäts- und Spaltungsregel an (➡ QR 03020-066 und 03020-067). Erläutere, wieso MENDEL mehrere Merkmale (Erbsenform, Hülsenform, etc.) der Erbsenpflanze hinsichtlich ihrer Vererbung untersucht hat.

03020-066

03020-067

2 Die Rot-Grün-Sehschwäche tritt vermehrt bei Männern auf.

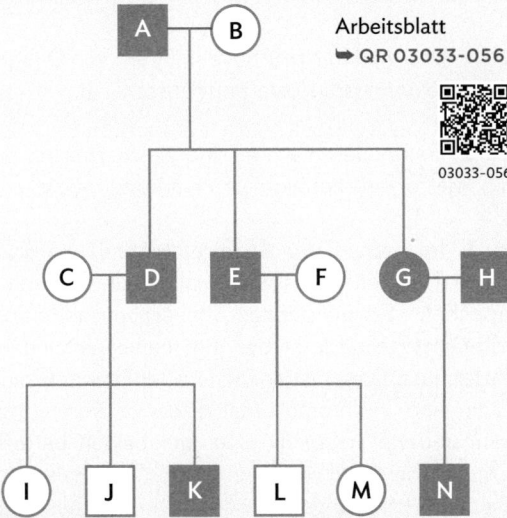

Arbeitsblatt
➡ QR 03033-056

03033-056

Frau | Mann
● | ■ Rot-Grün-Sehschwäche
○ | ☐ keine Rot-Grün-Sehschwäche

B2 Stammbaum Rot-Grün-Schwäche

a) Bestimme die Genotypen aller Personen in **B2**.

b) Ein von der Rot-Grün-Sehschwäche betroffener Mann und seine normalsichtige Frau erscheinen zur Familienberatung. Ermittle eine statistische Vorhersage, welche Phäno- und Genotypen bei Söhnen bzw. Töchtern zu erwarten sind und nenne den Erbgang (**B2**).

3 Die Gefiederfärbung von Hühnern vererbt sich intermediär.

a) Wenn man die in **B3** abgebildeten Tiere miteinander kreuzen würde, erhielte man eine F_1-Generation der Farbe Andalusierblau. Erstelle hierzu ein Kreuzungsschema.

b) Ermittle anhand eines entsprechenden Kreuzungsschemas, welche Phänotypen sich bei einer Kreuzung von zwei andalusierblauen Tieren ergäben. Gib für die Geno- und Phänotypen der F_2-Generation das statistische Zahlenverhältnis an.

B3 Gefiederfärbung beim Lachshuhn

4.4.6 Stammbäume analysieren

Die Analyse von Familienstammbäumen bietet eine gute Möglichkeit, um Vererbungsarten zu bestimmen. Um den Erbgang eines Merkmals aus einem Familienstammbaum abzuleiten, bieten Hinweise und plausible Erklärungen für vorliegende Daten einen ersten Lösungsansatz. Aber nur über einen Ausschluss aller anderen möglichen Vererbungsmuster lässt sich mit Sicherheit sagen, welche Art von Vererbung vorliegt. Dazu werden jedoch Daten aus mehreren Generationen benötigt. Beim Menschen liegen häufig nur Ausschnitte solcher Stammbäume vor, weswegen hier manchmal der Erbgang nur anhand von Indizien mit einer gewissen Wahrscheinlichkeit bestimmt werden kann. Besonders in kleineren Familien mit wenigen Geschwistern ist eine präzise Aussage häufig nicht möglich. Es muss geklärt werden, ob das Merkmal dominant oder rezessiv bzw. autosomal oder gonosomal vererbt wird.

So geht's

1. Schritt: Prüfe Indizien, die für eine dominante Vererbung des Merkmals sprechen. Dies ist der Fall, wenn die betroffene Person mindestens einen betroffenen Elternteil hat. Tritt das Merkmal aber bei einem der direkten Vorfahren eines Merkmalsträgers nicht auf, dann wird es rezessiv vererbt.

2. Schritt: Prüfe, ob beide Geschlechter gleichermaßen merkmalstragend sind. Tritt das Merkmal vor allem bei Männern auf, so ist eine gonosomale Vererbung wahrscheinlich. Kann das Merkmal jedoch von beiden Elternteilen gleichermaßen auf männliche und weibliche Nachkommen übertragen werden, so handelt es sich eher um einen autosomalen Erbgang.

3. Schritt: Prüfe nun alle möglichen Erbgänge und starte mit dem wahrscheinlichsten Erbgang (Schritt 1 und 2).

4. Schritt: Markiere alle gesicherten Überträgerinnen und Überträger mit einem Punkt im Symbol des Stammbaums auf dem Ausdruck.

5. Schritt: Bestimme die Genotypen aller Personen, soweit dies bei der von dir ermittelten Vererbungsart möglich ist. Berücksichtige dabei auch, dass bisweilen durch die jeweiligen Eltern bzw. Kinder Genotypen ausgeschlossen werden können.

Beispiel 1: Freie und angewachsene Ohrläppchen
Auch wenn die Vererbung der Ohrläppchen-Form mit vermutlich 49 dafür verantwortlichen Genen deutlich komplexer ist, als lange Zeit angenommen wurde, lässt sie sich mithilfe eines dominant-rezessiven Vererbungsmusters annähernd beschreiben. Aus dem vorliegenden Stammbaum (**B1**) soll die Vererbungsart des Merkmals „angewachsenes Ohrläppchen" abgeleitet und der Genotyp der betroffenen Personen bestimmt werden.

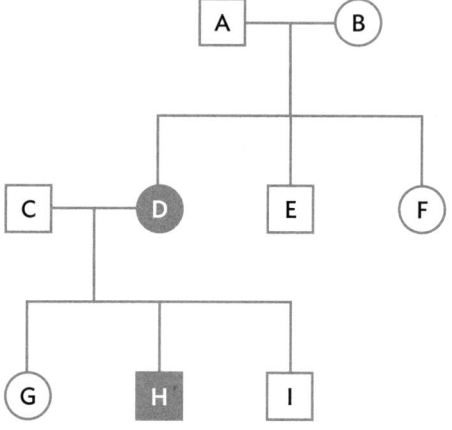

Frau Mann

⬤   ◼   mit angewachsenen Ohrläppchen

◯   ☐   mit freien Ohrläppchen

B1   Stammbaumausschnitt zum Merkmal „Ohrläppchen-Form"

Zu 1: Das Merkmal tritt bei den Eltern von D nicht auf, was eine dominante Vererbung ausschließt.

Zu 2: Beide Geschlechter sind gleichermaßen betroffen, was für eine autosomale Vererbung spricht.

Zu 3: Im Stammbaum **B1** zeigen Männer und Frauen in gleichen Anteilen das Merkmal „angewachsene Ohrläppchen". Da die geringe Stichprobenzahl statistisch nicht aussagekräftig ist, benötigt man einen eindeutigen Ausschluss. Dieser ist ebenfalls über Person D möglich. Läge eine X-chromosomal-rezessive Vererbung vor, dann müsste Person D eines der beiden betroffenen Chromosomen X^a von ihrem Vater (A) erhalten haben. Da dieser keine angewachsenen Ohrläppchen hat, aber auch kein zweites X-Chromosom besitzt, welches ein vorliegendes X^a maskieren könnte, ist dieses Erbmuster auszuschließen. Es muss eine autosomal-rezessive Vererbung vorliegen.

Zu 4 und 5: Bei einem autosomal-rezessiven Erbgang müssen alle Merkmalsträger das rezessive Allel zweimal aufweisen. Jedes Elternteil eines Merkmalsträgers muss deshalb mindestens ein rezessives Allel besitzen (z. B. Personen A und B).

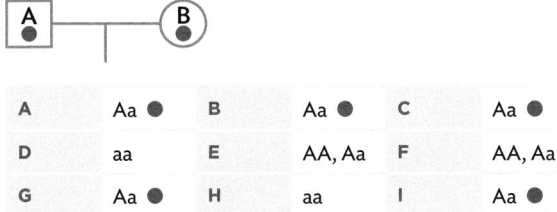

A	Aa ●	B	Aa ●	C	Aa ●
D	aa	E	AA, Aa	F	AA, Aa
G	Aa ●	H	aa	I	Aa ●

Beispiel 2: Oranges Fell bei Katzen
Ein Züchter-Ehepaar legt besonderen Wert auf die Fellfarbe orange bei seinen Maine-Coon-Katzen. Zu Zuchtzwecken sollen die Genotypen aller Individuen im Abstammungsbuch der Katzen (**B2**) des Züchterpaars bestimmt werden. Dazu ist zuerst die Vererbungsart der Fellfarbe „orange" zu ermitteln.

Zu 1: Das Merkmal tritt zwar in allen Generationen auf, aber auch Eltern, die keine Merkmalsträger sind, bringen Nachkommen hervor, die das Merkmal tragen. Eine dominant-autosomale Vererbung ist auszuschließen.

Zu 2 und 3: Im vorliegenden Stammbaum zeigen nur Männchen das Merkmal „oranges Fell", was auf eine X-chromosomale Vererbung des Merkmals hindeutet. Da

Männchen nur ein X-Chromosom besitzen, genügt schon ein rezessives Allel zur Ausprägung des Merkmals. Heterozygote Weibchen treten als Überträgerinnen auf: Sie können das Allel an ihre Nachkommen weitergeben, ohne das Merkmal selbst zu zeigen. Während eine X-chromosomale Vererbung in Stammbäumen oft ausgeschlossen werden kann (vgl. Beispiel 1), ist ein eindeutiger Ausschluss einer autosomal-rezessiven Vererbung zugunsten einer X-chromosomalen Vererbung nicht möglich. Hier argumentiert man nach dem Prinzip der sparsamsten Erklärung so, dass diejenige Erklärung zu bevorzugen ist, die die wenigsten Zusatzannahmen benötigt, sofern die vorliegenden Daten dieser nicht widersprechen.

Zu 4: Da hier ausschließlich Kater orange sind, ist ein X-chromosomal-rezessiver Erbgang wahrscheinlich. Orange Kater besitzen das Allelenpaar X^aY. Deren Söhne erhalten das Y-Chromosom von ihren orangen Vätern, ihr X-Chromosom von den Müttern, welche das Allel für orange tragen können.

A	X^aY	B	X^AX^a ●	C	X^AY
D	X^AX^a ●	E	X^AY	F	X^aY
G	X^AX^a ●	H	X^AY	I	X^AX^a ●
J	X^AX^a, X^AX^A	K	X^aY	L	X^AY
M	X^AX^a, X^AX^A	N	X^AX^a, X^AX^A	O	X^aY
P	X^aY	Q	X^AY		

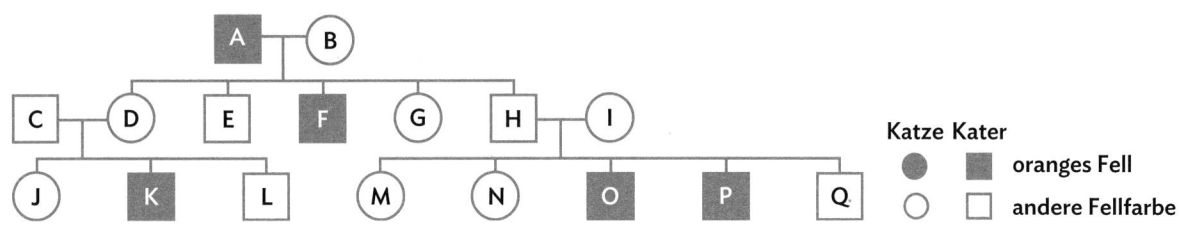

Katze Kater
● ■ oranges Fell
○ □ andere Fellfarbe

B2 Auszug aus dem Stammbuch der Katzenzucht

Arbeitsblatt
(➜ QR 03033-057)
03033-057

Aufgaben

1 Der Stammbaumausschnitt **B3** zeigt die Vererbung der erblich bedingten Hämochromatose.
a) Bestimme die Vererbungsart der Krankheit und ermittle die Wahrscheinlichkeit, mit der Person E ebenfalls von der Krankheit betroffen ist.
b) Recherchiere die Symptome der Krankheit im Internet.

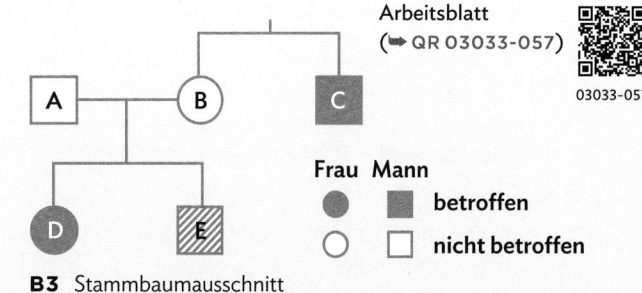

Frau Mann
● ■ betroffen
○ □ nicht betroffen

B3 Stammbaumausschnitt

4.4.7   Das Leben von GREGOR MENDEL

Unbestritten gilt der Augustinermönch JOHANN GREGOR MENDEL heute als Begründer der Vererbungslehre. Dabei blieben seine Forschungen an Erbsenpflanzen im Klostergarten im tschechischen Brünn zeit seines Lebens von der Fachwelt nahezu unbemerkt. Doch der berühmteste Erbsenzähler der Welt war überzeugt: „Meine Zeit wird schon kommen".

Ein holperiger Start
1822 als Sohn einer Kleinbauernfamilie geboren, konnte MENDEL wegen seiner guten Leistungen nach der Dorfschule das Gymnasium besuchen. Das nachfolgende Studium musste er aber abbrechen, da seine Familie ihn wegen eines Unfalls seines Vaters nicht länger unterstützen konnte und so entschloss er sich, ins Kloster Brünn zu gehen. Neben Theologie studierte er dann auch Naturkunde mit dem Ziel, Lehrer zu werden, jedoch fiel er zwei Mal durch die Prüfungen, wahrscheinlich wegen Prüfungsangst.

Kreuzungsversuche mit Erbsenpflanzen
MENDELS Interesse an den Naturwissenschaften war aber ungebrochen und so begann er, im Klostergarten systematisch und methodisch genau, Erbsenpflanzen mit verschiedenen Merkmalen miteinander zu kreuzen. Er wählte Merkmale aus wie die Blütenfarbe, die Farbe der Erbsen oder der Schoten, die einfach zu beobachten waren. Und – das war ein ganz neuer Ansatz in der damaligen Zeit – er wertete seine Versuche zahlenmäßig aus. So kam er nach gründlicher Forschungsarbeit zu den drei Regeln, die heute nach ihm benannt werden.

Später Ruhm
1865 veröffentlichte er seine Ergebnisse unter dem unglücklich gewählten Titel „Versuche über Pflanzen-Hybriden" (B1), die allerdings von der Fachwelt ziemlich ignoriert wurden. In der Folgezeit wurde MENDEL Abt des

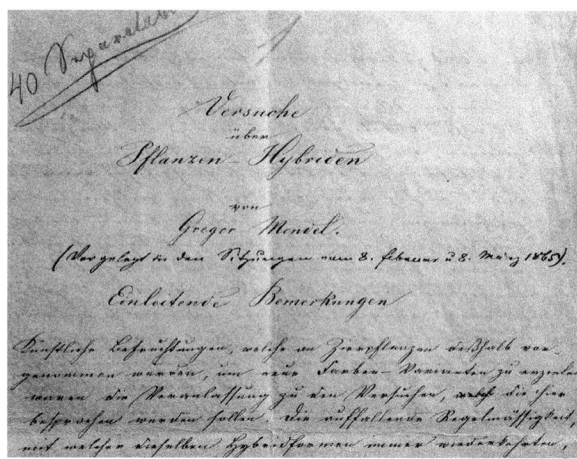

B1   Manuskript von MENDEL zu seiner Veröffentlichung

Klosters und es blieb ihm für die praktische Arbeit im Klostergarten keine Zeit mehr. Aber er verfolgte die naturwissenschaftliche Diskussion mit der gerade erst veröffentlichten Evolutionstheorie von CHARLES DARWIN (➡ 6.2.6). Er selbst wurde erst nach seinem Tod berühmt, als 1900 unabhängig voneinander und ohne von MENDEL zu wissen, die drei Forscher CORRENS, DE VRIES und TSCHERMAK auf die gleichen Gesetzmäßigkeiten gestoßen waren (B2).

B2   Briefmarke zu Ehren MENDELS

Aufgaben

1. Nenne die drei MENDELSchen Regeln (➡ 4.4.5).

2. Die Zellen der Erbsenpflanzen haben sieben Chromosomen. Prüfe, ob die dritte MENDEL-Regel auch dann gilt, wenn die Informationen für die betrachteten Merkmale in zwei Genen auf demselben Chromosom liegen.

3. DARWIN schrieb in seinem Buch über die Evolutionstheorie von 1859: „Die Gesetze, denen die Vererbung unterliegt, sind größtenteils unbekannt." Erläutere, warum der Titel von MENDELS Veröffentlichung ungeschickt war und finde einen besseren Titel.

4. MK⁷ Recherchiere über einen der Wiederentdecker MENDELS, wie er auf die gleichen Ergebnisse gekommen ist und welche zusätzlichen Leistungen auf dem Gebiet der Genetik er erbracht hat.

4.4.8 Gentechnik

Schon durch Züchtung, also die Rekombination bereits vorhandener Erbanlagen durch Kreuzung, nehmen Menschen Einfluss auf das Erbmaterial von Organismen. Die Gentechnik geht aber deutlich darüber hinaus. Gentechnik bedeutet die gezielte und direkte Veränderung des Erbmaterials, auch über Artgrenzen hinweg. So kann beispielsweise ein Schneeglöckchen-Gen in eine Kartoffelpflanze eingebaut werden und diese vor Insektenbefall schützen. Das bietet unbegrenzte Möglichkeiten, aber auch Risiken.

Geschichte der Gentechnik

Im Jahre 1980 gelang es WALTER GILBERT, das menschliche Insulin-Gen in das Erbmaterial von Bakterien der Art *Escherichia coli* einzubauen. Seit 1982 wird menschliches Insulin in großem Maßstab gentechnisch hergestellt.

Anwendung der Gentechnik

Gentechnik wird weltweit bereits vielseitig angewendet (**B1**). Nicht alle Anwendungsgebiete sind so unumstritten wie die **Rote Gentechnik**. Besonders wenn die **gentechnisch veränderten Organismen** (**GVO**) das Labor verlassen, wie es auch bei der **Grünen Gentechnik** geschieht, sind die Konsequenzen sorgfältig abzuwägen. In Deutschland ist es seit 2009 verboten, gentechnisch veränderte Pflanzen anzubauen. In der EU gibt es seit 2004 eine Kennzeichnungspflicht für Produkte aus GVO. Allerdings sind Fleisch, Eier und Milchprodukte von Tieren, die mit gentechnisch veränderten Pflanzen gefüttert wurden, von dieser Kennzeichnungspflicht befreit. Da der größte Teil der gentechnisch veränderten Pflanzen weltweit als Futtermittel genutzt wird, ist es also wahrscheinlich, dass die meisten Menschen auch in Deutschland schon indirekt mit GVO in Berührung gekommen sind.

Chancen und Risiken

Grundsätzlich bietet die grüne Gentechnik Möglichkeiten, in Anbetracht der zunehmenden Weltbevölkerung und des Klimawandels Pflanzen anzubauen, die insekten- und hitzeresistent sind und die schneller wachsen und proteinhaltiger sind. Probleme mit GVO werden beispielsweise darin gesehen, dass die angebauten Pflanzen auswildern könnten und natürliche Arten beeinflussen könnten. Auch könnten die verpflanzten Gene noch andere Merkmale verursachen als die bereits bekannten. Es ist also noch viel Forschungsarbeit nötig, um Gentechnik nachhaltig zu machen.

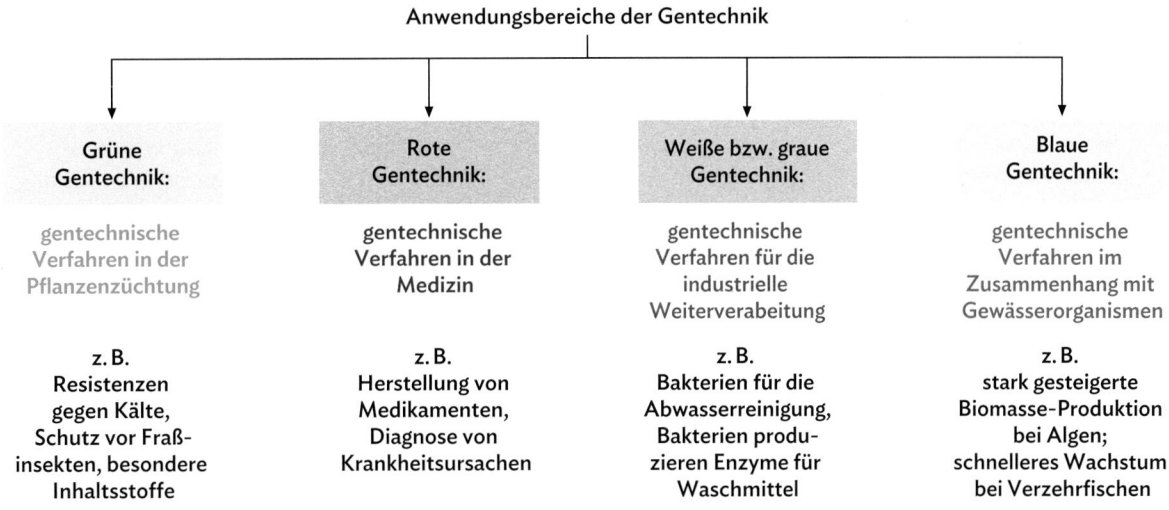

Anwendungsbereiche der Gentechnik

Grüne Gentechnik:	Rote Gentechnik:	Weiße bzw. graue Gentechnik:	Blaue Gentechnik:
gentechnische Verfahren in der Pflanzenzüchtung	gentechnische Verfahren in der Medizin	gentechnische Verfahren für die industrielle Weiterverarbeitung	gentechnische Verfahren im Zusammenhang mit Gewässerorganismen
z. B. Resistenzen gegen Kälte, Schutz vor Fraßinsekten, besondere Inhaltsstoffe	z. B. Herstellung von Medikamenten, Diagnose von Krankheitsursachen	z. B. Bakterien für die Abwasserreinigung, Bakterien produzieren Enzyme für Waschmittel	z. B. stark gesteigerte Biomasse-Produktion bei Algen; schnelleres Wachstum bei Verzehrfischen

B1 Gentechnik und ihre Anwendungsgebiete (Abgrenzung nicht immer eindeutig)

Aufgaben

1 Recherchiere je ein konkretes Beispiel pro Anwendungsgebiet der Gentechnik (**B1**) und erläutere seine Chancen und Risiken.

2 Auch beim technischen Klonen werden Organismen im Labor erzeugt. Es besteht aber ein Unterschied zur Gentechnik. Begründe, dass Klonen (➡ 4.3.3) keine Gentechnik ist.

4.5.1 Leben mit Trisomie 21

Der britische Arzt JOHN LANGDON DOWN arbeitete Mitte des 19. Jahrhunderts im Royal Earlswood Hospital, in dem viele Menschen mit geistigen Beeinträchtigungen lebten. Im Lauf der Jahre stellte er fest, dass es eine große Gruppe von Personen gab, die sich in ihren Symptomen ähnelten. Sie alle hatten neben ihrer geistigen Beeinträchtigung auch körperliche Auffälligkeiten, z. B. eine etwas geringere Körpergröße und mandelförmige Augen.

→ Was ist der Grund für die gemeinsamen Symptome?

Lernweg

1 Das nach J. L. DOWN benannte DOWN-Syndrom wird auch als Trisomie 21 bezeichnet. Beschreibe mithilfe von **M1** und **M2** die Herkunft der beiden Bezeichnungen sowie die Auswirkungen der genetischen Ursache des DOWN-Syndroms.

2 Beschreibt im Team, wie ihr euch den Lebenslauf eines Erwachsenen mit DOWN-Syndrom vorstellt: Hobbys, Schullaufbahn, Sprachfertigkeiten, Beruf, Freunde, Spaß. Vergleicht anschließend mit dem Lebenslauf von Albin Hofmayer (**M3**).

3 Mit Albin Hofmayer und seiner Familie wurden Interviews geführt (**M4**, Video ➡ QR 03023-48).

03023-48

a) Diskutiert in der Klasse, ob ihr euch ein Leben mit DOWN-Syndrom so vorgestellt hattet.

b) Diskutiert im Team über den Gebrauch der Begriffe Krankheit und veränderter Phänotyp (Erscheinungsbild eines Organismus).

4 Verteilungsfehler bei der Meiose führen zu einer abweichenden Chromosomenzahl. Beschreibe **B3** in **M5** und erkläre die zu erwartenden Folgen, wenn jede der 12 Spermienzellen eine richtig ausgestattete Eizelle befruchtet (Hilfen ➡ QR 03023-49).

03023-4

5 Es gibt noch weitere Syndrome, die durch Abweichungen von der richtigen Chromosomenzahl auftreten, z. B. das TURNER- und das KLINEFELTER-Syndrom. Recherchiere nach weiteren Informationen zu den Syndromen (auch zum DOWN-Syndrom) und erstelle eine Tabelle, in der du die drei Syndrome hinsichtlich Ursache, Häufigkeit und mindestens drei Symptomen vergleichst.

M1   Die Ursache des DOWN-Syndroms

JOHN LANGDON DOWN (siehe Einleitung) fiel neben den oben genannten übereinstimmenden Ähnlichkeiten auch auf, dass die Patientinnen und Patienten oft Stärken im sozialen Bereich hatten und guter Stimmung waren. Das gemeinsame Auftreten verschiedener Symptome, die durch gleiche Ursachen bedingt sind, bezeichnet man auch als Syndrom. Er gründete Jahre nach seinen ersten Beobachtungen das Normansfield-Trainings-Institut, in dem er Menschen mit geistiger Beeinträchtigung aufnahm und förderte, z. B. durch Arbeit in Werkstätten. Der Erfolg gab seiner Methode, die der damaligen Zeit weit voraus war, recht: Die Menschen profitierten stark von den Methoden in Normansfield. Erst etwa hundert Jahre nach JOHN LANGDON DOWNS Beobachtungen wurde eine genetische Ursache für das Syndrom gefunden: Die Menschen besitzen eine abweichende Chromosomenzahl (**B1**). Zu Ehren von JOHN LANGDON wurde das Syndrom später nach ihm benannt.

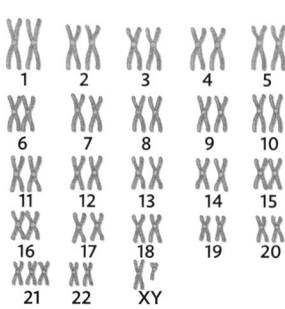

B1 Karyogramm eines Menschen mit DOWN-Syndrom

M2 Die Auswirkungen eines dritten Chromosoms 21

Das 21. Chromosom des Menschen ist eines der kleinsten Chromosomen. Trotzdem liegen darauf vermutlich 225 Gene. Jedes Gen ist an der Bildung eines Proteins, z. B. eines Enzyms, beteiligt. Sind drei statt zwei Chromosomen vorhanden, so werden auch die darauf vorhandenen Gene in größerem Umfang abgelesen und es werden mehr von den entsprechenden Proteinen hergestellt (➡ 4.4.4). Es entsteht ein Ungleichgewicht verschiedener Proteine. Dadurch geraten komplexe Systeme im Körper durcheinander, wie z. B. der Zellstoffwechsel, bei dem die über Enzyme (Proteine) vermittelten Teilschritte normalerweise passgenau wie Zahnräder ineinandergreifen.

Eine Veränderung der Erbsubstanz wird allgemein als **Mutation** bezeichnet. Da sich in diesem Fall die Gesamtzahl der Chromosomen verändert hat, spricht man von einer **Genommutation** (das Genom umfasst die Gesamtheit der Erbinformation eines Organismus).

M3 Ein Leben mit DOWN-Syndrom: Albin Hofmayer im Steckbrief

B2 Albin Hofmayer

Geburtsdatum: 30. 01. 1989
Schulabschluss: Hauptschule
Sprachen: Spanisch, Englisch: bruchstückhafte Verständigung
Beruf: Koch
Hobbys: Klavier nach Noten und Improvisation, Fußball-Fan
Sport: Leichtathletik, Wintersport: erfolgreiche Teilnahme bei den Special Olympics
Ehrenämter: Athletensprecher bei den Special Olympics Bayern

M4 Aussagen aus dem Interview mit Albin und seiner Familie

... während meiner Grundschulzeit verbrachte ich einige Jahre mit meiner Familie in Spanien und ging dort auch zur Schule. Seitdem spreche ich gut Spanisch ...

... Obwohl Albin schon in normalen beruflichen Einrichtungen („erster Arbeitsmarkt") arbeitete, ist er momentan bei der Lebenshilfe angestellt. Normale Arbeitgeber versuchen es zu vermeiden, Präzedenzfälle (Vergleichsfälle) zu schaffen ...

... die Menschen denken, ich habe das DOWN-Syndrom und bin krank. Ich fühle mich aber gut. Wenn ich krank bin, habe ich Schmerzen oder Husten. Dann bekomme ich vom Arzt eine Medizin ...

... ich rede schon immer viel und gerne, vielleicht bin ich deshalb seit Jahren Athletensprecher bei den Special Olympics ...

... eines meiner schönsten Erlebnisse war der Besuch des Champions-League-Finales in Wembley, wo Bayern gegen Dortmund gewann ...

... Albin war in vielen Aspekten ein ganz normales Kind: Schlittenfahren, Einseifen. Für die Familie war kein Unterschied erkennbar ...

M5 Chromosomenfehlverteilung

Im Rahmen der Meiose (➡ 4.3.1) werden die Chromosomen normalerweise sehr präzise auf die Tochterzellen aufgeteilt. In seltenen Fällen passieren jedoch Verteilungsfehler. In **B3** sind eine normal ablaufende Meiose und zwei Fälle mit Fehlverteilung dargestellt, jeweils anhand nur eines Chromosomenpaars. Die Tochterzellen reifen dann zu befruchtungsfähigen Spermienzellen heran. Auch bei Frauen können solche Fehler auftreten.

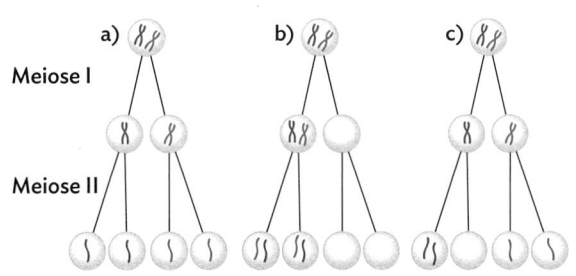

B3 Meiose mit richtiger und fehlerhafter Verteilung

4.5.2 Genetisch bedingte Krankheiten

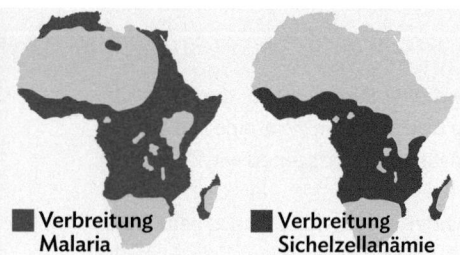

Verbreitung Malaria

Verbreitung Sichelzellanämie

Eine der weltweit am häufigsten verbreiteten genetisch bedingten Krankheit ist die Sichelzellanämie. Sie kommt vor allem in den Malaria-gebieten Afrikas und Asiens vor.

→ Was ist die Ursache der Sichelzellanämie und welcher Zusammen-hang besteht zwischen ihr und der Malaria?

Lernweg

1 Die Ursache für die genetisch bedingte Krankheit „Sichelzellanämie" ist eine Genmutation.

a) Erkläre mithilfe des Basiskonzepts „Struktur und Funktion" die Symptome bei einer Sichelzell-anämie (M1).

b) Leite mithilfe von M2 eine Definition für den Begriff Genmutation ab.

c) Erkläre den Grund für das gemeinsame Verbrei-tungsgebiet der Malaria und der Sichelzellanämie

(Einstiegsbild und M3, Hilfen ➡ QR 03023-50).

03023-50

2 Etwa 3 % aller Menschen mit DOWN-Syndrom weisen die genetische Besonderheit der ROBERT-SON-Translokation auf. Skizziere ein Karyogramm einer Person mit ROBERTSON-Translokation.

M1 Sichelzellanämie – eine genetisch bedingte Krankheit

Die Sichelzellanämie ist eine gene-tisch bedingte Veränderung der ro-ten Blutzellen (Erythrozyten). Die roten Blutzellen haben die Aufgabe, Sauerstoff in unserem Körper von der Lunge zu den einzelnen Orga-nen zu transportieren. Der Sauer-stoff ist an den roten Blutfarbstoff (Hämoglobin) gebunden. Im gesun-den Zustand sind die roten Blutzel-len scheibenförmig und flexibel, da-durch passen sie auch durch die kleinsten Blutgefäße (Kapillaren) und können somit sämtliche Körper-regionen mit Sauerstoff versorgen.

Bei der Sichelzellanämie ist das Hämoglobin so verändert, dass die roten Blutzellen, wenn sie nicht mit Sauerstoff beladen sind, eine sichel-förmige Gestalt annehmen und verhärten (B1). Außer-dem sterben diese sichelförmigen roten Blutzellen frü-her ab als gesunde rote Blutzellen, dadurch entsteht eine Blutarmut (Anämie). Zudem besteht die Gefahr, dass Gefäße verstopfen. Dies bedingt, dass nicht alle Körper-

unveränderte rote Blutzelle

unveränderter Zustand

sichelförmige rote Blutzelle

Sichelzellanämie

B1 Rote Blutzellen und Sichelzellen fließen durch Blutgefäße

regionen ausreichend mit Sauerstoff versorgt werden. Weitere Folgen sind Schmerzen und Schwellungen in verschiedenen Körperregionen, Schädigungen von ver-schiedenen Organen und Geweben, Lähmungen sowie ein frühzeitiger Tod.

Genmutationen als Ursache für Krankheiten

Bei genetisch bedingten Krankheiten ist eine Veränderung der Erbinformation (Mutation) die Ursache für die Erkrankung. Dabei kann die Anzahl der Chromosomen verändert sein (Genommutation) oder die Gene auf den Chromosomen selbst. Veränderungen innerhalb der Gene bezeichnet man als **Genmutation**.

Aufgrund vieler Forschungen kennt man heute bei einigen dieser genetisch bedingten Krankheiten die genauen Orte der Mutationen. Die Ursache der Sichelzellanämie ist eine Veränderung auf dem Chromosom 11. Das dort befindliche Gen, welches die genetische Information für den Aufbau des Proteins Hämoglobin trägt, ist mutiert. Es wird dann anders aufgebautes Hämoglobin gebildet, das wiederum die Form und Stabilität der roten Blutzellen beeinflusst, die bei Sauerstoffmangel sichelförmig werden (**B2**).

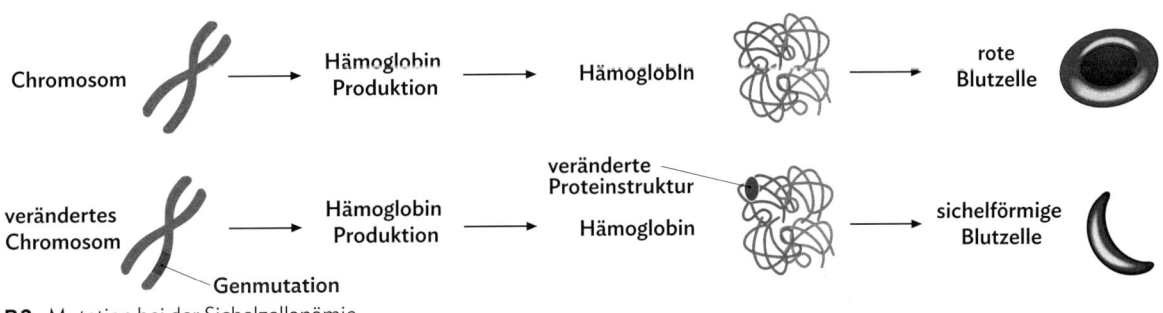

B2 Mutation bei der Sichelzellanämie

M3 Genetisch bedingte Krankheiten können vererbt werden

Mutationen können bereits in den Keimzellen (Eizelle oder Spermienzelle) auftreten und dann von Generation zu Generation vererbt werden. Die Sichelzellanämie wird **kodominant** (➡ 4.4.3) vererbt. Menschen die ein Sichelzellallel besitzen und ein Allel für normale rote Blutzellen, haben eine schwächere Form, als Menschen die zwei Sichelzellallele besitzen, da sie neben sichelförmigen auch normale rote Blutzellen im Verhältnis 1:1 bilden. Ein Kind von zwei Merkmalstragenden kann zu 25 % Wahrscheinlichkeit ebenfalls an der Sichelzellanämie erkranken. Dass sich erbliche Mutationen aber nicht nur negativ auswirken, kann man am Beispiel der Sichelzellanämie erkennen. In Afrika, besonders in Äquatornähe, sind ca. 25–40 % der Bevölkerung heterozygot. Es zeigt sich, dass diese Menschen eine gewisse Resistenz gegenüber der durch die Anopheles-Mücke übertragenden Krankheit Malaria besitzen und somit einen Vorteil haben, da Malaria unbehandelt mit hohem Fieber einhergeht und tödlich enden kann.

M4 ROBERTSON-Translokation 21/14

Strukturelle Mutationen von Chromosomen, die im Karyogramm sichtbar sind, bezeichnet man als **Chromosomenmutationen**. Beispielsweise können Teilstücke eines Chromosoms verloren gehen (**Deletion**), verdoppelt werden (**Duplikation**) oder an das Chromatid eines anderen Chromosoms angeheftet werden (**Translokation**). Menschen mit einer sog. ROBERTSON-Translokation besitzen ein größeres Chromosom mit dem Zentromer in der Mitte, welches durch die Verschmelzung zweier Chromosomen mit einem weit am Ende liegenden Zentromer entstanden ist (**B3**). Die beiden kurzen Arme der verschmolzenen Chromosomen gingen hierbei verloren, allerdings liegen dort keine relevanten Gene. Beim Menschen betrifft dies die Chromosomen 13, 14, 15, 21 und 22, sowie das Y-Chromosom. Diese Verschmelzung führt zu keinen phänotypischen Auswirkungen, allerdings ist der Genotyp auffällig: Im Karyogramm sind nur 45 Chromosomen zu sehen, wobei ein Chromosom größer ist als üblich.

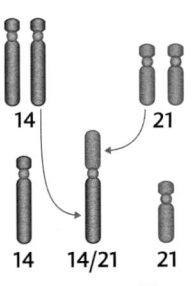

B3 ROBERTSON-Translokation

4.5.3   Genetische Familienberatung – kompakt

Verteilungsfehler bei der Meiose

Obwohl die Meiose grundsätzlich ein sehr präziser und zuverlässiger Vorgang ist, tritt in seltenen Fällen eine Fehlverteilung der Chromosomen auf. Dies führt zu einer **Genommutation**, bei der Keimzellen mit einer vom Normalfall abweichenden Chromosomenzahl entstehen. Nach der Befruchtung besitzen auch alle Körperzellen eine atypische Anzahl von Chromosomen. So kann es vorkommen, dass anstelle des homologen Chromosomenpaares von einem bestimmten Chromosom z. B. drei Exemplare (**Trisomie**) vorliegen oder nur eines (**Monosomie**). Die meisten Verteilungsfehler führen bereits im Mutterleib zu Fehlgeburten, einige weitere zu extrem schweren Behinderungen. Nur sehr wenige Verteilungsfehler haben wesentlich geringere Auswirkungen auf den Organismus, wie z. B. das DOWN- und das TURNER-Syndrom (**B1**). Die Syndrome sind allesamt nicht ursächlich heilbar, allerdings ist durch medizinische Fortschritte die Lebenserwartung der meisten Betroffenen stark angestiegen.

Durch intensive individuelle Förderung werden auch geistige Beeinträchtigungen zunehmend besser aufgefangen, weshalb beispielsweise Menschen mit DOWN-Syndrom heute ein weitgehend selbstständiges Leben führen können.

Genetisch bedingte Krankheiten

Neben Genommutationen treten auch Mutationen innerhalb von Genen auf. Eine **Genmutation** besteht in einer Veränderung des Gens auf einem Chromosom. Tritt eine Mutation in einem Gen auf, so kann dies Auswirkungen auf die Struktur und Funktion des daraus resultierenden Genproduktes (Protein z. B. Enzym) haben.

Tritt eine Genmutation in einer Keimzelle auf, so kann diese Mutation vererbt werden. Mutierte Gene können durch ihre veränderten Genprodukte zu Krankheiten führen, da diese Genprodukte ihre Funktion nicht voll erfüllen können. Beispiele für genetisch bedingte Krankheiten sind die Sichelzellanämie und die Mukoviszidose.

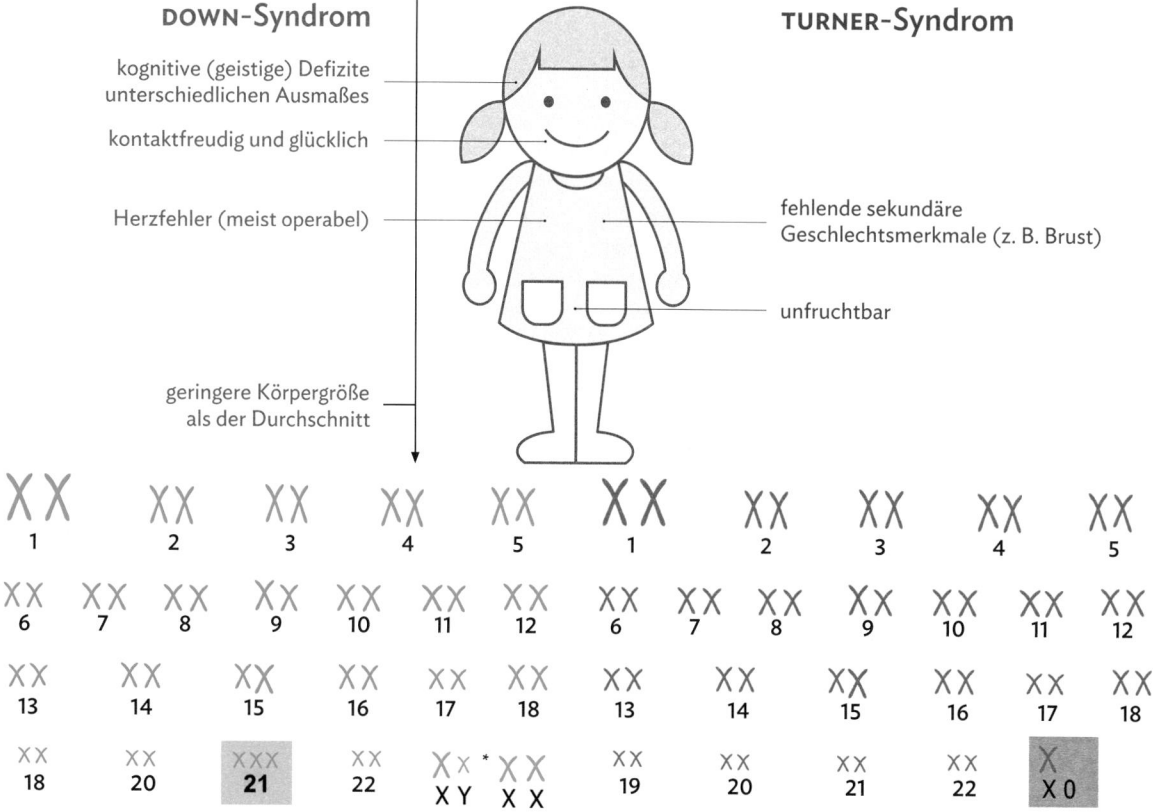

DOWN-Syndrom

kognitive (geistige) Defizite unterschiedlichen Ausmaßes

kontaktfreudig und glücklich

Herzfehler (meist operabel)

geringere Körpergröße als der Durchschnitt

TURNER-Syndrom

fehlende sekundäre Geschlechtsmerkmale (z. B. Brust)

unfruchtbar

* Von Trisomie 21 können Frauen und Männer gleichermaßen betroffen sein, daher sind hier beide Varianten XX und XY dargestellt.

B1 Karyogramm sowie eine Auswahl an Symptomen beim DOWN- und beim TURNER-Syndrom

Reproduktionsmedizinische Diagnostik

Ärztinnen und Ärzte bzw. Medizinisch-Technische Assistentinnen und -Assistenten können am Embryo oder Fetus bzw. an der schwangeren Frau bereits vor der Geburt Untersuchungen durchführen. Diese fasst man unter dem Begriff **pränatale Diagnostik (PND)** zusammen (**B2**). Im Falle einer künstlichen Befruchtung besteht auch die Möglichkeit, den Embryo zu untersuchen, bevor er in die Gebärmutter eingesetzt wird. Dies nennt man **Präimplantationsdiagnostik (PID)**.

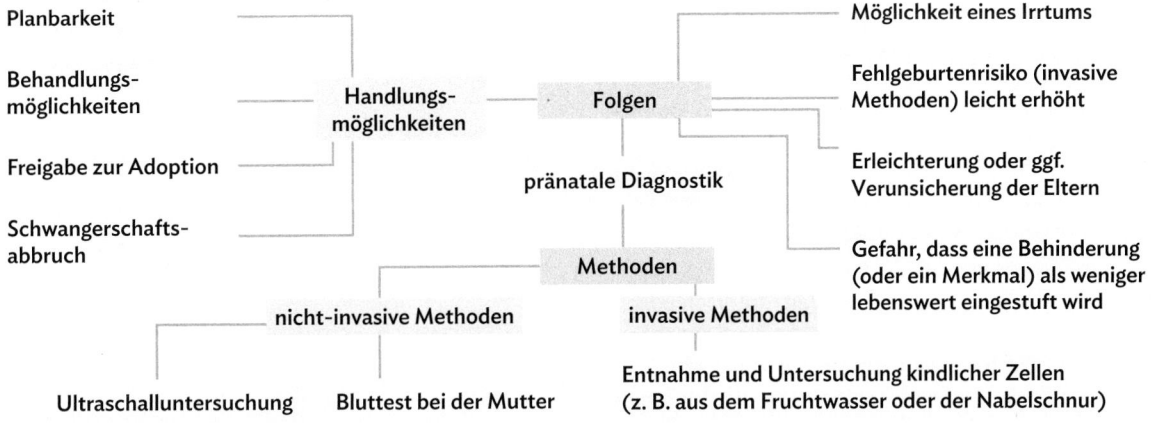

B2 Aspekte der pränatalen Diagnostik

Aufgaben

1 Stelle einen möglichen Zusammenhang zwischen genetischer Ursache und den jeweiligen Symptomen (**B1**) beim DOWN- und TURNER-Syndrom her.

2 In einer Studie wurde jeweils die Häufigkeit der Kinder mit DOWN-Syndrom pro 1.000 lebendgeborener Kinder in Abhängigkeit vom Alter der Mutter erfasst.

a) Formuliere eine Fragestellung und eine Hypothese, die mit dieser Studie beantwortet bzw. überprüft werden kann.

b) Stelle die Daten der Studie (**B3**) in einem MK Diagramm (ggf. digital) grafisch dar.

c) Werte die Daten (**B3**) aus und begründe, ob die eingangs von dir aufgestellte Hypothese durch die Daten gestützt oder widerlegt wird.

Alter der Mutter ab	15	20	25	30	35	40	45
Häufigkeit des DOWN-Syndroms pro 1.000	0,6	0,9	1,25	1,9	3,9	10	31,8

B3 Häufigkeit von Kindern mit DOWN-Syndrom pro 1.000 Lebendgeborene

3 „Abstimmung mit den Füßen": Euer Klassenzimmer wird zu einer Skala von 1-10. Bei der Tafel ist die 10, sie steht für uneingeschränkte Befürwortung pränataler Diagnostik in allen Aspekten. Bei der gegenüberliegenden Wand ist die 1, die für völlige Ablehnung der Methoden steht. Positioniere dich und halte eine mündliche Begründung für deine Positionierung parat.

4 Im Jahr 2019 wurde im Bundestag emotional darüber debattiert, ob der Bluttest zur Diagnose von chromosomalen Abweichungen von den Krankenkassen übernommen werden sollte. Die Abstimmung erfolgte ohne Fraktionszwang, d. h. Abgeordnete waren nicht der Parteilinie verpflichtet, sondern folgten nur ihrer eigenen Überzeugung. Überlegt euch in der Klasse gemeinsam Argumente, die für oder gegen die Kostenübernahme für den Bluttest aufgeführt worden sein könnten. Führt am Ende der Diskussion in der Klasse eine geheime Abstimmung durch.

5 Die Sichelzellanämie und die Mukoviszidose sind MK autosomal vererbte Krankheiten. Recherchiere genetisch bedingte Besonderheiten, die gonosomal vererbt werden.

6 Begründe den Fakt, dass die Auswirkungen von Genommutationen für den Organismus in der Regel größer sind als die von Genmutationen.

4.5.4 Biologische Sachverhalte selbstständig bewerten

Dilemma-Situationen

Mit der Zunahme der technischen Möglichkeiten in Bereichen wie z. B. der reproduktionsmedizinischen Diagnostik oder der Biotechnologie stellt sich vermehrt die Frage, ob alles, was technisch möglich ist, auch getan werden sollte. Jedes Verfahren ist stets mit Chancen und Risiken verbunden. Es entstehen Entscheidungssituationen, für die es keine eindeutig richtige oder falsche Lösung gibt, sog. Dilemma-Situationen („Zwickmühlen"). Um in solchen Situationen eine Entscheidung zu treffen, muss man nicht nur die **medizinischen** Fakten kennen, sondern auch wissen, welche **sozialen** Aspekte und **ethischen** Werte einem wichtig sind.

Verhandelbarkeit von Werten

In modernen Gesellschaften treffen unterschiedliche Wertvorstellungen aufeinander, sodass die **Gewichtung** bestimmter **Werte verhandelt** werden muss (➡ 4.5.5).

In Deutschland sind die Grundrechte der Menschen und damit verbundene Werte wie **Menschenwürde im Grundgesetz** verankert und somit die Grundlage für jegliche Gesetzgebung.

Ein Fallbeispiel

Der sechsjährige Jonas Schuster leidet an der Duchenne-Muskeldystrophie (DMD). Die Eltern Petra und Michael Schuster möchten ein zweites Kind und wünschen sich, dass es gesund ist (**B1**).

> Meine Frauenärztin meint, dass wir es weiterhin auf natürlichem Wege versuchen sollten. Wenn ich schwanger bin, kann ich einen pränatalen Gentest durchführen lassen. Falls der Test die Krankheit nachweist, könnten wir abtreiben.

Petra

> Eine Abtreibung kommt überhaupt nicht in Frage! Auch der Embryo hat ein Recht auf Leben! Ich habe im Internet von der Präimplantationsdiagnostik (PID) gelesen. Dabei wird die Eizelle künstlich befruchtet und dann im Vorfeld getestet, ob der Embryo gesund ist. So würden wir auf jeden Fall ein gesundes Kind bekommen und müssten nicht abtreiben.

Michael

B1 Gespräch zwischen Petra und Michael

1. Schritt: Mache dir die Situation klar und schildere sie in eigenen Worten.
2. Schritt: Informiere dich über die Problematik.
3. Schritt: Zeige die Handlungsmöglichkeiten der beteiligten Personen auf.
4. Schritt: Erstelle eine Liste mit Gründen, die für oder gegen die jeweiligen Handlungsmöglichkeiten sprechen.
5. Schritt: Notiere die entsprechenden Werte, die hinter den Gründen stehen.
6. Schritt: Bilde dir ein persönliches Urteil und begründe es.
7. Schritt: Beschreibe mögliche Folgen deines Urteils.

Quelle: basierend auf C. Hößle, 2001, Moralische Urteilsfähigkeit, Innsbruck, Studienverlag.

Zu 1: Die Schusters wünschen sich ein gesundes Kind und müssen abwägen: Soll Petra auf natürlichem Weg schwanger werden oder sich mittels PID vorher untersuchte Embryonen einsetzen lassen?

Zu 2: Lies den folgenden Abschnitt durch und recherchiere auch im Internet zu den Themen.

Bei Kindern mit **Duchenne-Muskeldystrophie (DMD)** wird nach und nach Muskelgewebe durch Fett- und Bindegewebe ersetzt. Die betroffenen Kinder verlieren allmählich ihre Gehfähigkeit und sind schon im frühen Teenager-Alter auf einen Rollstuhl angewiesen. Da dann auch die Arme nur noch eingeschränkt beweglich sind, ist eine selbstständige Nahrungsaufnahme nicht mehr möglich. Mit ca. 20 Jahren sind die Betroffenen vollständig pflegebedürftig. Der Verlust an Muskelgewebe verursacht Probleme mit der Atmung und dem Herzschlag, was häufig zwischen dem 20. und 30. Lebensjahr zum Tod führt. Eine Heilung gibt es nicht. Die Ursache für DMD ist ein defektes Gen, das für den Aufbau eines wichtigen Muskelproteins verantwortlich ist. DMD ist eine Erbkrankheit, die überwiegend Jungen betrifft, da das Gen auf dem X-Chromosom liegt.

Bei der **Präimplantationsdiagnostik (PID)** werden Zellen von Embryonen, die durch künstliche Befruchtung entstanden sind, vor dem Einsetzen in die Gebärmutter untersucht (**B2**). So können Embryonen mit Chromosomenstörungen oder Gendefekten identifiziert werden. Um die durchschnittlich benötigten sieben Em-

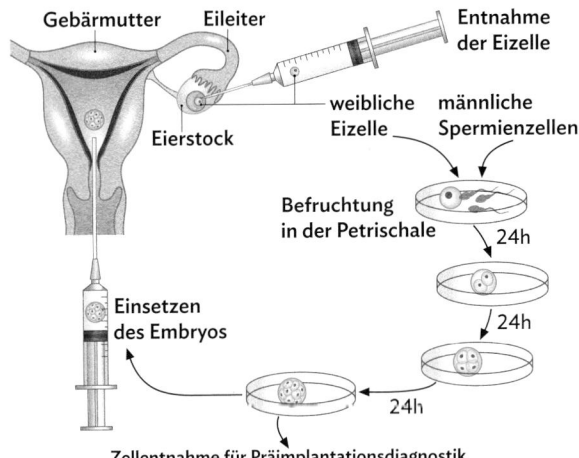

Gebärmutter Eileiter Entnahme der Eizelle

weibliche Eizelle männliche Spermienzellen

Eierstock

Befruchtung in der Petrischale 24h

24h

Einsetzen des Embryos

24h

Zellentnahme für Präimplantationsdiagnostik

B2 Vorgehensweise bei der künstlichen Befruchtung

bryonen zu erhalten, wird eine Frau hormonell behandelt, sodass entsprechend viele Eizellen in ihren Eierstöcken heranreifen, die dann entnommen und in einer Petrischale befruchtet werden. Sind dann ein bis drei Embryonen ausgewählt, werden diese in die Gebärmutter der Frau eingesetzt. Die Wahrscheinlichkeit, dass sich der Embryo in der Gebärmutterschleimhaut einnistet und sich weiter entwickelt, liegt bei ca. 30 %.

Zu 3: Handlungsmöglichkeiten:

a) Sie versuchen weiterhin, auf natürlichem Weg ein Kind zu bekommen und lassen dieses dann pränatal untersuchen und ggf. abtreiben.

b) Sie lassen eine PID durchführen und dadurch nur gesunde Embryonen in die Gebärmutter einsetzen.

c) Sie adoptieren ein Kind ohne DMD.

Zu 4: Aus medizinischer Sicht spricht für die PID z. B., dass Frau Schuster, wenn sie schwanger wird, mit hoher Wahrscheinlichkeit ein Kind ohne DMD bekommt und somit keine Abtreibung in Erwägung ziehen muss. Gegen eine PID spricht aus ethischer Sicht z. B., dass man nicht benötigte Embryonen, die Lebewesen sind, absterben lässt. Aus sozialer Sicht könnten sie einem adoptierten Kind ein gutes Zuhause bieten.

Zu 5: Folgende Werte könnten bei der Entscheidung für oder wider eine PID eine Rolle spielen: *Leidminderung, Recht auf Leben, Glück, Menschenwürde, Liebe, Gesundheit, Selbstbestimmung, Menschlichkeit, Freiheit, Sicherheit.*

Zu 6: Das Argumentieren in ethischen Zusammenhängen folgt meist einem bestimmten Muster:
Zunächst wird eine **Tatsache** dargelegt. Daraufhin folgt eine **Meinung** (bzw. **Richtlinie** oder **Verhaltensnorm**), der stets (mindestens) ein Wert zugrunde liegt. Daraus wird eine bestimmte **Schlussfolgerung** abgeleitet.
Beispiel: **Bei der Abtreibung wird der bis zu 12 Wochen alte Embryo im Mutterleib abgetötet. Da den Eltern das Leid dieses Verlustes erspart werden sollte,** sollten sie sich für die PID entscheiden.

Zu 7: Eine Folge ist allerdings, dass überschüssige Embryonen in der Petrischale produziert werden müssen, die dann vernichtet werden.

Aufgaben

1 Verknüpfe die folgenden drei Sätze zu einer ethischen Argumentation nach dem Muster: **Tatsache. Da ... (Meinung), sollte ... (Schlussfolgerung).**

„Das Leben der Embryonen muss geschützt werden."
„Das Verfahren sollte verboten werden."
„Bei einer künstlichen Befruchtung mit PID werden Embryonen auf Probe erzeugt und solche mit einer genetisch bedingten Beeinträchtigung aussortiert."

2 Formuliere zur Aussage von Aufgabe 1 eine entsprechende Gegenargumentation.

3 Entwickle zu den folgenden Aussagen zur PID und PND jeweils eine ethische Argumentation.

a) *„Aufgrund einer PID ist es möglich, ein Kind zu erzeugen, das sich als Knochenmarkspenderin oder Knochenmarkspender für ein anderes betroffenes Geschwisterkind eignet – ein sog. Rettungsgeschwister."*

b) *„Ich werde mein Kind auf keinen Fall abtreiben lassen und möchte mich daher im Vorfeld gar nicht durch irgendwelche Untersuchungen verunsichern lassen."*

4 **MK** Recherchiere und vergleiche die rechtliche Lage zur PID in Deutschland, Italien und den USA. Nenne mögliche Gründe bzw. Gewichtungen von Werten, die zu den unterschiedlichen Gesetzgebungen führen.

5 Auf der Grundlage einer PID könnte man auch Embryonen mit den Erbanlagen für ein bestimmtes Geschlecht oder eine bestimmte Hautfarbe auswählen. Bewertet in der Gruppe medizinische, soziale und ethische Aspekte eines solchen Vorgehens.

4.5.5   Verschiedene Perspektiven berücksichtigen

Zur Bewertung eines Sachverhalts – z. B. „*Soll gentechnisch veränderter Reis (Golden Rice) als Strategie gegen den Vitamin-A-Mangel in Indien eingesetzt werden?*" – müssen zunächst entsprechende **Fakten** bzw. **Tatsachen** recherchiert werden (**B1**).

Verschiedene Personen haben unterschiedliche **Perspektiven** (Sichtweisen) auf diese Fakten. Das liegt daran, dass sie zur Bewertung der Fakten unterschiedliche Werte als Grundlage nehmen oder bestimmte Werte anders gewichten. Die jeweilige **Wertehierarchie** („Werterangordnung") ist zum einen abhängig von **kulturellen Unterschieden** in verschiedenen Ländern und zum anderen auch von der **persönlichen Einstellung** der Person und der Bedeutung dieses Wertes im betrachteten Fall. Zudem werden aus unterschiedlichen Perspektiven neben den Werten auch jeweils andere Aspekte betrachtet, die nur z. T. miteinander vereinbar sind (**B1**): Die medizinische Perspektive berücksichtigt Heilungschancen, gesundheitliche Risiken und technische Möglichkeiten. Die gesellschaftliche Perspektive geht auf Folgen für die Gesellschaft wie z. B. Wirtschaftlichkeit bzw. Kosten für Krankenkassen, den Staat oder die Wirtschaft ein. Die ethische Perspektive stellt Fragen nach der Beeinflussung von ethischen Werten, wie z. B. körperliche Unversehrtheit, Gerechtigkeit, Nachhaltigkeit oder Umweltschutz.

Durch die unterschiedlichen Perspektiven kommen verschiedene Personen trotz gleicher Fakten zu unterschiedlichen Handlungsmöglichkeiten bzw. Argumentationen und Entscheidungen. Für eine **fundierte Urteilsfindung** in einer Gesellschaft ist es daher notwendig, **vielfältige Gesichtspunkte** bzw. **Perspektiven** zu berücksichtigen (➡ 4.5.6) und die Gewichtung einzelner **Werte zu verhandeln**.

... beugt Sehschwächen und Erblindung aufgrund von Vitamin-A-Mangel bei der indischen Bevölkerung vor.

Der Mangel könnte auch durch die Verteilung von Vitamin-A-Präparaten durch den Staat behoben werden, wodurch allerdings hohe Kosten entstünden.

Der Ertrag von Golden Rice ist niedriger als der von herkömmlichen Sorten.

... könnte einen Beitrag zur Bekämpfung der Mangelversorgung und der sozialen Ungerechtigkeit in der indischen Bevölkerung leisten.

Golden-Rice
(größerer Vitamin-A-Anteil)

... -Anbau erfordert keine Umstellung der Anbaumethoden und auch die Gewinne der Bauern blieben erhalten.

Durch Reis-Monokulturen steigt die Abhängigkeit von Pestiziden, die v. a. die Seen belasten, sodass dort weniger Fische als Nahrungs- bzw. Vitamin-A-Quelle gefangen werden können.

... kann von indischen Landwirtinnen und Landwirten selbst vermehrt werden. Es besteht somit keine zukünftige Abhängigkeit von den herstellenden Unternehmen.

B1   Fakten zum Thema „Golden Rice" und deren Berücksichtigung aus verschiedenen Perspektiven

Aufgaben

1   Entwickelt im Klassenverband verschiedene Handlungsoptionen: Soll Golden Rice in Indien angebaut werden? Wenn ja: In welchem Umfang? Unter welchen Bestimmungen?

2   Folgende Werte könnten bei der Argumentation für oder gegen Golden Rice eine Rolle spielen: Gesundheit, Umweltschutz, Leidverminderung, Unabhängigkeit der indischen Bauern, Artenvielfalt, Wohlstand.

a) Erstellt jeweils eine mögliche Wertehierarchie aus der Sicht eines Kleinbauern, des Saatgut-Herstellers von Golden Rice und eines Regierungsmitglieds.

b) Vergleicht und diskutiert die verschiedenen Wertehierarchien in Kleingruppen.

c) Findet gemeinsam eine Handlungsmöglichkeit, die möglichst gut mit den verschiedenen Perspektiven der Personen vereinbar ist.

4.5.6 Eine Podiumsdiskussion durchführen

Eine Podiumsdiskussion ist ein öffentlicher Austausch von Expertinnen und Experten zu einem kontroversen, umstrittenen Thema, wie beispielsweise dem Einsatz der Präimplantationsdiagnostik in der Medizin. Die geladenen Gäste stammen aus unterschiedlichen Fach- oder Lebensbereichen und haben somit unterschiedliche Perspektiven auf einen Sachverhalt (➥ 4.5.5), über den sie diskutieren.

B1 Die Podiumsdiskussion

Mitwirkende
- Eine Moderatorin bzw. ein Moderator, die bzw. der die Diskussion leitet. Je nach Gruppe und Thema kann diese Rolle von der Lehrkraft übernommen werden.
- Drei bis vier Expertinnen bzw. Experten als geladene Gäste mit unterschiedlichen Standpunkten zu dem diskussionswürdigen Thema.
- Ein aufmerksames und kritisches Publikum, das die Expertinnen und Experten gegebenenfalls mit Fragen konfrontiert.

Vorbereitungen
Es werden so viele Kleingruppen gebildet, wie später Expertinnen bzw. Experten benötigt werden. Die wichtigen Hintergrundinformationen werden an die jeweiligen Kleingruppen ausgeteilt. Alternativ können sich die Gruppen auch mithilfe von Recherchen (z. B. im Internet) Informationen zum Thema beschaffen.

Die Kleingruppen bereiten ihre Argumente zur Diskussion vor und erwählen ein Mitglied aus der Gruppe zur Expertin bzw. zum Experten. Dieses vertritt in der Podiumsdiskussion den vorbereiteten Standpunkt. Bei Bedarf kann die Expertengruppe außerdem eine kritische Frage formulieren, mit der sie einen der anderen Expertinnen oder Experten später konfrontieren möchte.

Während der Erarbeitungsphase bereitet sich die Moderatorin bzw. der Moderator auf die Podiumsdiskussion vor. Hierfür informiert sie bzw. er sich bei den Kleingruppen kurz über deren Standpunkt. Die Moderation hat während der Diskussion die Aufgabe, die Inhalte durch gezielte Fragen innerhalb des Themas zu halten, die „Vielredenden" zu bremsen und die „Leiseren" zu unterstützen. In jedem Fall muss sie oder er darauf achten, dass die Diskussion fair bleibt.

So geht's

1. Schritt: Die Moderatorin bzw. der Moderator sowie die Expertinnen und Experten setzen sich im Halbkreis mit Blickrichtung zum Publikum. Mittig sitzt die moderierende Person.

2. Schritt: Die Moderatorin bzw. der Moderator eröffnet die Diskussion und gibt den Expertinnen und Experten die Möglichkeit, sich dem Publikum kurz vorzustellen und ihren eigenen Standpunkt in einem Satz klar zu formulieren.

3. Schritt: Die Moderatorin bzw. der Moderator stellt gezielte Fragen an die geladenen Gäste.

4. Schritt: Die Gäste diskutieren die Fragen bzw. das Thema untereinander. Dabei achtet die Moderation darauf, dass die Diskussionsregeln eingehalten werden.

5. Schritt: Nach einiger Zeit darf das Publikum ebenfalls in die Diskussion einbezogen werden und Fragen an die geladenen Gäste richten.

6. Schritt: Die Moderatorin bzw. der Moderator beendet die Diskussion nach Ablauf der Zeit und fasst die wichtigsten Argumente bzw. Standpunkte nochmals zusammen.

Aufgaben

1. Bearbeitet nach der Methode „Podiumsdiskussion" die Aufgabe **A4** (➥ 4.5.3). Recherchiert weitere Informationen im Internet.

2. Erstelle für die an der Podiumsdiskussion beteiligten Expertinnen und Experten jeweils eine Wertehierarchie (➥ 4.5.5), die ihren Argumenten zugrunde liegt.

Zum Üben und Weiterdenken

Klonen

03033-049

1   Verschmilzt eine Spermienzelle mit einer Eizelle, wird die Eizelle befruchtet. Vergleiche den Prozess der Befruchtung mit dem Vorgang des Klonens in der Lernanwendung (➡ QR 03033-049).

Verschiedene Zellzyklen

2   Der Zellzyklus besteht aus mehreren Phasen. Der Zeitraum zwischen zwei Zellteilungen kann dabei sehr unterschiedlich sein. Die folgende Tabelle **B1** zeigt die Dauer verschiedener Phasen eines Zellzyklus in Stunden.

a) Die Interphase wird oft als Ruhephase bezeichnet. Beurteile, ob dies zutrifft.

03033-050

b) Vergleiche die Zellen hinsichtlich der Daten in **B2** und stelle eine Hypothese zur Erklärung der Unterschiede auf (Hilfen ➡ QR 03033-050).

Zelltyp	G1-Phase	S-Phase	Mitose
Dünndarm	6	8	0,7
Dickdarm	22	8	0,7
Leber	9950	8	0,7
Nervenzelle	andauernd	–	–
Hautzelle	150	8	0,7

B1   Dauer verschiedener Phasen des Zellzyklus in Stunden

Neukombination von Erbinformation

3   Um die Neukombination von Erbinformation bei der geschlechtlichen Fortpflanzung zu erreichen, müssen besondere Zellen gebildet werden.

a) Grenze den Vorgang der Meiose eindeutig von der Mitose ab, indem du drei Unterschiede im Ablauf formulierst.

b) Körperzellen von Stechmücken besitzen 6 Chromosomen. Übernimm **B2** in dein Heft und trage

die Änderung der Chromosomenzahl zum jeweiligen Ende der genannten Vorgänge in das Diagramm ein.

Genetische Familienberatung

4   Pia interessiert sich für ihre Familiengeschichte und findet heraus, dass in ihrer Familie gehäuft eine Erbkrankheit auftritt, die auch schon ihr Vater und auch ihre Cousins haben (**B3**).

a) Benenne den Erbgang, nach dem die Erbkrankheit in Pias Familie vererbt wird und bestimme die Genotypen aller Familienmitglieder.

b) Pia fragt sich, mit welcher Wahrscheinlichkeit bei ihren Kindern die Erbkrankheit ausbrechen würde. Bestimme die Wahrscheinlichkeit dafür, wenn ihr Mann gesund ist bzw. er an der Erbkrankheit leidet.

c) Bewerte für diesen Fall Chancen und Risiken der pränatalen Diagnostik (PND).

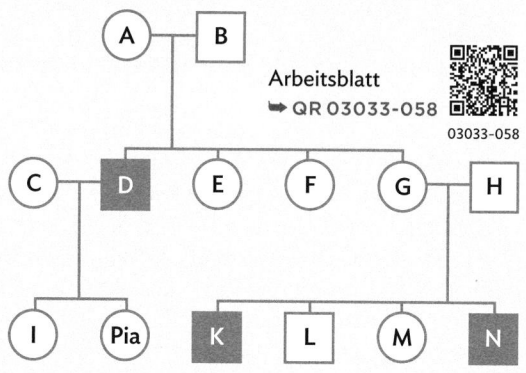

Arbeitsblatt
➡ QR 03033-058
03033-058

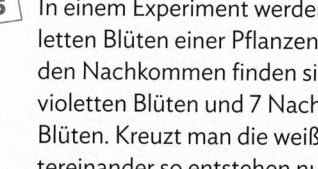

Frau Mann

● ■ **betroffen**

○ □ **nicht betroffen**

B3   Familienstammbaum

Vererbungsregeln

5   In einem Experiment werden Individuen mit violetten Blüten einer Pflanzenart gekreuzt. Unter den Nachkommen finden sich 16 Pflanzen mit violetten Blüten und 7 Nachkommen mit weißen Blüten. Kreuzt man die weißblütigen Pflanzen untereinander so entstehen nur weißblütige Nachkommen. Skizziere ein mögliches Kreuzungsschema zu diesem Experiment.

Zahl der Chromosomen in einer Zelle

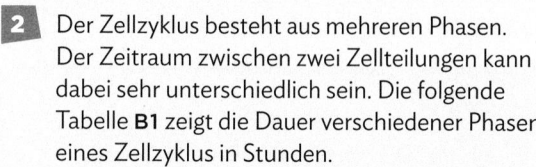

Urkeimzelle   1. Reifeteilung   2. Reifeteilung   Befruchtung

B2   Änderung der Chromosomenzahl

Alles im Blick

Arbeitsblatt (➡ QR 03033-051).

03033-051

Die Erbinformation und der Zellzyklus

Zellen durchlaufen einen Zellzyklus. Damit sich Zellen teilen können und jede Tochterzelle die vollständige Erbinformation erhält, muss die Erbinformation zunächst in der Synthese-Phase (S-Phase) verdoppelt werden. Vor der Zellteilung muss zunächst der Kern geteilt werden (Mitose), wobei die Chromosomen von ihrer Arbeitsform in ihre Transportform übergehen. An die Mitose (Kernteilung) schließt dann eine Zellteilung an, indem eine neue Zellmembran eingezogen wird. Jede der beiden Tochterzellen besitzt den vollständigen Chromosomensatz und somit die gesamte Erbinformation des Organismus.

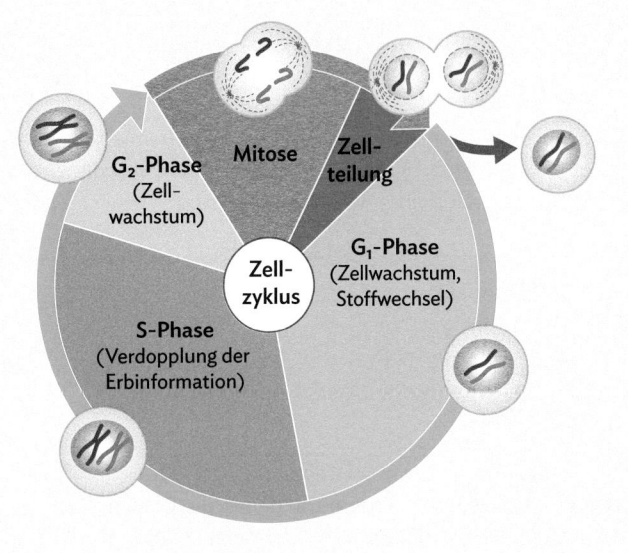

➡ 4.1, 4.2

Variabilität und Vererbung

Grundvoraussetzung für die geschlechtliche Fortpflanzung ist die Vereinigung von Spermien- und Eizelle (Keimzellen), die jeweils einen einfachen (haploiden) Chromosomensatz mitbringen. Die befruchtete Eizelle besitzt somit einen doppelten (diploiden) Chromosomensatz. Beim Menschen unterscheidet sich der Chromosomensatz von männlichen und weiblichen Körperzellen durch die unterschiedlichen Geschlechtschromosomen (Gonosomen: Frauen XX, Männer XY). Die restlichen 22 Chromosomen werden als Autosomen bezeichnet. Der Chromosomensatz kann in einem Karyogramm dargestellt werden. Damit sich Nachkommen wieder geschlechtlich fortpflanzen können, muss bei der Entstehung der Keimzellen (Spermienzellen und Eizellen) im Verlauf der zweiteiligen Meiose der doppelte Chromosomensatz der sog. Urkeimzellen zu einem einfachen Chromosomensatz reduziert werden. Während der ersten meiotischen Teilung werden die väterlichen und mütterlichen homologen Chromosomen zufällig auf die Tochterzellen verteilt. Dies führt zu einer Neukombination der Erbinformation und trägt maßgeblich zur Variabilität der Nachkommen bei. Diese Variabilität unterliegt dem Zufall.

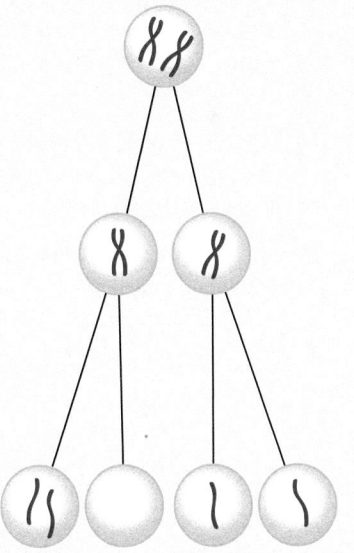

Während der Meiose kann es zu Verteilungsfehlern kommen, sodass Keimzellen mit abweichenden Chromosomenzahlen entstehen können (Genommutation). Ein Beispiel ist das DOWN-Syndrom, bei dem das 21. Chromosom dreifach vorliegt (Trisomie 21).

Jedes Merkmal (z. B.: Fellfarbe) eines Organismus wird durch einen oder mehrere Chromosomen-Abschnitte (Gene) bestimmt, die unterschiedlich ausgeprägt sein können (Allele, z. B.: braun, weiß). Die Vererbung der Merkmale verläuft nach bestimmten Regeln in verschiedenen Typen von Erbgängen.

➡ 4.3, 4.4, 4.5

Ziel erreicht?

1. Selbsteinschätzung

Wie gut sind deine Kenntnisse in den Bereichen A bis F? Schätze dich selbst ein und kreuze auf dem Arbeitsblatt in der Auswertungstabelle unten die entsprechenden Kästchen an (➡ QR 03033-052).

03033-052

2. Überprüfung

Bearbeite die untenstehenden Aufgaben (Lernanwendung ➡ QR 03033-053). Vergleiche deine Antworten mit den Lösungen auf S. 256 f. und kreise die erreichte Punktzahl in der Auswertungstabelle ein. Vergleiche mit deiner Selbsteinschätzung.

03033-053

Kompetenzen

Chromosomen als Träger der Erbinformation und deren Rolle in der Geschlechtsbestimmung beschreiben

| A1 | Chromosomen sind die Träger der Erbinformation.
2 P   a) Nenne die beiden Formen, in denen die Chromosomen während des Zellzyklus vorliegen können.
2 P   b) Definiere die Begriffe Zentromer und Chromatid.

4 P | A2 | Der Chromosomensatz eines Pferdes wird folgendermaßen angegeben: 64,XY. Erläutere diese Angabe unter Verwendung von Fachbegriffen.

2 P | A3 | Erkläre die Bedeutung des Y-Chromosoms.

Den Zellzyklus und die Bedeutung der Mitose erklären

4 P | B1 | Benenne die zwei Hauptphasen des Zellzyklus und beschreibe jeweils mit wenigen Stichworten die wichtigsten Vorgänge während jeder Phase.

3 P | B2 | Das Leben beginnt mit einer befruchteten Eizelle. Erkläre die Bedeutung des Zellzyklus für das restliche Leben des Individuums.

4 P | B3 | Schon mit einem Lichtmikroskop kann man die Phasen der Mitose gut erkennen. Ordne die beiden Abbildungen begründet in den Gesamtprozess der Mitose ein. Gehe dazu auf die sichtbaren Vorgänge ein, die in der jeweiligen Phase ablaufen.

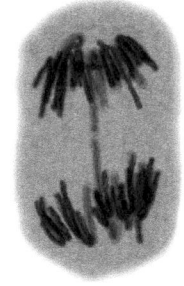

zu B3

Den Vorgang der Meiose und dessen Bedeutung beschreiben

C1 | Beschreibe den Ablauf der Keimzellenbildung mithilfe einfacher Skizzen.   6 P

C2 | „Die Meiose kann bei der Keimzellenbildung nicht durch die Mitose ersetzt werden." Nimm begründet Stellung zu dieser Aussage.   5 P

C3 | Erkläre die Bedeutung der Meiose für die erbliche Vielfalt.   4 P

Erbgänge erklären und Familienstammbäume auswerten

D1 | Definiere die Begriffe Gen, Allel, Phänotyp und Genotyp.   4 P

D2 | Eine Krankheit wird X-chromosomal rezessiv vererbt. Erkläre, dass mehr Männer als Frauen davon betroffen sind.   3 P

D3 | Werte folgenden Familienstammbaum aus, indem du den Vererbungstyp ermittelst und die Genotypen aller Personen benennst.   6 P

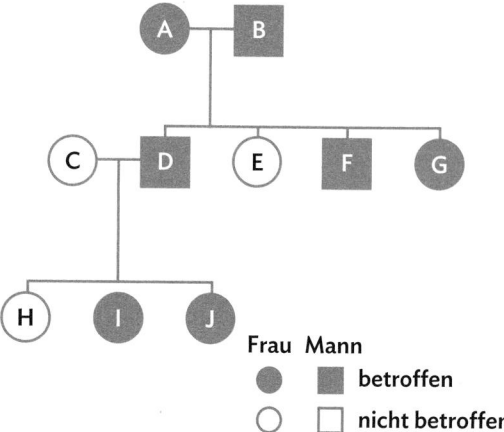

zu D3

5 P D4 Bei der autosomal-dominant vererbten Polydaktylie kommt es zur Dopplung oder Verwachsung von
Zehen oder Fingern. Beschreibe die Abweichung
im Röntgenbild von einer regulären Hand und erkläre, dass Männer und Frauen gleichermaßen von
Polydaktylie betroffen sein können.

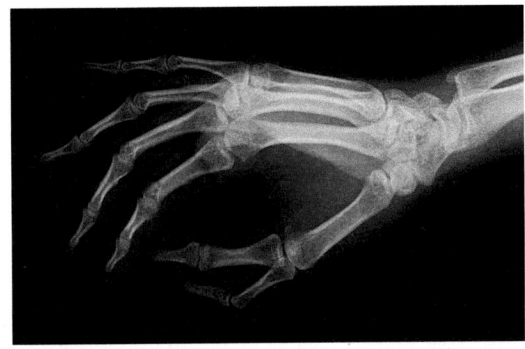

zu D4

**Mutationen als Veränderung der Erbinformation
beschreiben**

2 P E1 Werte das Karyogramm aus und beschreibe die
hier vorliegende Abweichung.

**Den Zusammenhang zwischen Genen, Gen-
produkten und Merkmalen beschreiben**

7 P F1 Richtig oder falsch? Korrigiere falsche Aussagen.
– Gene sind Proteine, die auf den Chromosomen
liegen.
– Jedes Gen enthält die Information für immer
genau ein Merkmal.
– Gene können die Information für ein Enzym
tragen.

– Bakterienzellen besitzen keinen Zellkern und
somit auch keine genetische Information.
– Jedes Lebewesen enthält genetische Informa-
tion.
– Einige Merkmale sind das Ergebnis von dem
Zusammenspiel mehrerer Gene.
– Die Gesamtheit aller Merkmale bezeichnet
man als dominanten Phänotyp.

F2 Jasmin und Daya sind eineiige Zwillinge. Jasmin **4 P**
arbeitet als Biologin in einem Labor und geht gerne am Wochenende eine Runde laufen. Daya ist
Profi-Schwimmerin und trainiert täglich mehrere
Stunden im Becken und im Fitnessstudio. Trotz
der gleichen genetischen Information sehen die
beiden Zwillingsschwestern nicht gleich aus.
Erkläre diesen Umstand.

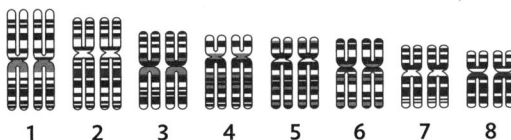

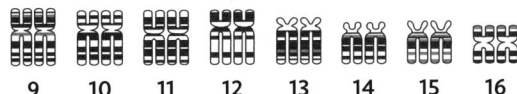

zu E1

5 Zellbiologie und Weitergabe von Erbinformation

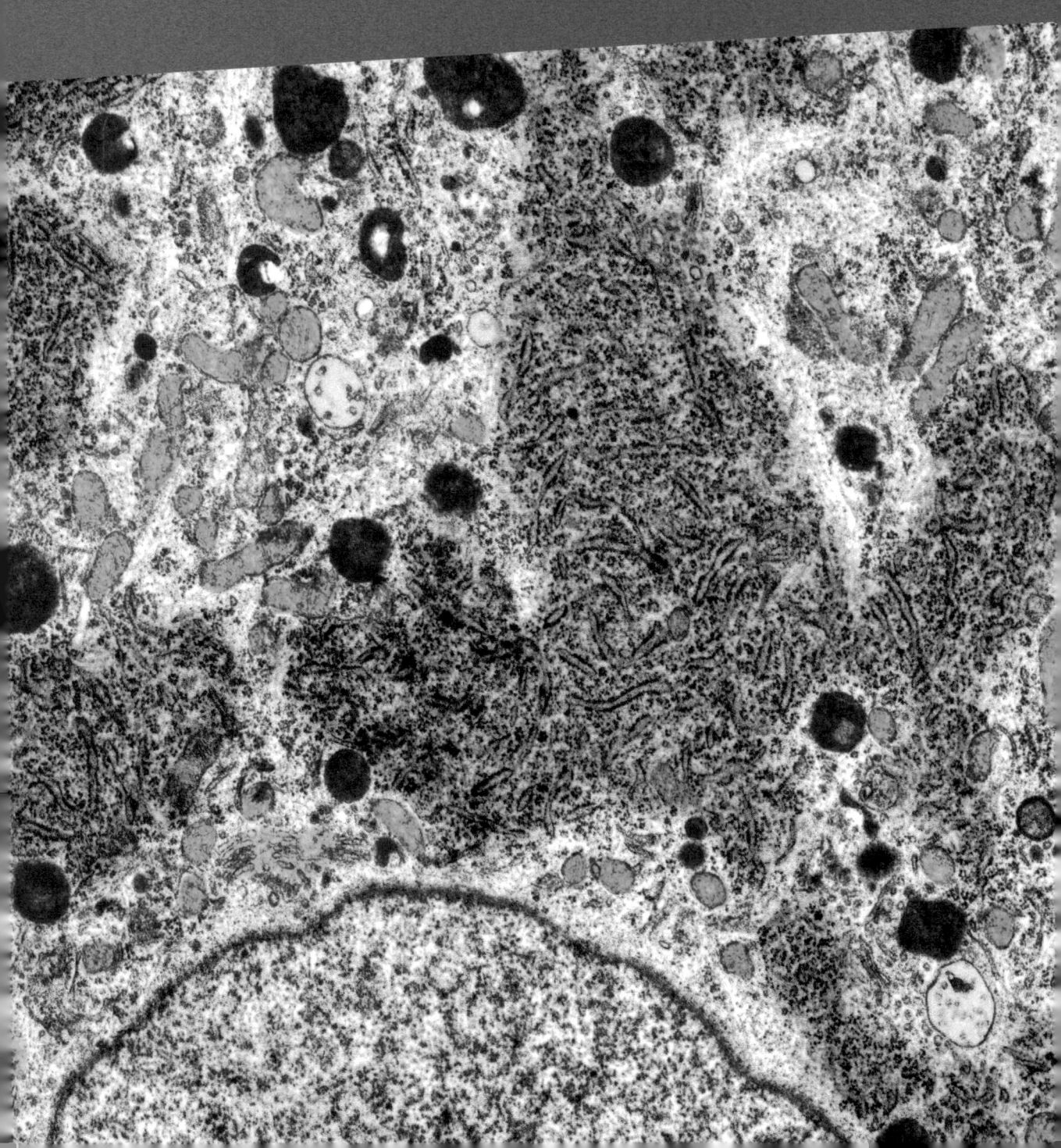

Startklar?

Die folgenden Basiskonzepte (BK ➡ im Buchdeckel) helfen dir, die neuen Inhalte von Kapitel 5 mit deinem Vorwissen zu verknüpfen (Lernanwendung ➡ QR 03028-008).

03028-008

Wachstum und Entwicklung von Zellen

Die kleinste Einheit aller Lebewesen ist die Zelle. Bei Lebewesen, die aus mehreren Zellen bestehen (Mehrzeller), arbeiten die einzelnen Zellen eng miteinander zusammen. Durch die sogenannte Zellteilung entstehen neue Zellen (**B1**). Bei diesem Vorgang teilt sich eine Mutterzelle in zwei Tochterzellen, die die gleiche Erbinformation besitzen.

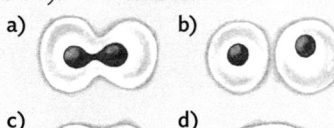

B1 Verschiedene Stadien der Zellteilung

➡ **BK Entwicklung**

Zellen als Grundbausteine der Lebewesen

Zellen stellen Kompartimente, das heißt abgegrenzte Reaktionsräume, dar. In ihrem Inneren liegen wiederum verschiedene noch kleinere Kompartimente, die sogenannten Zellorganellen. Jede Zelle besitzt verschiedene Zellorganellen, die spezielle Aufgaben übernehmen. Die einzelnen Organellen sind durch ihren Bau (Struktur) genau an deren jeweilige Aufgabe (Funktion) in der Zelle angepasst. Mitochondrien sind das Kompartiment, in dem die Zellatmung stattfindet. Hier wird also chemische Energie des Traubenzuckers in für die Zelle nutzbare Energie (z. B. für Wachstum oder Bewegung) umgewandelt. In den grünen Zellen der Pflanzen kommen Chloroplasten vor. Diese stellen mithilfe der Sonnenenergie aus energiearmen anorganischen Material (Wasser und Kohlenstoffdioxid) energiereichen Traubenzucker her.

➡ **BK System**

➡ **BK Struktur und Funktion**

Stoff- und Energieumwandlung in Zellen

Lebewesen sind sogenannte „offene Systeme" und eng mit ihrer Umgebung verbunden. Jedes Lebewesen nimmt körperfremde Stoffe auf, die im Körper in neue Stoffe umgewandelt werden oder der Energiebereitstellung dienen. Abfallprodukte werden abgegeben. Diese Stoffaufnahme, Stoffumwandlung und Stoffabgabe bezeichnet man als Stoffwechsel (**B2**). Eine Stoffumwandlung geht immer mit einer Energieumwandlung einher. Tiere wandeln die in der Nahrung enthal-

B2 Stoffaufnahme und -abgabe

tene Energie in andere Energieformen (z. B. Wärmeenergie) um. Bei der Fotosynthese wird Lichtenergie (der Sonne) in chemische Energie umgewandelt. Das Produkt Traubenzucker ist ein energiereicher Nährstoff. Die Zellatmung ist der umgekehrte Vorgang zur Fotosynthese. Der Abbau des Traubenzuckers dient in der Zelle der Bereitstellung von sofort verwertbarer Energie.

➡ **BK System**

Aufgaben

➡ Lösungen auf S. 257 f.

1 Ordne die Abbildungen a)–d) (**B1**) verschiedener Stadien der Zellteilung so, dass der korrekte Ablauf der Zellteilung dargestellt wird.

2 Verschiedene Zelltypen beinhalten verschiedene Organellen. Auch die Anzahl bestimmter Organellen variiert von Zelltyp zu Zelltyp je nach Aufgabe.

a) Begründe, warum in den Wurzelzellen von Pflanzen keine Chloroplasten vorkommen, wohl aber in den Blattzellen.

b) Stelle eine begründete Vermutung auf, welcher Zelltyp des Menschen besonders viele Mitochondrien enthält.

5.1.1 Vergleich tierischer und pflanzlicher Zellen

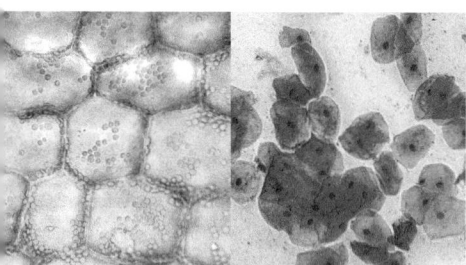

Eigentlich ist doch alles ganz klar:
Pflanzen bestehen aus Zellen, die Pflanzen eben haben und Tiere aus Zellen, die für Tiere typisch sind. Einzeller bestehen sogar nur aus einer einzigen Zelle.

→ Wie sind Zellen aufgebaut? Worin unterscheiden sie sich?

Lernweg

1 Zellen der Pflanzen und Tiere sind aus bestimmten Zellbestandteilen, den Zellorganellen, aufgebaut, die sie gemeinsam haben. Jedoch gibt es auch Unterschiede (M1, M2).

a) Ordne die verschiedenen mikroskopischen Abbildungen (a–c) in **B1** den entsprechenden Bestandteile der Zelle zu (Arbeitsblatt zu **A1 a)–d)** ➡ QR 03023-83).

b) Erstelle eine Tabelle, in der du Aufbau und Funktion der einzelnen Zellorganellen gegenüberstellst (M2).

c) Beschrifte eine tierische Zelle (Lernanwendung ➡ QR 03023-84).

d) Nenne die drei Bestandteile, die nur pflanzliche Zellen besitzen.

2 Zellen sind sehr klein, jedoch funktioniert jede für sich wie eine kleine Fabrik.

a) Vergleiche das Modell in M3 (B3) mit einer pflanzlichen Zelle (B2) indem du den nummerierten Teilen der Fabrik (*Fließband, Steuerungszentrale, Fertigungsanlage, Außenwand, Wassertank, Brennstoffzelle, Solarzellen*) begründet die mit Buchstaben versehenen Zellorganellen zuordnest.

b) Diskutiere die Schwachstellen und Grenzen dieses Gedankenmodells.

03023-83

03023-84

M1 Feinbau einer tierischen Zelle

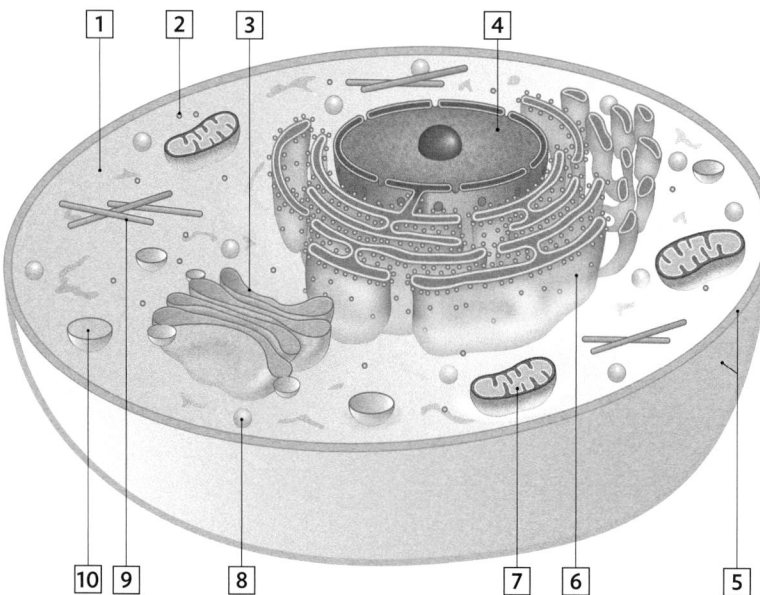

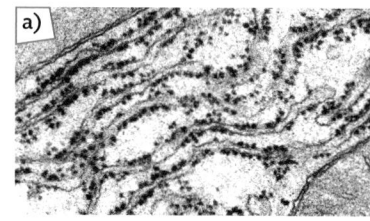
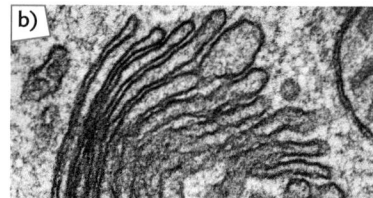
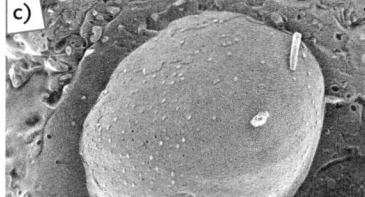

B1 Feinbau einer tierischen Zelle

M2 Bau und Funktion der Zellorganellen

Eukaryotische Zellen (von griech. *„eu"*: echt, *„karyon"*: Kern) verfügen über einen meist rundlichen **Zellkern**, der die Erbinformation (DNA) (➜ 4.1.1) enthält und die Lebensprozesse der Zelle steuert. Umgeben ist der Zellkern von einer doppelten Zellkernmembran, die über Kernporen mit dem **Zytoplasma** (Zellplasma), dem Inneren der Zelle, verbunden ist, sodass Stoffe vom Zellkern in das Zytoplasma und umgekehrt gelangen können. Das gelartige **Zytoplasma** besteht aus der Zellflüssigkeit (**Zytosol**) und dem **Zytoskelett**, welches der Zelle unter anderem Stabilität verleiht. Die Zelle wird von der **Zellmembran** umgrenzt, die das Innere schützt, und kontrolliert, welche Stoffe in die Zelle und aus der Zelle heraus gelangen. Pflanzenzellen sind außerdem durch eine verstärkende **Zellwand** begrenzt, die den Zellen ihre Form gibt und sie schützt. Die Zellkernmembran steht in Verbindung mit dem weit verzweigten Membransystem des **endoplasmatischen Retikulums** (**ER**), das als flächige Hohlräume, Röhren und Kammern einen Großteil der Zelle durchzieht. Dieses erscheint in elektronenmikroskopischen Bildern entweder „rau" oder „glatt". An den „rauen" Stellen sitzen kleine, membranlose, rundliche **Ribosomen**, an denen Eiweiße gebildet

werden. Die Proteine werden anschließend über das ER in der Zelle verteilt. Ribosomen können auch frei im Zytoplasma der Zelle vorhanden sein. In Pflanzenzellen findet sich oft eine riesige **Vakuole**, die fast den gesamten Zellinnenraum ausfüllen kann. Sie ist der Zellsaftspeicher und enthält z. B. Farbstoffe. **Diktyosomen**, flache zusammengelagerte Membranstapel, befinden sich häufig in der Nähe des ER. In ihnen werden Proteine modifiziert, indem sie bestimmte chemische Gruppen erhalten. Alle Diktyosomen einer Zelle bilden den **Golgi-Apparat.** Die nutzbare Energie für die Zelle wird an dem weit verzweigten Membransystem im Inneren der **Mitochondrien** bereitgestellt. Die grünen **Chloroplasten** der Pflanzenzellen sind der Ort der Fotosynthese und verfügen über ein stark gefaltetes Membransystem, die **Thylakoide**. Dort ist das **Chlorophyll** verankert. Neben den größeren membranumgrenzten Zellbestandteilen gibt es kleinere „Membranbläschen", die **Vesikel**. In ihnen werden Stoffe transportiert. Ein Beispiel für solche Vesikel sind die **Lysosomen**. Sie enthalten Verdauungsenzyme und sind die „Müllabfuhr" der Zelle, indem sie nicht mehr benötigte Stoffe abbauen.

M3 Modell einer pflanzlichen Zelle

In Zellen finden ständig Prozesse statt, die es ihnen ermöglichen, ähnlich wie eine Fabrik, Produkte herzustellen und zu transportieren (**B2**, **B3**). Die Informationen aus dem Zellkern werden abgelesen, als Kopie zu den Ribosomen am ER oder im Zytoplasma gebracht und dort in Proteine umgesetzt. Diese werden oft über das weit

verzweigte ER verteilt, in Vesikel verpackt und zum Diktyosom transportiert. Dort erfolgt der Einbau einer verbesserten Ausstattung durch chemische Modifizierungen. Am Ende werden sie wieder in Vesikel verpackt und zu ihrem Einsatzort gebracht oder aus der Zelle geschleust.

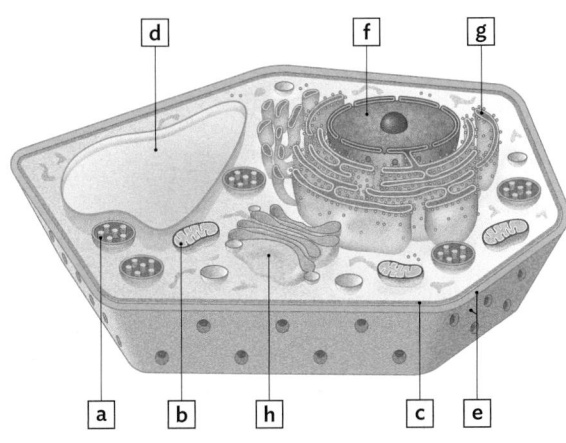

B2 Pflanzliche Zelle

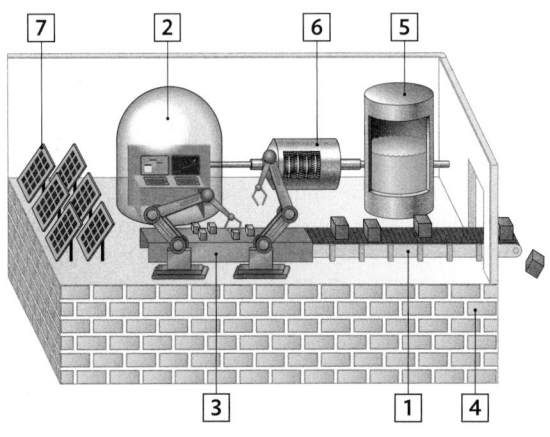

B3 Fabrik als Gedankenmodell

5.1.2   Pro- und eukaryotische Zelle im Vergleich

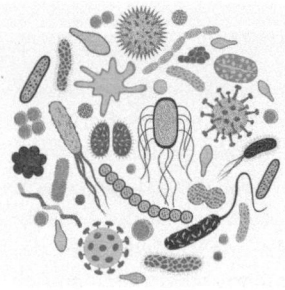

Alle Lebewesen bestehen aus Zellen. Die Zellen von Pflanzen, Tieren und auch Pilzen sind komplex aufgebaut. Die kleinsten Zellen gehören zu den Bakterien. Sie sind einfacher aufgebaut, aber können viele besondere Leistungen erbringen.

→ Worin unterscheiden sich pflanzliche und tierische Zellen von Bakterienzellen?

Lernweg

1 Die Einteilung der Lebewesen erfolgt zunächst aufgrund der Unterscheidung ihrer Grundeinheit – der Zelle – in Prokaryoten und Eukaryoten (M1).
a) Vergleiche die Zellen von Tieren, Pflanzen (➡ 5.1.1) und Bakterien tabellarisch indem du von fünf Bestandteilen der Zellen jeweils angibst, ob dieser vorhanden ist oder fehlt.
b) Man geht davon aus, dass der Zelltyp der Prozyte in der Erdgeschichte deutlich früher als der der Euzyte aufgetreten ist. Begründe dies mithilfe der Angaben im Text.
c) Vergleiche pro- und eukaryotische Zellen hinsichtlich der Organisation des genetischen Materials.

2 Bakterien finden sich überall und spielen auch in unserem Leben eine große Rolle.
a) Recherchiere Vorkommen und Bedeutung von je zwei Kokken, Spirillen und Stäbchen (M2).
b) Erarbeite ein Referat über Vorkommen, Eigenschaften und Bedeutung von Biofilmen.
c) Prokaryoten besitzen zwar nur eine minimale Ausstattung ihrer Zelle, aber leisten unglaubliche Dinge, die wir nicht vollbringen können. Erläutere die Bedeutung der Prokaryoten für uns (M3).

3 Plane zu mindestens zwei Fragen in V4 jeweils einen passenden Versuch (➡ S. 14 f.) und führe beide Versuche zu Hause durch. Protokolliere dein Vorgehen und die Ergebnisse.

M1   Vergleich der Zellen von Pro- und Eukaryoten

Bakterien (➡ 2.1.1) zählen zu den **Prokaryoten**. Sie bestehen nur aus einer einzigen, sehr einfach gebauten Zelle, der **Prozyte**. Das Zellplasma ist nur wenig strukturiert und ohne abgegrenzte Bereiche. Es ist von einer Zellmembran und Zellwand umgeben und enthält neben den Ribosomen – zur Produktion von Proteinen – auch DNA. Der DNA-Doppelstrang ist zu einem Ring geschlossen, man spricht auch vom ringförmigen Bakterienchromosom oder **Ringchromosom**. Daneben kommen häufig noch **Plasmide**, kleinere DNA-Ringe, vor. **Eukaryoten** wie Pflanzen, Tiere und Pilze sind aus einer, mehreren oder vielen **Euzyten** aufgebaut. Dieser Zelltyp besitzt einen echten **Zellkern**, der von einer Doppelmembran umgeben ist und mehrere einzelne DNA-Doppelstränge enthält. Die Erbsubstanz ist somit in mehreren Portionen, den **Chromosomen** organisiert. Die Euzyte ist von einer **Zellmembran** umgeben. Im **Zellplasma** liegen neben den Ribosomen noch viele weitere

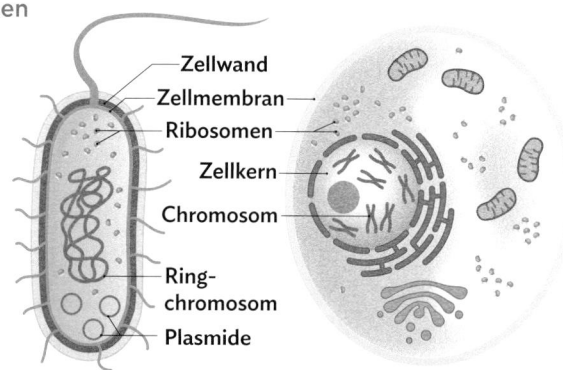

B1 Prozyte und Euzyte

Zellorganellen vor wie z. B. die Mitochondrien (Orte der Zellatmung) oder das endoplasmatische Retikulum (Transportsystem für Stoffe) (➡ 5.1.1). In den unterschiedlichen Organellen können somit verschiedene Stoffwechselvorgänge gleichzeitig nebeneinander ablaufen (Kompartimentierung).

M2 Vielgestaltige Prokaryoten

Bakterien sind nur wenige μm groß und können verschiedene Formen haben. Es gibt kugelige **Kokken** und kürzere bzw. längere **Stäbchen**. **Spirillen** sind gedreht (**B2**). Bakterien besiedeln alle Lebensräume und können oft Stoffe in ihrem Stoffwechsel verwenden, die für uns giftig sind. Bakterien können zusammenhängen und lange Ketten bis hin zu **Biofilmen** bilden. Dazu gehört zum Beispiel auch Plaque an den Zähnen, was zu Zahnbelägen führt. Ermöglicht wird das durch eine **Schleimschicht**, die der **Zellwand** aufliegt. Im Inneren der Zellen können sich auch Fetttröpfchen oder andere **Reservestoffe** befinden. Bakterien können sich aktiv fortbewegen mithilfe von **Geißeln** oder **Wimpern**. Die Zellen vermehren sich durch Zweiteilung. Sie können genetische Informationen (**Plasmide**) über kleine Röhren (**Pili**) austauschen.

B2 Verschiedene Formen der Bakterien

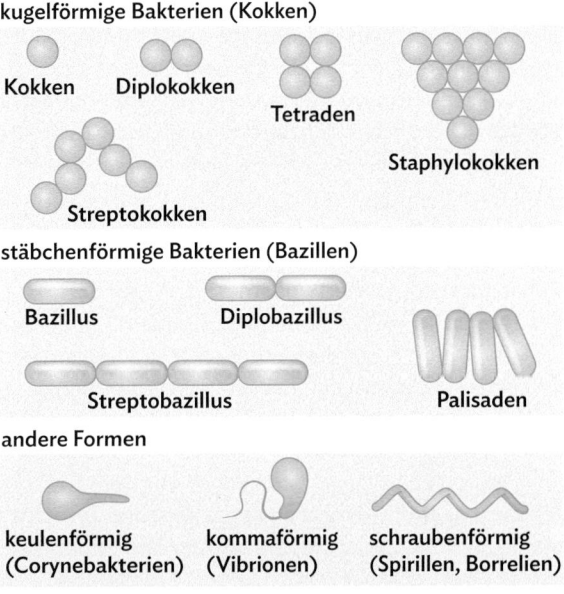

kugelförmige Bakterien (Kokken)

Kokken · Diplokokken · Tetraden · Staphylokokken · Streptokokken

stäbchenförmige Bakterien (Bazillen)

Bazillus · Diplobazillus · Streptobazillus · Palisaden

andere Formen

keulenförmig (Corynebakterien) · kommaförmig (Vibrionen) · schraubenförmig (Spirillen, Borrelien)

M3 Leistungen der Bakterien

Bakterien sind oft **Spezialisten** in Bezug auf ihre Nahrung. Manche ernähren sich von Stoffen, die uns gar nicht schmecken würden. Dazu gehören Reste aus den verschiedensten industriellen Produktionen, Treibstoffe, Abwasser (**B3**), Gase oder auch Gifte. Bestimmte Bakterien können Ölteppiche nach einem Tanker-Unglück abbauen. Andere werden in der Produktion von **Lebensmitteln** genutzt. Milchsäurebakterien sind an der Herstellung von Joghurt oder sauren Gemüsen (z.B. Sauerkraut) beteiligt. Bakterien der Gattung Acetobacter können Trinkalkohol in Essig umwandeln. Selbst in und auf unserem Körper leben unzählige Bakterien. Sie helfen uns, die Nahrung abzubauen, können Gifte an sich binden und verhindern, dass sich schädliche Bakterien ansiedeln können und wir krank werden.

B3 Bakterien in einem Belebtschlammbecken einer Kläranlage helfen bei der Aufbereitung von Abwasser

V4 Joghurt-Herstellung

Lebensmitteltechnikerinnen und Lebensmitteltechniker (**→ hinten im Buchdeckel**) stellen Joghurt nach festen Rezepten und Abläufen her, die ständig optimiert werden. Die im käuflichen Joghurt enthaltenen Bakterien können sich vermehren und aus Milch Joghurt erzeugen. Um Joghurt zu Hause selbst herzustellen, kann man 100 mL Milch mit einem Teelöffel Joghurt (mit lebenden Keimen) aus dem Handel versetzen und dieses Gemisch in einem geschlossenen Glas für 12 Stunden bei ca. 37 °C stehen lassen. Aber ist das auch die beste Methode? Was passiert bei unterschiedlichen Temperaturen? Hat die Zugabe von Zucker eine Bedeutung? Welche Rolle spielt der verwendete Joghurt? Welche Rolle spielt die Milch? Wie verändert sich der Säuregrad der Milch? Fragen, denen man wissenschaftlich auf den Grund gehen kann ...

Achte beim Experimentieren auf saubere Gefäße, einen ordentlichen Arbeitsplatz und reinige alle Oberflächen sowie deine Hände am Ende gründlich. Falls dein Joghurt ungewöhnlich aussieht oder unangenehm riecht, darfst du ihn auf keinen Fall mehr probieren!

5.1.3   Zelltypen – kompakt

Zellen sichtbar machen

Zellen sind differenzierte Reaktionsräume, in denen vielfältige Stoffwechselwege ablaufen: Stoffe werden auf-, ab- und umgebaut, um alle Lebensvorgänge zu ermöglichen. Zellen sind normalerweise mit bloßem Auge nicht sichtbar. Die einzige sichtbare menschliche Zelle, die Eizelle, ist gerade einmal 0,01 cm groß. Unterschiedliche Mikroskope und Präparations-Verfahren können unterschiedliche Aspekte der Zelle darstellen (**B1**).

Zellstrukturen wirken zusammen

Eukaryotische Zellen haben einen **Zellkern** [1], der die Erbinformation des Lebewesens enthält. Prokaryoten und einzellige Eukaryoten bestehen nur aus einer Zelle. Vielzellige Lebewesen sind aus ganz unterschiedlichen Zellen aufgebaut, die zusammenarbeiten und sich in ihrer Funktion ergänzen. Informationen aus dem Zellkern gelangen über die Kernporen in das gelartige **Zytoplasma** [2], das den Zellinnenraum ausfüllt. Die Informationen aus dem Zellkern werden an den **Ribosomen** [3] in Proteine umgesetzt, die wichtige Funktionen in der Zelle oder in anderen Bereichen des Körpers erfüllen.

Zellen sind dynamisch

Betrachtet man eine Zelle mikroskopisch, erscheint sie meist als starres, lebloses Gebilde. Jedoch finden darin **ständig Umwandlungsprozesse** statt. Proteine, die an den Ribosomen gebildet werden, gelangen über das weit verzweigte Membransystem des **endoplasmatischen Retikulums** (**ER**) [4] in andere Bereiche der Zelle. Vom ER können sich bläschenförmige **Vesikel** [5] abschnüren und die Proteine zu den **Diktyosomen** [6] befördern. Dort werden die Proteine durch den Einbau bestimmter chemischer Gruppen verändert. Auch vom Diktyosom können sich Vesikel mit den Proteinen abschnüren und weitertransportiert werden oder die Zelle verlassen. Mehrere Diktyosomen bilden den **Golgi-Apparat** [6] der Zelle. Falsch zusammengebaute Proteine oder alte Zellstrukturen werden in den **Lysosomen** [7] abgebaut und stehen der Zelle wieder als Baustoffe zur Verfügung. Die

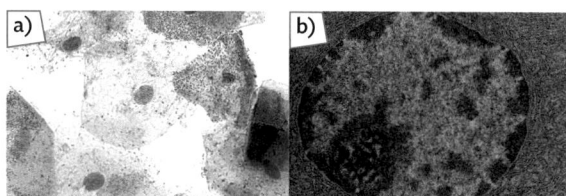

B1   Mit Methylenblau angefärbte Zellen der Mundschleimhaut (a), Elektronenmikroskopisches Bild eines Zellkerns (b)

Zellen der Eukaryoten sind **dynamische** Gebilde, sie sind also ständig in Bewegung. Die Membranen bilden verschiedene **Kompartimente**, die Reaktionsräume für die unterschiedlichsten Reaktionen darstellen.

Basiskonzept

Die verschiedenen Membransysteme der Zelle grenzen Räume voneinander ab. Dieses Prinzip wird als **Kompartimentierung** (**BK System**) bezeichnet. Das Zellinnere ist durch die Zellorganellen in einzelne **Kompartimente** unterteilt. So stellen zum Beispiel die Summe der Chloroplasten oder Mitochondrien in der Pflanzenzelle jeweils ein Zellkompartiment dar. In den einzelnen Kompartimenten herrschen je nach Aufgabe jeweils unterschiedliche Bedingungen. Durch diese abgegrenzten Reaktionsräume können verschiedene Prozesse ungestört nebeneinander ablaufen, vergleichbar mit den verschiedenen Räumen eines Hauses, in denen unterschiedliche Tätigkeiten ausgeführt werden können. So wie die Räume eines Hauses stellen auch Kompartimente offene Systeme dar, die sowohl Abgrenzung von, als auch Austausch mit der Umwelt ermöglichen. Dieser kontrollierte Austausch findet durch Biomembranen statt.

Zellen benötigen Energie und Stoffe

Die vielfältigen Abläufe in der Zelle benötigen Energie, die von den **Mitochondrien** [8] bereitgestellt wird. Grüne Pflanzen verfügen über einen weiteren Energie liefernden Prozess: die **Fotosynthese**, die in den **Chloroplasten** [9] der Zellen abläuft.

Die Stoffe, die in der Zelle verarbeitet werden, gelangen über die **Zellmembran** [10] in die Zelle. Die Zellmembran umschließt das Zytoplasma und lässt nur ausgewählte Stoffe in die Zelle hinein oder hinaus. Leider können schädliche Substanzen wie Alkohol diese Barriere leicht überwinden. Bei Pflanzen liegt der Zellmembran die schützende und stützende Schicht der **Zellwand** [11] auf. Im Inneren der pflanzlichen Zelle befindet sich oft eine große **Vakuole** [12], in der Stoffe gespeichert werden. Tierischen Zellen fehlt so eine stützende Außenschicht. Sie werden durch das **Zytoskelett** [13] stabilisiert, das von Proteinfäden innerhalb der Zelle gebildet wird.

Prokaryotische Zellen

Die wichtigsten Unterschiede zwischen **prokaryotischen** und **eukaryotischen** Zellen sind, dass prokaryotische keinen echten Zellkern sowie kein Membransystem und damit keine unterschiedlichen Reaktionskammern besitzen. Alle Abläufe finden im selben Kompartiment statt. Prokaryotische Zellen kommen fast überall auf der Erde vor und können jeden Lebensraum besiedeln. Dabei erobern sich die Prokaryoten auch durch ihre aktive Fortbewegung durch **Wimpern** oder **Geißeln** andere Lebensräume. Sie vermehren sich durch **Zweiteilung**, aber können über **Pili** genetische Informationen austauschen. Eine besondere Gruppe der Prokaryoten sind die **Archaeen**, die in extremen Lebensräumen zu finden sind.

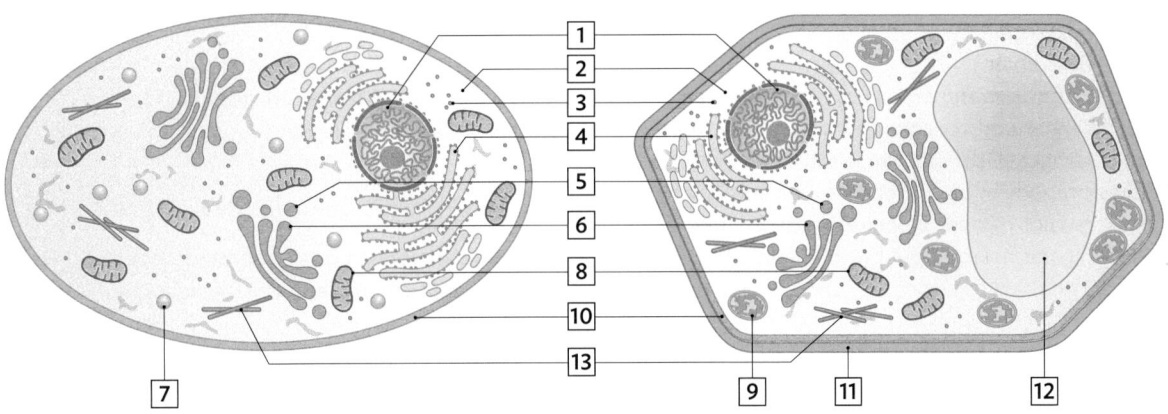

B2 Vergleich einer tierischen (links) und einer pflanzlichen (rechts) Zelle

1 Prokaryotische und eukaryotische Zellen unterscheiden sich in ihrem Aufbau.
a) Skizziere eine prokaryotische und eine tierische Zelle und beschrifte beide.
b) Vergleiche die Zellen hinsichtlich ihrer äußeren Begrenzung und der Organisation ihrer DNA.

2 Elektronenmikroskopische Bilder sind oft nicht leicht zu deuten (**B3**).
a) Begründe um welches Zellorganell es sich bei **B3** handelt und fertige eine genaue Zeichnung dieses Organells an.
b) Erläutere die Entstehung dieser Abbildung.

3 Zellen sind nicht starr, sondern dynamisch.
a) Plane und baue mithilfe verschiedener Materialien ein Funktionsmodell der Zelle, mit dem die Zusammenarbeit zwischen den Zellorganellen veranschaulicht werden kann (z. B. Folien, durchsichtige

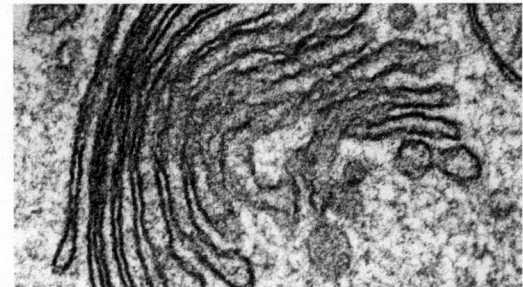

B3 Elektronenmikroskopische Aufnahme eines Zellorganells

Plastikboxen, Filmdöschen, Luftballons, Pfeifenputzer).
b) Beurteile die Stärken und Schwächen deines Modells.
c) Erstelle ein Erklärvideo zum Bau deines Modells (➡ **4.3.5**).

5.1.4 Mikroskopieren eines angefärbten Frischpräparats

Ein Frischpräparat herstellen

Mikroskope dienen dem Vergrößern und Beobachten sehr kleiner Objekte. In der Schule kommen Lichtmikroskope zum Einsatz.

Präparate, die frisch mit Wasser hergestellt werden, nennt man Feuchtpräparate oder **Frischpräparate**. Ein möglichst dünner Schnitt eines zu untersuchenden Objekts wird auf einen Tropfen Wasser auf den Objektträger gelegt und mit einem schräg angesetzten Deckgläschen bedeckt. Überschüssiges Wasser wird vorsichtig mit einem Filterpapier abgetupft (**B2**). Frischpräparate können auch Ausstriche sein, Quetsch- oder Zupfpräparate.

1. Ausstrichpräparat: Eine eher dickflüssige Suspension wird auf dem Objektträger mit einem Deckgläschen oder Holzspatel breitgestrichen (z. B. Schweineblut, Mundschleimhaut).

2. Quetschpräparate: Eine Probe des zu untersuchenden Objektes wird vorsichtig zwischen zwei Objektträgern zerdrückt (z. B. Früchte, Fleisch).

3. Zupfpräparate: Eine Probe des zu untersuchenden Objektes wird mit der Pinzette abgezupft und wie ein Frischpräparat mikroskopiert (z. B. Blättchen von Moos, Wasserpest).

Anfärben eines Frischpräparats

Möchte man bestimmte Strukturen besser untersuchen, kann man sie in geeigneter Weise anfärben. Hier werden verschiedene Farbstoffe und Methoden verwendet, je nachdem welche Strukturen der Zelle man besser sichtbar machen möchte.

Orcein ist ein organisches Farbstoffgemisch, das aus Flechten (z. B. *Roccella tinctoria*) gewonnen wird. Es wird zur Färbung von Präparaten verwendet, die einen hohen Anteil an elastischen Fasern haben (z. B. Zellkerne in verschiedenen Mitosestadien). Orcein ist ein braunrotes, kristallines Pulver, das sich in Alkohol, Aceton oder Eisessig mit roter Farbe und in verdünnten Alkalilösungen mit blauvioletter Farbe löst.

Astralblau wird zur Färbung von unverholzten Pflanzenzellwänden verwendet.

Safranin färbt verholzte Pflanzenzellwände in einem gelblich-rötlichen Farbton.

Um ein Präparat einzufärben, zieht man die Farbstofflösung unter dem Deckglas durch (**B1**).

So geht's

1. Schritt: Tropfe die Farbstofflösung direkt neben das Deckgläschen.

2. Schritt: Lege auf der gegenüberliegenden Seite ein Filterpapier an das Deckgläschen.

3. Schritt: Sauge vorsichtig mit dem Filterpapier die Flüssigkeit am Rand des Deckgläschens ab (**B1**).

4. Schritt: Mikroskopiere das Präparat.

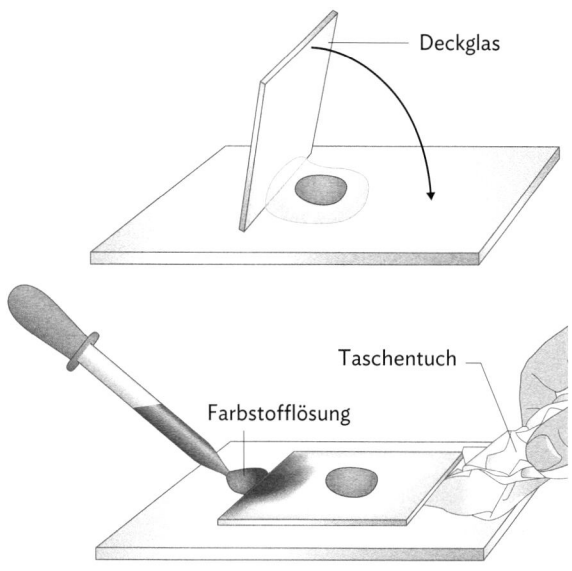

B1 Durchziehen einer Flüssigkeit unter dem Deckgläschen

Aufgaben

1 Häufig verwendete Farbstoffe zum Anfärben von Zellen sind das Methylenblau und das Eosin. Recherchiere die Zellorganellen, die sich damit gut anfärben lassen.

2 Versuche, mit Tinte in verschiedenen Farben verschiedene mikroskopische Präparate anzufärben. Vermische dazu 2 Tropfen Tinte mit 10 Tropfen destilliertem Wasser. Färbe das Präparat wie oben beschrieben an. Mikroskopiere und zeichne es (Anleitung zum Mikroskopieren ➡ QR 03023-98 und Anleitung zum Zeichnen ➡ QR 03023-99).

03023-98

03023-99

3 Die Zellen in Zwiebelwurzelspitzen teilen sich häufig. Mikroskopiere die verschiedenen Mitosestadien von Zwiebelwurzelspitzen (Anleitung ➡ QR 03023-100).

03023-100

5.1.5   Funktionsweise der Elektronenmikroskopie

In Forschungseinrichtungen und Universitäten gibt es Elektronenmikroskope, mit deren Hilfe zelluläre Strukturen sehr genau untersucht werden können.

Elektronenmikroskopische Präparate

Mikroskopische Präparate können nicht ohne Weiteres mit dem Elektronenmikroskop untersucht werden. Sie müssen speziell vorbereitet werden. Bei der **Ultradünn-schnitttechnik** werden die Objekte zunächst mit Chemikalien fixiert, so dass ihre Strukturen erhalten bleiben. Nach der anschließenden Entwässerung werden die Objekte in Harz eingebettet und in hauchdünne Scheiben geschnitten, die auf ein feines Metallnetz übertragen werden. Oft werden die Präparate noch schräg mit Schwermetall-Ionen bedampft, die sich an die Zellstrukturen anlagern und so die Kontraste verstärken. Die Objekte können bei der **Gefrierätztechnik** auch durch sehr schnelles Gefrieren fixiert werden. Anschließend werden die Zellen mit einem Messer aufgebrochen, wobei die Bruchkanten besonders an Membranen auftreten (**B1a**). An der Bruchkante sublimiert das Eis, was als Ätzen bezeichnet wird (**B1b**). So werden die reliefartigen Strukturen verstärkt. Das Bedampfen der Oberfläche mit Schwermetall-Mischungen liefert einen genauen dreidimensionalen Abdruck, der im Elektronenmikroskop untersucht werden kann.

Transmissionsmikroskopie (TEM)

Beim **Transmissionselektronenmikroskop** (TEM) wird nicht Licht, sondern ein Elektronenstrahl genutzt und durch das Objekt geschickt. Die Elektronen werden mit hoher Spannung beschleunigt und passieren elektromagnetische Linsen (**B1**), die den Elektronenstrahl bündeln. Sie durchqueren biologische Strukturen unterschiedlich gut, weswegen ganz unterschiedliche Mengen an Elektronen auf den Detektor-Schirm treffen. Das ergibt dann ein Bild, das über eine Stereolupe beobachtet werden kann.

a)   b)

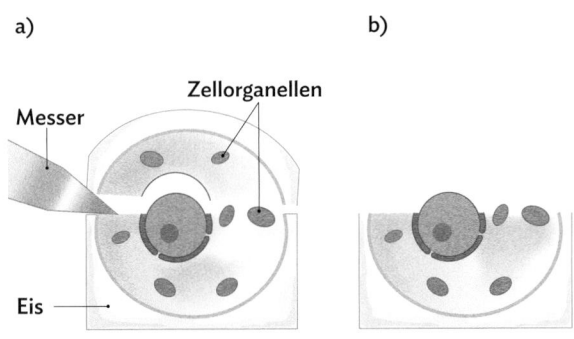

B1   Schema der Schnittherstellung bei der Gefrierätzung

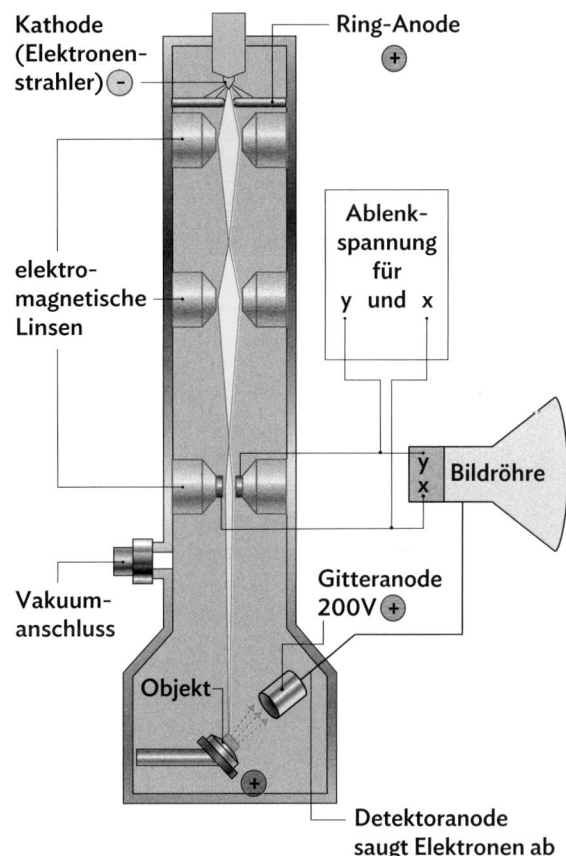

B2   Schema eines Raster-Elektronenmikroskops

Rasterelektronenmikroskopie (REM)

Beim **Rasterelektronenmikroskop** tastet der gebündelte Elektronenstrahl die Oberfläche des zu untersuchenden Objektes ab. Dabei werden Elektronen aus der Oberfläche unterschiedlich gut herausgeschlagen und detektiert. Diese ergeben dann das Abbild der Oberfläche des Objektes.

Aufgaben

1   Vergleiche den Aufbau und die Funktion des Elektronenmikroskops mit dem des Lichtmikroskops.

2   Erläutere die Herstellung eines Moosblättchen-Präparates für die Lichtmikrokopie und für die Elektronenmikroskopie.

3   Entwickle eine Vermutung über die Notwendigkeit der Entwässerung der Präparate für die Elektronenmikroskopie.

5.2.1   Die Makronährstoffe

Ernährungsberaterinnen und -berater (➡ S. 272 f.) betonen, dass zu viel Zucker ungesund ist, Kohlenhydrate jedoch für den Energiestoffwechsel ausreichend zugeführt werden müssen. Die Zucker gehören aus chemischer Sicht aber auch zu den Kohlenhydraten!

→ Worin besteht dann der Unterschied?

Lernweg

1   **B1** in **M1** zeigt verschiedene Darstellungen eines Glucose-Moleküls.
a) Beschreibe den Aufbau des Glucose-Moleküls und nenne die Bedeutung der Kohlenhydrate.
b) Beschreibe, für welchen Einsatz bzw. welche Fragestellungen sich die unterschiedlichen Modelle besonders eignen (**B1a–c**).

2   Alle Fett-Moleküle haben eine Grundstruktur aus ähnlichen Grundbausteinen: Sie bestehen aus drei Fettsäure-Molekülen, die an ein Glycerin-Molekül gebunden sind. Vergleiche den Bau eines Fett-Moleküls aus **M2** mit dem des Glucose-Moleküls (**B1**) und beschreibe Unterschiede.

3   **B3** zeigt den allgemeinen Bau eines Aminosäure-Moleküls. Beschreibe diesen in eigenen Worten.

4   Aminosäuren können miteinander verbunden werden. In **B4** in **M4** ist die Verknüpfung von Aminosäure-Molekülen symbolhaft dargestellt. Beschreibe die Entstehung der Verbindung.

M1   Grundbausteine und Bedeutung der Kohlenhydrate

Die Bezeichnung **Kohlenhydrate** geht historisch auf die falsche Annahme zurück, dass es sich bei der Stoffgruppe um Hydrate des Kohlenstoffs handle. Heutzutage ist allerdings bekannt, dass die Stoffe keine Wasser-Moleküle enthalten, sondern aus meist ringförmigen Molekülen mit mehreren funktionellen Gruppen (z. B. Hydroxy-Gruppen: –OH) bestehen (**B1**). Sie können größtenteils mit der allgemeinen Molekülformel $C_nH_{2n}O_n$ beschrieben werden. Die Kohlenhydrate Glucose (Traubenzu-cker) und **Fructose** (Fruchtzucker) sind sog. **Monosaccharide** (Einfachzucker) und z. B. in Obst enthalten. Das Glucose-Molekül kommt v. a. als Sechsring vor (**B1**). Andere Zucker wie z. B. die Saccharose (Haushaltszucker) und die Lactose (Milchzucker) bestehen aus zwei miteinander verknüpften Einfachzucker-Molekülen. Andere Kohlenhydrate wie die Stärke bestehen aus 300 bis 6.000 solcher Einfachzucker-Moleküle. Kohlenhydrate sind wichtig für den Energiestoffwechsel. Vor allem das Gehirn und die Muskeln benötigen viele davon. Wenn gerade mehr vorhanden ist, als benötigt wird, können Kohlenhydrate z. B. in Fett umgewandelt werden.

a)

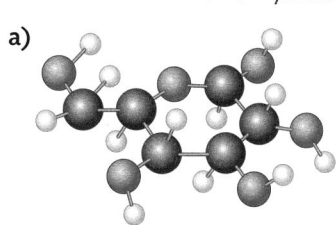

● Kohlenstoff-Atom
● Sauerstoff-Atom
○ Wasserstoff-Atom

b)

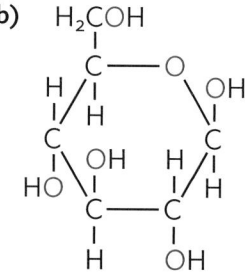

c)

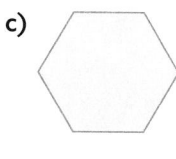

B1   Kugel-Stab-Modelle (a), Halbstrukturformeln (b) und Symbole (c) eines Glucose-Moleküls

M2 Grundbausteine und Bedeutung der Fette

Fette sind wichtige Nährstoffe, da sie z. B. lebensnotwendige Fettsäuren in gebundener Form enthalten. Diese dienen unserem Körper als Ausgangsstoffe, um beispielsweise Hormone oder Zellmembranen aufzubauen. Besonders in den Membranen der Nervenfasern sind viele fettartige Stoffe eingelagert, ohne die die Nervenzellen nicht funktionieren könnten. Fette sind wichtige Geschmacksträger und verlängern das Sättigungsgefühl nach dem Essen. Die Vitamine A, D, E und K sind nicht wasserlöslich, sondern fettlöslich und können so aufgenommen werden. Fett ist ein wichtiger EnergieIieferant mit einem Energiegehalt von 37,7 kJ/g, mehr als doppelt so energiereich wie Kohlenhydrate oder Proteine. Außerdem schützt Fett die Organe und Knochen, den Körper vor Wärmeverlust und Haut und Haare vor Austrocknung.

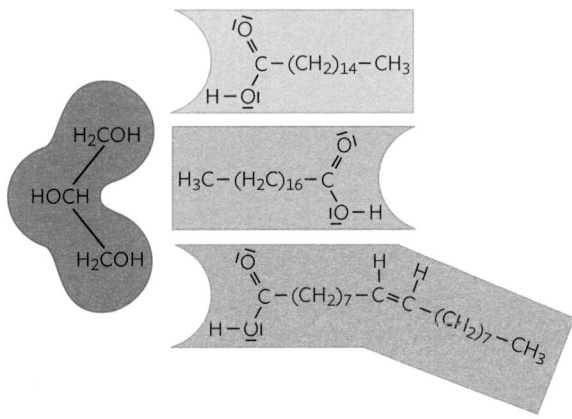

B2 Glycerin- und drei Fettsäure-Moleküle

M3 Bau und Bedeutung der Proteine

Versetzt man Proteine mit Proteasen, das sind proteinspaltende Enzyme, erhält man viele unterschiedliche **Aminocarbonsäuren**, vereinfacht Aminosäuren, die Bausteine der Proteine. Aminosäure-Moleküle besitzen alle ein gemeinsames Grundgerüst, von dem sich auch ihr Name ableitet. Am zentralen Kohlenstoff-Atom (in **B2** grau hinterlegt) ist neben einem Wasserstoff-Atom eine Amino- und eine Carboxy-Gruppe gebunden. Weiterhin ist am zentralen Kohlenstoff-Atom ein sog. Rest gebunden, der den Unterschied zwischen den Molekülen verschiedener Aminosäuren ausmacht. Im menschlichen Körper kommen zwanzig verschiedene Aminosäuren vor. Zwölf davon kann ein Erwachsener im eigenen Stoffwechsel selbst herstellen, acht müssen zwingend mit der Nahrung zugeführt werden – sie sind essenziell für z. B. Gewebewachstum oder als Botenstoffe im Nervensystem.

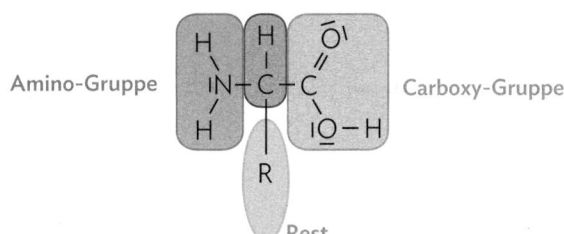

Amino-Gruppe   Carboxy-Gruppe

Rest

B3 Allgemeine Strukturformel eines Aminosäure-Moleküls

M4 Von der Aminosäure zum Protein

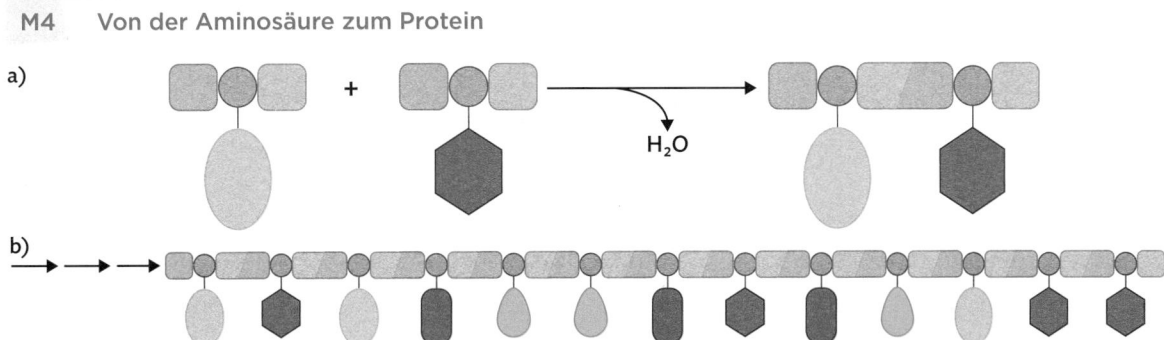

a)

b)

B4 Modelldarstellung: a) Bei der Verknüpfung von zwei Aminosäure-Molekülen wird jeweils ein Wasser-Molekül abgespalten. b) Viele der oben bei a) dargestellten Reaktionen führen zu einem Makromolekül.

5.2.2 Zusammenwirken von Organellen

Duftstoffe, sogenannte Pheromone, werden von speziellen Drüsen gebildet und an die Umgebung abgegeben. Diese Duftstoffe entscheiden unter anderem darüber, ob wir jemanden im wahrsten Sinne des Wortes riechen, also leiden, können.

→ Wie erfolgt in den Zellen die Abgabe von Stoffen?

Lernweg

1 Viele Vorgänge können Zellbiologinnen und -biologen (➡ S. 272 f.) in lebenden Zellen verfolgen, sodass Abläufe zwischen Organellen gut untersucht sind (M1).

a) Benenne die Bestandteile der in **B1** dargestellten Zelle (➡ 5.1.1, M1) und beschreibe den Weg der roten Objekte durch die Zelle genau unter Verwendung dieser Begriffe.

b) Stelle eine Vermutung auf, worum es sich bei dem roten Stoff handeln könnte und welche Aufgabe die Zelle für den Organismus erfüllt.

2 Nicht jede Zelle erfüllt jede Aufgabe, sodass einige Stoffe nur in speziellen Zellen gebildet werden können und über die Membran nach außen abgegeben werden. Beschreibe das Zusammenwirken von ER, Diktyosom und Zellmembran anhand von

M2 und erkläre in diesem Zusammenhang auch den Begriff „Membranfluss". Erstelle hierfür ein Erklärvideo (➡ 4.3.5).

3 Jede Zelle ist von der Zellmembran umgeben und auch im Inneren eukaryotischer Zellen gibt es viele membranumgrenzte Organellen. Diese Biomembranen sind nicht starr, sondern sehr beweglich (M3).

a) Erstelle mithilfe von M3 eine einfache beschriftete Skizze einer Biomembran und gib die Eigenschaften der verschiedenen Bereiche an.

b) Erkläre die Anordnung der Einzelbausteine einer Biomembran zu einer Doppelschicht und den Begriff „Flüssig-Mosaik-Modell".

c) Bastle aus Alltagsmaterialien ein Biomembran-Modell. Stelle es in einem Referat vor.

M1   Zellen in Bewegung

Zellbiologinnen und Zellbiologen (➡ S. 272 f.) können die Wege von Stoffen oder Zellbestandteilen in einer lebenden Zelle nachverfolgen (**B3**). Dazu markieren sie den zu untersuchenden Stoff oder das Zellorganell z. B. mit fluoreszierenden Molekülen. Alternativ kann man Stoffe radioaktiv markieren und die abgegebene Strahlung messen. Mithilfe der markierten Substanzen (**Tracer**; trace, englisch: Spur) lassen sich Bewegungen in der Zelle beobachten. Manche Stoffe werden in der Zelle gebildet, transportiert und nach außen abgegeben, ohne jemals mit dem Zytoplasma in Berührung gekommen zu sein.

a)

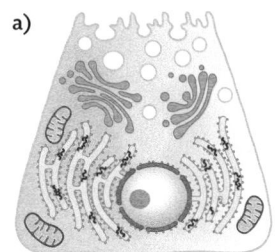

Verteilung nach 3 min

b)

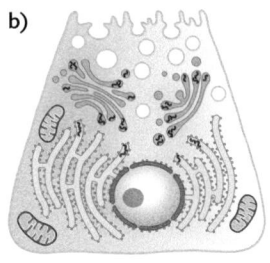

nach 20 min

c)

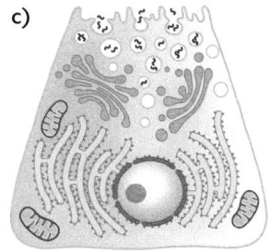

nach 90 min

B1 Weg durch eine Zelle

M2 Membranen verbinden Reaktionsräume

Zellen sind keine starren Gebilde, sondern befinden sich in ständiger Umwandlung. Informationen über Stoffe, die von einer Zelle produziert werden sollen, gelangen vom Zellkern zu den Ribosomen. Dort werden aufgrund dieser Informationen die Proteine produziert. Über das ER gelangen die Proteine in **Vesikel** (**B2**). Das sind von einer Membran umgrenzte Bläschen, die mit den Diktyosomen verschmelzen, in denen die Proteine weiterverarbeitet werden. Man spricht in diesem Zusammen-

hang von **Membranfluss**, da die abgeschnürten Vesikel mit Membranen anderer Kompartimente verschmelzen und sich später erneut Vesikel abschnüren können. Durch Verschmelzung mit der Zellmembran können Vesikel ihren Inhalt nach außen abgeben. Diese Art der Stoffabgabe wird **Sekretion** oder **Exozytose** genannt. Nach diesem Mechanismus werden auch die im Eingangstext erwähnten Pheromone an die Umgebung abgegeben.

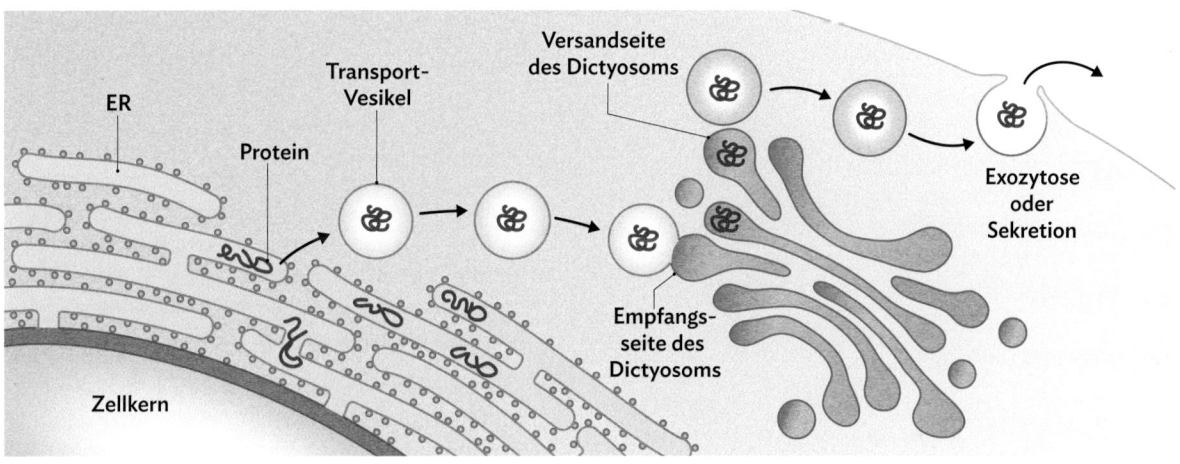

B2 Sekretion neu gebildeter Proteine durch Exozytose

M3 Flüssig-Mosaik-Modell der Biomembran

Biomembranen sind aus einer Doppelschicht fettähnlicher Moleküle, sog. **Phospholipid-Moleküle**, aufgebaut, die einen polaren sowie einen unpolaren Molekülteil besitzen (**B3**). Wasser-Moleküle, die zu beiden Seiten der Membran vorkommen, sind aufgrund ihres Aufbaus polare Moleküle. In der wässrigen Lösung ordnen sich die Phospholipid-Moleküle so zu einer Doppelschicht an, dass die polaren Molekülteile nach außen zeigen. Die polaren „Köpfe" und damit die Außenseiten der Biomembran wechselwirken mit den polaren Wasser-Molekülen, sie sind also **hydrophil** (wasserliebend). Das Innere der Biomembran ist ein **hydrophober** (wasserabweisender) Bereich, weil sich dort die unpolaren Molekülteile befinden. Die einzelnen Membranbausteine haben keine festen Plätze, sondern können sich aneinander vorbeibewegen, ohne Lücken in der geschlossenen Schicht zu hinterlassen. Zudem können noch Membranproteine angelagert oder in die Biomembran eingelagert sein.

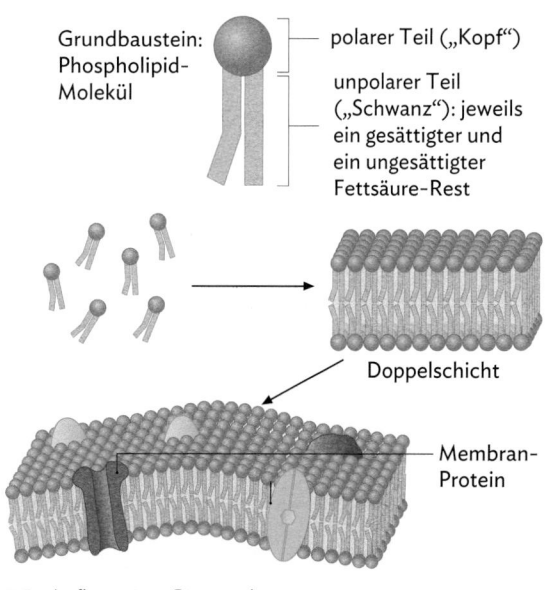

B3 Aufbau einer Biomembran

5.2.3 Stofftransport über Biomembranen

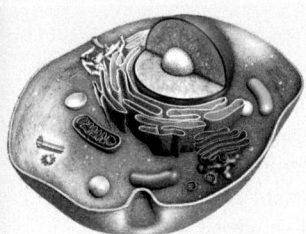

Einerseits ist es Aufgabe der Biomembran, die in ihrem Inneren liegenden Zellorganellen und Strukturen vor Einwirkungen von außen zu schützen. Durch diese Abgrenzung ist es zudem möglich, im Zellinneren ein anderes Milieu als außen zu schaffen. Andererseits muss eine Zelle aber auch über ihre Biomembran mit ihrer Umwelt Stoffe austauschen.

→ Welcher Aufbau ermöglicht diese widersprüchlichen Funktionen und wie werden Teilchen über die Biomembran hinweg transportiert?

Lernweg

Vesikel über die Zellmembran

1 Die Zellmembran umgrenzt das Zellplasma und kontrolliert die Stoffaufnahme in die Zelle sowie deren Stoffabgabe. Hierfür gibt es in der Zelle verschiedene Möglichkeiten des Stofftransportes. Erstelle mithilfe von M1 eine Mind-Map zum Thema: Transportmechanismen über die Zellmembran mit Vesikeln.

Transportmechanismen

2 Ob ein Teilchen eines bestimmten Stoffes durch eine Biomembran gelangen kann, hängt von den Strukturen in der Membran und von der Häufigkeit der Teilchen (bzw. Konzentration der Stoffe) auf beiden Seiten der Membran ab.

a) Ordne den schematischen Darstellungen a) bis d) in **B2** den jeweiligen Transporttyp aus **M2** zu und begründe deine Entscheidung anhand der jeweils beteiligten Strukturen der Membran.

b) Bei den Transportvorgängen unterscheidet man zwischen aktivem und passivem Transport (**M2**). Sortiere die Transportmöglichkeiten (**B2**) nach diesen Kategorien und begründe anhand der Häufigkeit der Teilchen außen (z. B. Darmlumen) und innen (z. B. Zellplasma der Darmwandzellen).

3 Die Diagramme in **M3** zeigen die Ergebnisse einer Untersuchung zum einen für die Diffusion und zum anderen für den Transport mithilfe eines Carriers. Ordne die beiden Kurven den beiden Transportmechanismen zu und begründe deine Entscheidung (Hilfen ➡ **QR 03010-43**).

03010-43

M1 Transportmechanismen über die Zellmembran mit Vesikeln

Bei der **Exozytose** verschmelzen kleine Membranbläschen mit der Zellmembran und entlassen ihren Inhalt nach außen (➡ 5.2.2, M2). Über den umgekehrten Mechanismus können auch Stoffe in die Zelle aufgenommen werden. Dieser Prozess ist die **Endozytose**, bei der sich Vesikel nach innen abschnüren, so dass die Stoffe ins Zellinnere gelangen können. Hier unterscheidet man drei Möglichkeiten: Bei der **Pinozytose** (**B1**) kommt es zur Aufnahme von in Flüssigkeiten gelösten Stoffen. Bei der **Phagozytose** werden Feststoffe in die Zelle aufgenommen. Bei der dritten Variante erfolgt die **Endozytose rezeptorvermittelt**. Rezeptoren sind bestimmte Moleküle auf einer Zelloberfläche, in die ein anderes Molekül wie ein Schlüssel ins Schloss passt. Dieses **Schlüssel-Schloss-Prinzip** ermöglicht den Zellen eine sehr kontrollierte Aufnahme von Stoffen. Wenn die passenden Moleküle an die spezifischen Rezeptoren gebunden haben, stülpt sich auch hier der Bereich ein und es schnüren sich Vesikel nach Innen ab.

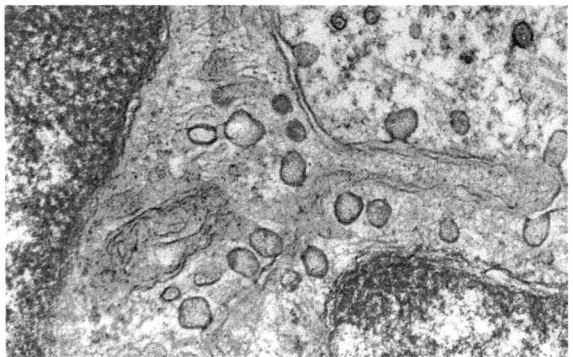

B1 Pinozytose, angefärbtes EM-Bild

M2 Teilchen gelangen durch die Membran

Durch die Anordnung der Grundbausteine der Membran können nur die Teilchen bestimmter Stoffe die Membran ungehindert passieren. Um einen weiteren Stofftransport zu ermöglichen, sind Proteine (z. B. Tunnelproteine) in die Membran eingelagert, durch die auch andere Stoffe von einer Seite der Membran auf die andere gelangen bzw. transportiert werden können. Dabei unterscheidet man grundsätzlich zwischen passiven Transportvorgängen, die ohne Energieaufwand ablaufen, und aktiven Transportvorgängen, die entgegen des Konzentrationsgefälles (Konzentrationsunterschieds) erfolgen. Für den aktiven Transport muss Energie (z. B. in Form von **ATP**) aufgewendet werden. Folgende Transportvarianten werden voneinander abgegrenzt:

- Durch **Diffusion** bewegt sich ein Stoff vom Ort großer Konzentration zum Ort niedriger Konzentration.

Dieser Transport ist z. B. für kleine, unpolare Moleküle wie die von Sauerstoff oder Kohlenstoffdioxid möglich.

- **Tunnelproteine** (z. B. Aquaporine oder Ionenkanäle) ermöglichen polaren Molekülen (z. B. Wasser-Molekülen) oder kleinen, geladenen Teilchen (Ionen) den Durchtritt durch die Membran (**erleichterte Diffusion**). Aufgrund ihrer spezifischen inneren Oberfläche können jeweils nur bestimmte Teilchen durch das Tunnelprotein gelangen.
- **Carrier** (*to carry* (engl.): transportieren) sind Proteine. Sie nehmen Moleküle nach dem Schlüssel-Schloss-Modell auf der einen Membranseite gezielt auf und geben sie durch Änderung ihrer Struktur auf der anderen Seite der Membran wieder ab.

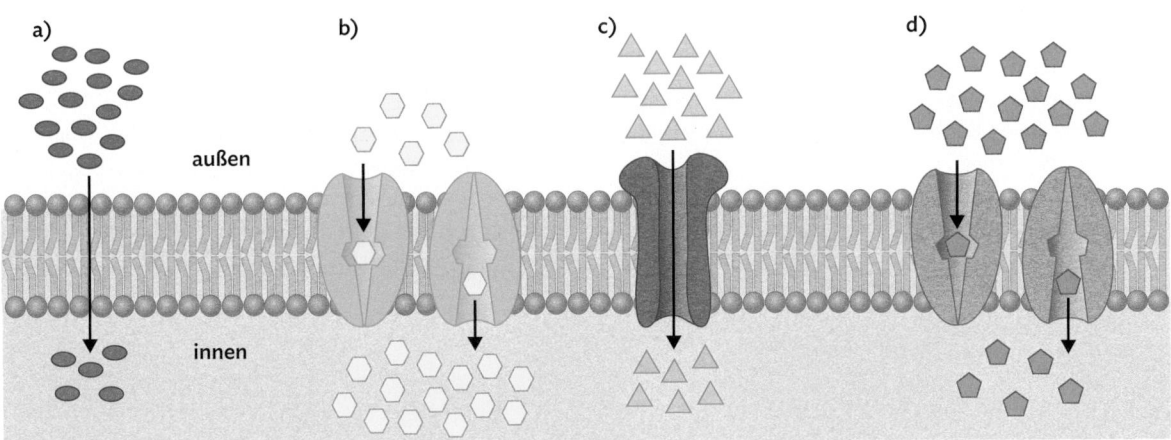

B2 Schematische Darstellung der verschiedenen Transportmöglichkeiten

M3 Diagramme zur Transportgeschwindigkeit

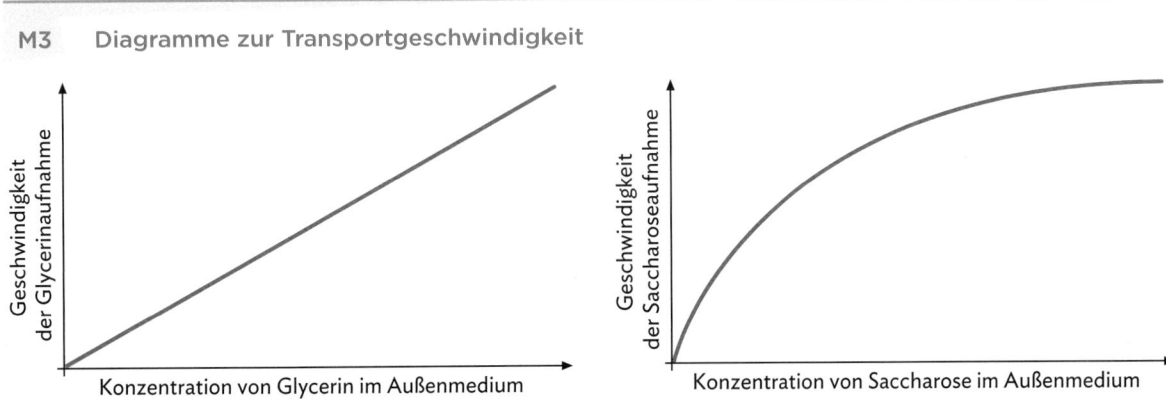

B3 Messergebnisse zu Wandergeschwindigkeiten (jeweils in relativen Einheiten) von Glycerin und Saccharose bei Veränderung der Konzentration des Außenmediums (Konzentration im Innenmedium jeweils konstant)

5.2.4   Diffusion und Osmose

Saftig rot und verlockend hängen die Tomaten am Strauch. Doch nach einem Regen ist die Schale häufig aufgeplatzt und das Fruchtfleisch tritt heraus. Spätestens jetzt muss die Tomate geerntet werden, da die offenen Stellen anfällig für Schimmelbildung sind.

→ Warum platzt eine reife Tomate auf, wenn sie mit Wasser in Berührung kommt?

Lernweg

Bewegung von Teilchen

1 Nicht nur Tomaten, auch Kirschen können platzen, wenn es auf sie regnet. Das hängt mit der Bewegung der Teilchen im Wasser innerhalb und außerhalb der Früchte zusammen.

a) Fülle ein Glas mit Wasser und gib vorsichtig einen Tropfen Tinte an den Rand des Wassers. Beobachte die Tinte eine Weile sowie nach 10 und 45 Minuten nochmal und protokolliere.

b) Erkläre deine Beobachtungen mithilfe von M1 auf Teilchenebene.

c) Regenwasser enthält kaum gelöste Mineralstoffe, Leitungswasser ein paar mehr, Salzwasser sehr

viele. Führe mithilfe der Anleitung (→ QR 03023-91) den Versuch BROWNSCHE Bewegung durch und erkläre deine Ergebnisse mithilfe von M2.

03023-91

Plasmolyse und Deplasmolyse

2 Im Winter wird häufig Streusalz auf die Straßen aufgebracht, um sie eisfrei zu bekommen (M3).

a) Erläutere die Auswirkungen von zu viel Salz auf Pflanzen mithilfe von Fachbegriffen und benenne die Schäden.

b) Recherchiere Alternativen zum Streusalz.

M1   Diffusion von Teilchen in Wasser

Aus Chemie weißt du, dass alle Stoffe aus Teilchen bestehen. Wasser besteht aus Wasser-Teilchen, Farbstoffe aus Farbstoff-Teilchen. Bringt man Farbstoffe in Wasser ein (B1) kann man nach einer Weile erkennen, dass sich selbst ohne Umrühren die Farbe im gesamten Gefäß verteilt hat (B1a-c links). Diese selbstständige Durchmischung der Teilchen (B1a-c rechts), die **Diffusion**, beschrieb ROBERT BROWN bereits 1827. Er führte sie zurück auf die **Eigenbewegung** der Teilchen. Deswegen wird die Bewegung der Teilchen auch **BROWNSCHE Bewegung** genannt.

a)

b)

c)

B1 Teilchenverteilung nach 0, 10 und 45 Minuten (a)–(c)

M2 Osmose: Diffusion der Teilchen über eine Membran

In lebenden Systemen wie den Zellen müssen ständig Stoffe aufgenommen oder abgegeben werden. Zellmembranen sind nur für bestimmte Stoffe durchlässig, für andere nicht. Das heißt, sie sind **selektiv permeabel** (**B2**). Gase, fettlösliche Stoffe und auch kleine Moleküle wie Wasser-Teilchen können die Zellmembran durchdringen. In der Regel liegen Stoffe innerhalb und außerhalb der Zelle in unterschiedlichen Mengen vor. Es liegt hierbei also ein **Konzentrationsunterschied** vor: Befindet sich eine Zelle in destilliertem Wasser, liegen die Teilchen im Zellinneren in größerer Menge vor, als im Wasser außen. Um einen Konzentrationsaus-

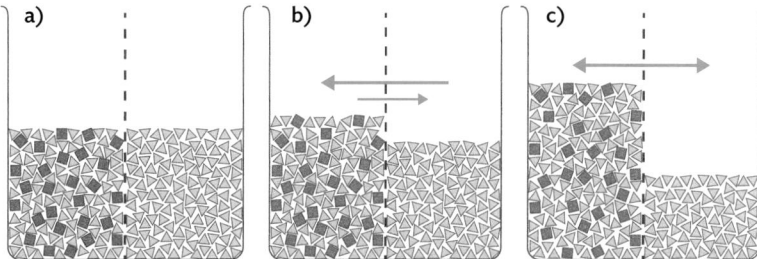

B2 Osmosevorgang (a) Ausgangszustand (b) Übergangszustand (c) Endzustand

gleich zwischen den Flüssigkeiten zu erreichen, müssten sich die gelösten Teilchen von der höher konzentrierten Lösung in die niedriger konzentrierte Lösung bewegen. Viele Teilchen können die Zellmembran aber nicht überwinden, wohl aber die kleinen Wasser-Teilchen. Das bedeutet, dass Wasser-Teilchen durch die **selektiv permeable Zellmembran** hindurch von der einen Flüssigkeit in die andere wandern (**diffundieren**), bis ein Gleichgewichtszustand erreicht ist. Die durch einen Konzentrationsunterschied bewirkte, gerichtete Wanderung von Teilchen durch eine selektiv permeable Membran nennt man **Osmose**.

M3 Plasmolyse und Deplasmolyse bei Pflanzenzellen

In einem Osmometer können osmotische Vorgänge sichtbar gemacht werden. Dabei ist der Vergleich der Menge an z. B. Zucker im Innenmedium zum Außenmedium relevant. Wenn die Menge an z. B. Zucker im Innenmedium hoch ist, spricht man von einer **hypertonischen Lösung**. Im Außenmedium ist die Menge gering, sodass hier eine **hypotonische Lösung** vorliegt. Befinden sich Zellen in einer **hypertonischen Lösung**, zum Beispiel in einer Zucker- oder Salzlösung, findet **Osmose** statt. Wasser-Teilchen treten aus der Zelle (v. a. aus der Vakuole) aus. Dabei kommt es zur Schrumpfung der

Vakuole und irgendwann zur Ablösung der Zellmembran von der starren Zellwand. Diesen Vorgang bezeichnet man als **Plasmolyse**. Ändert sich die Umgebung in ein **hypotonisches Medium**, strömt Wasser in die Zelle ein. Dadurch füllen sich die Vakuole und das Zellinnere wieder mit Wasser und drückt gegen die Zellwand. Dieser Prozess ist die **Deplasmolyse**. Den Zellinnendruck bezeichnet man als **Turgor**. Es strömt so lange Wasser ein, bis der Gegendruck der Zellwand weiteres Einströmen verhindert (**B3**).

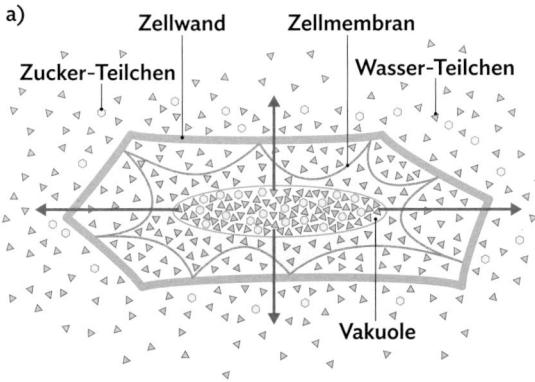

B3 Plasmolyse und Deplasmolyse bei einer Pflanzenzelle

5.2.5   Die Biomembranen – kompakt

Die Makronährstoffe

Kohlenhydrate (B1) können größtenteils mit der Molekülformel $C_nH_{2n}O_n$ beschrieben werden. Moleküle von **Monosacchariden**, wie z. B. die von Fructose und Glucose, weisen ein Grundgerüst aus vier bzw. fünf Kohlenstoff-Atomen und einem Sauerstoff-Atom auf, die in einem Fünf- oder Sechsring angeordnet sind. Disaccharide wie Lactose oder Saccharose bestehen aus Molekülen, bei denen zwei Monosaccharide miteinander verknüpft sind. Wenn hunderte oder tausende Monosaccharid-Moleküle miteinander zu langen Ketten verbunden sind, ordnet man diese Kohlenhydrate den Polysacchariden zu. Beispiele hierfür sind Stärke und Glykogen.

Ein **Fett-Molekül** (B1) besteht aus **drei Fettsäure-Molekülen**, die an ein **Glycerin-Molekül** gebunden sind. Die so gebundenen Fettsäure-Moleküle nennt man Fettsäure-Reste. Freie Fettsäure-Moleküle bestehen aus einem langen, unverzweigten Kohlenwasserstoff-Rest, an dessen Ende sich eine Carboxy-Gruppe befindet. Enthält das Kohlenstoff-Atomgerüst ausschließlich Einfachbindungen (= Alkyl-Rest: $-C_nH_{2n+1}$), so spricht man **von gesättigten Fettsäure-Molekülen**. Gibt es mindestens eine Doppelbindung zwischen zwei Kohlenstoff-Atomen, so handelt es sich um **ungesättigte Fettsäure-Moleküle** (B5). In diesem Fall verringert sich die Anzahl an Wasserstoff-Atomen des Restes um jeweils zwei pro Doppelbindung.

Aminosäuren sind die Bausteine der **Proteine** (B1). Ihr molekulares Grundgerüst besteht aus einem Kohlenstoff-Atom, an das eine **Amino-Gruppe** ($-NH_2$), eine Carboxy-Gruppe (**$-COOH$**), ein Wasserstoff-Atom und ein sog. Rest gebunden sind.

Die Biomembranen

Der Aufbau und die Struktur von Biomembranen (B2) wird häufig mit dem Flüssig-Mosaik-Modell beschrieben.

Die Diffusion

Diffusion ist die Ausbreitung von gelösten oder gasförmigen Stoffen durch irreguläre, selbstständige Bewegung ihrer Teilchen (**BROWNSCHE Bewegung**). Die einzelnen Teilchen bewegen sich dabei so lange geradlinig fort, bis sie in Folge eines Zusammenstoßes mit anderen Teilchen oder einer Gefäßwand oder Ähnlichem ihre Richtung ändern. Verschiedene Teilchensorten vermischen sich also zunächst an der Grenzfläche, allmählich aber verteilen sie sich gleichmäßig im gesamten verfügbaren Raum, bis überall die gleiche Konzentration herrscht.

Die Osmose

Osmose ist Diffusion, die durch eine **selektiv permeable Membran** eingeschränkt ist. Osmose ist also ein Spezialfall von Diffusion. Alle Osmose-Vorgänge sind also auch Diffusions-Vorgänge, nicht aber umgekehrt. Eine solche Membran besitzt Strukturen, durch die nicht alle Teilchensorten hindurchpassen. In der Regel sind es kleine Teilchen (z. B. Wasser-Teilchen), die ungehindert passieren können, große Teilchen kommen dagegen nicht durch. Befindet sich zum Beispiel auf der einen Seite der selektiv permeablen Membran nur das Lösungsmittel Wasser, auf der anderen Seite aber ein in Wasser gelöster Stoff, dessen Teilchen nicht durch die Membran hindurchpassen, so strömen von beiden Seiten ausschließ-

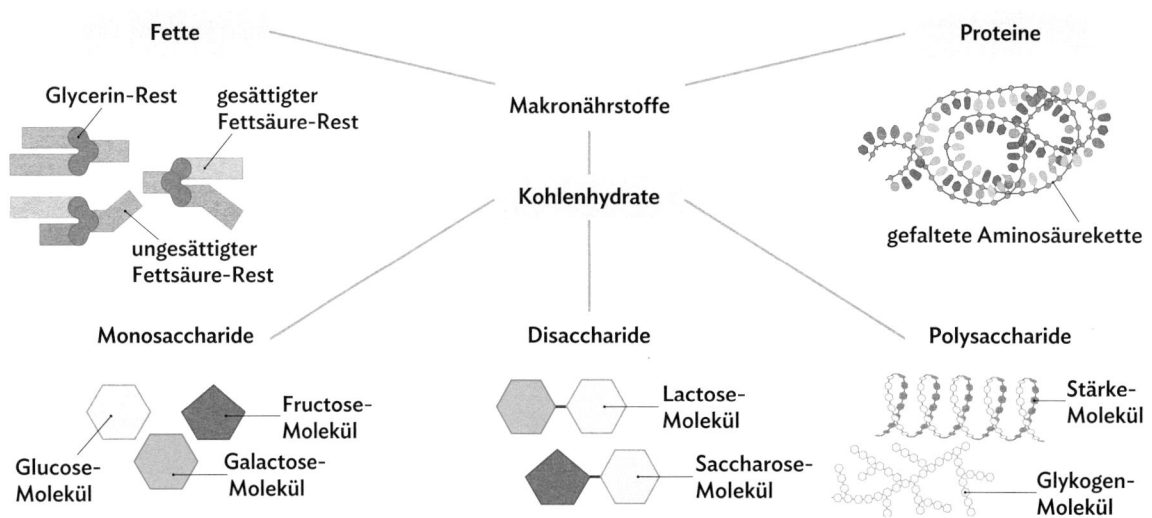

B1   Schematische Übersicht über die Makronährstoffe mit einfachen Modelldarstellungen der Moleküle

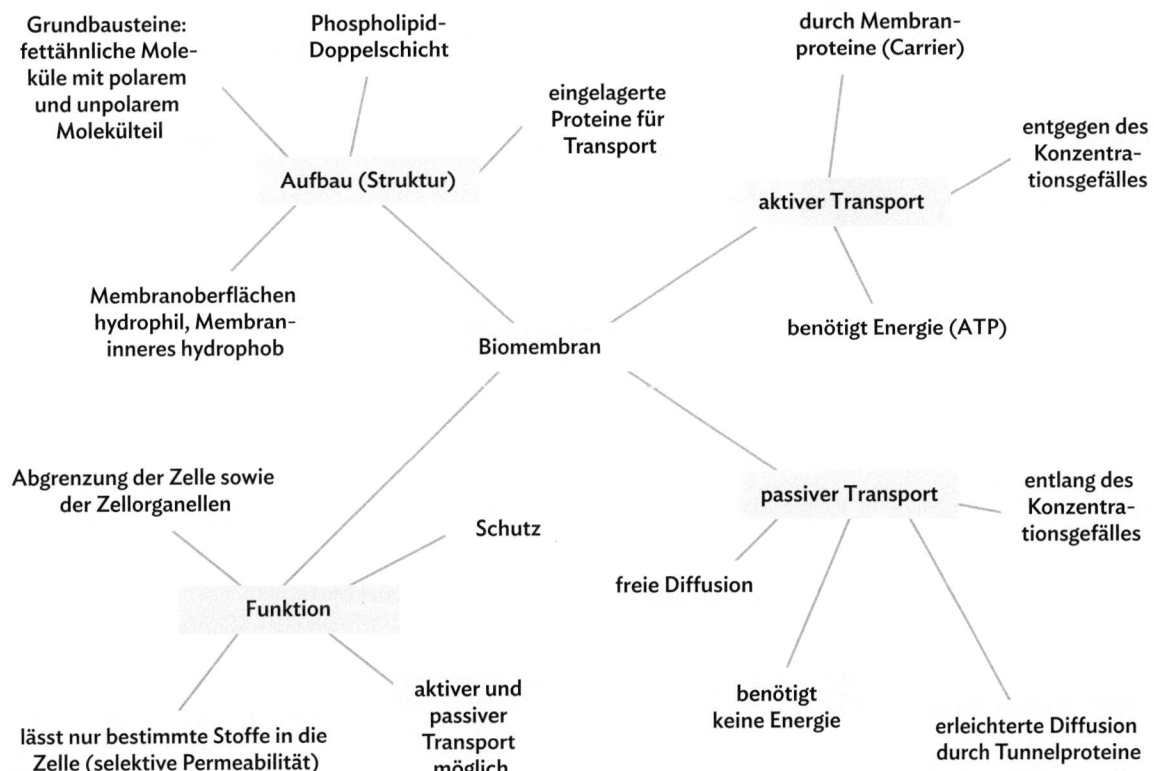

B2 Kennzeichen einer Biomembran und Transportmechanismen

lich Wasser-Teilchen in den jeweils anderen Raum. Da es auf der Seite des reinen Wassers mehr Wasser-Teilchen pro Raumeinheit gibt, finden aber von dort aus auch mehr Wasser-Teilchen den Weg hinüber als umgekehrt. Das geht so lange, bis die Teilchenströme wegen eines allmählich zunehmenden Gegendrucks (osmotischer Druck) irgendwann gleich groß sind.

Bei Pflanzenzellen befindet sich in der großen Vakuole eine relativ hoch konzentrierte wässrige Lösung. Wasser-Teilchen haben also eine stärkere Tendenz in die Vakuole hinein zu strömen als heraus. Dadurch entsteht ein hoher Druck auf die Zellwände, genannt **Turgor**, der für Formstabilität der Zelle sorgt.

Aufgaben

1 Gurken sind aufgrund ihres hohen Wassergehalts ein ideales Sommergemüse. Sie werden hauptsächlich zu diversen Salaten verarbeitet. Häufig werden Salatdressings verwendet, die als Bestandteile u. a. Essig, Salz oder Zucker enthalten. Ist es sinnvoll, Gurkensalat bereits mehrere Stunden vor dem Essen anzumachen?

a) Schneide von einer Gurke drei gleich dicke Scheiben ab und lege diese auf je ein Uhrglas. Verteile, unter Verwendung einer Schutzbrille, auf eine der Gurkenscheiben drei Spatelspitzen Kochsalz und auf einer anderen drei Spatelspitzen Zu-

cker. Lasse die dritte Gurkenscheibe unbehandelt.

b) Formuliere eine Fragestellung und eine Hypothese.

c) Beobachte die Vorgänge und halte deine Beobachtungen fest (**Entsorgung**: Ausguss, Restmüll)

d) Erkläre den Sinn der dritten Gurkenscheibe.

e) Leite anhand der Beobachtungen ab, um welchen Vorgang es sich hierbei gehandelt hat. Begründe deine Entscheidung.

f) Plane dein Vorgehen, um Einflüsse weiterer Dressing-Bestandteile zu untersuchen.

5.3.1 Proteine und der Bau der DNA

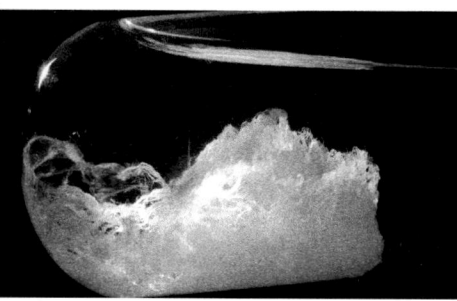

Mit einer passenden Versuchsanleitung gelingt es nicht nur Molekularbiologinnen und -biologen (➜ S. 272 f.), aus Zellen unterschiedlicher Lebewesen die Erbsubstanz zu gewinnen. Nach der Isolation und Reinigung wird diese als mehr oder weniger fädiges Material sichtbar.

→ Wie hat man die Erbsubstanz als solche identifiziert und wie ist sie aufgebaut?

Lernweg

Auf der DNA die Bauanleitung von Proteinen

1 Proteine sind die Grundlage für die Lebensvorgänge in allen Lebewesen (M1).

a) Vergleiche die beiden in der Tabelle angegebenen Proteingruppen hinsichtlich ihres räumlichen Baus.

b) Stelle bei den Beispielen der faserartigen Proteine einen Bezug zum Basiskonzept „Struktur und Funktion" her.

Die molekulare Struktur der DNA

2 Der Grundbaustein der Desoxyribonukleinsäure (DNA) ist ein Nukleotid.

a) Fertige mithilfe von M2 eine schematische Darstellung eines Nukleotids mit der Base Adenin an.

b) Eine DNA-Analyse hat ergeben, dass eine DNA-Probe zu 32 % aus Adenin besteht. Leite den prozentualen Anteil der anderen drei Basen an der Zusammensetzung der untersuchten DNA ab (M3).

3 Die Struktur der DNA steht in Zusammenhang mit ihrer Funktion.

a) Skizziere einen zweidimensionalen (nicht gewundenen) DNA-Abschnitt des in M3 gekennzeichneten Ausschnitts (B4) in dein Heft. Beschrifte deine Skizze mithilfe der Informationen aus M2.

b) Formuliere anhand des Baus der DNA und eines Proteins eine Vermutung zur Informationsspeicherung in der DNA.

c) Isoliere DNA (V4) und protokolliere dies.

M1 Wichtige Proteine im menschlichen Körper

Gruppe	Beispiel-Protein	Funktion	Vorkommen (z. B.)
faserartig	Aktin und Myosin	ermöglichen Bewegung durch Verkürzung der Muskelfasern	Muskeln
	Fibrinogen	unterstützt die Blutgerinnung bei Wunden	Blut
	Keratin	verleiht den Zellen Stabilität und Form	Haare, Fingernägel
kugelförmig	Antikörper	verklumpen als Bestandteile des Immunsystems in den Körper eingedrungene Krankheitserreger	Blut, Lymphknoten, Gewebe
	Enzyme	ermöglichen und beschleunigen Stoffwechselreaktionen	Verdauungsorgane, Zellen, Zellorganellen
	Hämoglobin	transportiert Sauerstoff in den roten Blutkörperchen	Blut
	Proteinhormone (z. B. Insulin)	vermitteln als Botenstoffe Informationen (z. B. Regulation des Blutzuckerspiegels)	Blut, Hormondrüsen (z. B. Bauchspeicheldrüse)

B1 Beispiele für Vorkommen und Funktion faserartiger bzw. kugelförmiger Proteine

M2 Nukleotide – die Bausteine der DNA

Der Grundbaustein der Desoxyribonukleinsäure ist ein **Nukleotid** (**B2a**). In jedem Nukleotid sind ein Zucker Desoxyribose, eine Phosphat-Gruppe (Phosphorsäure-Rest) und eine der vier Basen Adenin (A), Thymin (T), Cytosin (C) und Guanin (G) **aneinandergebunden**. Durch das Verknüpfen einzelner Nukleotide entsteht ein **DNA-Einzelstrang** (**B2b**).

Jeweils zwei der vier Basen können miteinander Wechselwirkungen eingehen: Adenin (A) mit Thymin (T) und Guanin (G) mit Cytosin (C), wobei im letzten Fall die **Anziehungskräfte** stärker sind (**B3**).

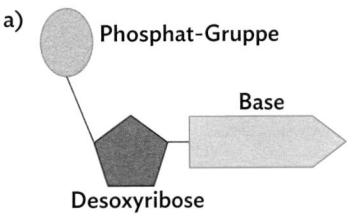

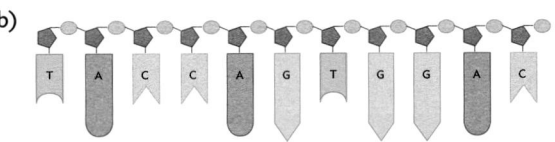

B2 Modelldarstellung eines Nukleotids (a) und eines DNA-Einzelstrangs (b)

B3 Modelldarstellung der Wechselwirkungen zwischen Adenin und Thymin sowie zwischen Guanin und Cytosin

---

M3 Das DNA-Modell nach WATSON und CRICK

Nach vielen Vorarbeiten namhafter Forscherinnen und Forscher gelang es zwei jungen Biochemikern, dem US-Amerikaner JAMES DEWEY WATSON und dem Briten FRANCIS CRICK, den räumlichen Aufbau der Desoxyribonukleinsäure aufzuklären (**B4**). 1962 erhielten sie für ihr **DNA-Doppelhelix-Modell** den Nobelpreis für Medizin:

Zwei aus Nukleotiden aufgebaute DNA-Einzelstränge winden sich zu einem langen, unverzweigten Doppelstrang. Die Phosphat- und die Desoxyribose-Anteile bilden die äußeren Holme und die dazu querliegenden Basen die Sprossen. Der Doppelstrang wird zusammengehalten durch die Anziehungskräfte zwischen den **komplementären** (einander ergänzenden) **Basen** A und T bzw. C und G (**B3**). Er windet sich wie eine Wendeltreppe regelmäßig um die eigene Achse und bildet eine sogenannte **Doppelhelix** (Doppelschraube).

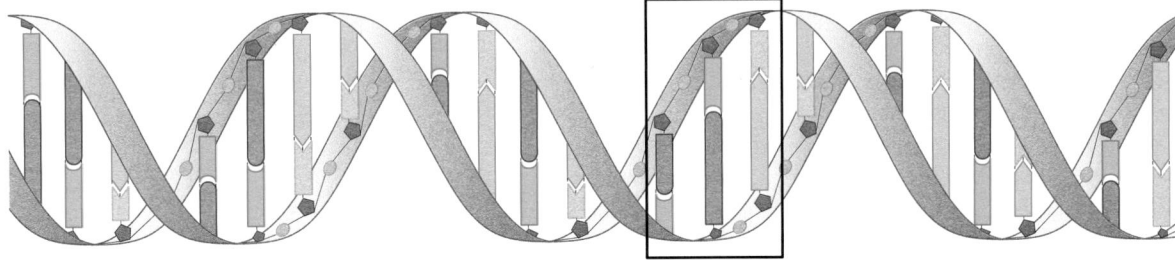

B4 Das Doppelhelix-Modell zur räumlichen Struktur der DNA nach WATSON UND CRICK

V4 DNA-Isolierung

Unter ➡ **QR 03023-25** findest du eine Anleitung zur Isolierung von DNA aus Tomaten. Die notwendigen Geräte und Chemikalien sollten in der Schule vorrätig sein.

03023-25

B5 Material zur Isolierung von DNA

201

5.3.2 Die Proteinbiosynthese

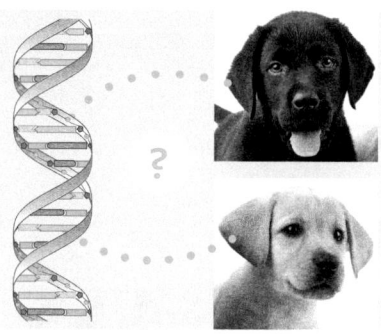

Die Informationen für den Bau der Proteine und damit für die Ausbildung der Merkmale eines Organismus (z. B. Fellfarbe eines Hundes) sind in der DNA gespeichert und zwar in der genauen Abfolge (Sequenz) von vier verschiedenen Basen. Dieser ‚Geheimcode' wird jeweils in Proteine übersetzt. Den Vorgang nennt man Proteinbiosynthese.

→ In welcher Form sind die Informationen enthalten?
→ Wie können die Informationen in Proteine übersetzt werden?

Lernweg

Die Nukleinsäuren

1 Vergleiche die Herstellung von Proteinen in der Zelle mit der Herstellung des Spielzeughauses der Firma (M1). Begründe die Notwendigkeit einer Umschrift der DNA in einem Organismus.

2 Vergleiche den Bau der DNA und mRNA tabellarisch (M1, B1, M2).

3 Unterscheide die drei in M2 vorgestellten Strukturen (B2) hinsichtlich ihrer Funktion bei der Proteinbiosynthese.

Die Proteinbiosynthese

4 Die Proteinbiosynthese ist ein zweistufiger Prozess aus Transkription und Translation.
a) Stelle den Vorgang der gesamten Proteinbiosynthese in einem Fließdiagramm dar.
b) Beschreibe anhand der Vorgänge bei der Translation die Übersetzung der genetischen Information in ein Protein. Bearbeite dazu das Arbeitsblatt (➡ QR 03023-28).

03023-2

M1   Produktion nach Bauplan

Die Herstellung eines Proteins kann modellhaft mit der eines Spielzeughauses verglichen werden: Die Spielzeugfirma verfügt über die genaue Bauanleitung (Original) für den Zusammenbau des Spielzeughauses aus Spielzeugbausteinen. Kunden, die diese Spielzeugbausteine besitzen, können schwarz-weiß Kopien der Bauanleitung von der Firma erhalten. So können mehrere Spielzeughäuser von verschiedenen Kunden gleichzeitig zusammengebaut werden und es wird sichergestellt, dass die Originalbauanleitung nicht unleserlich wird oder verloren geht. Diese liegt stets sicher im Safe der Spielzeugfirma.

Auf der DNA befindet sich die Bauanleitung für ein bestimmtes Protein. Die wertvolle DNA ist daher in der Zelle im Zellkern sicher verpackt. Die Nukleinsäure, die sog. mRNA, die bei der **Transkription** („Umschreiben der DNA") entsteht, kann den Zellkern verlassen, da sie sich hinsichtlich des Baus von der DNA leicht unterscheidet (**B1**). Im Zellplasma findet anhand der mRNA die Übersetzung der DNA-Information in die Aminosäuresequenz eines Proteins statt, die sog. **Translation**.

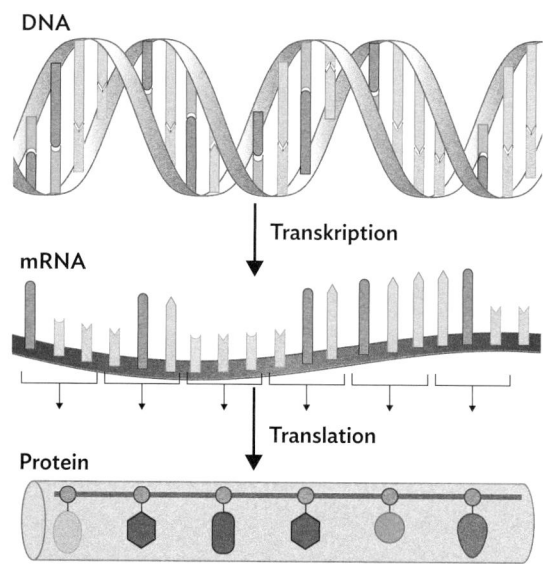

B1 Überblick über die Vorgänge bei der Proteinbiosynthese in der Zelle

M2 Die an der Proteinbiosynthese beteiligten Strukturen

An der Proteinbiosynthese sind **Ribonukleinsäuren** (RNAs) beteiligt. Die RNA ist im Gegensatz zur DNA meist einsträngig. Das „Rückgrat" der **RNA** bilden Phosphat-Reste und Ribose-Moleküle. Ribose ist ein anderer Zucker als Desoxyribose (in der DNA). Wie in der DNA gibt es in der RNA die Basen Adenin, Cytosin und Guanin. Bei der vierten Base handelt es sich um Uracil, welches Thymin ähnlich ist und mit Adenin paart. Die sog. **mRNA** (= **messenger-RNA = Boten-RNA**) ist die Umschrift der DNA und dient als „Bauplan" im Zellplasma.

Das **Ribosom** ist die „Werkstatt", in der die Synthese der Proteine stattfindet. Die eigentliche Übersetzung der Basensequenz der mRNA in eine Aminosäuresequenz bewerkstelligt das **Träger-Molekül**. Jedes Träger-Molekül kann nur mit einer ganz bestimmten der 20 Aminosäuren beladen werden und trägt dazu passend eine bestimmte Abfolge von drei Basen.

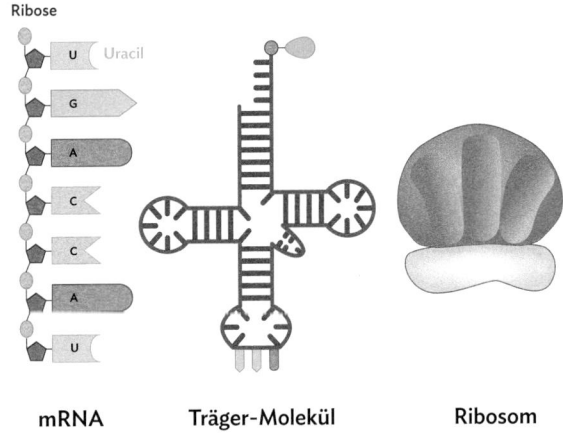

mRNA   Träger-Molekül   Ribosom

B2 Schematische Darstellung der mRNA, eines Träger-Moleküls und eines Ribosoms

---

M3 Von der DNA zum Protein

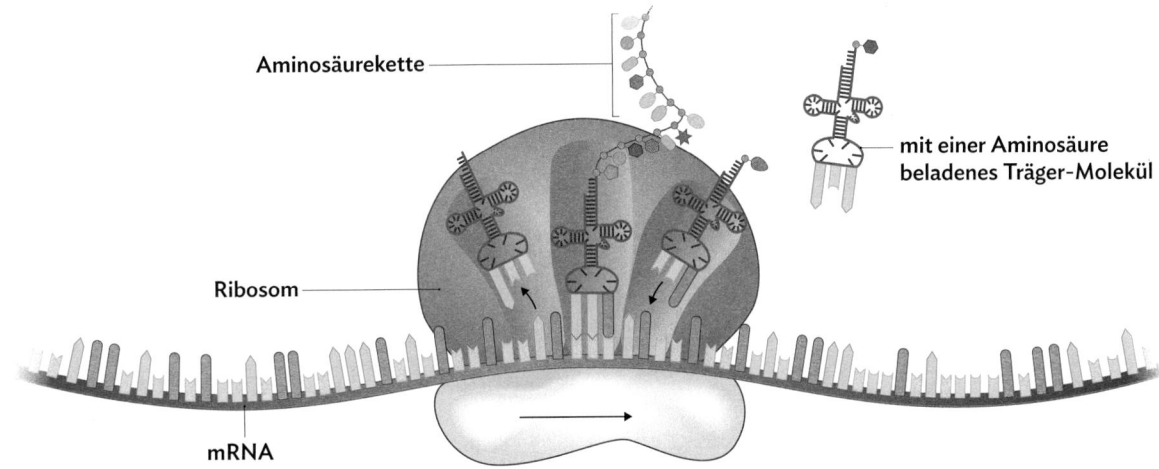

B3 Schematische Darstellung der Translation

Molekularbiologinnen und -biologen (➡ S. 272 f.) untersuchen nicht nur die Struktur von Proteinen, sondern auch deren Herstellung in Organismen. Zahlreiche Forschungen ergaben, dass an den Ribosomen anhand der mRNA die Übersetzung (**Translation**) der Basensequenz der Erbinformation in die Aminosäuresequenz eines Proteins stattfindet: Der Reihe nach binden verschiedene Träger-Moleküle im Ribosom an die mRNA. Dabei muss die Abfolge der drei Basen des jeweiligen Träger-Moleküls komplementär zu den jeweiligen drei Basen der mRNA passen. Auf diese Weise kann an einer bestimmten Stelle der mRNA auch nur ein bestimmtes Träger-Molekül binden. Dieses bringt eine ganz bestimmte Aminosäure mit, die dann an das jeweilige Ende der Aminosäurekette geknüpft wird, wodurch die Kette verlängert wird. Rutscht das Ribosom an der mRNA um drei Basen weiter, so kann ein neues Träger-Molekül binden und eine weitere Aminosäure liefern, die ebenfalls verknüpft wird. Auf diese Weise wird die **Basensequenz in eine Aminosäuresequenz übersetzt**.

5.3.3   Erbinformation und deren Umsetzung – kompakt

Die DNA als Informationsträger

Die Untersuchung der Inhaltsstoffe von **Zellkernen** ergab bereits im 19. Jahrhundert, dass dort u. a. Säuren enthalten sind, die man Nukleinsäuren nannte. In der ersten Hälfte des 20. Jahrhunderts konnte die **Desoxyribonukleinsäure** (**DNS** oder **DNA** (engl.): **d**eoxyribo**n**ucleic **a**cid) als Träger genetischer Informationen identifiziert werden. Die Biochemiker JAMES D. WATSON und FRANCIS CRICK veröffentlichten 1953 ein Modell zum räumlichen Bau der DNA – das **Doppelhelix-Modell** (**B3**): Die Grundbausteine der DNA sind die **Nukleotide**, die miteinander zu einem langen DNA-Einzelstrang verknüpft sind. Jedes Nukleotid besteht aus dem Zucker Desoxyribose, an dem eine Phosphat-Gruppe und eine von vier Basen gebunden sind. Die vier Basen bilden zwischen zwei DNA-Einzelsträngen **komplementäre Basenpaarungen** aus: Es werden immer Adenin (A) und Thymin (T) bzw. Cytosin (C) und Guanin (G) von Anziehungskräften zusammengehalten. Der DNA-Doppelstrang ist regelmäßig **um die eigene Achse gewunden**.

Die DNA und die Proteine besitzen ein **ähnliches Aufbauprinzip** aus sich wiederholenden, verschiedenen **Einzelbausteinen**. Daher ist die DNA-Struktur besonders geeignet, um darin **Informationen** für den Bau von Proteinen **zu verschlüsseln**. Zudem bietet der komplementäre zweite DNA-Strang einen **Schutz vor dem Verlust von Information**. Die gesamte DNA-Menge umfasst beim Menschen ca. drei Milliarden Basenpaare pro Zellkern. Das ergibt eine Kette von ungefähr zwei

Metern Länge, die in Einzelportionen in den im Durchmesser von nur 5 bis 16 μm großen Zellkern (1 μm entspricht einem Millionstel Meter: 0,000001 m) passt.

Die Proteinbiosynthese

Bestimmte Abschnitte auf einem DNA-Doppelstrang bezeichnet man als **Gene**. Die in einem Gen verschlüsselten Erbinformationen dienen als Vorlage zum Aufbau von Proteinen. Dieser Prozess wird als **Proteinbiosynthese** bezeichnet und in zwei Teilschritte unterteilt: Im Zellkern wird während der **Transkription** (**B1**) eine Umschrift des DNA-Abschnitts erstellt, um die DNA als Vorlage zu erhalten. Die Basenabfolge der Umschrift wird im Zellplasma im Zuge der **Translation** (**B1**) in die Aminosäuresequenz des Proteins übersetzt. Der grundsätzliche Ablauf der Proteinbiosynthese ist in den Zellen aller Lebewesen sehr ähnlich.

Die Transkription und die Translation

Bei der Transkription wird mithilfe eines Enzyms der DNA-Doppelstrang in zwei Einzelstränge aufgespalten. Einer der beiden Stränge wird durch Anlagerung der komplementären Nukleotide umgeschrieben. Es entsteht also eine **einsträngige Umschrift** des Gens, die als **messenger-RNA** (**mRNA**) bezeichnet wird. Diese löst sich von der DNA ab und die beiden DNA-Einzelstränge lagern sich wieder zu einem Doppelstrang zusammen. Die mRNA besteht wie die DNA aus Nukleotiden, ist aber einsträngig und unterscheidet sich in bestimmten

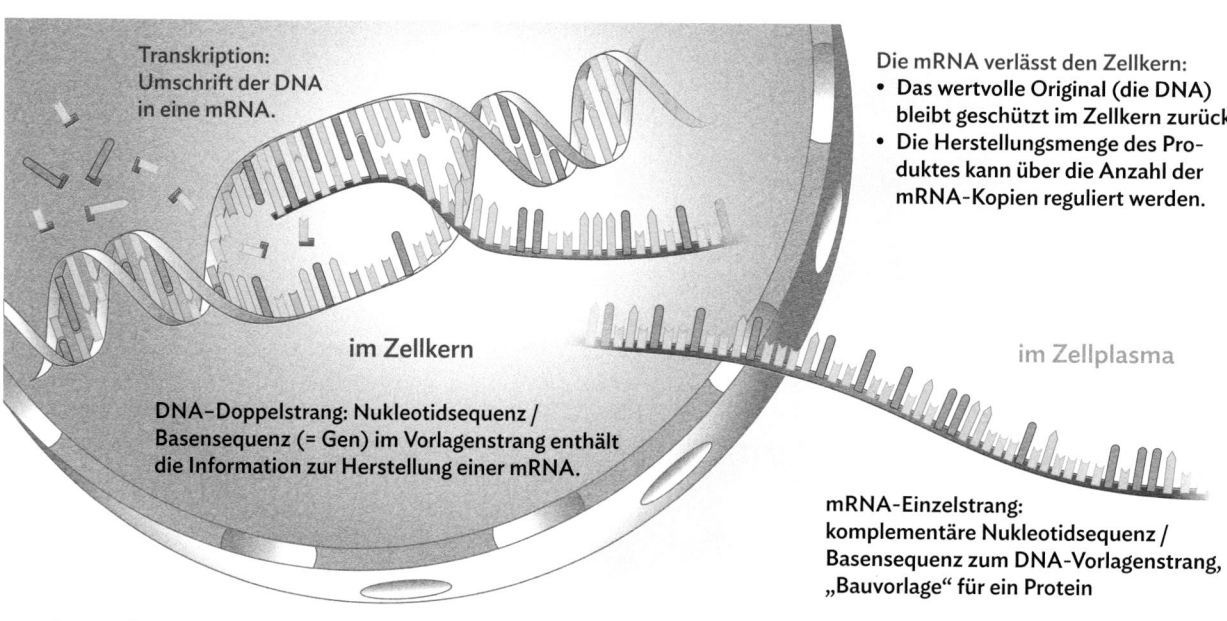

Transkription: Umschrift der DNA in eine mRNA.

Die mRNA verlässt den Zellkern:
* **Das wertvolle Original (die DNA) bleibt geschützt im Zellkern zurück.**
* **Die Herstellungsmenge des Produktes kann über die Anzahl der mRNA-Kopien reguliert werden.**

im Zellkern

im Zellplasma

DNA–Doppelstrang: Nukleotidsequenz / Basensequenz (= Gen) im Vorlagenstrang enthält die Information zur Herstellung einer mRNA.

mRNA-Einzelstrang: komplementäre Nukleotidsequenz / Basensequenz zum DNA-Vorlagenstrang, „Bauvorlage" für ein Protein

B1   Gesamtüberblick über die Proteinbiosynthese: Die Transkription im Zellkern und die Translation im Zellplasma

Merkmalen von der DNA, um den Zellkern verlassen zu können. Sie dient als Botenmolekül zur Übermittlung der Erbinformation an die Ribosomen (**B1**) im Zellplasma.

Bei der Translation wird nun die in der mRNA verschlüsselte Information an den **Ribosomen** in eine **Aminosäuresequenz übersetzt**. Dazu lagert sich die mRNA im Zellplasma an ein Ribosom an. Außerdem sind für diesen Schritt der Proteinbiosynthese mit Aminosäuren beladene **Träger-Moleküle** wichtig. Jedes Träger-Molekül hat an einem Ende eine Bindungsstelle für eine bestimmte Aminosäure und am anderen Ende eine dazu passende Abfolge von je drei Basen. Über diese drei Basen kann das Träger-Molekül komplementär an die entsprechenden drei Basen der mRNA binden. Somit legen jeweils drei Basen der mRNA eine passende, vom Träger-Molekül gelieferte Aminosäure zum Einbau in das Protein fest. Während das Ribosom die mRNA entlangläuft, werden die von den Träger-Molekülen gelieferten Aminosäuren miteinander verknüpft. Dadurch verlängert sich die **Aminosäurekette** so lange, bis die vom Gen abgeschriebene mRNA zu Ende ist. Nun löst sich das fertige Protein vom Ribosom ab.

Aufgaben

1 Vergleiche die Struktur der DNA mit einer Strickleiter. Erkläre den Zusammenhang der DNA-Struktur mit ihrer Funktion als Informationsspeicher (Hilfen ➡ QR 03009-36).

03009-36

2 Nenne zu den folgenden, bezifferten Begriffen jeweils entsprechende Strukturen bzw. Stoffe der Zelle während der Proteinbiosynthese und begründe kurz: *Im zentralen Büro (1) einer Metallwarenfabrik liegen die Originalpläne (2) für eine Reihe von Werkstücken (3). Zur Produktion werden Plankopien (4) an die Werkstätten (5) verschickt. Am Lagerplatz (6) der Einzelteile (7) werden diese auf* *Transportwagen (8) mit dem richtigen Erkennungszeichen (9) gepackt. In der Werkstatt werden die Einzelteile nach den Kennziffern (10) des Bauplans in der richtigen Reihenfolge miteinander verbunden.*

3 Eine bestimmte Analyse der DNA wird auch als genetischer Fingerabdruck bezeichnet, da die Erbsubstanz bei jedem Menschen einmalig ist. Formuliere eine begründete Hypothese, warum dies nicht für die gesamte DNA gelten kann.

4 Der genetische Code ist universell, d. h. er ist in seinen Grundzügen für alle Lebewesen gleich. Leite Rückschlüsse aus diesem Befund bezüglich der Entwicklung der Lebewesen auf der Erde ab.

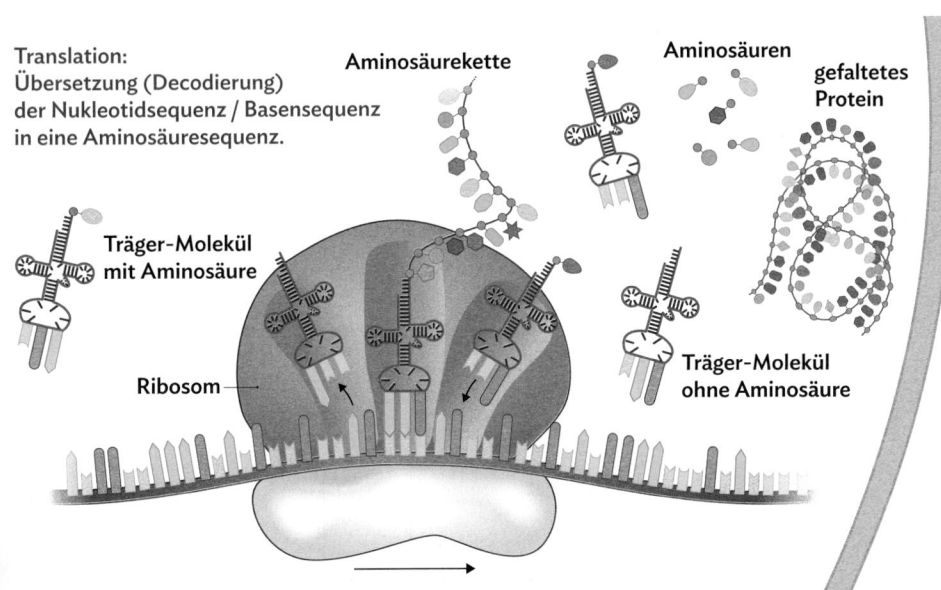

Translation:
Übersetzung (Decodierung) der Nukleotidsequenz / Basensequenz in eine Aminosäuresequenz.

Aminosäurekette

Aminosäuren

gefaltetes Protein

Träger-Molekül mit Aminosäure

Ribosom

Träger-Molekül ohne Aminosäure

Stoffwechsel:
Protein, z. B. ein Enzym oder Keratin, bewirken die Ausprägung eines Merkmals, wie z.B. Fellstruktur und Fellfarbe.

5.4.1 Die Verdopplung der DNA

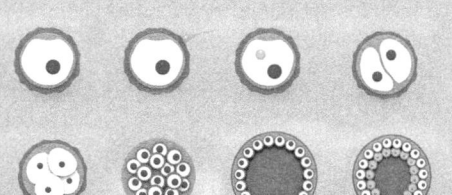

Das Wunder des Lebens beginnt mit dem Verschmelzen des Eizellen- und des Spermiumkerns. Das Neugeborene besteht aus etwa 100 Billionen Zellen und in jeder steckt die vollständige Erbinformation.

→ Wie kann es sein, dass sich eine Zelle teilt und dennoch in beiden neuen Zellen die gesamte Erbinformation steckt?

Lernweg

Die Replikation der DNA

1 Bevor sich die Zelle teilen kann, muss die Erbinformation bei der sog. semikonservativen Replikation verdoppelt werden, damit sie in beiden Zellen vollständig und identisch vorliegt. Löse das „Replikationsrätsel" (M1, B1a), indem du die fehlenden Basen auf dem Arbeitsblatt ergänzt (→ QR 03023-31). Überlege dir anhand der leeren Vorlage (B1b und auf dem Arbeitsblatt), wie in der Zelle dieser Mechanismus ablaufen könnte und erläutere die Vorteile eines DNA-**Doppel**stranges.

03023-31

2 In den Anfängen der DNA-Forschung wurden drei Mechanismen zur identischen Verdopplung der DNA diskutiert.

a) Beschreibe die drei unterschiedlichen Mechanismen der DNA-Replikation aus M3.

b) Experimentell konnten Molekularbiologinnen und -biologen (→ S. 272 f.) beweisen, dass die DNA „halberhaltend" kopiert wird. Erkläre durch einen Vergleich mit den beiden anderen Mechanismen, warum dies für ein möglichst fehlerfreies Replizieren (Verdoppeln) der DNA von Vorteil ist.

c) Beschreibe die Teilschritte der Replikation (M4).

3 Die Transkription im Rahmen der Proteinbiosynthese und die Replikation der DNA werden häufig verwechselt. Übernimm M2 in deine Unterlagen und ergänze die Tabelle.

M1　Ein „Replikationsrätsel"

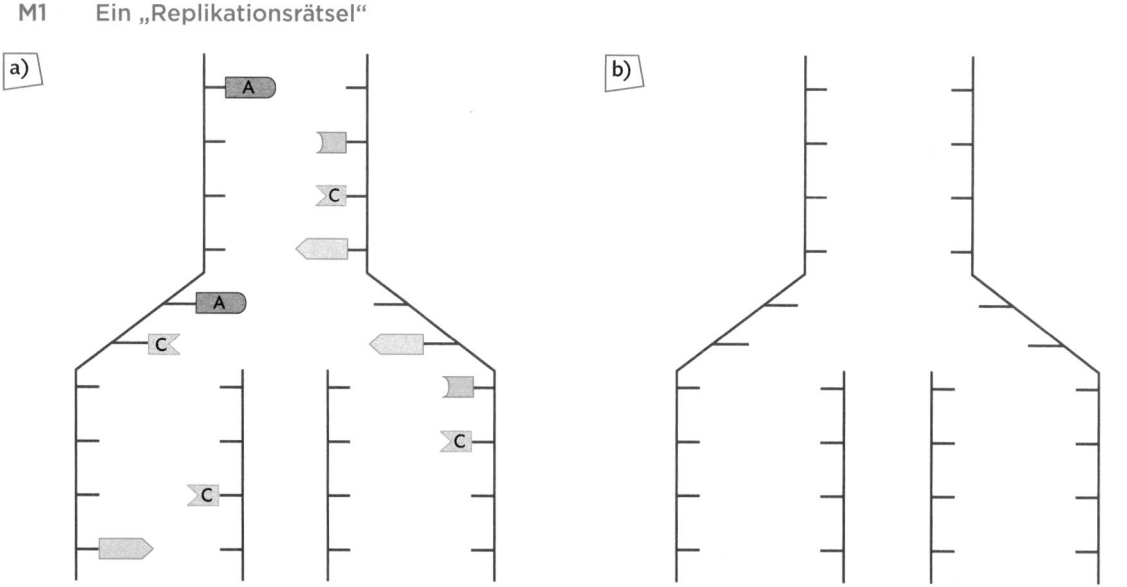

B1 Arbeitsvorlage „Replikationsrätsel" (a) und leere Arbeitsvorlage (b)

M2 Vergleich

	Transkription	Replikation
Funktion	...	...
Ort	...	...
Basenpaare	...	...
Produkt	...	...
anschließender Prozess	...	...

M3 Verschiedene Replikationsmodelle

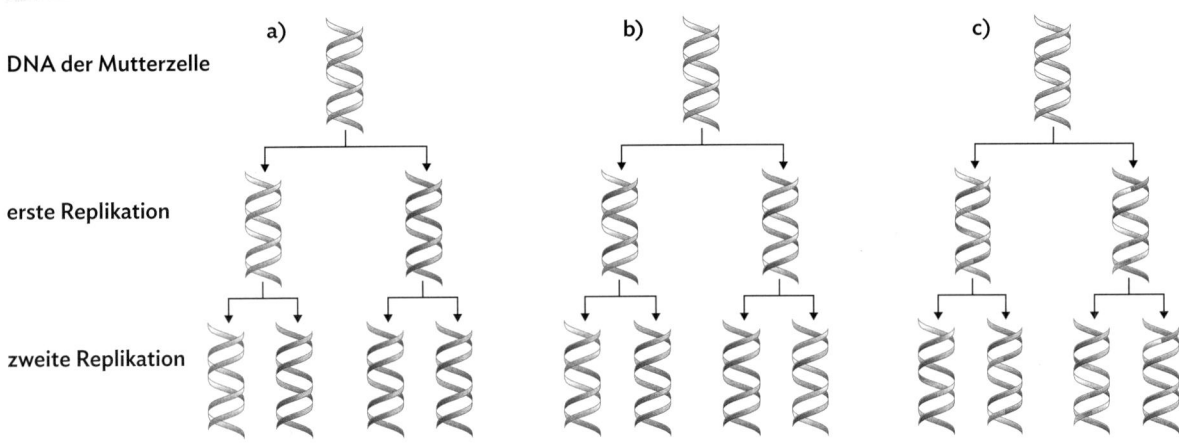

B2 Verschiedene Modelle der Replikation: **a)** „erhaltendes" Modell, **b)** „halberhaltendes" Modell, **c)** „zerstreuendes" Modell. Die rot dargestellten Bereiche stellen die neu synthetisierten DNA-Stränge bzw. -Teile dar.

M4 Das Prinzip der Replikation

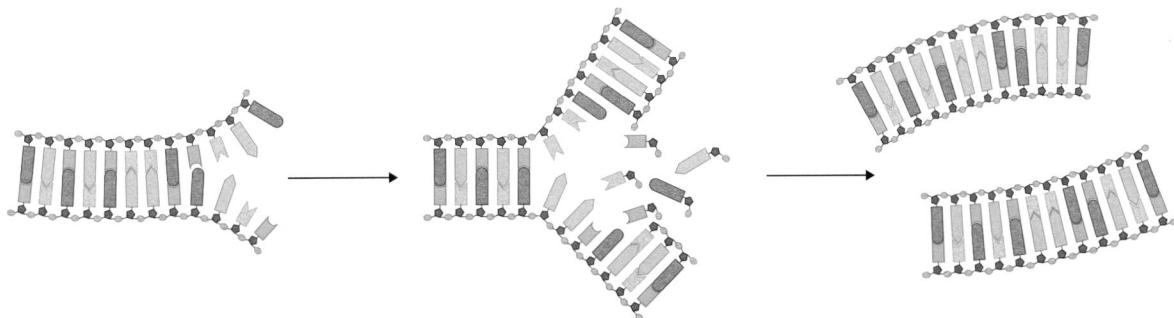

B3 Vereinfachte Darstellung der Teilschritte zur Verdopplung der DNA

5.4.2 Der Zellzyklus und die Mitose

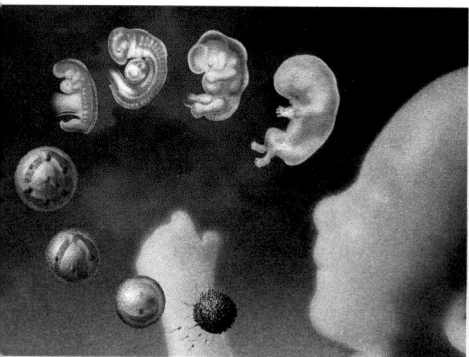

Es ist eines der Naturwunder: Aus einer befruchteten menschlichen Eizelle entsteht durch Zellteilung und Zelldifferenzierung das komplexe,
vielzellige Lebewesen Mensch mit mehreren 100 Billionen Zellen. Die
meiste Zeit zwischen den Zellteilungen liegt die DNA als langgestreckte
Chromatinfäden vor.

→ Wie schafft es die Zelle, die insgesamt zwei Meter langen DNA-
  Fäden vor der Teilung ordentlich zu „verpacken"?
→ Welche Bedeutung hat die Zellteilung bei einem Erwachsenen?

Lernweg

Der Zellzyklus

1 Der Zellzyklus ist ein äußerst bedeutsamer Vorgang
für alle Lebewesen. Haut-Stammzellen durchschrei-
ten den Zellzyklus ein Leben lang und sorgen dafür,
dass sich unsere Haut alle 28 Tage erneuert.

a) Beschreibe den Zellzyklus ausführlich mithilfe **B1**
in **M1**. Gehe dabei auch auf die Veränderung der
Struktur der DNA während der G-, S- und Tei-
lungsphasen ein.

b) Stelle die Informationen zu den Phasen des
Zellzyklus in einer Tabelle übersichtlich dar (**M1**).

c) Erläutere die Bedeutung aller Phasen des Zellzyklus für ein vielzelliges Lebewesen.

2 Die Mitose weist charakteristische Phasen auf,
die immer in der gleichen bestimmten Reihenfolge
ineinander übergehen.

a) Betrachte die dargestellten Phasen der Mitose
und Interphase in **M1** und beschreibe den Ablauf.

b) In **M2** sind verschiedene Vorgänge während der
Mitose beschrieben. Ordne die Textbausteine A
bis N den entsprechenden Phasen der Mitose in
B2 zu.

3 **M3** beschreibt verschiedene Gründe für Zellteilungen, deren Ergebnis identische Zellen sind.
Zeige anhand der Beispiele den Zusammenhang
zwischen dem Ergebnis und der Bedeutung der
Zellteilung auf.

M1   Der Zellzyklus

Aus einer befruchteten Eizelle entsteht durch Zellteilung
schließlich der komplexe Organismus Mensch mit vielen
differenzierten Zellen. Haut-Stammzellen teilen sich sogar ein Leben lang. Die aus einer Zellteilung hervorgehen-
den Tochterzellen sind zunächst nur halb so groß wie die
Ausgangszelle. In der sogenannten Interphase wachsen
die Zellen und bereiten sich auf die nächste Zellteilung
vor. Dabei lassen sich die beiden Gap-Phasen (G_1 und
G_2) und die Synthese-Phase (S) unterscheiden. In der
Teilungsphase kommt es zur Kernteilung (Mitose) und
zur Zellteilung (Zytokinese). Die Abfolge aus Interphase
und Teilungsphase nennt man **Zellzyklus**. Je nach Zelltyp durchläuft eine Körperzelle den Zellzyklus 10- bis 100-
mal, bevor sie sich auf ihre bestimmte Funktion im Organismus spezialisiert. Mit dieser Zelldifferenzierung verliert
sie ihre Teilungsfähigkeit und tritt in die G_0-Phase ein.

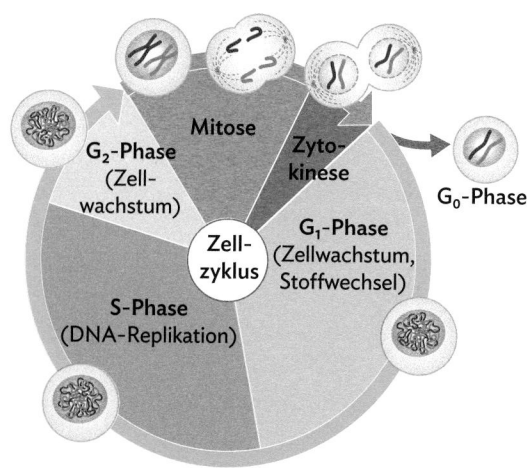

B1   Der Zellzyklus

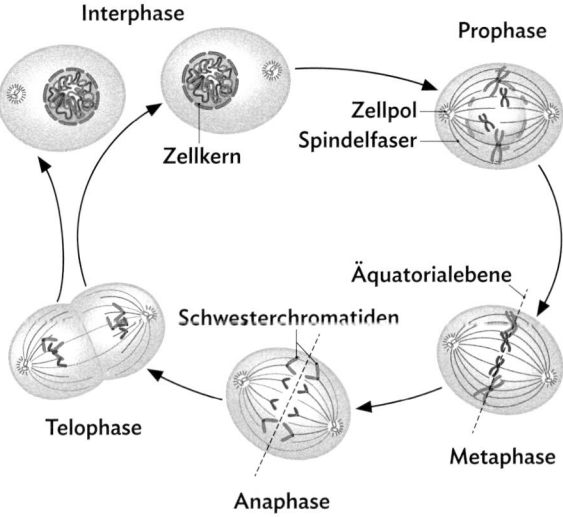

Interphase — Prophase — Zellpol — Spindelfaser — Zellkern — Äquatorialebene — Schwesterchromatiden — Telophase — Metaphase — Anaphase

B2 Die Mitose

E) Die Zellteilung erfolgt.

F) An den beiden Zellpolen liegt ein vollständiger Chromosomensatz aus Ein-Chromatid-Chromosomen vor.

G) Die Zentrosomen wandern zu den entgegengesetzten Polen.

H) Die Kernhülle löst sich auf.

I) Die DNA der Zwei-Chromatid-Chromosomen wird kondensiert. Die Schwesterchromatiden hängen jeweils am Zentromer zusammen.

J) Die Spindelfasern verkürzen sich.

K) Die Chromosomen beginnen sich zu verdichten.

L) Die Spindelfasern lagern sich an die Zentromere an.

M) Die Zwei-Chromatid-Chromosomen werden am Zentromer getrennt und die Schwesterchromatiden jeweils zu den entgegengesetzten Zellpolen gezogen.

N) Die beiden neu gebildeten Tochterzellen besitzen jeweils das vollständige, identische Erbgut.

A) Die DNA liegt verdoppelt, aber noch nicht verdichtet vor.

B) Es werden zwei neue Zellkerne ausgebildet.

C) Die maximal kondensierten Chromosomen wurden von den Spindelfasern in die Äquatorialebene gezogen.

D) Die kondensierten Ein-Chromatid-Chromosomen werden durch die Spindelfasern mit dem Zentromer voran zu den entgegengesetzten Polen gezogen.

M3   Die Bedeutung der Zellteilung

Bei Pflanzen kann Wachstum durch die Zunahme der Größe der Zellen erfolgen. Das ermöglicht z. B. auch Neigungen der Blätter in Ausrichtung zum Stand der Sonne. Deshalb ist Wachstum ohne Zellteilung bei Pflanzen und Tieren undenkbar. Wie schnell ein Lebewesen wachsen kann, hängt entscheidend von der Zellteilungsrate ab.

Einzellige Lebewesen vermehren sich bei guten Bedingungen in regelmäßigen Abständen durch die Zweiteilung. Dabei findet eine Kernteilung (Mitose) mit anschließender Zellteilung statt, wobei zwei identische Nachkommen entstehen.

Zellen wachsen heran und teilen sich, anschließend wachsen sie wieder heran, um sich erneut zu teilen. In den meisten Fällen dient dies dem Ersatz von Zellen, sodass die neuen Zellen wieder die gleiche Aufgabe im Organismus erfüllen.

Komplexere Lebewesen weisen unterschiedliche Zelltypen auf, die verschieden gestaltet und mit unterschiedlichen Aufgaben betraut sind. Diese Differenzierung wird häufig schon bei der Zellteilung beobachtet.

5.4.3   Der Zellzyklus – kompakt

Von der DNA zum Chromosom
Die gesamte DNA-Doppelhelix wäre viel zu lang für den Zellkern, deshalb muss sie in einer spezifischen Art und Weise im Zellkern „verpackt" sein. Die DNA-Doppelhelix ist im Zellkern um viele spezielle Proteine, die Histone, gewickelt (**B1**). Ein einzelner Doppelstrang mit Histonen wird als **Chromatid** bezeichnet. In dieser Struktur kann die DNA abgelesen werden, man bezeichnet sie als **Arbeitsform**. Sie ist bei der Zellteilung für die korrekte Verteilung des Erbguts ungünstig. Daher wird das Chromatid zuvor mehrfach zur kompakten **Transportform** verdichtet und um ein Vielfaches seiner Länge verkürzt. Nach der **Replikation** (Verdopplung) werden die beiden identischen sog. **Schwesterchromatiden** am **Zentromer** zusammengehalten (**Zwei-Chromatid-Chromosom**).

Basiskonzept

Ein Kennzeichen von Lebewesen ist, dass sie die Fähigkeit besitzen, sich zu reproduzieren. Grundlage hierfür ist die Weitergabe des Erbguts an ihre Nachkommen. Auf molekularer Ebene bedeutet dies, die DNA vervielfältigen zu können, was während der „halberhaltenden" Replikation passiert. Das Ergebnis sind zwei identische DNAs, die dann an die Tochterzellen weitergegeben werden können (BK ➥ im Buchdeckel).

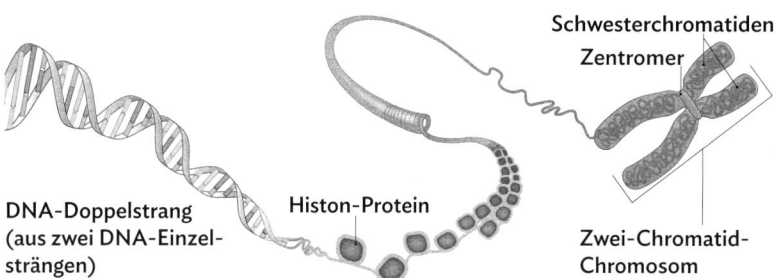
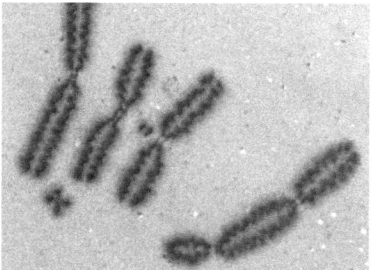

Schwesterchromatiden
Zentromer

DNA-Doppelstrang
(aus zwei DNA-Einzel-
strängen)

Histon-Protein

Zwei-Chromatid-
Chromosom

B1   Von der DNA zum Chromosom (links) und Mikroskopie gefärbter Chromosomen (rechts)

Die Replikation von DNA
Bevor sich eine Zelle teilt, wird die Erbinformation während der Replikation verdoppelt. Dabei werden die zwei komplementären Stränge des DNA-Doppelstrangs aufgetrennt und an jedem dieser Einzelstränge wird ein komplementärer Einzelstrang durch Anlagerung von Nukleotiden ergänzt. So werden aus einem Doppelstrang zwei Doppelstränge, die jeweils aus einem „alten" und einem „neuen" Einzelstrang bestehen. Diese Art der Vervielfältigung wird als „halberhaltende" **Replikation** bezeichnet. Dabei arbeiten zahlreiche Enzyme zusammen. Bei einer Baugeschwindigkeit von 100 Basen pro

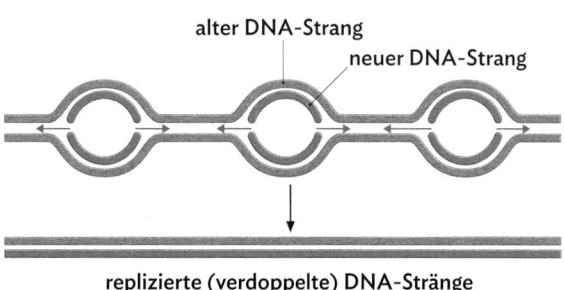

alter DNA-Strang

neuer DNA-Strang

replizierte (verdoppelte) DNA-Stränge

B2   Replikation an mehreren Stellen des DNA-Stranges

Sekunde würde die Replikation bei Menschen (ca. 3,3 Milliarden Basenpaare) 35 Tage dauern. Daher wird das Erbgut an vielen Stellen gleichzeitig verdoppelt (**B2**), sodass der Vorgang nur acht bis zwölf Stunden dauert.

Während und nach der Replikation gibt es Enzyme, die Korrektur lesen und Fehler beseitigen. Am Ende ereignet sich auf eine Milliarde replizierter Basenpaare nur ein Fehler.

Der Zellzyklus
Als **Zellzyklus** wird die Abfolge von Interphase und Mitose mit darauffolgender Zellteilung genannt. Die **beiden** neuen, **identischen** Zellen treten nach der Zellteilung in die sog. **Interphase** ein. Diese besteht aus zwei G-Phasen (*gap* (engl.): Lücke) und einer S-Phase (Synthese-Phase). Die zunächst kleineren Zellen wachsen und vermehren ihre Zellbestandteile in den beiden G-Phasen. Außerdem kann die Zelle ihre eigentliche **Funktion** in dieser Phase ausüben. Während der S-Phase wird die DNA im Vorgang der Replikation **verdoppelt**. In der **Mitose** wird dann das verdoppelte genetische Material **identisch** auf die beiden Zellkerne **aufgeteilt**, wodurch die **Chromosomenzahl** der Zellen **konstant** bleibt.

Die Mitose

Zunächst wickeln sich zu Beginn der **Mitose** (Kernteilung) die Chromosomen auf und verdichten sich zur Transportform. So werden die Zwei-Chromatid-Chromosomen unterscheidbar. Die Kernhülle grenzt den Zellkern zum Zellplasma ab und löst sich auf. Von den Zellpolen ausgehend bildet sich der sog Spindelapparat aus. Dieser besteht aus langen Protein-Strängen, den Spindelfasern, die bis zur Zellmitte (Zelläquator) reichen. Die Zwei-Chromatid-Chromosomen ordnen sich daraufhin an der Äquatorialebene in der Mitte der Zelle an. Anschließend werden die Zwei-Chromatid-Chromosomen am Zentromer getrennt und die Spindelfasern docken an den Ein-Chromatid-Chromosomen an. Die Schwester-Chromatiden werden dann von den Spindelfasern zu den entgegengesetzten Zellpolen gezogen. Es befindet sich ein vollständiger Chromosomensatz an jedem Zellpol. Abschließend wird eine neue Kernhülle gebildet und die Ein-Chromatid-Chromosomen werden wieder von der Transport- in die Arbeitsform überführt. Damit ist die Mitose (Kernteilung) abgeschlossen und zwei neue Zellkerne mit vollständigem Chromosomensatz sind gebildet (**B3**). Auch die Meiose lässt sich in unterschiedliche Phasen gliedern, jedoch wird zunächst die Anzahl der Chromosomen in den Tochterzellen reduziert (Reduktionsteilung). Die anschließende Äquationsteilung läuft von der Funktionsweise ähnlich wie die Mitose ab (➡ 4.3.1).

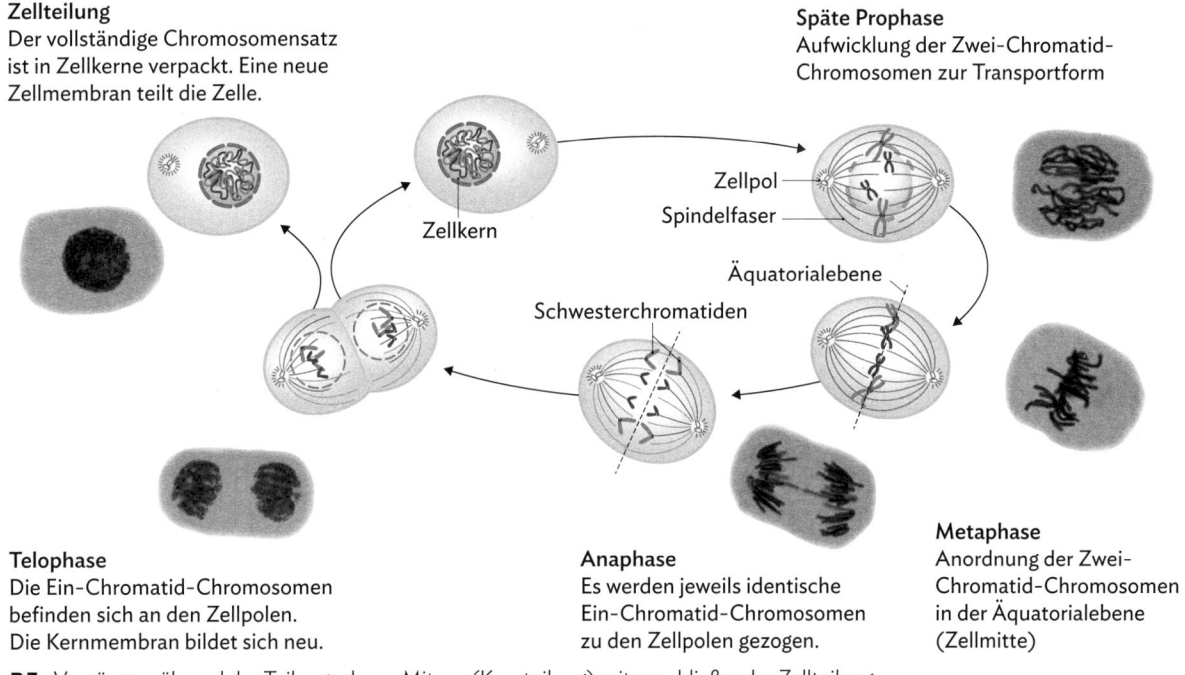

Zellteilung
Der vollständige Chromosomensatz ist in Zellkerne verpackt. Eine neue Zellmembran teilt die Zelle.

Zellkern

Späte Prophase
Aufwicklung der Zwei-Chromatid-Chromosomen zur Transportform

Zellpol

Spindelfaser

Äquatorialebene

Schwesterchromatiden

Telophase
Die Ein-Chromatid-Chromosomen befinden sich an den Zellpolen. Die Kernmembran bildet sich neu.

Anaphase
Es werden jeweils identische Ein-Chromatid-Chromosomen zu den Zellpolen gezogen.

Metaphase
Anordnung der Zwei-Chromatid-Chromosomen in der Äquatorialebene (Zellmitte)

B3 Vorgänge während der Teilungsphase: Mitose (Kernteilung) mit anschließender Zellteilung

---

Aufgaben

1 Ein Reißverschluss (**B4**) kann als Modell dienen, um den Prozess der Replikation zu veranschaulichen. Vergleiche das Modell unter Verwendung von Fachbegriffen mit der Replikation und erkläre, an welchen Stellen es nicht nicht passend ist.

2 Wende das Basiskonzept „Struktur und Funktion" auf die Arbeits- und Transportform der Chromosomen an. Erkläre so die Veränderung der Chromosomen im Zellzyklus.

B4 Ein Reißverschluss als Modell für die Replikation

Zum Üben und Weiterdenken

Einzeller im Heuaufguss

1 Führe den Versuch durch (➡ 5.1.4) und wasche dir danach die Hände. Beachte die Sicherheitshinweise ➡ **QR 03023-95**.

Material: Wassergefäß (z. B. 1-Liter-Glas), Heu (vom Bauern, nicht aus dem Zoohandel), Wasser (vorzugsweise aus einem natürlichen Gewässer, zur Not Leitungswasser)

Durchführung:

1. Gib eine Handvoll frisches Heu in das Gefäß.
2. Übergieße es mit ca. 700 ml Wasser und lass den abgedeckten Aufguss für ca. eine Woche bei Zimmertemperatur stehen.
3. Mikroskopiere Wasser von der Oberfläche (direkt unter der gebildeten Kahmhaut) sowie von der Mitte und vom Boden.
4. Durchsuche dein Präparat nach verschiedenen Einzellern (**B1**).
5. Erstelle eine Skizze eines Einzellers (z. B. Pantoffeltierchen).

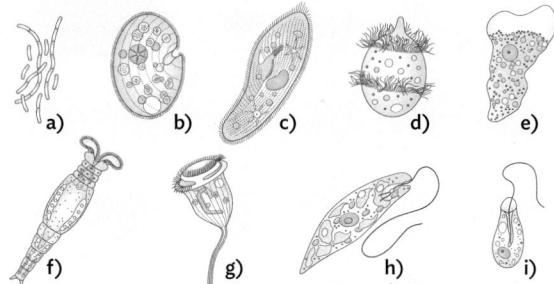

a) **Heubazillus**   b) **Heutierchen**   c) **Pantoffeltierchen**
d) **Nasentierchen**   e) **Fließamöbe**   f) **Rüsselrädertier**
g) **Glockentierchen**   h) **Augentierchen**   i) **Flussgeißeltierchen**

B1   Beispiele für Lebewesen in einem Heuaufguss

Weitere Informationen zum Heuaufguss und entsprechende Sicherheitshinweise findest du ➡ **QR 03023-95**.

03023-95

Herstellung einer „stonewashed Bluejeans"

2 Eine besondere Gruppe der Prokaryoten sind die Archaeen. Sie bilden ein eigenes Reich der Lebewesen. Früher dachte man, sie wären Bakterien, weil sie ihnen äußerlich ähneln. Sie unterscheiden sich aber in ihrem Bau und ihrer Lebensweise von den Bakterien. Archaeen besiedeln lebensfeindliche Lebensräume. Man findet sie in sauren oder alkalischen und heißen Gewässern, tief unten im Meer, in salzhaltigen Gewässern oder in der Kälte.

Ihre robusten und beständigen Proteine halten auch extreme Bedingungen aus und können für industrielle Anwendungen genutzt werden. Bestimmte Proteine in Waschmitteln stammen von den Archaeen, andere Stoffe werden in der Kosmetikindustrie und Pharmazie benötigt. Sogar die Herstellung einer „stonewashed" Bluejeans erfordert Stoffe der Archaeen. Recherchiere die Herstellung einer stonewashed Bluejeans. Achte auf die Bestandteile der Archaeen, die genutzt werden.

Replikationsfehler

3 Bei der Replikation des Erbguts einer Zelle hat sich ein Fehler eingeschlichen (**B2**). Nenne die Stelle, an der sich der Fehler ereignet hat, und erkläre Auswirkungen, die dieser Fehler auf die Zelle haben kann.

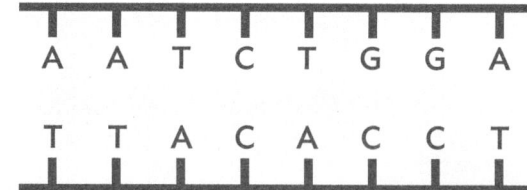

B2   Basenabfolge nach der Replikation

Membrantransport

4 Ebenso wie einige andere Organellen sind die Vakuolen pflanzlicher Zellen durch Biomembranen abgegrenzt. Die Vakuolen dienen u. a. zur Lagerung giftiger Stoffwechselprodukte.

a) Fertige eine beschriftete, schematische Skizze der Vakuolen-Membran an.

b) **B3** zeigt grundsätzliche Transportmöglichkeiten, wie Stoffwechselprodukte in die Vakuole gelangen könnten. Wähle eine Variante, die für die langfristige Anreicherung von Stoffen in der Vakuole infrage kommt, begründet aus.

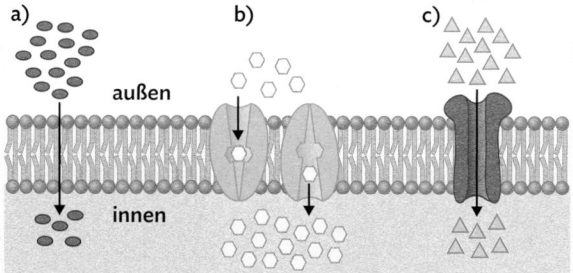

B3   Transportmöglichkeiten durch eine Biomembran

Alles im Blick

Arbeitsblatt (➡ QR 03028-010).

03028-010

Vielfalt der Zellen

Die Zelle ist die kleinste, eigenständig funktionsfähige Einheit des Lebens. Man unterscheidet zwischen Zellen mit einem Zellkern, den eukaryotischen Zellen, und Zellen ohne Zellkern, den prokaryotischen Zellen. Die prokaryotischen Zellen sind einfacher aufgebaut, aber können je nach ihrer zellulären Ausstattung besondere Stoffwechselleistungen erbringen und auch nützlich für uns Menschen sein. Eukaryotische Zellen sind die Bausteine der höheren Lebewesen. Je nach ihrer Aufgabe zeigen sie eine besondere Gestalt und zelluläre Ausstattung (**BK Struktur und Funktion** ➡ S. 10–13). Jede Zelle ist von der Zellmembran umgeben und im Inneren eukaryotischer Zellen gibt es viele Organellen, die von einer sehr beweglichen Biomembran umgrenzt sind.

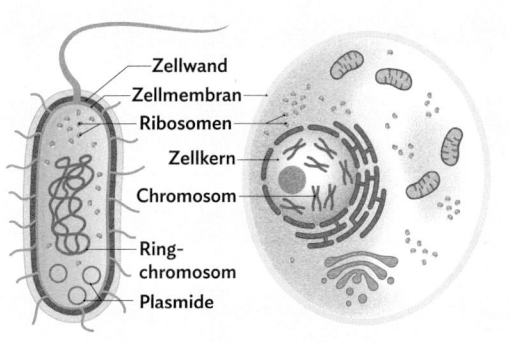

➡ 5.1, 5.2

Die Proteinbiosynthese

Die in einem Gen verschlüsselte Erbinformation dient als Anleitung zum Aufbau eines Proteins. Die Herstellung der Proteine nach dieser Information wird Proteinbiosynthese genannt. Im ersten Schritt, der Transkription, wird im Zellkern die Abfolge der Basen eines DNA-Einzelstranges in eine mRNA umgeschrieben. Im Zellplasma wird im zweiten Schritt, der Translation, die Basensequenz der mRNA an den Ribosomen in die Aminosäuresequenz des Proteins übersetzt. Dabei werden immer drei aufeinanderfolgende Basen durch eine Aminosäure codiert. Demnach ist in der Reihenfolge der Basen in der DNA die Information für die Reihenfolge der Aminosäuren im Protein verschlüsselt.

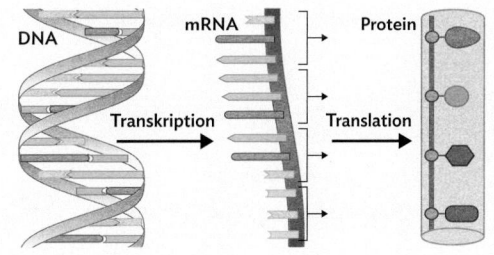

➡ 5.3

Der Zellzyklus

Einzeller können sich durch einfache Zellteilung ungeschlechtlich fortpflanzen. Zellen mehrzelliger Lebewesen teilen sich auch, da Organismen wachsen bzw. deren Zellen regelmäßig erneuert werden müssen. Damit eine Zelle funktionsfähig ist, muss sich das gesamte Erbgut in ihrem Zellkern befinden. Um dies auch nach einer Zellteilung zu gewährleisten, durchläuft jede Zelle einen Zellzyklus. Dieser besteht aus der Kernteilung (Mitose), der Zellteilung und der Interphase. In der Interphase erfüllt die Zelle ihre Funktion im Organismus (G1-Phase) und bereitet sich auf die nächste Zellteilung vor (G2-Phase). Dazu wird bei der Replikation zunächst das Erbgut der Zelle verdoppelt (S-Phase). So entstehen zwei neue, völlig identische Zellen.

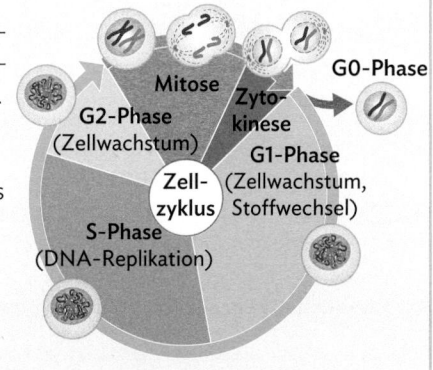

➡ 5.4

Ziel erreicht?

1. Selbsteinschätzung

Wie gut sind deine Kenntnisse in den Bereichen A bis E? Schätze dich selbst ein und kreuze auf dem Arbeitsblatt in der Auswertungstabelle unten die entsprechenden Kästchen an (➡ QR 03028-002).

03028-002

2. Überprüfung

Bearbeite die untenstehenden Aufgaben (Lernanwendung ➡ QR 03028-003). Vergleiche deine Antworten mit den Lösungen auf S. 258 f. und kreise die erreichte Punktzahl in der Auswertungstabelle auf dem Arbeitsblatt ein. Vergleiche mit deiner Selbsteinschätzung.

03028-003

Kompetenzen

Prokaryotische und eukaryotische Zellen vergleichen

6 P **A1** Prokaryotische Zellen unterscheiden sich von eukaryotischen Zellen.
Entscheide, ob die folgenden Aussagen richtig oder falsch sind. Prokaryotische Zellen ...

- ... sind meist viel kleiner als eukaryotische Zellen.
- ... besitzen einen echten Zellkern.
- ... sind immer unbeweglich.
- ... haben eine Zellwand.
- ... sind immer Krankheitserreger.
- ... leben auch in unserem Körper.

10 P **A2** Vergleiche die Organisation des genetischen Materials bei Pro- und Eukaryoten tabellarisch anhand folgender Aspekte: Zelltyp, Zellkern, Chromosom, Plasmid, Aufbewahrungsort.

Den Aufbau von Biomembranen und das Zusammenwirken von Zellorganellen beschreiben

6 P **B1** Biomembranen sind ein wichtiger Bestandteil von Zellen. Beschreibe den Aufbau einer Biomembran und gib die Polaritäten der verschiedenen Bereiche an.

5 P **B2** Zellorganellen arbeiten dynamisch in einer Zelle zusammen. Abbildung **B2** zeigt, wie hergestellte Stoffe (Proteine) über Exozytose aus der Zelle ausgeschieden werden sollen. In die Abbildung haben sich Fehler eingeschlichen. Korrigiere diese und erstelle ein Fließschema zum richtigen Ablauf.

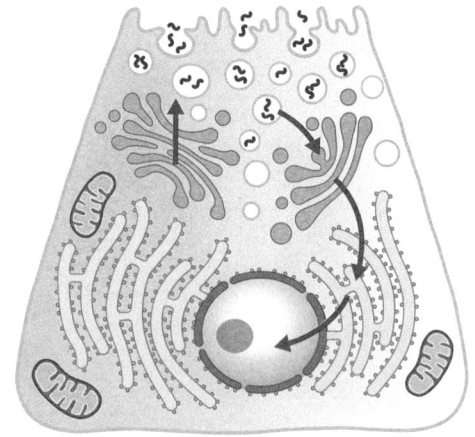

zu B2

Ein Modell der DNA beschreiben

C1 Die Analyse einer menschlichen DNA hat ergeben, dass diese zu 31 % die Base Adenin enthält. Ermittle und erläutere anhand des grundsätzlichen Aufbaus der DNA nach dem Modell von watson und crick die prozentualen Anteile der anderen drei Basen. Verwende mindestens die folgenden Begriffe: Base, komplementär, Doppelstrang, Nukleotid, Doppelhelix.   **8 P**

Die Bildung von Proteinen und deren Rolle bei der Merkmalsausbildung erklären

D1 Benenne die beiden Teilschritte der Proteinbiosynthese und charakterisiere sie kurz.   **4 P**

D2 Erkläre anhand der Abbildung das Prinzip der Übersetzung einer Basensequenz in die Aminosäureabfolge im entsprechenden Protein.   **5 P**

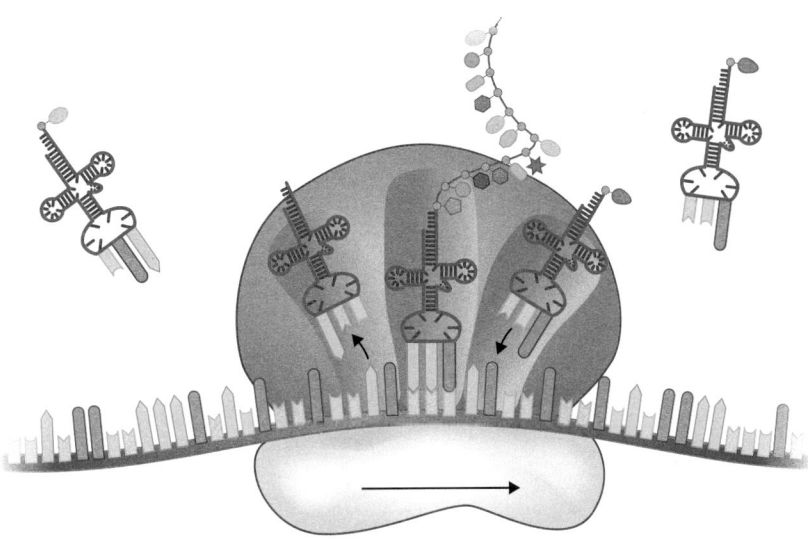

zu D2

Die Bedeutung der DNA-Replikation erklären

2P **E1** Erkläre die Bedeutung der DNA-Replikation für die Erbinformation in den Zellen.

E2 Die Abbildung zeigt zwei verschiedene Modelldarstellungen für einen Ausschnitt aus einem DNA-Doppelstrang.

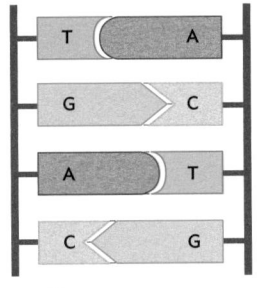
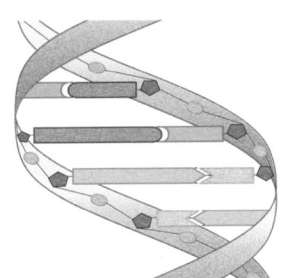

zu E2

a) Begründe jeweils, welches Modell besser geeignet ist, um die Struktur der DNA bzw. den Ablauf der Replikation zu erklären. 4P

b) Bringe die drei Aussagen zur Replikation in die richtige Reihenfolge. 2P

1	So werden aus einem Doppelstrang zwei.
2	Der DNA-Doppelstrang wird abschnittsweise in zwei Einzelstränge getrennt.
3	Jeder Einzelstrang wird kopiert, indem passende Nukleotide über komplementäre Basenpaarung angelagert und zu einen neuen Einzelstrang verknüpft werden.

Auswertung

Ich kann ...	prima	ganz gut	mit Hilfe	lies nach auf Seite
A prokaryotische und eukaryotische Zellen vergleichen.	☐ 16–13	☐ 12–8	☐ 7–4	182–185
B den Aufbau von Biomembranen und das Zusammenwirken von Zellorganellen beschreiben.	☐ 11–9	☐ 8–6	☐ 5–3	192–195
C ein Modell der DNA beschreiben.	☐ 8–7	☐ 6–4	☐ 3–2	200–203
D die Bildung von Proteinen und deren Rolle bei der Merkmalsausbildung erklären.	☐ 9–8	☐ 7–4	☐ 3–2	200–205
E die Bedeutung der DNA-Replikation erklären.	☐ 8–7	☐ 6–4	☐ 3–2	206–209

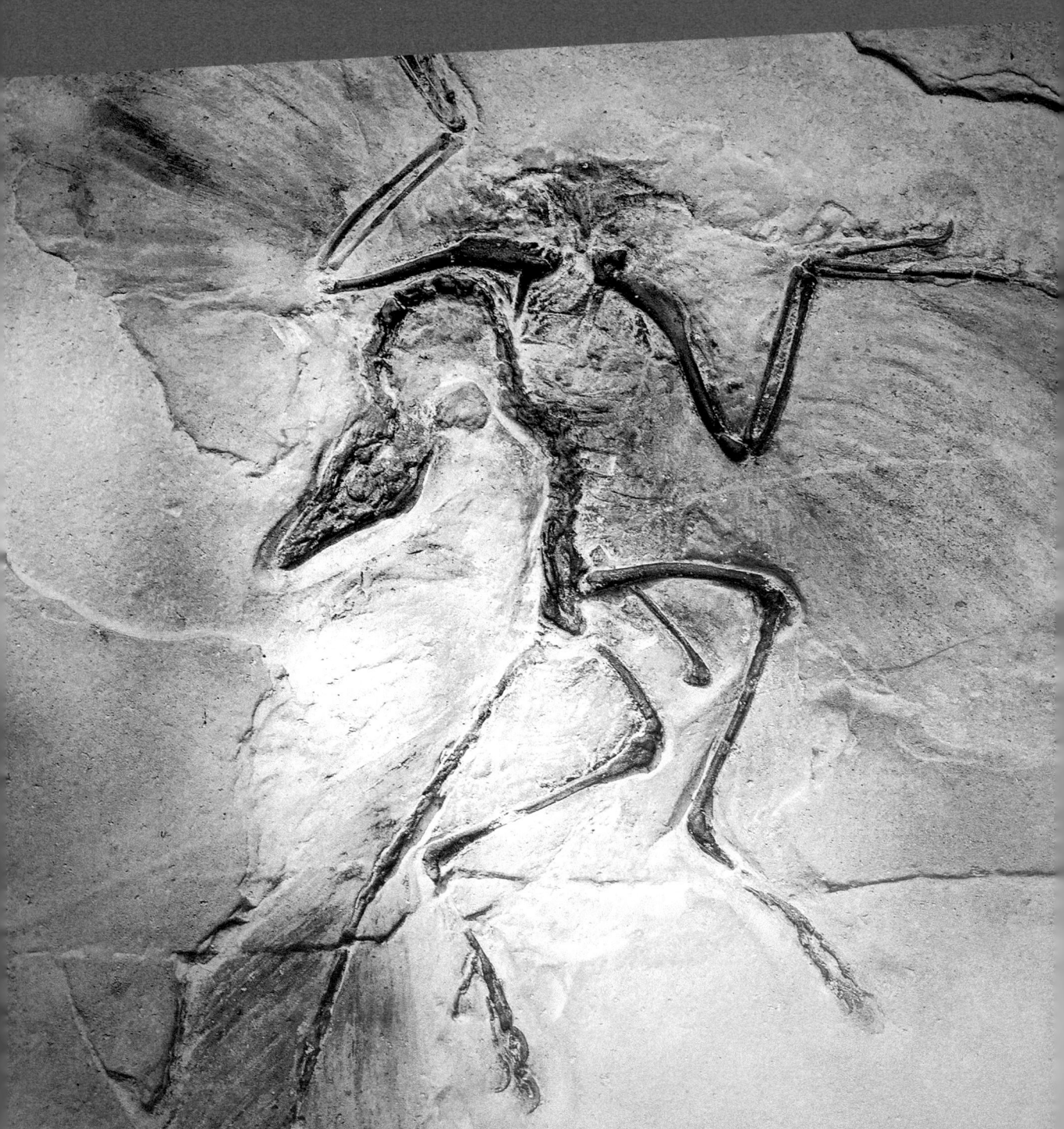

Startklar?

Die folgenden Basiskonzepte (BK ➥ im Buchdeckel) helfen dir, die neuen Inhalte von Kapitel 6 mit deinem Vorwissen zu verknüpfen (Lernanwendung ➥ QR 03028-004).

03028-004

Vorteile durch Unterschiede

B1 Ente, Reiher, Specht und Bussard

Die Vögel in **B1** unterscheiden sich sehr stark in der Ausbildung ihrer Schnäbel und Füße. Sie besiedeln verschiedene Lebensräume und ernähren sich unterschiedlich. Die Ente siebt Kleintiere aus dem Wasser, der Reiher spießt Fische auf, der Specht pickt Insekten-Larven aus Baumrinden und der Bussard fängt Mäuse. Auf diese Weise besteht wenig Konkurrenz zwischen den verschiedenen Vogelarten.

➥ **BK Struktur und Funktion**

Evolutive Entwicklung und Züchtung

Verwandte Lebewesen sind nicht identisch, sondern weisen unterschiedliche Merkmale auf. Alle Wirbeltiere zum Beispiel besitzen ein knöchernes Innenskelett mit einer Wirbel-säule. Im Laufe der Evolution entwickelten sich Gruppen mit spezifischen Merkmalen, durch die sie an unterschiedliche Anforderungen der Umwelt angepasst sind. Bei der Zucht hingegen sucht der Mensch Lebewesen mit gewünschten Merkmalen aus, die nicht immer günstig für das Tier sind.

➥ **BK Individuelle und evolutive Entwicklung**

Maulwurf	Ringelnatter	Pinguin
– walzenförmiger Körper	– langgestreckter Körper ohne Beine	– stromlinienförmiger Körper
– Grabhände	– Augen ohne bewegliche Lider	– Vorderbeine sind Flossen
– sehr kleine Augen	– Hornschuppen	– Federn
– Fell	– wechselwarm	– Hornschnabel ohne Zähne
– gleichwarm	– Lunge	– gleichwarm
– Lunge	– legt Eier mit lederartiger Haut	– Lunge
– lebende Junge, die gesäugt werden		– legt Eier mit Kalkschale, die bebrütet werden

B2 Typische Merkmale der Wirbeltiere Maulwurf, Ringelnatter und Pinguin

Aufgaben

➥ Lösungen auf S. 259

1 Erläutere die Vorteile der Vögel in **B1**, die sie wegen ihrer Unterschiede haben, bezüglich ihres Lebens-raums und ihrer Lebensweise.

2 Alle fünf Wirbeltierklassen (Fische, Amphibien, Rep-tilien, Vögel und Säugetiere) haben sich aus einem im Wasser lebenden „Ur-Wirbeltier" entwickelt. Sor-tiere die in **B2** aufgeführten Merkmale von Maulwurf, Ringelnatter und Pinguin in solche, die für die jeweili-ge Wirbeltier-Klasse typisch sind und in solche, die nur für Untergruppen dieser Klasse typisch sind.

3 Ein Züchter möch-te einen Dackel mit möglichst kurzen Beinen züchten. Er hat die Auswahl zwischen mehre-ren Dackeln (**B3**). Suche zwei geeig-nete Dackel aus und begründe deine Wahl.

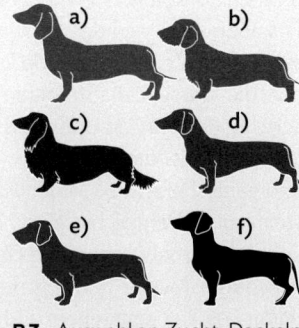

B3 Auswahl an Zucht-Dackeln

6.1.1 Fossilien als Zeugen der Vergangenheit

Die Kreidezeit (vor 145 bis 66 Millionen Jahren) ist das Erdzeitalter, in dem die Dinosaurier ihre größte Vielfalt erreichten und in dem sich bei den Samenpflanzen die Blüte als neues Fortpflanzungsorgan entwickelte. In der fotorealistischen Darstellung sieht man einen der bekanntesten Vertreter aus dieser Zeit, den *Tyrannosaurus rex*.

→ Woher weiß man aber, wie es zur Kreidezeit auf der Erde ausgesehen hat?

Lernweg

1 Fossilien sind Belege für erdgeschichtliche Veränderungen (M1). Durch sie können Wissenschaftlerinnen und Wissenschaftler das Aussehen von bereits ausgestorbenen Tieren wie den Dinosauriern sowie Verwandtschaftsbeziehungen zu heute lebenden Tieren rekonstruieren. Beschreibe mithilfe von M1 und dem Video Merkmale von Lebewesen, die bei der Bildung von Fossilien erhalten bleiben können (➥ QR 03020-068). Leite daraus die Bedeutung von Fossilien zur Erforschung der Evolution ab.

03020-068

2 Normalerweise dauert die Entstehung von Fossilien mehrere Millionen Jahre (B2). Wie ein Fossil entsteht, kannst du aber selbst ausprobieren und dann die Spuren analysieren.

a) Führe den Versuch V2 (Teil 1) durch. Tausche nun deinen Abdruck mit einer Mitschülerin oder einem Mitschüler und analysiert dann jeweils die unbekannte Spur mit der Anleitung 1 (Anleitung 1 ➥ QR 03023-05).

03023-05

b) Führe nun den Versuch V2 (Teil 2) durch. Untersuche dein gegossenes Fossil mit der Anleitung 2 (Anleitung 2 ➥ QR 03023-06) und vergleiche es mit dem Original.

03023-06

3 Das Schnabeltier gilt als sogenanntes Brückentier, also als Übergang zwischen zwei Tiergruppen (M3).

a) Beurteile, inwiefern der Archaeopteryx und das Schnabeltier Belege für eine fortlaufende Entwicklung in der Evolution sind.

b) Ordne das Schnabeltier aufgrund verschiedener Merkmale im Stammbaum der Wirbeltiere ein (Hilfen ➥ QR 03023-07).

03023-07

M1 Fossilien – Spuren der Vergangenheit

Unter **Evolution** versteht man die Veränderung von Lebewesen und auch die Entstehung neuer Arten über einen sehr langen Zeitraum hinweg. Im Rahmen der **Evolutionsforschung** untersuchen unter anderem Paläontologinnen und Paläontologen (➥ S. 272 f.) diese Entwicklung. Dabei liefern ihnen **Fossilien** (B1) wichtige Hinweise, da sie Belege für Lebewesen sind, die vor sehr langer Zeit auf der Erde lebten. Auf der Grundlage dieser Hinweise können die Wissenschaftlerinnen und Wissenschaftler Theorien zu Verwandtschaftsbeziehungen und Aussehen der ausgestorbenen Lebewesen aufstellen. Wird die ursprüngliche organische Substanz eines Lebewesens durch anorganische Stoffe (Mineralstoffe) ersetzt, so handelt es sich um eine Versteinerung. Vergleichsweise häufig findet man versteinerte Abdrücke von Lebewesen. Sehr selten sind Einschlüsse, z. B. in Bernstein, oder Mumifizierungen durch Moore bzw. Eis. Es müssen besondere Bedingungen herrschen, damit Fossilien entstehen, und man braucht Glück, um diese zu finden.

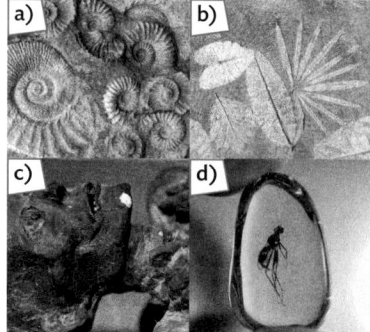

B1 Versteinerung (a), Abdrücke (b), Moorleiche (c), Bernsteineinschluss (d)

V2 Fossilien gießen

Material Teil 1: Sand, Mehl, Öl; ein Gegenstand für den Abdruck (Muschel, Münze, Blatt etc.); ein flacher Teller, Bleistift, Lineal, Schutzbrille

Durchführung Teil 1:

1. Befülle den Untergrund deines Gefäßes mit einem Gemisch aus Sand, Mehl und etwas Öl **im Verhältnis 1:5:3** aus (einen Esslöffel Sand, fünf Esslöffel Mehl und drei Esslöffel Öl) und glätte die Oberfläche mit deinen Fingern. Dabei darf der Untergrund nicht zu fest werden, sonst kann der Gegenstand keinen guten Abdruck herstellen.
2. Drücke nun den Gegenstand in das Gemisch und nehme ihn vorsichtig wieder heraus. Wenn der Abdruck beim Herauslösen der Form verwischt ist, versuche es einfach nochmal. Dafür lockerst du den Untergrund, streichst die Oberfläche wieder glatt und machst den Abdruck noch einmal.
   Tipp: Wenn du den Gegenstand vorher in feuchten Sand tauchst, kann der Abdruck besser werden.

B2 Freilegung von Fossilien

Material Teil 2: Gips, Löffel, Wasser, Becherglas, Plastikbecher, Zahnbürste oder Pinsel, altes Papier

Durchführung Teil 2:

1. Lege altes Papier als Unterlage auf deinen Tisch und rühre aus Gips und Wasser eine Gipsmasse in dem Plastikbecher an: 5 Esslöffel Gips und 7 Esslöffel Wasser.
2. Fülle dann die Gipsmasse mit dem Löffel in den Abdruck deiner Mitschülerin oder deines Mitschülers, bis der gesamte Abdruck bedeckt ist. Sei also auch vorsichtig, damit du die Spur erhältst.
3. Lass die Gipsmasse dann ca. 25 Minuten trocknen.

Tipp: In dieser Zeit kannst schon den Plastikbecher und den Löffel sauber machen (**Achtung: Gib keine Gipsmasse in den Ausguss!**).

4. Wenn die Gipsmasse getrocknet ist, kannst du das Gipsmodell vorsichtig aus dem Untergrund herauslösen. Falls dein Gipsabdruck noch mit Mehl und Sand vom Abdruck verunreinigt sein sollte, kannst du dein gegossenes Fossil mit einem Pinsel oder einer Zahnbürste noch sauber machen.

M3 Das Schnabeltier – ein Kuriosum

Nach der Entdeckung des Schnabeltiers (**B3**) in Australien fiel den **Evolutionsbiologinnen** und **Evolutionsbiologen** (➡ S. 272 f.) die Einordnung dieser Tierart in den Stammbaum der Wirbeltiere schwer. Das nachtaktive Schnabeltier besitzt einen Schnabel aus Hornplatten und bewegt sich mit seinem abgeflachten Schwanz und seinen Schwimmhäuten im Wasser. Mithilfe seines Felles kann es seine Körpertemperatur relativ konstant auf 32 °C halten. An jedem Hinterfuß besitzen die Männchen einen Giftsporn. Die beiden Ausscheidungs- und die Geschlechtsorgane münden wie auch bei Reptilien in eine gemeinsame Öffnung, die sogenannte Kloake. Das Schnabeltier legt Eier mit einer ledrigen Haut. Die geschlüpften, ca. 2,5 cm großen Jungtiere lecken ein milchähnliches Sekret auf, welches das Muttertier aus Drüsen am Bauch absondert.

B3 Das Schnabeltier als Brückentier zwischen Reptilien und Säugetieren

6.1.2 Zeitliche Dimensionen der Erdzeitalter

Bereits in der griechischen Mythologie heißt es, dass am Anfang das „Chaos" herrschte, in dem eine unendliche Stille, Dunkelheit und Leere vorhanden war. Was dann folgte, wird in der modernen Forschung als die Entstehung unseres Universum vor ungefähr 13,8 Milliarden Jahren bezeichnet.

→ Wie nennt man diese Theorie? Welche Auswirkungen hat dieses Ereignis bis heute auf das Universum?

Lernweg

1 Zeitliche Maßstäbe bei der Evolution des Lebens auf der Erde kann man sich nur schwer vorstellen.

a) Rechne gemäß dem Modell (**M1**) die Zeitangaben (**B1**) in Längen um und markiere die Ereignisse (* in **B1**) auf Notizblättern neben einem Zollstock (Arbeitsblatt ➡ QR 03023-08).

03023-08

b) Die Anreicherung der Atmosphäre mit Sauerstoff hat den Lauf der Evolution stark verändert. Recherchiere den Zeitraum, in dem diese stattgefunden hat und begründe anhand von **M1** deren Folgen auf die Evolution des Lebens.

2 Ungefähr eine Milliarde Jahre nach der Entstehung unseres Planeten Erde entstanden die ersten Lebewesen in Form von Einzellern in den Ozeanen (**M2**). Voraussetzung dafür ist aber das Vorhandensein von Stoffen, aus denen Lebewesen bestehen. Recherchiere anhand von **M2** die primären sowie die Folgeprodukte aus dem Urey-Miller-Experiment.

3 „Nach dem Aussterben der Dinosaurier vor ungefähr 66 Millionen Jahren brach die Zeit der Säugetiere an." Nimm zu dieser Aussage kritisch und begründet unter Verwendung von **M3** Stellung.

M1 Modell zur Entwicklung des Lebens in den Erdzeitaltern

Die langen Zeiträume, in denen die Entwicklung des Lebens stattfand, sind nur schwer zu fassen. Das folgende Modell hilft, diese zu verdeutlichen. Dabei soll die Zeit, die seit den jeweiligen Ereignissen verstrichen ist, in Längeneinheiten auf einem Maßband umgerechnet werden. Geht man davon aus, dass jeder Zentimeter auf dem Maßband einer Dauer von 1 Million Jahren entspricht, so bräuchte man für das Alter der Erde ein Maßband mit der Länge von 46 Metern. Auf einem Zollstock mit zwei Meter Länge können immerhin die letzten 200 Millionen Jahre dargestellt und somit die Entstehung und Entwicklung der Säugetiere bis zum Auftreten der Menschen abgebildet werden. Markiert man auf dem Zollstock die mit einem Stern (* in **B1**) gekennzeichneten Ereignisse, so kann man die sehr unterschiedlichen Zeitspannen gut vergleichen.

B1 Bedeutende Ereignisse in der Evolution des Lebens

Ereignis	Vor ca. ... Mio. von Jahren
Entstehung der Erde	4.600
erste Bakterien	3.600
Lebewesen mit Zellkern, geschlechtliche Fortpflanzung	1.600
erste mehrzellige Organismen	1.000
erste Landpflanzen	475
riesige Insekten, Farne und Schuppenbäume, erste Reptilien	359
Samenpflanzen	350
Auftreten der Dinosaurier	251
erste Säugetiere*	200
Aussterben der Dinosaurier*	66
erste Primaten (Augen schauen nach vorne, Greifhände, -füße)*	56
Entstehung der Menschenaffen*	34
Auftreten des *Homo sapiens**	0,3

M2　Der Anfang alles Lebens

Nach dem sogenannten Urknall dauerte es noch 9,2 Milliarden Jahre, bis unsere Erde vor circa 4,6 Milliarden Jahren entstanden ist. Die ersten Lebewesen auf unserer Erde entwickelten sich nach dem heutigen Wissenstand vor circa 3,6 Milliarden Jahren. Das waren zunächst **einzellige Organismen**, die im sogenannten „Urozean", auch „Ursuppe" genannt, lebten. Zellen bestehen neben Wasser und Mineralstoffen aus **organischen Stoffen** (z. B. Proteine, Fette, etc.). Damit Leben entstehen kann, müssen die **Grundbausteine** dieser organischen Stoffe zur Verfügung stehen. Die Wissenschaftler UREY und MILLER haben 1953 in einem Modellexperiment bewiesen, dass einfache organische Stoffe spontan aus **anorganischen Stoffen** entstehen können. Sie füllten in eine Apparatur bestimmte Gase (unter anderem Kohlen- stoffdioxid und Wasserstoff), die man damals in der **Uratmosphäre** der Erde vermutete. Elektrische Entladungen imitierten Blitze, die in der ursprünglichen Atmosphäre der jungen Erde häufig auftraten. Im unteren Teil des Experimentaufbaus war Wasser, in dem verschiedene Stoffe gelöst waren. Diese Flüssigkeit stellte den Urozean der Erde dar und wurde stark erhitzt. Dadurch verdampfte das Wasser aus dem simulierten „Urozean" und kondensierte wieder. Nach längerer Laufzeit wurden Proben entnommen, in denen verschiedene einfache organische Verbindungen nachgewiesen werden konnten. Aus diesen entstanden dann im weiteren Verlauf des Modellexperiments komplexere organische Folgeprodukte, die die Grundbausteine des Leben darstellten.

M3　Die Entwicklung der Artenvielfalt

Aus den **einzelligen Organismen** mit Zellkern entwickelten sich im Lebensraum Wasser vor ungefähr 470 bis 450 Millionen Jahren (Erdzeitalter: Ordovizium) als erste Wirbeltiere die Urfische. Ihre Organe zur Sauerstoffaufnahme, die Kiemen, waren an diesen Lebensraum optimal angepasst. Durch **Klimaveränderungen** vor circa 400 Millionen Jahren (Erdzeitalter: Devon) trockneten viele Gewässer aus. Da jedoch bereits im Kambrium erste Pflanzen an Land auftraten, die zu einer Anreicherung des Sauerstoffs in der Atmosphäre beitrugen, konnten sich an Land weitere Wirbeltierklassen (Amphibien, Reptilien, Vögel und Säugetiere) entwickeln. Ihre Atmungsorgane sind an die Sauerstoffaufnahme aus der Luft angepasst. Fossilienfunde und andere moderne Methoden ermöglichen eine Rekonstruktion des Stammbaums der Wirbeltiere. Die ersten **Amphibien**, deren Larven heute noch Kiemen besitzen, traten zum Beginn des Devon auf. **Reptilien** sind durch Fossilienfunde vor 315 Millionen Jahren (Erdzeitalter: Karbon) erstmals belegt. Aus diesen Reptilien entwickelten sich vor circa 235 Millionen Jahren (Erdzeitalter: Trias) die **Dinosaurier**, die dann vor ungefähr 66 Millionen Jahren (am Ende der Kreidezeit) wieder ausstarben. Die Ursachen hierfür konnten bis heute nicht endgültig geklärt werden. Wahrscheinliche Gründe sind aber der Einschlag eines Meteoriten im heutigen Mexiko sowie vulkanische Aktivitäten auf dem gesamten Planeten, die zu einer Veränderung der klimatischen Umstände bzw. der Lebensbedingungen der Dinosaurier geführt haben

B2　Das Aussterben der Dinosaurier in der Kreidezeit

(**B2**). Das Aussterben der Dinosaurier markiert den Beginn der sogenannten Erdneuzeit, in der besonders in den Wirbeltierklassen der Vögel und Säugetiere eine große Artenvielfalt entstanden ist. **Säugetiere** und **Vögel** existierten zwar bereits neben den Dinosauriern, jedoch konnten sie sich besser verbreiten und viele neue Arten hervorbringen, nachdem die Dinosaurier als Fressfeinde bzw. Konkurrenten verschwunden waren. Die ersten Spuren von **Primaten**, die auf zwei Beinen gehen, lassen sich anhand von Fossilien auf die Zeit vor 3,2 Millionen Jahren datieren und der moderne Mensch existiert erst seit etwa 300.000 Jahren. Mit Blick auf die Dauer der Entwicklung der Lebewesen ist das eine vergleichbar kurze Zeitspanne. Der **Mensch** ist daher eine vergleichsweise sehr junge Art auf der Erde.

6.1.3   Vom Urknall bis zur Erdneuzeit – kompakt

Fossilien als Zeugen der Vergangenheit

Fossilien sind Belege von Lebewesen, die vor mehreren tausend oder sogar Millionen Jahren gelebt haben. Bis heute sind neben den gegenwärtig existierenden Arten circa 150.000 fossile Arten bekannt. Diese Fossilien sind Dokumente für die Entwicklung der Artenvielfalt auf unserem Planeten (**Biodiversität**) in den verschiedenen Erdzeitaltern (**B2**). Sie sind Belege für die Existenz ausgestorbener Lebewesen, die Veränderung der Arten und die Verwandtschaft von Organismen und ermöglichen zeitliche Einblicke in die Stammesgeschichte. Einige der heute lebenden Tiere sehen den Fossilien immer noch sehr ähnlich (**B1**).

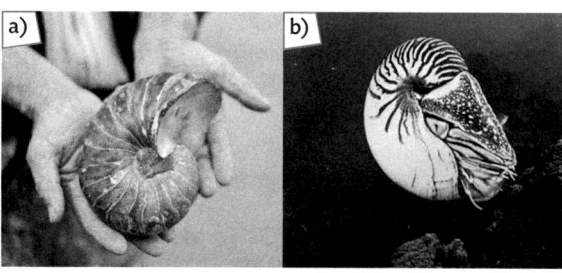

B1   Fossiler (a) und heute lebender (b) Nautilus (Kopffüßer)

Eine besondere Rolle bei der Untersuchung von Veränderungen und Verwandtschaften in der Wissenschaft nehmen die sogenannten **Brückentiere** wie das heute noch in Australien lebende Schnabeltier ein. Dieses Tier besitzt sowohl Eigenschaften der Reptilien (legt weichschalige Eier) als auch der Säugetiere (Fell) und stellt somit eine **Übergangsform** in der Entwicklung dieser beiden Wirbeltierklassen dar.

Fossilien und Brückentiere sind für die Wissenschaft wichtige Belege, um aus ihnen Theorien zur Evolution der Lebewesen abzuleiten. Unter **Evolution** (von lateinisch *evolvere* „herausrollen, entwickeln") versteht man die allmähliche Veränderung der vererbbaren Merkmale von Lebewesen über einen langen Zeitraum hinweg (BK ➡ im Buchdeckel).

Der lange Weg bis zum Menschen

Auch wenn es noch etliche Unklarheiten gibt und gerade die jüngere Menschheitsgeschichte aufgrund neuer Funde und Erkenntnisse immer wieder umgeschrieben werden muss, lässt sich der Weg der Evolution bis zu den Menschenaffen schon recht genau beschreiben. Spuren der ersten Vorläufer von Wirbeltieren reichen bis zu 530 Millionen Jahre zurück (**B2**). Nach dem Übergang vom Wasser- zum Landleben der frühen Wirbeltiere vor ca. 360 Millionen Jahren waren die Voraussetzungen für die Entstehung der Säugetiere gegeben. Mit dem Aussterben der Dinosaurier vor ca. 66 Millionen Jahren fielen Fressfeinde und Konkurrenten der bis dahin artenmäßig im Reich der Tiere unbedeutenden Säugetiere weg, sodass sie sich verbreiten und immer mehr Arten bilden konnten. Ca. 3,2 Millionen Jahre alte Spuren weisen auf einen aufrechten, zweibeinigen Gang einiger Primaten hin. Die ältesten Funde des modernen Menschen, *Homo sapiens*, reichen bis zu 300.000 Jahre zurück. Der Mensch ist demnach eine vergleichsweise junge Art.

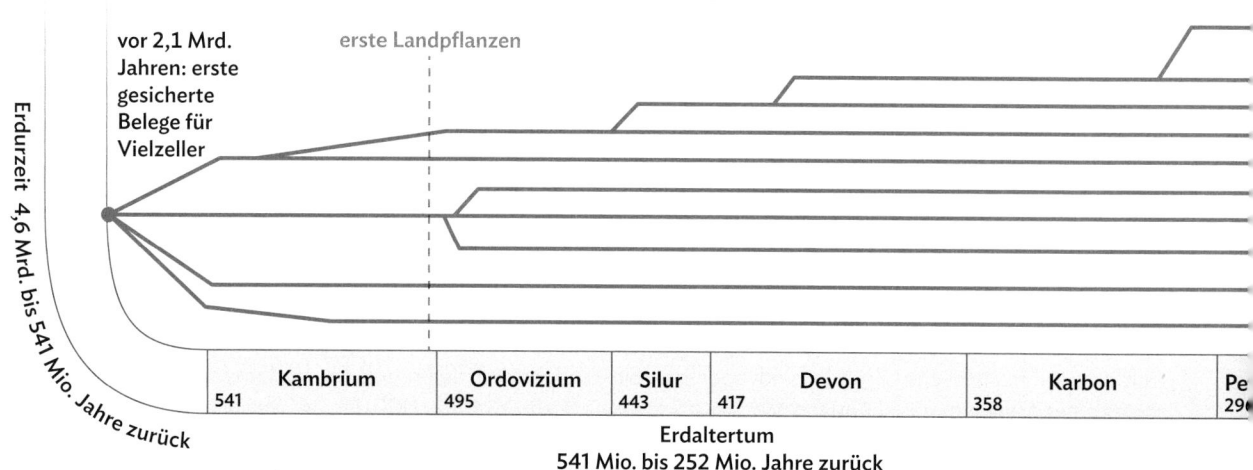

B2   Erdzeitalter und die Entstehung von vielfältigen Lebewesen

1 Neben fossilen Versteinerungen dienen auch im Sediment erhaltene Abdrücke von Fußspuren Paläontologinnen und Paläontologen (➡ S. 272 f.) als Informationsquelle, um Rückschlüsse auf die Lebensweise der Lebewesen zur erhalten, die bereits vor mehreren Millionen Jahren ausgestorben sind.

a) Betrachte das Spurenbild (B3) und leite daraus eine mögliche Szenerie ab, die sich abgespielt haben könnte. Beschreibe die Geschehnisse kurz.

b) Nimm Stellung zur Gültigkeit solcher Interpretationen und nenne mögliche Fehlerquellen.

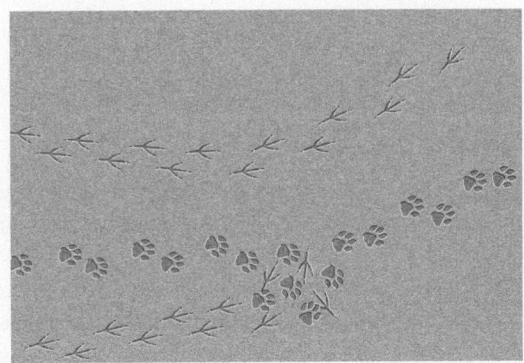

B3 Versteinerte Fußspuren

2 Der Cynognathus (B4) lebte vor 245 bis 242 Millionen Jahren. Fundorte gibt es in Südafrika, in Argentinien und in der Antarktis. Er besaß eine verlängerte Wirbelsäule, Säugetierzähne, leicht seitlich abstehende Beine, ein Fell und legte Eier.

B4 Darstellung eines Cynognathus auf einer Briefmarke

a) Ordne die Merkmale entweder den Säugetieren oder den Reptilien zu und begründe anhand deiner Zuordnung, ob es sich bei dem Cynognathus um ein Brückentier handelt.

b) Erläutere die Bedeutung eines Brückentieres für die Evolutionsforschung.

3 Erkläre mithilfe von B2, in welchem Erdzeitalter der letzte gemeinsame Vorfahre von Reptilien, Vögeln und Säugetieren, die alle drei zur Klasse der Wirbeltiere zählen, gelebt haben muss.

4 Die Pflanzen eroberten das Land vor etwa 500 Millionen Jahren. Erläutere, welche Bedeutung dies für die Evolution der Tiere hatte (B2).

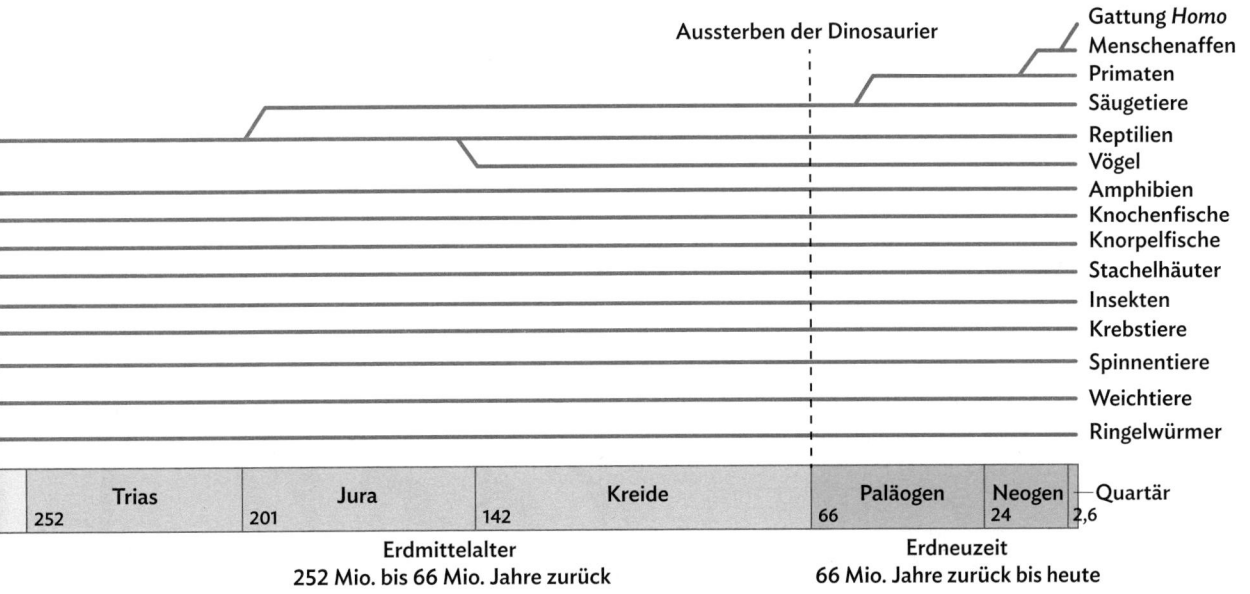

Aussterben der Dinosaurier

Gattung *Homo*
Menschenaffen
Primaten
Säugetiere
Reptilien
Vögel
Amphibien
Knochenfische
Knorpelfische
Stachelhäuter
Insekten
Krebstiere
Spinnentiere
Weichtiere
Ringelwürmer

Trias		Jura		Kreide	Paläogen	Neogen	Quartär
252	201		142		66	24	2,6

Erdmittelalter
252 Mio. bis 66 Mio. Jahre zurück

Erdneuzeit
66 Mio. Jahre zurück bis heute

6.2.1 DE LAMARCK und DARWIN – Theorien zur Evolution

Die Giraffe hat ihren natürlichen Lebensraum in den Savannen Afrikas und ist bekannt für ihren langen Hals. Durch Fossilienfunde konnten Forscherinnen und Forscher herausfinden, dass die Vorfahren der Giraffen vor Millionen von Jahren einen kürzeren Hals hatten.

→ Warum hat sich die Länge des Halses der Giraffe verändert?
→ Weshalb gibt es heute keine Giraffen mehr mit einem kurzen Hals?

Lernweg

Die Theorie von DE LAMARCK

1 Der französische Wissenschaftler JEAN-BAPTISTE DE LAMARCK (1744–1829) entwickelte eine Theorie zum Wandel von Arten. Er nahm an, dass individuell erworbene Eigenschaften vererbt würden (M1). Erläutere seine Idee anhand eines selbst gewählten Beispiels.

Die Theorie von DARWIN

2 CHARLES DARWIN (1809–1882) veröffentlichte 1859, also 50 Jahre nach DE LAMARCK, seine Theorie zum Artenwandel. Stelle die einzelnen Stationen einer evolutiven Entwicklung (M2), wie sie DARWIN vorschlug, in einem Fließdiagramm dar.

3 Im 19. Jahrhundert beschäftigten sich also zwei Wissenschaftler mit der Entwicklung von Tieren bzw. Arten, die auf der Grundlage ihrer Forschungen und Reisen auf zwei unterschiedlichen Ansätzen beruhen.

a) Nenne anhand von M1 und M2 die Unterschiede und Gemeinsamkeiten der Evolutionstheorien von DARWIN und DE LAMARCK.

b) Erkläre die Entstehung der langen Hälse von Giraffen (B1) gemäß der Theorie von DARWIN (M2) (Video ➡ QR 03023-09).

03023-09

Moderne Erkenntnis zur Evolution

4 Mittlerweile können die Aussagen von DARWIN auf der Grundlage der Genetik (➡ 4.3) erklärt werden (M3).

a) Begründe die Notwendigkeit, evolutive Prozesse auf der Ebene der Population und über Generationen hinweg zu betrachten.

b) Beschreibe diejenigen Aspekte der Genetik, welche einzelne Schritte der Evolution (wie du sie unter A2 formuliert hast) erklären und die Theorie von DARWIN somit unterstützen (Hilfen ➡ QR 03033-060).

03033-060

M1 Die Evolutionstheorie nach DE LAMARCK

Der Botaniker und Zoologe DE LAMARCK (B1) veröffentlichte bereits 1809 die Idee, dass Tiere bzw. Arten einem **Wandel** unterliegen. Dabei ging er von einer **aktiven Anpassung** der Lebewesen aus: Ein inneres Bedürfnis (z. B. Hunger) führe zu starkem Gebrauch eines Organs (z. B. Strecken des Halses bei Giraffen). Daraufhin verändere sich dieses Organ (z. B. der Hals der Giraffe wird länger). Ebenso könnten Organe durch Nicht-Gebrauch verkümmern. Das innere Bedürfnis nach Anpassung führe so zu einer **erworbenen Eigenschaft**, die an die Nachkommen vererbt werde.

B1 Evolution der Giraffe nach DE LAMARCK

M2 Die Evolutionstheorie nach DARWIN

Im Jahr 1831 heuerte CHARLES DARWIN als Naturkundiger auf dem Schiff HMS Beagle an, das in den kommenden fünf Jahren die Küstenregionen der „Neuen Welt" (Südamerika und Australien) kartografieren und erforschen sollte (➡ 5.2.6). Immer wieder sammelte DARWIN auf Landgängen verschiedene Pflanzen und Tiere, die er äußerst sorgfältig katalogisierte. Die zahlreichen Beobachtungen bildeten später die Grundlage für seine **Evolutionstheorie**. Während der Erforschung der Galapagos-Inseln entdeckte DARWIN unter anderem eine große Zahl an recht ähnlichen Finken-Arten. Dies war für ihn ein Hinweis dafür, dass die **Artenvielfalt** durch die Auffächerung einzelner Arten (**Artaufspaltung**) entstehen könnte. Heute ist belegt, dass die „DARWIN-Finken" alle aus einer wenig spezialisierten Finkenart (**gemeinsamer Vorfahr**) hervorgegangen sind. Im Laufe der Evolution sind bei jeder Art spezifische Angepasstheiten des Schnabels an die jeweilige Ernährung entstanden. DARWIN schloss aus dem Vergleich verschiedener Arten auf einen allmählichen Artenwandel. In seiner Theorie setzte er voraus, dass Lebewesen mehr Nachkommen erzeugen, als in ihrem Gebiet überleben können (**Überproduktion**). Die untereinander variierenden Nachkommen stehen somit in **Konkurrenz** um z. B. Nahrung und Platz. Diesen Kampf ums Überleben („**struggle for

B2 Tropische Baumfrösche: Peitschender Baumfrosch (a) und Wallace-Flugfrosch (b)

life") bestehen laut DARWIN nur die am besten **angepassten Individuen** („**survival of the fittest**"). Diese „Auswahl" wird in der Fachsprache **Selektion** genannt. Beispielsweise wird ein Baumfrosch durch Häute, die er zufällig zwischen den Zehen besitzt (**B2a**), befähigt, weite Strecken in einer Art Gleitflug zurückzulegen. So kann er schnell vor Fressfeinden fliehen oder andere Nahrungsgebiete erreichen, ohne die sichere Höhe in den Bäumen verlassen zu müssen. Dadurch überlebt er und kann viele Nachkommen zeugen (**Fortpflanzungserfolg**), die auch Flughäute haben. Unter diesen gibt es ggf. auch Frösche mit noch größeren Flughäuten, die dadurch noch bessere **Überlebenschancen** haben. Im Laufe von vielen Generationen vergrößert sich der Anteil an Fröschen mit ausgeprägten Flughäuten gegenüber den anderen. So verändern sich Arten oder es entstehen zusätzliche Arten (**B2b**).

M3 Moderne Erkenntnis zur Evolution

In Populationen können über mehrere Generationen hinweg evolutive Veränderungen stattfinden. Unter einer **Population** versteht man die Gesamtheit der Individuen einer Art, die zur gleichen Zeit in einem geografischen Gebiet vorkommen und eine **Fortpflanzungsgemeinschaft** bilden. Prinzipiell können sich alle Individuen dieser Population miteinander paaren und durch sexuelle Fortpflanzung Nachkommen zeugen. Dies bewirkt eine ständige Durchmischung (durch **Rekombination** während der Meiose) der Erbinformation und eine **Variation** innerhalb der Nachkommen (➡ 4.3.3). Zudem gibt es auch spontane, natürliche Veränderungen der Erbinformation. Diese Veränderungen, die bei der Fortpflanzung entstehen können, werden als **Mutationen** bezeichnet. Günstige Mutationen können zu neuen Merkmalsausprägungen bei den Individuen führen (**B3**). Mit diesen Erkenntnissen aus der **Vererbungslehre** konnte die Herkunft neuer Merkmale bzw. Merkmalskombinationen innerhalb einer Popula-

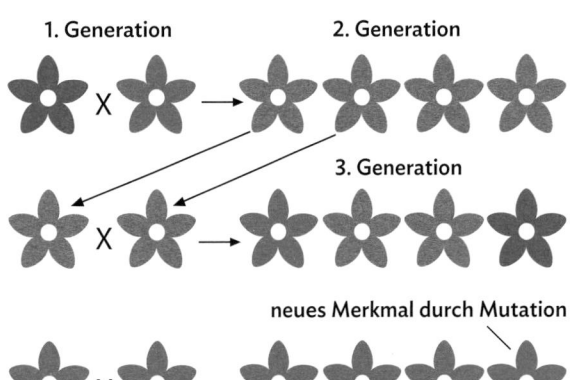

B3 Geschlechtliche Fortpflanzung (Rekombination) sowie Mutationen führen zur Variabilität innerhalb der Population

tion und deren **Vererbbarkeit** erklärt werden. Sie erweitern somit die Evolutionstheorie von DARWIN, der seine Rückschlüsse nur aufgrund von Beobachtungen und Vergleichen zog.

6.2.2   Variabilität, Selektion, Angepasstheit

Die Tier- und Pflanzenwelt ist sehr bunt und vielfältig. Viele Tiere kann man an ihrer Färbung sehr gut erkennen oder auch nicht, wie die Abbildungen des männlichen Pfaus oder des Frosches zeigen. Während der Pfau sehr bunt ist und lange Federn besitzt, ist der Frosch bräunlichgrün gefärbt.

→   Wie kommt es zu diesen vielfältigen Färbungen und welchen Nutzen bzw. Vorteil hat das Aussehen des Pfaus und des Frosches?

Lernweg

1   Viele Vogel-Männchen (M1) sind für die Balz auffällig bunt gefärbt oder tragen lange Schwanzfedern. Beides erschwert ihnen das Überleben, da sie für Fressfeinde leichter zu erkennen sind und sich ggf. schlechter fortbewegen können. Dennoch haben sich diese Merkmale in der Evolution durchgesetzt.

a)   Stelle eine Hypothese über Umweltfaktoren (z. B. Klima, Artgenossen, Fressfeinde) auf, durch welche die Entwicklung solcher Merkmale begünstigt werden. Berücksichtige auch die Anzahl der Nachkommen, die von diesen Männchen gezeugt werden.

b)   Stelle eine Hypothese auf, warum sich, im Unterschied zu den männlichen Vögeln, bei den weiblichen Vögeln dieser Arten meist ein eher unscheinbares Aussehen in der Evolution durchgesetzt hat.

2   Ein bekanntes und mittlerweile auch gut untersuchtes Beispiel für eine Anpassung durch den Einfluss der Umwelt ist der sogenannte „Industriemelanismus" (*Melanin* = dunkler Farbstoff) des Birkenspanners im 19. Jahrhundert.

a)   Erkläre den Anstieg des Anteils an dunklen Birkenspannern in den englischen Stadtgebieten unter den beschriebenen Umweltbedingungen (M2). Erläutere dann den Begriff „Industriemelanismus".

b)   Der Zoologe BERNARD KETTLEWELL führte 1955 ein Experiment mit Birkenspannern durch (M2). B3 zeigt die Ergebnisse. Werte die Daten des Experimentes aus und diskutiere diese.

3   Die Mäuse-Populationen in den U-Bahnschächten und an der Oberfläche unterscheiden sich in ihrer Fellfarbe (M3).

a)   Werte die beiden Diagramme zur Fellfarbe der Mäuse-Populationen aus (B4). Stelle eine Hypothese auf, welches der Diagramme jeweils die Zusammensetzung der ober- und unterirdischen Mäuse-Populationen zeigt.

b)   Erkläre anhand der Evolutionstheorie von DARWIN, wie die veränderten Anteile der Fellfarbe bei der unterirdischen Mäuse-Population zustande kommen. Verwende folgende Fachbegriffe: *Variabilität, Selektion, Überproduktion, Neukombination und Vererbbarkeit* (Hilfen ➡ QR 03033-061).

03033-061

M1   Die Balzkleider der männlichen Vögel

B1   Pfau (a), Fasan (b), Kampfläufer (c)

B2 Farbvarianten des Birkenspanners

Der Birkenspanner ist ein in Europa weit verbreiteter Schmetterling. Er ist zwischen Mai und August besonders bei Nacht aktiv, während er sich am Tag vor allem an den Stämmen und Ästen von Birken ausruht (**B2**), ohne sich zu bewegen. Seine natürlichen **Fressfeinde** sind verschiedene Vögel, wie zum Beispiel die Amsel und das Rotkehlchen. Es gibt sowohl helle als auch dunkle Birkenspanner (**B2**). Die beiden **Farbvarianten** können sich auch untereinander fortpflanzen. Die dunkle Färbung wird durch den **Farbstoff Melanin** hervorgerufen. Dieses Merkmal kann an die nachfolgenden Generationen vererbt werden. Man spricht daher von einer erblichen **Variabilität** (BK ➡ im Buchdeckel). Im Jahr 1848 entdeckte ein englischer Schmetterlingssammler in Manchester erstmals diese dunkle Variante des Birkenspanners. Bei weiteren Untersuchungen in diesem Gebiet stellte sich heraus, dass die dunkle Variante sogar den größeren Anteil ausmachte. Manchester lag in einem Gebiet mit vielen Fabriken, die Schwefeldioxid und Ruß ausstießen. In Folge lagerte sich vermehrt schwarzer Ruß auf den eigentlich hellen Stämmen der Birken ab. Die mit der Industrialisierung verbundene Luftverschmutzung veränderte die Umweltbedingungen für die Birkenspanner entscheidend. Man vermutete folglich, dass dadurch die

Überlebenschance und somit auch der Fortpflanzungserfolg der beiden Farbvarianten des Birkenspanners beeinflusst wurden. Noch bis Mitte des 20. Jahrhunderts war in Großbritannien in der Nähe der Industriegebiete die dunkle Farbvariante des Birkenspanners vorherrschend. Inzwischen sind auch in den ehemaligen Industriestandorten die Birken wieder hell und es herrscht die helle Variante des Schmetterlings vor.

Um den Einfluss der Anpassung des Birkenspanners an seine Umwelt im Hinblick auf die natürliche Auslese wissenschaftlich zu untersuchen, führte der britische Zoologe BERNARD KETTLEWELL Mitte des 20. Jahrhunderts ein Experiment durch. KETTLEWELL setzte im stark verschmutzen Ort Rubery bei Birmingham und im unbelasteten Landstrich Dorset markierte Birkenspanner beider Farbvarianten an hellen und verschmutzen Birkenstämmen in den Morgenstunden aus und fing sie abends wieder ein. Die Ergebnisse zu seinem Experiment mit den hellen und dunklen Birkenspannern veröffentlichte er im Jahr 1955 (**B3**). MARTIN STEVENS von der Universität in Exeter (England) bestätigte 2018 die Ergebnisse von KETTLEWELL, nachdem diese angezweifelt worden waren.

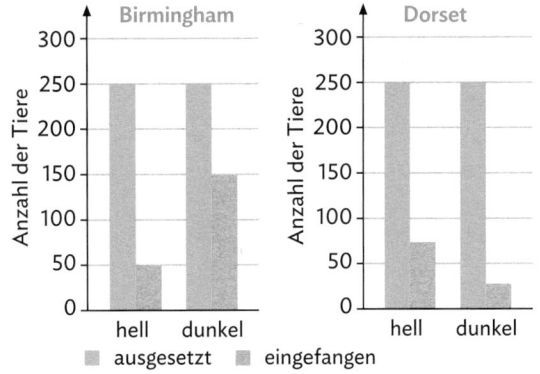

B3 Ergebnisse der Experimente von KETTLEWELL

Ausgehend von oberirdischen Mäuse-Populationen haben sich in München nach dem Bau der U-Bahnschächte dort Mäuse-Populationen eingenistet. Die ober- und unterirdischen Mäuse-Populationen leben mittlerweile getrennt voneinander, da die Mäuse ihren Lebensmittelpunkt nicht verändern. Die folgenden Säulendiagramme (**B4**) zeigen die momentane Häufigkeitsverteilung der Fellfärbung (hell, dunkel) innerhalb der beiden Populationen.

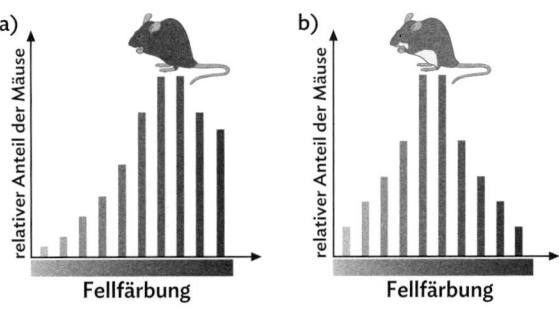

B4 Fellfärbung der Mäuse

6.2.3   Entstehung von Arten

In der letzten Eiszeit reichten Gletscherausläufer bis weit nach Mitteleuropa hinein. Von einer ursprünglichen Spechtart, die dort lebte, wurden die Individuen zum Teil nach Westen Richtung Spanien und zum Teil nach Osten Richtung Zentralasien verdrängt. Heute leben in Mitteleuropa anstelle der Ursprungsart unter anderem der Grünspecht (Bild links) und der Grauspecht (Bild rechts).

→   Warum gibt es heute verschiedene Spechtarten, die sich nicht mehr untereinander fortpflanzen können?

Lernweg

Arten ordnen

1   Arten lassen sich entsprechend ihres Verwandtschaftsgrades in ein natürliches System des Lebens ordnen. CARL VON LINNÉ entwickelte im 18. Jahrhundert ein System, in dem die Arten gemäß ihrer Ähnlichkeiten sortiert werden können. Recherchiere parallel zur Einordnung des Wolfs in **B1** im Internet die Einordnung des Menschen in das natürliche System des Lebens.

2   Begründe anhand der im Stammbaum (**B2** in **M2**) erwähnten Merkmale, dass Tiger und Delfin in die Gruppe der Säugetiere eingeordnet werden können und der Delfin nicht zu den Fischen gehört (Arbeitsblatt ➡ QR 03023-10).

03023-10

Entstehung von Arten

3   In **M3** wird die Entstehung neuer Arten durch geografische Isolation schematisch dargestellt. Dabei ist die Reihenfolge der Bilder in **B3** etwas durcheinandergekommen. Ordne die Bilder a) bis e) zu einer sinnvollen Reihe an und formuliere eine treffende Bildunterschrift für jede Abbildung (Materialien ➡ QR 03023-11).

03023-

4   Auf Madagaskar haben sich ausgehend von einer Art verschiedene Tenrek-Arten herausgebildet (**M4**).

a)   Begründe anhand der Bedingungen auf Madagaskar die starke Vermehrung und Ausbreitung der ursprünglichen Tenrek-Art.

b)   Beschreibe die Entstehung neuer Tenrek-Arten auf Madagaskar. Berücksichtige dabei die Bedeutung von Flüssen und Gebirgen, aber auch von unterschiedlichen Umweltbedingungen.

M1   Systematische Einordnung des Wolfes nach dem System VON CARL VON LINNÉ

Im 18. Jahrhundert nahm die Anzahl bekannter **Pflanzen- und Tierarten** stark zu, sodass ein **System zur sinnvollen Ordnung** und zuverlässigen Charakterisierung notwendig wurde. Der schwedische Naturforscher CARL VON LINNÉ (1707–1778) führte hierzu eine Rangordnung (hierarchisches System) ein: Er ordnete Pflanzen und Tiere nach **Ähnlichkeiten** an. Dabei steht zu Beginn jeweils das **Reich** (Tiere, Pflanzen), dem das Lebewesen zugeordnet werden kann. Es folgen der **Stamm**, die **Klasse**, die **Ordnung** und die **Familie** des Lebewesens. Zum Schluss stehen die **Gattung** und die **Art** in der hierarischen Ordnung.

     Die lateinischen Namen der **Gattung** und einem kleingeschriebenen Zusatz ergeben den wissenschaftlichen Namen der Art, z. B. *Ursus arctos* (Braunbär) oder *Ursus americanus* (Schwarzbär).

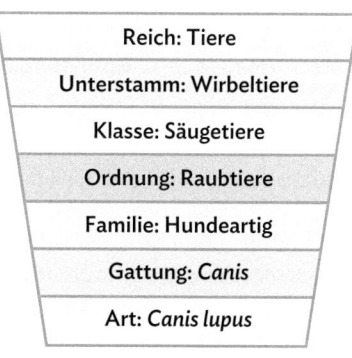

| Reich: Tiere |
| Unterstamm: Wirbeltiere |
| Klasse: Säugetiere |
| Ordnung: Raubtiere |
| Familie: Hundeartig |
| Gattung: *Canis* |
| Art: *Canis lupus* |

B1   Einordnung des Wolfes

M2 Stammbaumerstellung

Stammbäume (**B2**) dienen zur Darstellung der **Verwandtschaft** verschiedener Lebewesen. Der Aufbau gleicht einem Baum mit einem Stamm und verzweigten Ästen, wobei am Anfang (Stamm) der gemeinsame Vorfahre steht und jede Astgabel einen Entwicklungsschritt in der Evolution darstellt. Die **Artspaltung** zweier Arten ausgehend von einem gemeinsamen Vorfahren kann durch eine Untersuchung der Erbinformation ermittelt werden. Je mehr Unterschiede vorhanden sind, desto länger liegt der Zeitpunkt der Aufspaltung zurück und desto weniger sind die Lebewesen miteinander verwandt.

B2 Stammbaum der Wirbeltiere

M3 Artbildung durch geografische Isolation

Grundlage für die Entstehung neuer Arten ist oftmals die sogenannte **geografische Isolation** (**B3**): die räumliche Trennung einer Population in zwei Teilpopulationen durch geografische Faktoren (z. B. Gebirge, Flüsse oder Wüsten). Die Teilpopulationen sind gegebenenfalls aufgrund unterschiedlicher Umweltbedingungen in ihrem jeweiligen neuen Gebiet verschiedenen Herausforderungen unterworfen. Folglich können in jedem Gebiet jeweils Träger unterschiedlicher Merkmale bzw. Merkmalskombinationen eine höhere Überlebens- und somit auch Fortpflanzungschance haben. Außerdem können zufällige Änderungen in der Erbsubstanz (Mutationen) in beiden Populationen dafür sorgen, dass immer mehr Unterschiede auftreten. Wenn sich nach der geografischen Isolation Individuen die beiden Teilpopulationen nicht mehr fruchtbar untereinander fortpflanzen kön-

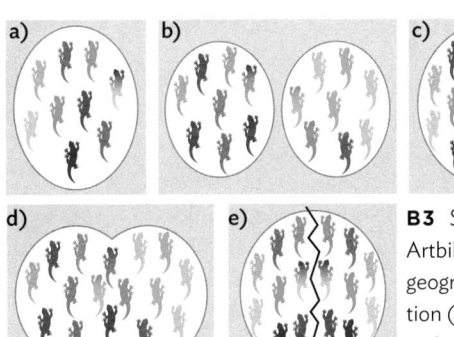

B3 Stationen der Artbildung durch geografische Isolation (a bis e nicht in der richtigen Reihenfolge)

nen, ist eine neue **Art** entstanden. Der **biologische Artbegriff** orientiert sich daher nicht an Übereinstimmungen im Körperbau, sondern an der Fähigkeit, fruchtbare Nachkommen zu erzeugen. Eine **Art** ist also eine **Fortpflanzungsgemeinschaft**.

M4 Biologische Vielfalt bei Tenreks

Vor 66 Millionen Jahren spaltete sich die Insel Madagaskar von Afrika ab und liegt heute etwa 400 km vom Festland entfernt. Die 1.580 km lange und bis 580 km breite Insel ist heutzutage von vielen **Flüssen**, **Gebirgsketten** und **Wüsten** durchzogen. Im regenreichen Osten herrscht **tropischer Regenwald** vor. Die übrigen Gebiete haben einen Wechsel zwischen Regenzeit (Sommer) und Trockenzeit (Winter). Dort findet man **Baum-** und **Dornbuschsavannen**. Die Insel bietet somit viele klimatisch und geographisch unterschiedliche Regionen. Auf Madagaskar leben 27 verschiedene Arten der Familie der Tenreks (**B4**). Sie ernähren sich in der Regel von Insekten und Würmern und haben selbst keine Fressfeinde.

Art und Größe	Lebensraum	Nahrung
Wasser-Tenrek	Fluss- und Seeufer	Krebse, Frösche, Fische
Großer Tenrek	Wald	Würmer, Schnecken
Großer Igeltenrek	Buschlandschaft	Insekten
Streifentenrek	tropische Regenwälder	Wirbellose, v. a. Regenwürmer
Kleiner Igeltenrek	Dornwald, Halbwüsten	Insekten

B4 Tenrek-Arten auf Madagaskar

6.2.4 Die Evolution – kompakt

Beobachtungen, vor allem aus der Tierwelt, veranlassten CHARLES DARWIN eine Theorie über die **Entwicklung von Arten** zu verfassen (➡ 6.2.1). DARWIN, der als Sohn eines Arztes 1809 geboren wurde, war studierter Theologe, nahm aber auch naturwissenschaftliche Studien vor. Durch seine Beobachtung, dass Lebewesen mehr Nachkommen produzieren, als zum Arterhalt nötig sind, kam DARWIN auf die Idee der natürlichen **Selektion**, die er zur Theorie über die Evolution ausarbeitete und im Jahr 1859 in seinem Buch *„On the origin of species"* veröffentlichte (➡ 6.2.6). Vor allem in der christlich geprägten Welt wurde darüber heftig diskutiert. Mittlerweile ist die kontinuierliche Entwicklung der Lebewesen allgemein anerkannt und DARWINS **Evolutionstheorie** wird durch eine Vielzahl an Belegen gestützt.

Die erweiterte Evolutionstheorie geht von verschiedenen **Evolutionsfaktoren** aus, die innerhalb einer Population zu genetischen Veränderungen führen können (**B1**). Bei der geschlechtlichen Fortpflanzung führt die jeweils zufällige Verteilung der Erbinformation (**Rekombination**) der Eltern sowie zufällige Veränderungen des Erbmaterials (**Mutationen**) zu einer genetischen **Variabilität** der Nachkommen. Sie unterscheiden sich in ihren Merkmalen. Individuen mit weniger vorteilhaften Merkmalen haben geringere Überlebenschancen oder pflan,zen sich seltener fort. Es kommt zur natürlichen Auslese (**Selektion**). **Selektionsfaktoren** sind **Umwelteinflüsse**, die einen positiven oder negativen Einfluss auf den Fortpflanzungserfolg von Individuen haben. Bei den Faktoren, die Selektion bewirken, unterscheidet man zwischen **abiotischen Faktoren**, wie z. B. klimatische Bedingungen, und **biotischen Faktoren**, wie z. B. Konkurrenz. Aktuell ist der Mensch einer der maßgeblichen

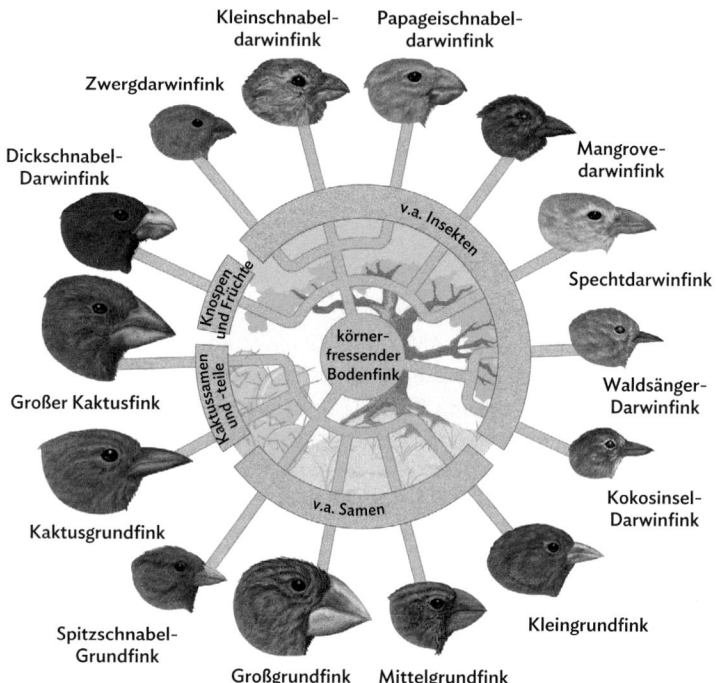

B1 Artaufspaltung: aus einer Bodenfinkenart hervorgegangene Finkenarten und deren Nahrung

Basiskonzept

Da die Anzahl der Lebewesen einer Art trotz der Überproduktion an Nachkommen relativ konstant bleibt, herrscht unter den Nachkommen ein Kampf um die **begrenzten Ressourcen** des Lebensraumes, also ein Kampf ums Überleben (*struggle for life*). Die Organismen stehen untereinander in **Konkurrenz**. Viele sterben oder können sich nicht fortpflanzen. Da sich die Eigenschaften der Individuen einer Art geringfügig unterscheiden kommt es zur natürlichen **Selektion** (Auslese) unter ihnen. Die Individuen, die am besten an die Umweltbedingungen angepasst sind, haben insgesamt eine bessere **Überlebenschance** und dadurch einen höheren Fort-pflanzungserfolg (*survival of the fittest*). Soweit die Vorteile der begünstigten Varianten auf vererbbaren Merkmalen beruhen, werden diese an die Nachkommen weitergegeben. Die Daten aus der Vererbungslehre trugen auch dazu bei, dass die Variabilität unter den Nachkommen durch die **Rekombination** der Erbinformation bei der geschlechtlichen Fortpflanzung sowie durch natürliche Veränderungen der Erbinformation, (**Mutation**) erklärt werden konnte. Durch diese neuen Erkenntnisse der Vererbungslehre wurde DARWINS Theorie zur sogenannten **erweiterten Evolutionstheorie** ergänzt (BK ➡ im Buchdeckel).

Die Vielgestaltigkeit eines Merkmals innerhalb einer Population wird **Variabilität** genannt. Diese entsteht durch Mutationen und Rekombination der Erbinformation sowie Selektionsprozesse. Dadurch wird die Biodiversität, auch bei sich ändernden Umweltbedingungen, gesichert (BK ➡ im Buchdeckel).

Lebewesen mit günstigen Merkmalen und Verhaltensweisen weisen eine bessere **Angepasstheit** an die Umweltbedingungen auf. Diese Angepasstheit ist erblich bedingt und steht der nicht erblich bedingten **individuellen Anpassung** eines Lebewesens gegenüber (BK ➡ im Buchdeckel).

biotischen Faktoren, da er die Entwicklung der Lebewesen besonders stark beeinflusst. Ein beständig wirkender Selektionsfaktor kann im Laufe mehrerer Generationen dazu beitragen, dass ein bestimmtes Merkmal innerhalb der Population zu Gunsten eines veränderten Merkmals verschwindet. Dies bewirkte und bewirkt auch heute noch eine fortschreitende Entwicklung der Arten und damit die Entstehung neuer **Arten** (B1). Diese Vorgänge nennt man **Evolution** (B2). Sie ist die Grundlage für die **Biodiversität** (Artenvielfalt). Da nicht alle Individuen überleben und sich fortpflanzen, kommt es zu einer **Angepasstheit** der Individuen einer Art an die Umgebung. Verändern sich die Umwelteinflüsse, kann es zur Entwicklung neuer Arten kommen. Bei der **geografischen Isolation** wird die Vermischung der Erbinformation zwischen zwei Teilpopulationen einer ursprünglichen Art durch eine räumliche Trennung (Gebirge, Insel, o. ä.) un-

terbrochen. Durch unterschiedliche Umwelteinflüsse sowie durch verschiedene Mutationen in den **Teilpopulationen** entwickeln sie sich unterschiedlich weiter. Können Individuen von den beiden Teilpopulationen nach Aufhebung der geographischen Trennung keine **fruchtbaren Nachkommen** mehr erzeugen, ist eine neue Art entstanden. Arten sind demnach **Fortpflanzungsgemeinschaften**.

1 Die Kerguelen sind eine Inselgruppe im Indischen Ozean nahe der Antarktis (**B3**). Dort herrscht ein raues und nebelreiches Klima. Die meiste Zeit fegen heftige Stürme über die öden und kargen Landstriche der Inseln hinweg. Die dort lebenden Insekten, wie zum Beispiel die Fliegenart *Calycopteryx moseleyi*, haben ihre Flugfähigkeit verloren. Ihre Flügel sind sehr stark reduziert oder vollständig zurückgebildet. Erläutere, dass die Rückbildung der Flügel einen Selektionsvorteil darstellt.

a) Nenne die Selektionsfaktoren, die den Verlust der Flügel bei den Kerguelen-Fliegen begünstigen.

b) Beschreibe diesen Gestaltwandel unter Berücksichtigung aller Evolutionsfaktoren bzw. der erweiterten Evolutionstheorie.

Beobachtungen:

Überproduktion an Nachkommen – konstante Populationsgröße

begrenzte Ressourcen

veränderte Umweltbedingungen

↓

Schlussfolgerung: Kampf ums Überleben

Variabilität ...

↓

Schlussfolgerung: Natürliche Selektion

... durch Mutation und Rekombination

Vererbung ...

↓

... erfolgt zufällig, ungerichtet

Schlussfolgerung: Artenwandel

B2 Schema zur Evolutionstheorie

B3 Küstenregion der Kerguelen

6.2.5   Die Gültigkeit von Wissen prüfen

„Wissen ist veränderlich!"

Am Beispiel des Aufbaus von Zellen (**B1**) kann aufgezeigt werden, dass naturwissenschaftliches Wissen im Laufe vieler Jahre verändert und verfeinert wird. Mithilfe verbesserter Mikroskope und Methoden konnten im Laufe der Zeit immer mehr Strukturen der Zellen gefunden und ihre Funktion aufgedeckt werden. Zudem kann heutzutage Wissen aus der ganzen Welt zusammengetragen und verwertet werden.

„Theorien sind nicht beweisbar!"

Die Richtigkeit von Sachverhalten in der Mathematik muss bewiesen werden. Naturwissenschaftliche Theorien werden im Gegensatz dazu **empirisch**, d.h. durch Beobachtungen und Experimente, untersucht. Im Alltag wird der Begriff **Theorie** oft abwertend, im Sinne einer reinen, unbegründeten Spekulation gebraucht. In der Wissenschaft verbirgt sich hinter einer Theorie bzw. Modellvorstellung ein System empirisch begründeter bzw. gesicherter Aussagen zur Erklärung bestimmter Phänomene (**B2**). Theorien sind somit stets vorläufig und ständiger empirischer Prüfung unterzogen. Je mehr Daten die Theorie stützen (verifizieren), desto gültiger erscheint die Theorie. Eine Theorie kann aber auch aufgrund von negativen Ergebnissen falsifiziert (widerlegt), in ihrem Gültigkeitsbereich eingeschränkt

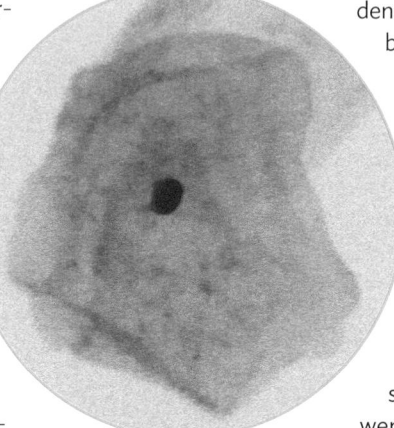

B1 Zelle unter dem Lichtmikroskop

oder angepasst werden. Die Stärke von Theorien liegt somit darin, dass sie aufgrund von neuen Erkenntnissen weiterentwickelt werden können.

Anforderungen an empirische Daten

Eine Theorie muss überprüfbar sein, d.h. die aus ihr resultierenden Hypothesen müssen mit Beobachtungen oder Experimenten, also empirisch, überprüft werden können. Auch an die Empirie werden bestimmte Ansprüche gestellt. Die Untersuchungen und Experimente müssen reproduzierbar sein, d.h. sie müssen bei einer Wiederholung das gleiche Ergebnis liefern. Zudem muss die Methode objektiv sein, d.h. die Bedingungen dürfen nicht so gewählt werden, dass man das Ergebnis in eine bestimmte Richtung lenkt.

Aus den empirischen Ergebnissen müssen Folgerungen gezogen werden, da sich die experimentellen Fakten nicht von allein erklären bzw. in einen theoretischen Rahmen einfügen. Die Folgerungen müssen nachvollziehbar sein. Zudem ist es möglich, Vorhersagen für künftige Funde oder Ergebnisse zu treffen (**B2**).

Beispiel: Die Evolutionstheorie

Bei der Überprüfung und Weiterentwicklung der Evolutionstheorie gehen Evolutionsbiologinnen und -biologen (➡ S. 272 f.) ungefähr so vor:

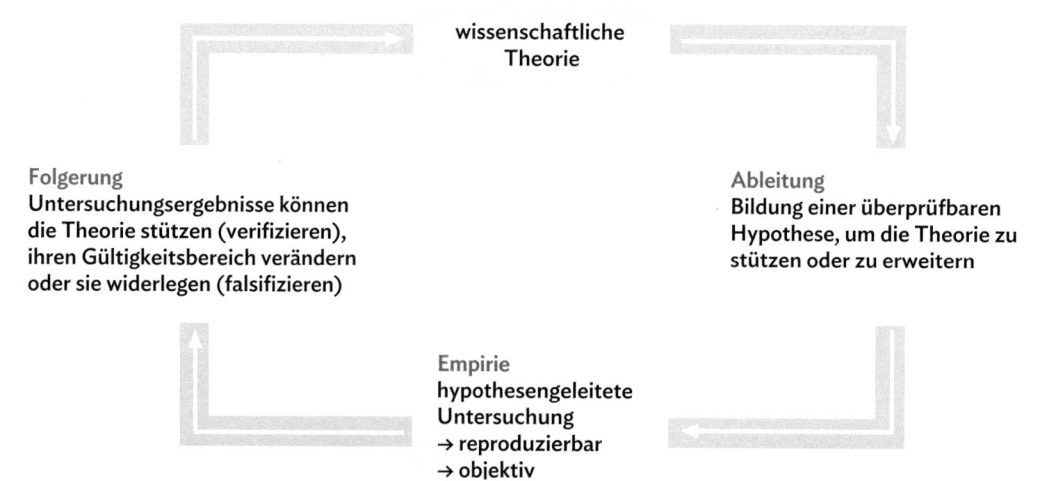

wissenschaftliche
Theorie

Folgerung
Untersuchungsergebnisse können die Theorie stützen (verifizieren), ihren Gültigkeitsbereich verändern oder sie widerlegen (falsifizieren)

Ableitung
Bildung einer überprüfbaren Hypothese, um die Theorie zu stützen oder zu erweitern

Empirie
hypothesengeleitete Untersuchung
→ reproduzierbar
→ objektiv

B2 Zusammenhang zwischen Empirie und Theorie

So geht's

1. Schritt: Die Aussage der Theorie wird genau erfasst.
2. Schritt: Befunde bzw. Ergebnisse, die im Zusammenhang mit dieser Theorie erhoben wurden, werden gesammelt.
3. Schritt: Die Schlussfolgerungen aus den Daten werden nachvollzogen oder ggf. als fehlerhaft erkannt.
4. Schritt: Es werden Aussagen über die Gültigkeit des Wissens abgeleitet.

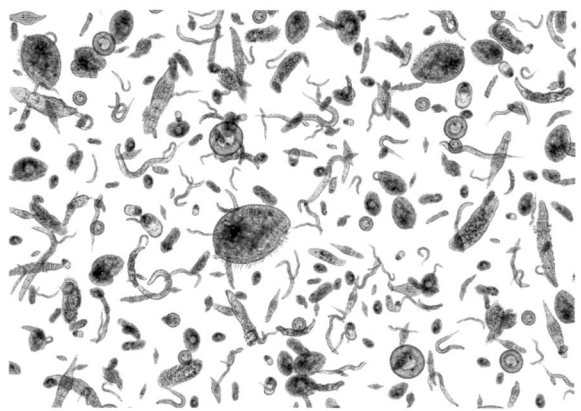

B3 Mikroorganismen in einem Heuaufguss

Zu 1: In der Evolution findet eine allmähliche Veränderung von vererbbaren Merkmalen innerhalb einer Population von Generation zu Generation statt.
Zu 2: Befunde: Übergangsformen wie z. B. der Archaeopteryx (ausgestorbene Art mit Vogel- und Reptilienmerkmalen), weisen auf eine stetige Veränderung von Lebewesen hin.

Experiment: In den 1980er Jahren experimentierte W. H. DALLINGER von der englischen Royal Microscopical Society mit Mikroorganismen aus einem Heuaufguss (**B3**), wie z. B. Pantoffeltierchen oder Amöben. Er vermehrte sie in einem speziell konstruierten Wasserbad bei exakt 16 °C. Zunächst überführte er einige Tierchen in 70 °C heißes Wasser, wobei alle verstarben. Dann erhöhte er im Laufe von sieben Jahren die Temperatur in vielen kleinen Schritten auf 70 °C. Dieser langsame Prozess über viele Generationen hinweg führte dazu, dass einige Tierchen eine Angepasstheit entwickelten und überleben konnten.
Zu 3: Heutzutage können fast alle Übergänge systematischer Großgruppen mit vielen und detaillierten Fossilienfunden belegt werden. Die bisher gefundenen Fossilien passen alle in das theoretische System. So wurde noch nie ein Fossil in der „falschen" Altersschicht gefunden. Auch das Experiment von DALLINGER zeigt eine all-

mähliche Veränderung eines Merkmals. Aufgrund dieser Befunde lassen sich die Schlussfolgerungen einer evolutionären Entwicklung nachvollziehen.
Zu 4: Da die bisherigen Funde und Ergebnisse von Experimenten die Evolutionstheorie stützen, kann sie als gültig angesehen werden.

Die **erweiterte Evolutionstheorie** stellt eine Erweiterung der Selektionstheorie von DARWIN dar. Sie wird durch die vereinten Erkenntnisse verschiedener Wissenschaftsrichtungen wie der Paläontologie, der Genetik oder der Populationsbiologie gestützt.

Daten-Check
Bei der Prüfung der Gültigkeit von Daten und deren Interpretation sollten auch noch folgende Aspekte berücksichtigt werden:
- Unter welchen Umständen wurden die Daten erhoben? Wann? (z. B. vor 100 Jahren) Von wem? (z. B. angesehene Universität) Wie? (Die Bedingungen des Experiments weisen keinen Fehler auf.)
- Erfüllen Theorie und empirische Daten einen nachvollziehbaren Zusammenhang?
- Wie objektiv sind die Deutungen und inwiefern werden sie von grundsätzlichem gesellschaftlichem Gedankengut der Zeit beeinflusst?

Aufgaben

1 DE LAMARCK und DARWIN (➡ 6.2.1) stützten ihre Theorien auf die gleichen Beobachtungen und schlossen gleichermaßen daraus, das Arten sich wandeln. Die der Theorien zu den Mechanismen der Evolution erfolgte dann aber auf unterschiedlichen Annahmen. Beschreibe anhand dieses Beispiels Eigenschaften einer wissenschaftlichen Theorie.

2 Hypothese: *„T-Rex war aufgrund seiner kurzen Arme kein Räuber, sondern ein Aasfresser."* Fossilienfunde zeigen eindeutige Bissspuren von T-Rex an einem Skelett eines Beutetieres, das dabei noch nicht tot war. Leite daraus die Gültigkeit der aufgestellten Hypothese ab.

6.2.6   Das Leben von CHARLES DARWIN

CHARLES DARWIN hat mit seinem Buch „On the Origin of Species" aus dem Jahr 1859 das Verständnis für das Leben auf der Erde für immer verändert. Er gilt heute als einer der bedeutendsten Wissenschaftler aller Zeiten. Doch der Weg dorthin war lang und mit überraschenden Wendungen.

Ein unwiderstehliches Angebot

DARWIN kam 1809 als Sohn einer wohlhabenden Familie zur Welt und studierte zunächst Medizin in Edinburgh, wechselte dann aber nach Cambridge, um Theologie zu studieren, obwohl er die meiste Zeit in naturwissenschaftlichen Vorlesungen verbrachte. Er hatte schon eine Pfarrstelle in Aussicht, als sich ihm eine unerwartete Möglichkeit bot, etwas von der Welt zu sehen. Der Kapitän des Segelschiffs HMS Beagle, das zu einer mehrjährigen Erkundungs- und Kartierungstour aufbrach, suchte zur Unterhaltung einen gebildeten Reisebegleiter mit guten Manieren.

Die Weltumsegelung

Ende Dezember 1831 stach die HMS Beagle in See und nahm zunächst Kurs auf Südamerika (**B1**). Bei seinen Landgängen sammelte DARWIN eine Vielzahl von Pflanzen, Tieren und Fossilien. Auch geologisch war er inter-essiert, er fand in den hochgelegenen Anden Gesteine aus Meerestieren und schickte Proben davon an Geologen in England. Teile seiner Briefe an befreundete Wissenschaftler wie auch Reiseberichte wurden in der Heimat veröffentlicht, sodass DARWIN bei seiner Rückkehr nach fast fünf Jahren schon eine gewisse Berühmtheit erlangt hatte. Finanziell unabhängig geworden, verbrachte er die folgenden Jahre damit, seine Funde einzuordnen und sich die ihm noch fehlenden Kenntnisse in Naturwissenschaften anzuzeigen.

Evolutionstheorie

Schon bald nach seiner Rückkehr formulierte DARWIN die grundlegenden Aussagen seiner Evolutionstheorie (➡ 6.2.1) und verbrachte anschließend Jahre damit, genügend Belege zu sammeln. Ihm war die Sprengkraft seiner Theorie sehr bewusst, in der nicht mehr Gott als Schöpfer allen Lebens gilt, sondern das Wechselspiel aus genetischer Variation und Selektion. „Es ist, als würde ich einen Mord gestehen.", schrieb er an einen Freund und so zögerte er lange mit der Veröffentlichung. Erst als ein junger Naturforscher namens WALLACE unabhängig von ihm auf die gleiche Theorie gekommen war, beschlossen beide, an demselben Tag damit an die Öffentlichkeit zu gehen.

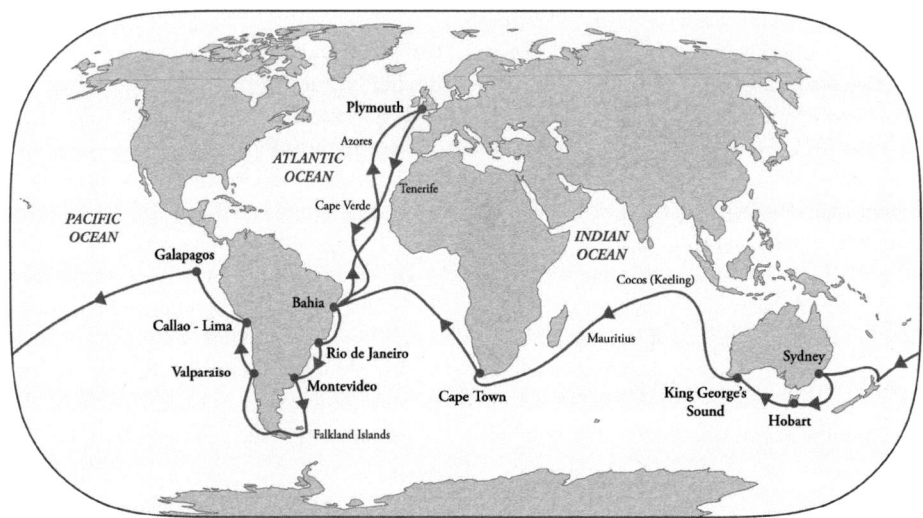

B1   DARWINS Reise mit der HMS Beagle 1831–1836

Aufgaben

1 Vor der Evolutionstheorie glaubte man an die „Konstanz der Arten". Recherchiere, was damit gemeint ist.

2 Besonders für die Kirche war die DARWIN Veröffentlichung im Jahr 1859 ein Paukenschlag. Recherchiere die Haltung der katholischen Kirche zu DARWIN damals bis heute.

6.2.7   Kausale Zusammenhänge darstellen

Kausale Aussagen machen

Merkmale von Lebewesen und Verhaltensweisen von Tieren entstehen nicht durch aktive Anpassung. Eine Vererbung erworbener Eigenschaften, wie DE LAMARCK sie annahm, ist **wissenschaftlich widerlegt**: Die Streckung des Halses einer Giraffe hat keinen Einfluss auf ihre Erbinformation und damit auch nicht auf ihre Nachkommen. Eine zielgerichtete Anpassung gibt es nicht.

    Daher ist es auch nicht richtig, wenn der Zweck eines Verhaltens oder eines Merkmals formuliert wird wie in folgenden Beispielen:

- „Das Herz schlägt, damit der Körper mit Blut versorgt wird."
- „Die Katze schleicht sich leise an, um von den Mäusen nicht gehört zu werden."
- „Der Igel hält Winterschlaf, um Energie zu sparen."

Solche **finalen Aussagen**, die den **Zweck** eines Merkmals oder einer Verhaltensweise benennen, sind naturwissenschaftlich nicht haltbar. Stattdessen sind nur **kausale Aussagen** möglich, also Aussagen über **Ursache und Wirkung**. Die Ursache muss dabei **zeitlich** immer der Wirkung vorausgehen (**B1**).

    Finale Aussagen lassen sich oft mit kleinen Änderungen in fachsprachlich richtige kausale Aussagen umformen.

B1   Kausalzusammenhang

So geht's

1. Schritt: Stelle fest, ob eine finale Aussage vorliegt. Du erkennst sie häufig an Formulierungen wie „um ... zu" und „damit". *Beispiel: „Das Herz schlägt, **damit** der Körper mit Blut versorgt wird."*

2. Schritt: Finde heraus, was die Ursache ist und was die Wirkung. *Beispiel: „Das Herz schlägt" ist die Ursache, weil sie **zeitlich vor** der Versorgung des Körpers mit Blut liegt. Der zweite Satzteil beschreibt also die Wirkung.*

3. Schritt: Setze die beiden Satzteile nun so zusammen, dass der Kausalzusammenhang deutlich wird. *Beispiel: „Das Herz schlägt und **dadurch** wird der Körper mit Blut versorgt."*

A: Der Igel frisst sich im Herbst Fettreserven an, damit er den Winter übersteht.

B: Das Pfauen-Männchen schlägt sein Rad, um von dem Weibchen gewählt zu werden.

C: Sind Schmuckfedern von Vögeln glanzlos und matt, so liegt das meistens an einem Parasitenbefall.

D: Das Amseljunge sperrt den Schnabel auf, um gefüttert zu werden.

E: Die Blätter des Rhododendrons sind bei Kälte eingerollt, dadurch geht weniger Wasserdampf verloren.

F: Die Tarnfarbe des Birkenfalters bewirkt, dass er von Vögeln nicht so leicht erbeutet wird.

B2   Kausale und finale Formulierungen

Aufgaben

1 \ Formuliere nach der Methode auch die beiden anderen finalen Aussagen im Eingangstext um.

2 \ In **B2** sind finale und auch kausale Formulierungen zu sehen.

a) Prüfe die Aussagen und ordne sie in der Lernanwendung zu (➡ **QR 03033-062**). 03033-062

b) Begründe deine Zuordnung aus a).

c) Wandele die finalen Aussagen in kausale Aussagen um.

6.3.1   Der Weg vom Wasser ans Land

Wir schreiben das „Zeitalter der Fische" – das Devon. Das Land ist mit Moosen und Farnpflanzen bewachsen. Das Thermometer zeigt hohe Temperaturen an und seit längerem hat es schon nicht mehr geregnet. In der Ferne kriecht ein Fisch über das Land. Ein Fisch an Land?

→   Mit welchen Herausforderungen und Vorteilen war das Leben an Land verbunden? Welche Vor- und Nachteile bot das Leben im Wasser?

Lernweg

Eroberung eines neuen Lebensraums

1   Das Leben auf der Erde entwickelte sich zunächst im Wasser und von dort aus erfolgte die Besiedlung des Landes (M1).

a)   Nenne mögliche Faktoren, die es für Wirbeltiere vorteilhaft erschienen ließen, sich an ein Leben an Land anzupassen.

b)   Nenne konkrete Angepasstheiten, die sich im Laufe der Evolution von den wasserlebenden Tieren zu den Landwirbeltieren ergeben mussten, damit diese dauerhaft an Land leben konnten. Bearbeite dazu die Lernanwendung (➥ QR 03033-063).

03033-063

2   Mithilfe von Brückentieren, die Merkmale zweier Tiergruppen wie Fischen und Amphibien vereinen, lässt sich der Weg der Wirbeltiere an Land zurückverfolgen.

a)   Nenne die bereits entwickelten Angepasstheiten des ausgestorbenen Quastenflossers (M2) und des Ichthyostega (M3) an das Leben an Land und erläutere, welche Vorteile für die Tiere gegenüber anderen Arten damit verbunden waren.

b)   Erläutere den Unterschied zwischen einem lebenden Fossil und einer Mosaikform (M2, M3).

Das fehlende Bindeglied

3   Obwohl Quastenflosser und Ichthyostega den Weg vom Wasser an das Land belegen, fehlte den Forschenden lange Zeit das Bindeglied zwischen diesen beiden Formen. So fehlte auch die Information über die Reihenfolge, in der sich die Merkmale der Landwirbeltiere entwickelten. Mit dem Fossilienfund Tiktaalik konnte das Bild vom Übergang der Fische zu den Landwirbeltieren erweitert werden. Bewerte die Aussage, der Tiktaalik sei eine ‚*Ikone der Evolution*'.

M1   Lebensraum Land – Risiko? Chance?

Vor 500 Millionen Jahren bevölkerten viele verschiedene Lebewesen die Meere. Das Devon ist das „Zeitalter der Fische". Das Land ist mit Moosen und Farnpflanzen bewachsen (B1). Dann kam es vor ca. 400 Millionen Jahren zu Klimaveränderungen, es wurde weltweit warm und trocken. Dies führte dazu, dass viele Seen und Flüsse austrockneten. Sobald die Tiere ihren gewohnten Lebensraum verließen, befanden sie sich in großer Gefahr. Obwohl die Luft mehr Sauerstoff als das Wasser enthielt, drohten sie zu ersticken, da die Kiemen zusammenklebten und austrockneten. Sie konnten sich auch nicht fortbewegen, da ihnen die notwendigen Knochenstrukturen und Muskulatur fehlte, um der stärker wirksamen Schwerkraft entgegenzuwirken. Trotz dieser Fakten belegen Fossilienfunde, dass am Ende des Devons erste Landwirbeltiere auftraten.

B1   Urzeitliche Landschaft

M2 Quastenflosser

Die ersten **Quastenflosser**-Arten gab es vor etwa 400 Millionen Jahren. Die meisten hiervon waren bis zum Ende der Kreidezeit vor etwa 70 Millionen Jahren wieder ausgestorben. Die heutzutage noch lebenden Quastenflosser leben in über 100 Metern Meerestiefe, wo die Umweltbedingungen relativ gleichbleibend sind. Die ausgestorbenen Arten besiedelten hingegen das Flach- und Brackwasser. Der moderne Quastenflosser (**B2**) zählt zwar zu den **Fischen**, besitzt aber im Gegensatz zu diesen **muskulöse Flossen**. Diese sind durch **Knochen** gestärkt, welche den Gliedmaßen der ersten Landwirbeltiere ähneln. Die Flossen der heutigen Knochenfische sind hingegen anders aufgebaut. Ähnlich wie die Landwirbeltiere bewegt

B2 Heute lebender Quastenflosser

der Quastenflosser seine Brust- und Bauchflossen im Kreuzgang. Seine Flossen setzt er aber nur zum Schwimmen und nicht wie einst angenommen zum Laufen auf dem Meeresboden ein. Es wird jedoch vermutet, dass die ursprünglichen Quastenflosser, sobald ein flaches Gewässer während einer Dürreperiode austrocknete, dieses Gewässer verlassen und ein neues aufsuchen konnten. Auf diese Weise konnten sie sich neue Nahrungsquellen suchen, überleben und sich schließlich fortpflanzen. Als heutzutage lebende Art ist der moderne Quastenflosser ein sog. **lebendes Fossil**, da er sich über einen langen Zeitraum kaum verändert hat. Er weist also Merkmale einer älteren Tiergruppe auf, aus der sich eine jüngere entwickelt hat.

M3 Der Ur-Lurch

Fossilienfunde belegen, dass sich im Lauf vieler Millionen Jahre aus dem Quastenflosser der **Ur-Lurch Ichthyostega** (**B3**) und später die Amphibien entwickelten. Der knapp einen Meter große Ichthyostega konnte durch ein bereits verstärktes Skelett der Schwerkraft, die an Land herrscht, entgegenwirken. Im Gegensatz zum Quastenflosser besaß der Ur-Lurch richtige Beine. Er konnte sich an Land auch wesentlich besser fortbewegen, da er im Gegensatz zum Quastenflosser bereits ein **Gliedmaßenskelett** ver-

B3 Ichthyostega

gleichbar mit dem der heutigen Wirbeltiere besaß. Zudem besaß Ichthyostega bereits einen längeren und vor allem beweglichen Hals. Jedoch war er noch an das Wasser gebunden, da ihm eine Fortpflanzung außerhalb des Wassers nicht möglich war. Ichthyostega besitzt Merkmale zweier Tiergruppen und kann somit als evolutives Bindeglied zwischen Fischen und Amphibien gesehen werden. Solche ausgestorbenen Zwischen- bzw. Übergangsformen nennt man **Mosaikform** oder **Brückentier** (➡ 6.1.1).

M4 Das Bindeglied (Connecting Link)

Tiktaalik (Einstiegsbild), ein Fossil, das 2006 rund 1000 Kilometer vom Nordpol entfernt gefunden wurde, lieferte wichtige Informationen zur Entwicklung der Landwirbeltiere und wird als „*Ikone der Evolution*" bezeichnet. So belegen Fossilienfunde, dass sich im Lauf vieler Millionen Jahre aus dem Quastenflosser *Tiktaalik roseae* schließlich der Ur-Lurch Ichthyostega und später die Amphibien entwickelten. *Tiktaalik roseae*, wohl die meiste Zeit im Wasser lebend, besaß noch viele Fischmerkmale,

aber auch bereits amphibientypische Merkmale. Fischähnlich waren die Flossen, die Schuppen und flachen Kiefer. Doch der Schädel, der bewegliche Hals, die Rippen und bereits die vorderen Gliedmaßen ähnelten den Landtieren. Berechnungen nach war das Skelett des Tieres stark genug, um das eigene Gewicht ohne den Auftrieb des Wassers zu tragen. Obwohl die Brustflossen noch keine Finger aufwiesen, konnten fast alle Knochen, die auch bei Landwirbeltieren vorkommen, nachgewiesen werden.

6.3.2   Belege für die Stammesgeschichte

Wale sind Säugetiere und häufig in herdenartigen Verbänden anzutreffen, Schulen genannt. Sie können vielfältig kommunizieren, sie jagen und wandern gemeinsam, schützen einander und trauern umeinander. Fische weisen so ein ausgeprägtes Sozialverhalten nicht auf.

→ Deutet dies darauf hin, dass Wale sich evolutiv nicht unmittelbar aus Fischen entwickelt haben? Welche Hinweise gibt es noch, die auf andere unmittelbare Vorfahren schließen lassen?

Lernweg

1   Betrachtet man das Knochenskelett der vorderen Extremität verschiedener Wirbeltiere, lassen sich Gemeinsamkeiten feststellen. Erläutere mithilfe von M1, worauf diese homologen Übereinstimmungen zurückzuführen sind. Prüfe die Aussage, alle gezeigten Tiere lassen sich auf einen gemeinsamen Vorfahren zurückführen (Hilfen ➡ QR 03033-064).

03033-064

2   Kladogramme und Stammbäume dienen der Visualisierung von Verwandtschaftsgruppen (M2). Verfasse einen Beitrag für ein digitales Lexikon zur Interpretation eines Kladogramms und den Fachbegriffen „ursprünglich" sowie „abgeleitet".

3   Wal und Haifisch besitzen Flossen, die sich im Körperbau jedoch nicht ähneln. Erläutere mithilfe von M3 an diesem Beispiel, was man unter einer Analogie versteht. Nenne drei weitere Analogien bei anderen Lebewesen und erläutere die gleiche Funktion der analogen Organe.

M1   Homologe Organe

Die Brustflossen von Meeressäugern, zu denen die Wale wie Grönlandwal oder Delfine gehören, sind zwar Vorderextremitäten, sehen aber äußerlich ganz anders aus als die der meisten anderen Wirbeltiere. Betrachtet man aber den Grundbauplan von verschiedenen Wirbeltieren (B1), stellt man fest, dass dieser aus den gleichen „Bauelementen" besteht. So erkennt man im Skelett der Vorderextremitäten von Menschen (B1a), Vögeln (B1b) und Walen (B1c) deutliche Übereinstimmungen, auch wenn diese äußerlich sehr verschieden sind und auch ganz verschiedenen Funktionen erfüllen, je nachdem, in welcher Umwelt das Tier lebt. Unter einer **Homologie** (B1) versteht man grundsätzliche Übereinstimmungen von Organen, Organsystemen, Körperstrukturen, bio-

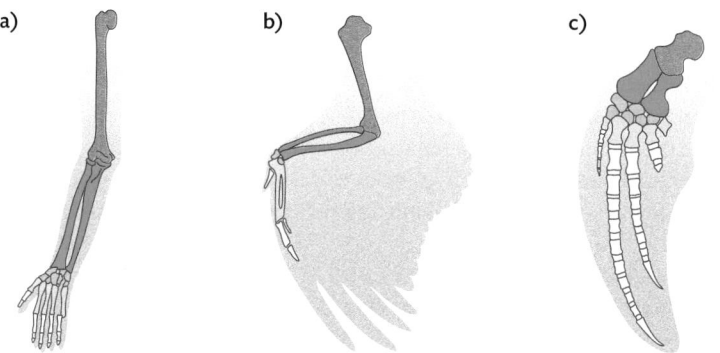

B1   Knochenskelett der vorderen Extremität von Mensch (a), Vogel (b), Wal (c)

chemischen Prozessen, Verhaltensweisen usw. von unterschiedlichen Tiergruppen. Hierbei sind die Übereinstimmungen immer auf einen gemeinsamen evolutiven Ursprung, also auf **gemeinsame Vorfahren**, zurückzuführen. Die homologen Merkmale können inzwischen jedoch unterschiedliche Funktionen erfüllen.

M2 Kladogramme und Stammbäume verstehen

Molekularbiologische Untersuchungen können auch dann eingesetzt werden um eine gemeinsame Abstammung bzw. um gemeinsame Vorfahren herauszufinden, wenn Organismen keine morphologischen Ähnlichkeiten mehr aufweisen. Dafür werden Aminosäuresequenzen eines Proteins miteinander verglichen. Ähnlichkeiten in der Aminosäurensequenz lassen sich auf einen **gemeinsamen Vorfahren** zurückführen. Es handelt sich dann um eine **molekularbiologische Homologie**.

Homologien können in einem Stammbaum oder einem Kladogramm abgebildet werden. Im Kladogramm wird die Entstehung oder Veränderung von Merkmalen dargestellt, somit fehlt eine relative Zeitachse wie bei einem Stammbaum. An den Enden der Äste stehen die heute lebenden Vertreter der gezeigten Gruppen (A-D). Der erste Ast (Stamm) zeigt den Ursprung der dargestellten Gruppen, die weiteren Äste zeigen verschiedene Entwicklungslinien. Wichtig ist die Unterscheidung von **ursprünglichen Merkmalen** a und **abgeleiteten Merkmalen** x bzw. y. Ein ursprüngliches Merkmal ist z. B. die Wirbelsäule der Wirbeltiere, die von einem weit entfernten Vorfahren nicht vorkommt. Abgeleitete Merkmale können auch unabhängig voneinander neu entstehen z, wie z. B. die Thermoregulation bei Vögeln und Säugetieren.

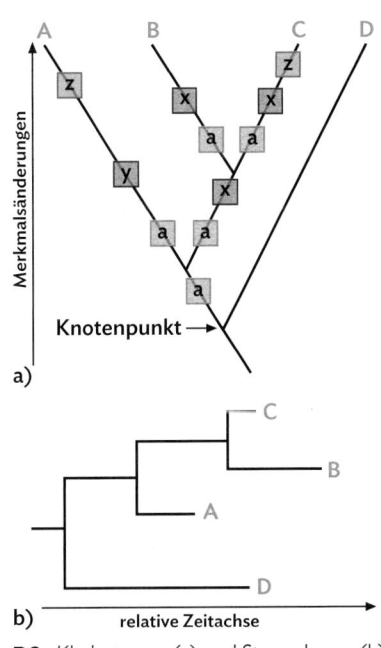

B2 Kladogramm (a) und Stammbaum (b)

M3 Analoge Organe

Die Brustflossen von Haien und Walen, hier genannt: Flipper, haben eine ähnliche Form (**B3**). Das kommt daher, dass sie ähnliche Funktionen in der selben Umwelt haben, nämlich das Steuern durchs Wasser beim Schwimmen. Im Grundaufbau der Flossen kann man allerdings große Unterschiede erkennen (**B3a**, **B3b**), diese haben also keinen gemeinsamen Grundbauplan. Eine Entwicklung von ähnlichen Merkmalen, die auf Angepasstheit an die gleiche Umwelt beruht, nennt man eine **konvergente Entwicklung**.

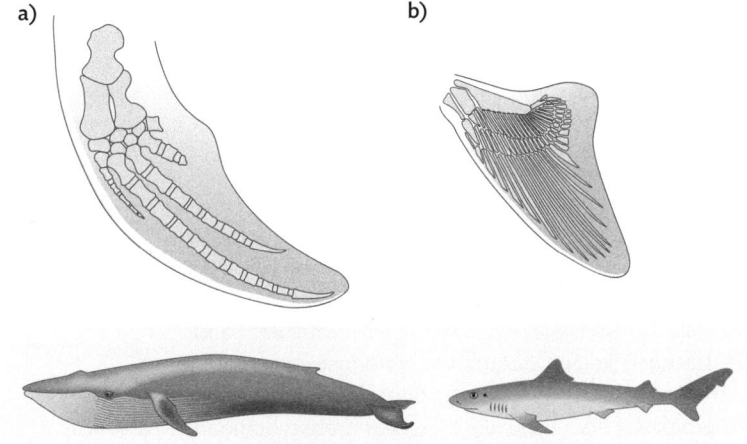

B3 Flosse von Wal (a) und Haifisch (b)

Wale und Haie gehören unterschiedlichen Gruppen von Wirbeltieren an (Wale sind Säugetiere und Haie sind Fische). Die Entwicklung des Merkmals Flossenform beruht daher nicht auf gleichen Vorfahren. Somit ist dieses Merkmal nicht homolog, sondern analog. Ein weiteres Beispiel für ein analoges Merkmal wäre hier die Körperform. Beide Tiere sind stromlinienförmig gebaut, was den Wasserwiderstand minimiert und energieeffizientes Schwimmen ermöglicht. Unter einer **Analogie** wird in der Biologie allgemein eine Ähnlichkeit von z. B. Organen oder Verhaltensweisen von Lebewesen unterschiedlicher Arten verstanden, die sich jedoch stammesgeschichtlich, also evolutiv, unabhängig voneinander entwickelt haben. Das heißt, die Vorfahren jener Arten zeigten diese Merkmale noch nicht. Häufig dienen analoge Organe der **gleichen Funktion**.

6.3.3   Stammesgeschichtliche Entwicklung – kompakt

Das Leben startet im Meer

Vor etwa 3,6 Milliarden Jahren entstand das Leben auf der Erde. Dies belegen fossile Nachweise von Bakterienkolonien, die das Meer besiedelten. Bakterienartige Einzeller spielten eine wichtige Rolle bei der Sauerstoffanreicherung der Atmosphäre. Sie besaßen noch keinen Zellkern. Diese Entwicklung erfolgte erst in den kommenden zwei Milliarden Jahren und nahm somit fast die Hälfte der Zeit in Anspruch, die die Evolution des Lebens bisher andauert. Vor ca. 800 Millionen Jahren traten erste Vielzeller (**B1**) auf der Erde auf, einfache Algen (**B1**) und Schwämme. Das gesamte Leben fand im Ozean statt.

Pflanzen – Vorreiter an Land

Vor etwa 480-450 Millionen Jahren und somit etwa 100 Millionen Jahre, bevor Tiere das Land besiedelten, kam es zum Landgang der Pflanzen. Für Wasserpflanzen ist kein Schutzmechanismus vor Verdunstung nötig und ihre Sprosse können flexibel sein. Mit dem Landgang veränderten sich die Anforderungen an den Bau der Landpflanzen. Die ersten Landpflanzen waren Moose. Sie wiesen zwar noch keinen wirksamen Verdunstungsschutz auf, sind aber in der Lage, längere Zeiten der Trockenheit zu überdauern. Vor etwa 400 Millionen Jahren traten erste Farne, Schachtelhalme und Bärlapppflanzen an Land auf. Sie besaßen Gewebe mit festen Strukturen und Leitungsbahnen, was ihnen ermöglichte, größere Blätter und höhere Sprosse auszubilden. Später entwickelten sich die Samenpflanzen.

Landgang der Tiere

Durch die Zunahme an Landpflanzen, die durch Fotosynthese Sauerstoff bilden konnten, erhöhte sich auch die Sauerstoffkonzentration in der Atmosphäre. Dies war Grundlage für den vollständigen Landgang der Tiere. Als erste Tiere besiedelten wohl Ringelwürmer das Land. Da sie noch keinen Schutz vor Verdunstung gebildet hatten, lebten sie im feuchten Boden. Erste Tiere, die dauerhaft auf dem Land lebten, waren Krebse, Spinnen, Skorpione, Tausendfüßer und Insekten. Aufgrund ihres Außenskeletts waren sie gut vor Verdunstung geschützt. Schließlich nutzte Ichthyostega als erstes Wirbeltier das Land als Lebensraum. Da das inzwischen ausgestorbene Tier Merkmale zweier Tiergruppen, nämlich von Fischen und Lurchen aufwies, stellt es eine **Mosaikform** dar. Deshalb wird auch angenommen, dass sich aus ihm die ersten Amphibien entwickelt haben. Amphibien ist der Landgang zwar möglich, sie sind aber weiter ans Wasser gebunden, da sie ihre Eier dort ablegen und sich dort ihr Nachwuchs entwickelt. Durch das Entstehen von Eiern

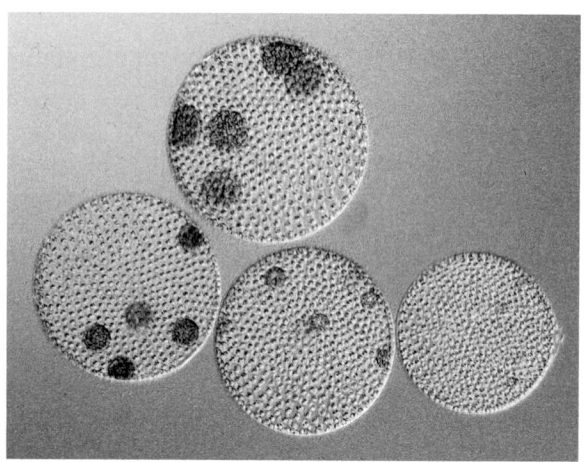

B1   *Volvox*, ein einfacher Vielzeller

mit festen Schalen konnten sich die Reptilien vollständig unabhängig vom Lebensraum Wasser fortpflanzen. Aus den Reptilien gingen schließlich zunächst die Säugetiere und später die Vögel hervor (**B2**). Erst vor 66 Millionen Jahren, nach dem Aussterben der Dinosaurier, entwickelte sich bei den Säugetieren sowie den Blütenpflanzen die heutige Vielfalt. Der Vorfahr des heutigen Menschen entstand vor etwa 6 Millionen Jahren. Allgemein gilt, dass alle heute existierenden Lebewesen aus früheren Lebensformen entstanden sind. Ein Entwicklungsprozess, der mehrere Milliarden Jahre dauerte.

Belege der Evolution

Nicht nur Fossilien (➡ 6.1.1) können als Belege für die Evolution herangezogen werden. Auch homologe Körperstrukturen weisen auf gemeinsame Vorfahren hin. So scheint es kein Zufall zu sein, dass z. B. bei den Vorderextremitäten von Mensch, Rind, Fledermaus, Vogel und Wal auf einen Oberarmknochen zwei Unterarmknochen (Elle, Speiche) und anschließend Handwurzel- und Fingerknochen (in unterschiedlicher Anzahl) folgen. Es

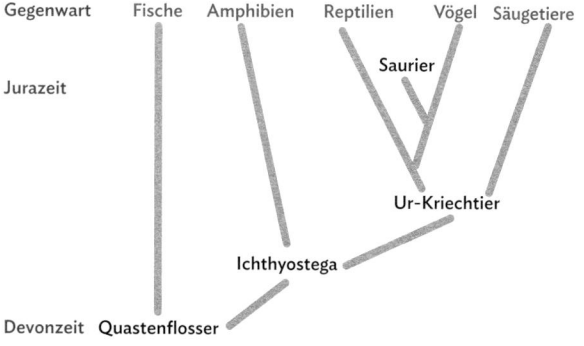

B2   Entwicklung der Wirbeltiere

a)

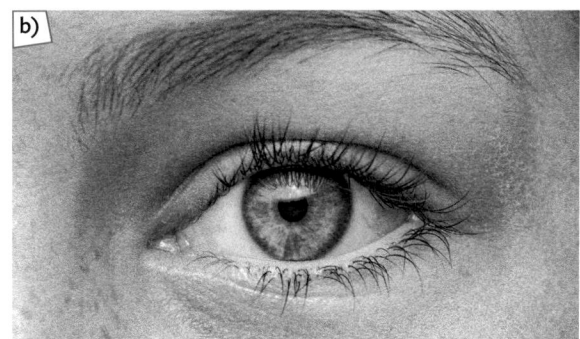

b)

B3 Geschlossene Nickhaut beim Seeadler (a) und rudimentär ausgeprägte Nickhaut beim Menschen (b)

wird davon ausgegangen, dass derartige Übereinstimmungen auf gemeinsame Vorfahren zurückzuführen sind. Die Ähnlichkeit im Grundbauplan aufgrund gemeinsamer Abstammung bezeichnet man als **Homologie**. Im Gegensatz hierzu beschreibt eine **Analogie** eine Ähnlichkeit von z. B. Organen bei unterschiedlichen Arten, die sich unabhängig voneinander entwickelt haben, aber häufig dem gleichen Zweck dienen. Ein Beispiel wären die Flügel von Fliege und Fledermaus. Ein weiterer

Beleg für die Evolution sind **Rudimente**. Viele Tiere besitzen im nasenseitigen Augenwinkel eine zusätzliche transparente Bindehautfalte (Nickhaut oder „drittes Augenlid"), die wie eine Schutzbrille vor das Auge geklappt werden kann (**B3**). Beim Menschen ist die Nickhaut stark zurückgebildet und übt keine Funktion mehr aus. Das Vorhandensein solcher Rudimente ohne oder mit stark eingeschränkter Funktion lässt sich nur durch gemeinsame Vorfahren erklären.

Aufgaben

1 Die klassische Unterteilung der Wirbeltiere in fünf Klassen könnte angezweifelt werden. Erkläre dies und ordne Tiktaalik begründet in den Stammbaum (**B2**) ein.

2 In botanischen Gärten oder Vorgärten findet man immer wieder den Ginkgo-Baum. Fossile Funde der Gattung *Ginkgo* lassen auf ein Vorkommen seit der frühen Jurazeit schließen. Erläutere, ob es sich bei der Pflanze um eine Mosaikform oder um ein lebendes Fossil (➡ 6.3.1) handelt. Recherchiere zum Ginkgo auch im Internet.

3 Erläutere die Bedeutung der Eroberung des Landes durch Pflanzen für die Evolution der Tiere.

4 In der Kreidezeit entstanden Enten mit Schwimmhäuten an ihren Füßen.
a) Erläutere, wie es hierzu kam. Gehe dabei auf den Selektionsvorteil durch dieses Merkmal ein.
b) In Einzelfällen treten auch beim Menschen unterschiedlich stark ausgeprägte Hautbildungen zwischen den Fingern auf, die an Schwimmhäute erinnern. Erkläre den Unterschied zu den Schwimmhäuten bei den Enten.

5 Die Dinosaurier lebten auf der Erde von der Trias- bis in die Kreidezeit (**B4**).
a) Recherchiere im Internet die Umweltbedingungen während der Triaszeit.
b) Stelle eine Hypothese auf, welche Angepasstheiten im Körperbau der Dinosaurier vorteilhaft in der Trias gewesen sein könnten.
c) Recherchiere verschiedene Dinosaurier-Arten, die während der Trias gelebt haben. Beschreibe eine Art genauer und erstelle einen Steckbrief.

B4 Kreidezeit

6 Definiere den Fachbegriff „Rudiment" und recherchiere im Internet Rudimente des Menschen.

7 Bearbeite die Lernanwendung zum Unterschied zwischen Homologie und Analogie (➡ **QR 03033-065**).

03033-065

6.4.1 Die nächsten Verwandten des Menschen

Noch JOHANN WOLFGANG VON GOETHE (1749–1832) hat den Menschen als „Krone der Schöpfung" beschrieben, also als eigenständiges, über den Tieren stehendes Lebewesen. Heutzutage können wir den Menschen leicht in das natürliche System einordnen.

→ Welche Merkmale hat der Mensch mit seinen nächsten Verwandten gemeinsam und welche Eigenschaften grenzen den Menschen als eigene Art ab?

Lernweg

Der Mensch gehört zu den Primaten

1 Wie auch andere Arten besitzt der Mensch typische Merkmale.
 a) Ordne die Primaten anhand von M1 in die Klasse der Säugetiere ein. Nenne weitere säugerspezifische Merkmale, die Primaten besitzen.
 b) Vergleiche den Menschen mit den in M1 dargestellten Primatenmerkmalen. Beschreibe Gemeinsamkeiten und Unterschiede.

Die nächsten Verwandten des Menschen

03023-17

2 Erstelle mithilfe von M2 einen geeigneten Stammbaum der nächsten Verwandten des Menschen (Hilfen ➡ QR 03023-17).

3 Lange Zeit wurde der Mensch den restlichen Menschenaffen, also Schimpansen, Gorillas und Orang-Utans systematisch gegenübergestellt. Beurteile diese Einordnung.

4 Mensch und Schimpanse zeigen viele Ähnlichkeiten, aber auch Unterschiede (M3).
 a) Vergleiche den Menschen mit dem Schimpansen anhand der in B3 dargestellten Kriterien.
 b) Identifiziere unter den unterschiedlich ausgeprägten Angepasstheiten diejenigen, die den aufrechten Gang ermöglichen.
 c) Schimpansen zeigen einen sogenannten Knöchelgang, bei dem sie sich auf den Handknöcheln der vorderen Gliedmaßen abstützen. Erläutere diese Notwendigkeit bei Schimpansen.
 d) Vergleiche die Hände und Füße von Menschen und Schimpansen. Begründe die stark ausgeprägte Handfertigkeit des Menschen anhand der Ausbildung der menschlichen Hand.

M1   Die Ordnung der Primaten

Die sogenannten **Primaten** sind eine Ordnung zu der Halbaffen, Affen, Menschenaffen und somit auch Menschen gehören. Der Großteil der Primaten besitzt fünfstrahlige Greifhände und -füße mit abspreizbaren Daumen bzw. Großzehen. Nach vorne gerichtete Augen sind Angepasstheiten an ihre oft baumbewohnende Lebensweise. Ein Großteil der Primaten besitzt keine Krallen, sondern flache Nägel an den Enden der Finger und Zehen. Im Vergleich zu anderen Ordnungen besitzen viele Primaten relativ große Gehirne. Die Jungen werden aufgrund ihres langsamen Wachstums und ihrer späten Geschlechtsreife relativ lang gesäugt und oft in komplexen Sozialstrukturen großgezogen. Innerhalb der Primaten unterscheidet man zwischen Feuchtnasenprimaten, zu denen z. B. die Lemuren (B1) gehören, und Trockennasenprimaten mit Vertretern wie Koboldmakis, Gorillas, aber auch dem Menschen.

B1 Kattas gehören zu den Lemuren

M2 Nahe Verwandtschaft

Heutzutage lassen sich im Labor Verwandtschaftsverhältnisse klären. Dabei wird jeweils die Erbinformation aus den Zellen mehrerer Arten verglichen und der Prozentsatz unterschiedlicher Bereiche der Erbinformation im Verhältnis zur gesamten Erbinformation ermittelt (**B2**). Arten sind dann nah miteinander verwandt, wenn sie von einer gemeinsamen Vorfahrenart abstammen. Je geringer die Unterschiede in der Erbinformation sind, desto enger sind zwei Arten miteinander verwandt. Gleichzeitig lässt sich so auch der zeitliche Abstand von Abspaltungen mehrerer Arten innerhalb eines Stammbaums vergleichen.

Mensch
2,3 %
1,6 %
2,2 %
3,6 %
3,6 %
3,6 %
Schimpanse
Gorilla
Orang-Utan

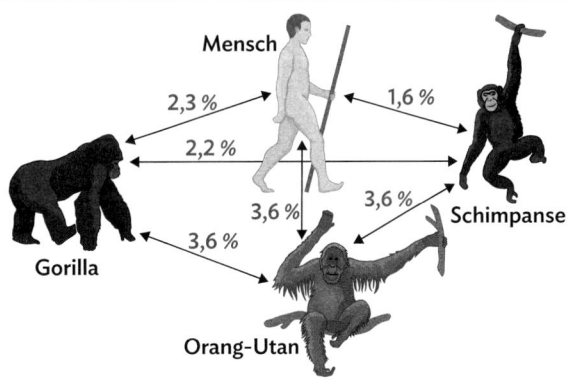

B2 Unterschiede in der Erbinformation zwischen Menschenaffen

M3 Menschenaffen und Menschen sind an unterschiedliche Lebensweisen angepasst

Der direkte Vergleich der Skelette eines Schimpansen und eines Menschen zeigt ihre unterschiedlichen Angepasstheiten (**B3**), die oft auf die unterschiedliche Fortbewegungsweise zurückzuführen sind. Ein Großteil der Abwandlungen des Skeletts beim Menschen ermöglicht eine günstige Verteilung des Körpergewichts auf das Skelett bei einer aufrechten Körperhaltung.

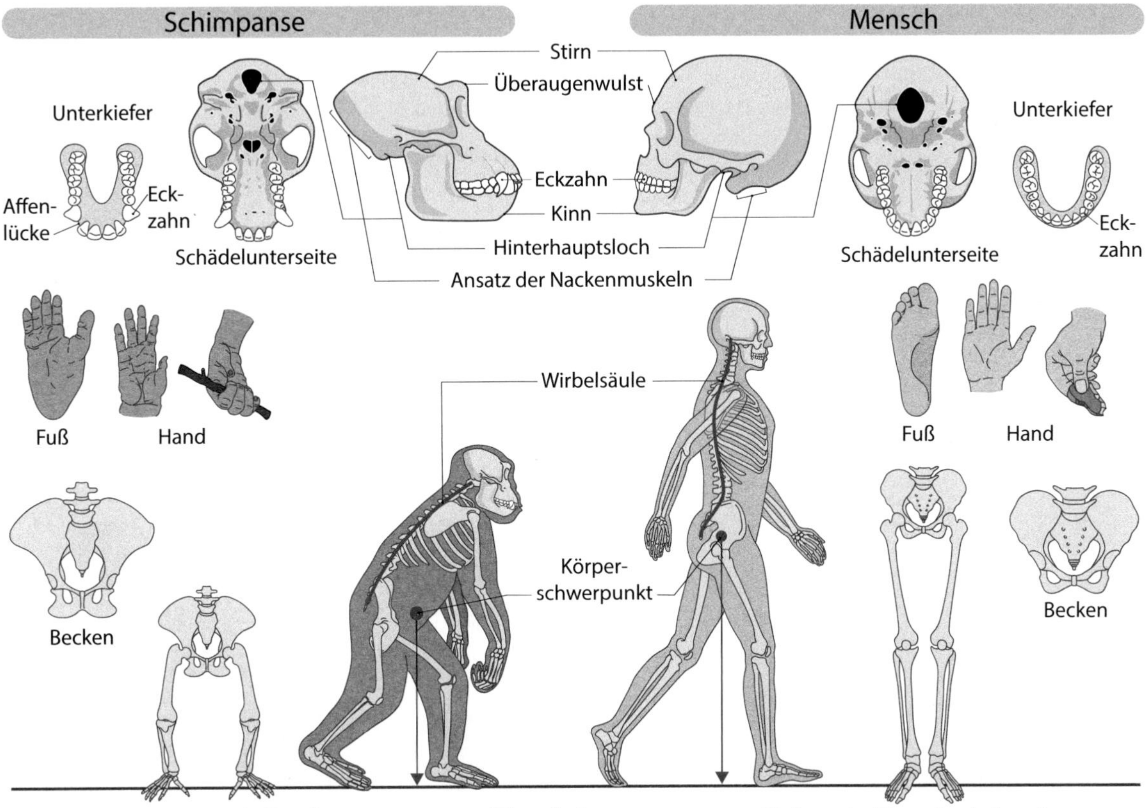

Schimpanse
Mensch
Stirn
Überaugenwulst
Unterkiefer
Affen-
lücke
Eck-
zahn
Schädelunterseite
Eckzahn
Kinn
Hinterhauptsloch
Ansatz der Nackenmuskeln
Unterkiefer
Eck-
zahn
Schädelunterseite
Fuß
Hand
Wirbelsäule
Fuß
Hand
Becken
Körper-
schwerpunkt
Becken
Stellung der Oberschenkelknochen
Körperhaltung
Stellung der Oberschenkelknochen

B3 Vergleich von Merkmalen bei Mensch und Schimpanse

6.4.2 Entstehung des modernen Menschen

Die Entstehung des Menschen beschäftigt die Wissenschaft noch heute. Immer wieder führen neue Funde zu anderen Erklärungsansätzen. Mittlerweile weiß man, dass es viele Arten von Vormenschen gab, die zum Teil auch gleichzeitig lebten.

→ Inwiefern sind die Darstellungen einer geradlinigen Entwicklung „vom Affen zum Menschen" irreführend bzw. falsch?

Lernweg

1 Der Bau des Schädels lässt viele Aussagen über die Evolution des Menschen zu.

a) Vergleiche die Formen der Schädel in **M1** und beschreibe evolutive Trends (Hilfen ➥ **QR 03023-18**).

03023-18

b) Formuliere aufgrund deines Vergleichs begründete Hypothesen zur biologischen Evolution des Menschen.

2 **B3** in **M2** zeigt die Skelette Lucys, eines Schimpansen und des modernen Menschen.

a) Vergleiche die Skelette. Ordne Lucys Merkmale jeweils dem Menschen oder Schimpansen zu.

b) *„Lucy ging aufrecht."* Erläutere anhand des Vergleichs bei a) Skelettmerkmale, die diese Hypothese stützen.

3 Die Entstehung des aufrechten Gangs (**M3**) war kein Prozess, der in kurzer Zeit vollzogen wurde.

a) Stelle Vermutungen auf, welche Vorteile der aufrechte Gang für die dazu fähigen Individuen hatte.

b) Weitere Erklärungsansätze sind die Wat-Hypothese und die Energie-Effizienz-Hypothese. Recherchiere deren Grundaussagen und Kritikpunkte im Internet (➥ 2.2.5).

c) Erkläre das Vorhandensein unterschiedlicher Hypothesen zur Entwicklung des aufrechten Ganges.

4 Zur Entstehung und Verbreitung des Menschen wurden zwei Hypothesen diskutiert (**M4**).

a) Formuliere anhand von **B4** für Hypothese a) und b) jeweils eine wesentliche Aussage und entscheide, welche wahrscheinlicher ist.

b) Beurteile, ob sich diese Erklärungsansätze dazu eignen, rassistisches Gedankengut zu widerlegen.

5 Neben fossilen Knochen von Vorfahren des Menschen wurden z. T. auch Werkzeuge gefunden.

a) Werte das Diagramm **B5** in **M5** aus und leite eine Schlussfolgerung ab.

b) Formuliere Folgen der Gehirnvergrößerung für den Menschen im Laufe seiner Evolution.

M1   Schädel im Vergleich

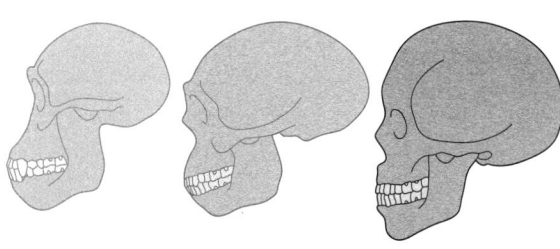

Australopithecus afarensis („Lucy")   *Homo erectus*   **Homo sapiens**

B1 Schädelvergleich

Sahelanthropus tchadensis   *Australopithecus africanus*

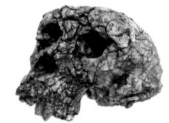

Homo erectus   *Homo neanderthalensis*   *Homo sapiens*

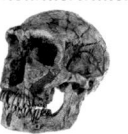
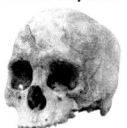

B2 Verschiedene Schädel

M2   Lucy

Lucy ist eine Vertreterin von *Australopithecus afarensis*, deren fossile Überreste 1974 in Äthiopien gefunden wurden. Das Alter der Fossil-Fragmente wird auf ca. 3,2 Mio. Jahre geschätzt. Aus den Funden lässt sich Lucys vollständiges Skelett rekonstruieren. Der Vergleich der Skelette lässt Entwicklungstendenzen bei der Entstehung des zweibeinigen Gangs erkennen (Vergleichskriterien, z. B.: Beckenform, Beinstellung, Wirbelsäule, Schädelstellung, Fußbau).

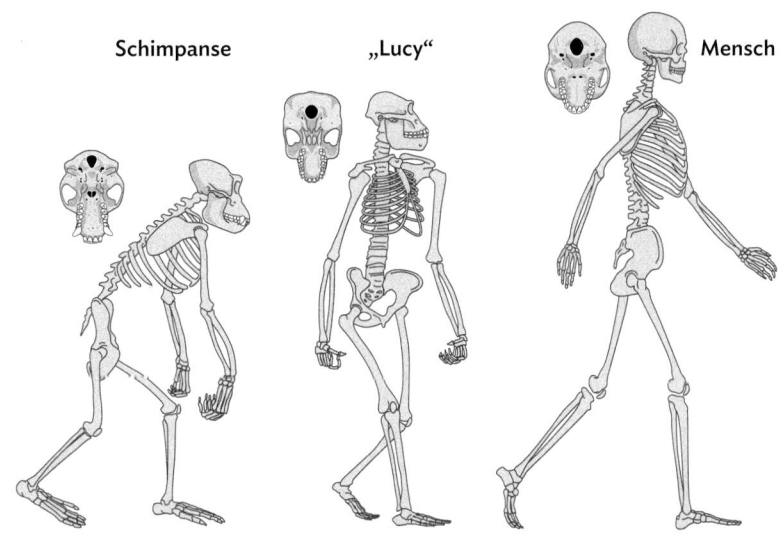

Schimpanse   „Lucy"   Mensch

B3 Vollständige Skelette und jeweils Schädelansicht von unten

M3   Entstehung des aufrechten Gangs

Der aufrechte Gang war ein bedeutender Schritt in der Evolution des Menschen. Lange Zeit standen sich verschiedene Erklärungsansätze zu dessen Entstehung gegenüber. Einer davon war die sog. **Savannen-Hypothese**, die den Auslöser für die Entwicklung des aufrechten Gangs in der Verlegung des Lebensraums baumbewohnender Menschenaffen in baumlose Graslandschaften sah. Diese Hypothese ist mittlerweile widerlegt, da zur Zeit der Entstehung der Zweibeinigkeit keine Savanne an den entsprechenden Fundorten angenommen werden

kann. Vielmehr geht man in der **Hypothese zur Entstehung des aufrechten Gangs in Bäumen** heute davon aus, dass der tropische Regenwald aufgrund einer Klimaveränderung vor ca. 8 Millionen Jahren einer vielfältigen Landschaft aus Buschland, Baumsavannen und Galeriewäldern wich. Tiere, deren Körper ursprünglich an das Hangeln und aufrechte Balancieren in den Bäumen angepasst waren und die diese Angepasstheit zur effizienten Fortbewegung am Boden nutzen konnten, hatten Vorteile und konnten sich besser vermehren.

M4   Ausbreitung des Menschen

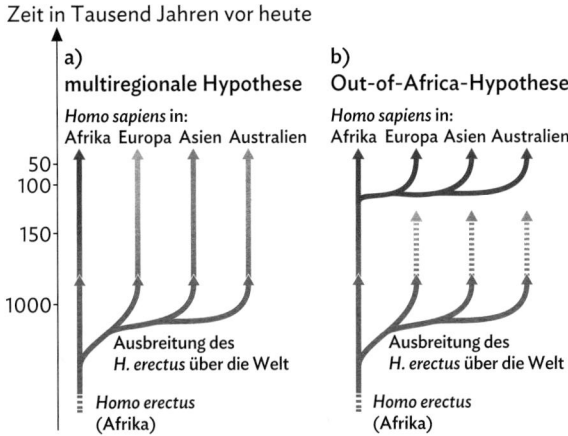

B4 Hypothesen zum Ursprung des Menschen

M5   Werkzeuge und Gehirngröße

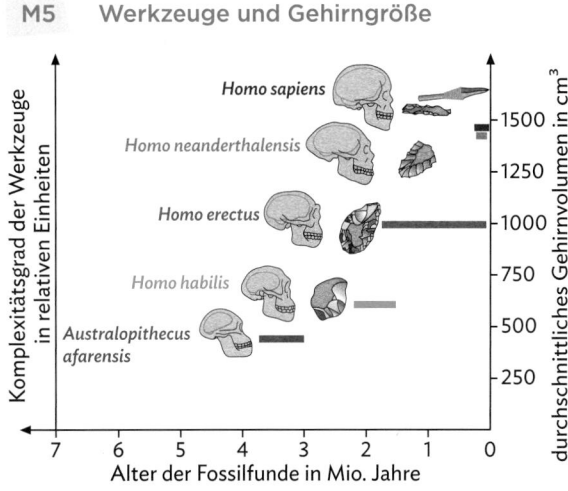

B5 Gehirngröße und typische Werkzeuge im Laufe der Zeit

6.4.3   Stammesgeschichte des Menschen – kompakt

Der lange Weg bis zum Menschen

Auch wenn es noch etliche Unklarheiten gibt und gerade die jüngere Menschheitsgeschichte durch neue Funde und Erkenntnisse immer wieder umgeschrieben werden muss, lässt sich der Weg der Evolution bis zu den Menschenaffen schon recht genau beschreiben. So weisen ca. 3,2 Millionen Jahre alte Spuren auf einen aufrechten, zweibeinigen Gang einiger Primaten hin. Die ältesten Funde des modernen Menschen, Homo sapiens, reichen bis zu 300.000 Jahre zurück. Der Mensch ist demnach eine vergleichsweise junge Art.

Menschen sind Primaten

Zur Ordnung der **Primaten** zählen mehr als 300 verschiedene Arten, die größtenteils in den Tropen und Subtropen vorkommen. Ein Großteil der Primaten ist mit Greifhänden und -füßen sowie nach vorne gerichteten Augen an eine baumbewohnende Lebensweise angepasst. Innerhalb der Primaten wird nochmals zwischen Feucht- und Trockennasenprimaten unterschieden. Der Mensch, ein Trockennasenprimat, wird zur Familie der **Menschenaffen** gerechnet. Diese beinhaltet außerdem Orang-Utans, Gorillas sowie Schimpansen. Neueste Untersuchungsmethoden belegen, dass der Bonobo, eine Schimpansenart, die mit dem Menschen nächstverwandte heute noch lebende Art ist.

Der moderne Mensch ist eine eigene Art

Viele Unterschiede zu den anderen Menschenaffen stellen Grundlagen bzw. Folgen der Fortbewegung im **aufrechten Gang** dar. Die **doppel-S-förmige Wirbelsäule** federt Bewegungen beim Laufen ab und besitzt zur Verlagerung des Schwerpunkts einen mittigen Ansatz am Schädel. Eine leichte X-Bein-Stellung und ein zum Laufen und Stehen ausgebildetes **Fußgewölbe** ermöglichen eine dauerhaft aufrechte Haltung. Das **Becken** ist im Vergleich zum Schimpansen **breiter und kürzer**, da durch die veränderte Körperhaltung eine Unterstützung der Organe von unten vorteilhaft ist. Auch ein breiterer Brustkorb ist eine Angepasstheit an die neue Körperhaltung. Betrachtet man den Schädel, so fallen beim Menschen ein Gebiss mit **deutlich schwächer ausgeprägten Eckzähnen** sowie das Fehlen einer „Affenlücke" auf. Der **Gehirnschädel** ist im Vergleich zu den nächsten Verwandten des Menschen **vergrößert** und ermöglicht die Ausbildung eines größeren Gehirns. Auch der Gaumen des Menschen ist anders gestaltet. Er ermöglicht eine Vielzahl verschiedener Laute und ist Grundlage der Sprechfähigkeit des Menschen. Schließlich sind die Arme deutlich kürzer und tragen Greifhände, deren Daumen den übrigen Fingern gegenübergestellt werden kann. (opponierbarer Daumen). Dadurch sind sie in der Lage, einen **Präzisionsgriff** auszuführen.

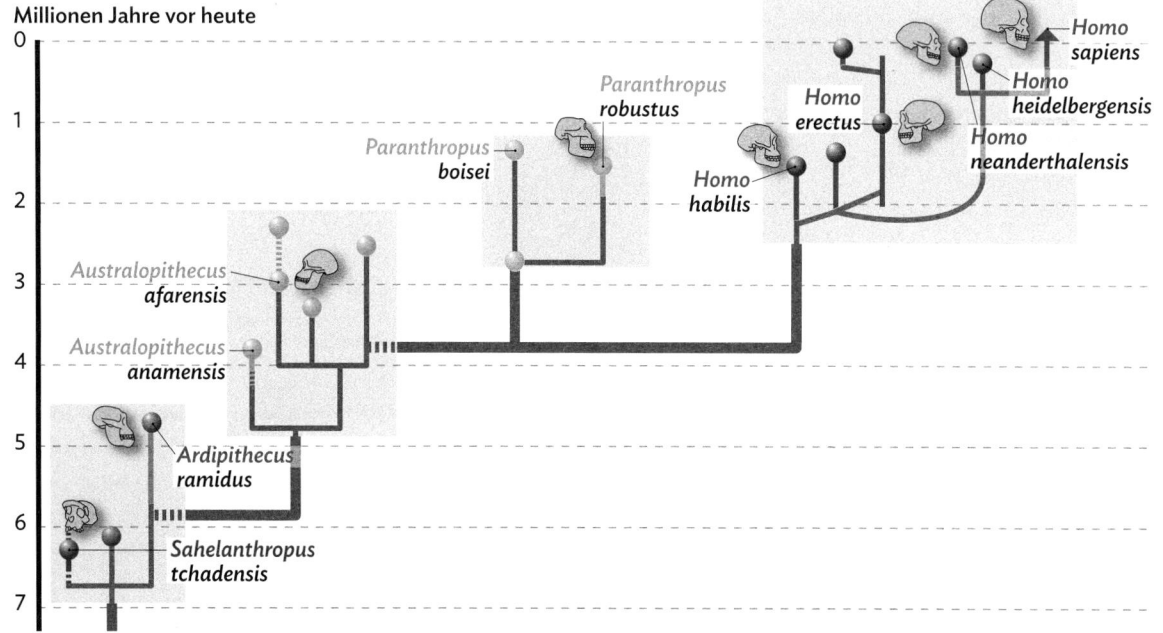

B1   Ein möglicher Stammbaum der Evolution des Menschen

Auf den Spuren unserer Vorfahren

Die Evolution des Menschen ist ein noch nicht vollständig nachvollziehbarer Prozess. Viele fossile Bindeglieder fehlen noch und immer wieder müssen bisherige Theorien und Modelle angepasst werden. Dennoch können einige wichtige Evolutionsfaktoren und Stationen der Menschwerdung erklärt werden. Ein Großteil der aufschlussreichsten Fossilien, die einen Einblick in die Entstehung des aufrechten Gangs, der Vergrößerung des Gehirns und der Werkzeugnutzung gaben, wurde in Ostafrika gefunden. Hier, entlang des ostafrikanischen Grabenbruchs, vermutet man die sogenannte „Wiege der Menschheit". Von dort ausgehend verbreiteten sich z. B. die Menschenarten *Homo erectus* und *Homo sapiens* unabhängig voneinander über die weiteren Kontinente. Eine Art, die wahrscheinlich noch viele der letzten gemeinsamen Merkmale mit dem letzten gemeinsamen Vorfahren von Menschen und Schimpansen zeigte, war *Sahelanthropus tchadensis* (**B1**). Dessen Überreste wurden noch weit ab vom ostafrikanischen Grabenbruch gefunden. Weltweite Berühmtheit fanden Skelettteile eines Individuums der Art *Australopithecus afarensis*, das von ihren Findern „Lucy" getauft wurde. Die vorliegenden Skelette lassen den Schluss zu, dass *A. afarensis* schon aufrecht gehen konnte. Lange Zeit wurde die Entstehung des **aufrechten Gangs** mit der sogenannten Savannenhypothese erklärt.

Mittlerweile geht man eher von der Entstehung einer Angepasstheit an eine **durch Klimaveränderungen stark veränderliche Landschaft** aus. Individuen, die sich nicht nur in den Bäumen, sondern auch zwischen diesen effektiv bewegen konnten, hatten Vorteile gegenüber anderen. Solche Angepasstheiten manifestierten sich über viele Generationen, sodass die heute bekannten Angepasstheiten des Skeletts entstanden. Die damit freigewordenen Hände ermöglichten ferner die **Verwendung und Herstellung von Werkzeugen**, wie sie beispielsweise von *Homo habilis* angenommen wird.

Dies steht in engem Zusammenhang mit der **Ausbildung größerer Gehirne**. In der menschlichen Stammesgeschichte entstanden immer komplexere Werkzeuge. *Homo erectus* zeigte nicht nur Fähigkeiten zur Werkzeugbearbeitung, man findet seine Spuren auch außerhalb Afrikas: in Asien. Nach heutigem Wissensstand hat sich der moderne Mensch, *Homo sapiens*, aus *Homo heidelbergensis* entwickelt, dessen Spuren in Afrika und Europa zu finden sind (**B2**).

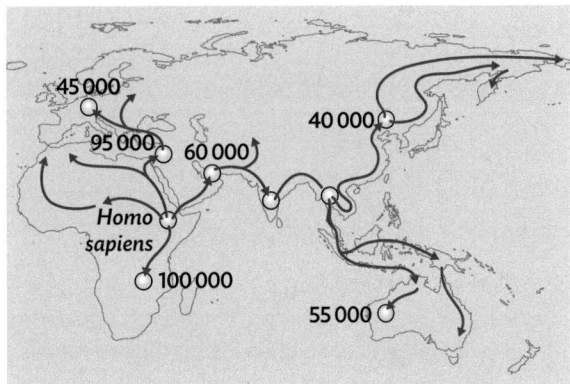

B2 Verbreitung von *Homo sapiens* (Zahlenangaben in Jahren vor unserer Zeit)

Aufgaben

1 Die Skelette von Gibbons, die sich vorwiegend hangelnd durch Baumkronen bewegen, zeigen viele Ähnlichkeiten zum menschlichen Skelett, z. B. ein breites, kurzes Becken. Erläutere diesen Befund.

2 Erkläre drei Basiskonzepte (➡ im Buchdeckel) deiner Wahl anhand von Beispielen auf dieser Doppelseite.

3 „Je größer das Gehirn, desto komplexer das verwendete Werkzeug" – „Komplexere Werkzeuge ermöglichen die Entwicklung und Versorgung eines größeren Gehirns." Diskutiere beide Aussagen.

4 Im Laufe der Evolution des Menschen traten neue Merkmale und Errungenschaften auf, die zur Entwicklung des modernen Menschen führten. Als Wendepunkt für diesen Prozess werden verschiedene Stationen diskutiert.

a) Stelle die Zusammenhänge zwischen aufrechtem Gang, Gehirngröße, Handhabung des Feuers, Werkzeugnutzung, Nahrungsqualität, Entstehung von Kultur, Sprache sowie dem Leben in komplexen Sozialverbänden in einem Fließschema grafisch dar.

b) Beschreibe für die in Aufgabe a) dargestellten Neuerungen den jeweiligen Einfluss auf die Lebenssituation und diskutiere, ob **eine** Neuerung als entscheidender Ausgangspunkt für die Entwicklung des Menschen identifiziert werden kann.

Zum Üben und Weiterdenken

Belege der Evolutionstheorie

1 Neben dem Archaeopteryx wurden weitere fossile Urvögel entdeckt, unter ihnen der etwa möwengroße *Ichthyornis dispar* (**B1**).

a) Recherchiere im Internet Informationen zum Körperbau und der Lebensweise des Archaeopteryx und *Ichthyornis dispar*.
<small>MK</small>

B1 *Ichthyornis dispar*

b) Nenne ein typisches Reptilien- und ein Vogelmerkmal.

c) Stelle eine Hypothese auf, ob dieser Urvogel zeitlich vor oder nach dem Archaeopteryx einzuordnen ist. Begründe deine Hypothese anhand von weiteren Skelettmerkmalen des Fossils.

d) Der Fund eines solchen Brückentieres hat für Evolutionsbiologinnen und -biologen eine besondere Bedeutung. Erkläre diese Tatsache.

Evolution durch geographische Isolation

2 Die beiden Vogelarten (**B2**) Nachtigall und Sprosser stammen von derselben Ursprungspopulation ab, die während der letzten Eiszeit durch einen Gletscher in zwei Teilpopulationen getrennt wurde. Beurteile, ob die folgenden Aussagen richtig oder falsch sind und korrigiere gegebenenfalls:

a) Die beiden Vogelarten sehen sich ähnlich, weil sie ähnlichen Umweltbedingungen ausgesetzt sind.

B2 Nachtigall (links) und Sprosser (rechts)

b) Durch die räumliche Trennung finden jetzt zwischen den beiden Populationen keine Paarungen mehr statt, weshalb sie Veränderungen in der Erbinformation nicht mehr austauschen können.

c) Unterschiedliche Umweltbedingungen führen in den beiden Teilpopulationen zu unterschiedlichen Angepasstheiten.

d) Wenn sich Nachtigall und Sprosser in Gefangenschaft paaren, gehören sie zu einer Art.

Die Evolution des Menschen

3 Der Neandertaler (*Homo neanderthalensis*) ist einer der bekanntesten Vormenschen. Seine Entstehung und sein Aussterben werden noch immer kontrovers diskutiert.

a) Vergleiche den Schädel des Neandertalers mit dem von *Homo erectus* und dem des modernen Menschen (**B3**).

b) Recherchiere (ggf. mit einer wissenschaftlichen Suchmaschine) verschiedene Hypothesen zum Aussterben des Neandertalers und beurteile die Gültigkeit folgender Aussage: „*Der Neandertaler ist kein direkter Vorfahre des Homo sapiens.*"

Homo erectus   *Homo neanderthalensis*   *Homo sapiens*

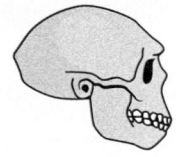   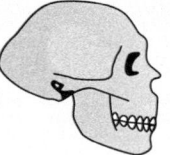   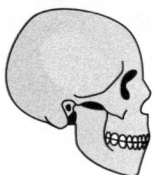

B3 Schädel von drei Menschenarten

Pflanzenfressende Riesen im Erdmittelalter

4 Das Erdmittelalter umfasst die Erdzeitalter der Dinosaurier. Eine Gruppe der Dinosaurier sind die Ceratopsia mit ihrem bekanntesten Vertreter dem Triceratops.
<small>MK</small>

a) Recherchiere im Internet ausführliche Informationen zum Triceratops. Stelle die Informationen übersichtlich in einer (digitalen) Mindmap dar.

b) Recherchiere die möglichen Funktionen des typischen Nackenschildes der Ceratopsia und erkläre wieso es heute schwierig ist eine eindeutige Antwort zu formulieren.

c) Auch heute lebende Kobra-Schlangen haben ein charakteristisches Nackenschild. Stelle eine Hypothese auf, ob diese Struktur eine ähnliche Funktion erfüllen könnte wie bei den Ceratopsia.

Alles im Blick

Arbeitsblatt (➡ QR 03028-009).

03028-009

Belege der Evolution der Lebewesen

Fossilien ermöglichen Paläontologinnen und Paläontologen wichtige Rückschlüsse, wie Lebewesen vor langer Zeit lebten und wie sich diese im Laufe der Evolution in den verschiedenen Erdzeitaltern entwickelt haben. Fossilien liefern daher wichtige Hinweise, auf deren Grundlage sich Theorien zu Verwandtschaftsbeziehungen und Aussehen von ausgestorbenen im Vergleich zu heute lebenden Arten aufstellen lassen können. Besonders aufschlussreich für die Wissenschaft sind Brückentiere, wie der Archaeopteryx, welcher einen Übergang zwischen den Tiergruppen der Reptilien und Vögel darstellt.

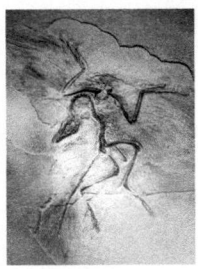

➡ 6.1, 6.3

Die Evolutionstheorie und ihre Mechanismen

Auf der Grundlage von Beobachtungen vor allem aus der Tierwelt wurden LAMARCK und DARWIN veranlasst, Theorien über die Entwicklung von Arten zu aufzustellen. DARWINS Annahme, dass es aufgrund einer Konkurrenz zwischen den Lebewesen zu einer natürlichen Selektion komme, stellt die Grundlage für das moderne Verständnis über die Evolutionsmechanismen dar. Neben der Konkurrenz beeinflussen aber auch andere Umwelteinflüsse (Selektionsfaktoren) die Entwicklung und den Fortpflanzungserfolg der Arten. Bei der Neuverteilung des Erbguts bei der geschlechtlichen Fortpflanzung entstehen Nachkommen, die eine große genetische Variabilität besitzen und sich daher auch in verschiedenen Merkmalen unterscheiden können. Dadurch sind manche Individuen besser an die herrschenden Umweltbedingungen angepasst und können sich besser fortpflanzen. Individuen mit weniger vorteilhaften Merkmalen haben geringere Überlebenschancen oder pflanzen sich viel seltener fort wie zum Beispiel der helle Birkenspanner im 19. Jahrhundert in den Industrieregionen Großbritanniens. Es kommt dann zur natürlichen Auslese (Selektion).

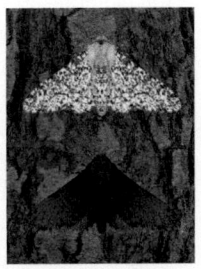

➡ 6.2

Die Entstehung des Menschen

Die nächsten Verwandten des Menschen sind Bonobos (Schimpansenart). Zusammen mit Gorillas und Orang-Utans gehören sie den Menschenaffen an. Die Fähigkeit, dauerhaft aufrecht gehen zu können, brachte viele Merkmale mit sich, die den Menschen von seinen nächsten Verwandten unterscheiden. Dazu gehören unter anderem die doppel-S-förmige Wirbelsäule oder die leichte X-Stellung der Beine. Viele der ältesten Vormenschen-Funde stammen aus dem ostafrikanischen Grabenbruch. Man geht heute davon aus, dass dort aufgrund einer Klimaveränderung die Entstehung des aufrechten Ganges bei baumbewohnenden Vorfahren stattfand. Die infolgedessen frei werdenden Vordergliedmaßen konnten intensiver für den Werkzeuggebrauch eingesetzt werden. In diesem Zusammenhang ist auch die Ausbildung eines größeren Gehirns sowie komplexerer Sozialverbände mit einer Kommunikation über Sprache zu sehen. Dadurch entwickelte sich eine komplexe Kultur, die dem Menschen eine besondere Stellung unter den Lebewesen verleiht.

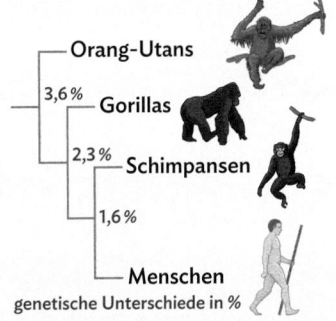
Orang-Utans
3,6 % Gorillas
2,3 % Schimpansen
1,6 %
Menschen
genetische Unterschiede in %

➡ 6.4

Ziel erreicht?

1. Selbsteinschätzung
Wie gut sind deine Kenntnisse in den Bereichen A bis C? Schätze dich selbst ein und kreuze auf dem Arbeitsblatt in der Auswertungstabelle unten die entsprechenden Kästchen an (➥ QR 03028-006).

03028-006

2. Überprüfung
Bearbeite die untenstehenden Aufgaben (Lernanwendung ➥ QR 03028-007). Vergleiche deine Antworten mit den Lösungen auf S. 259 f. und kreise die erreichte Punktzahl in der Auswertungstabelle ein. Vergleiche mit deiner Selbsteinschätzung.

03028-007

Kompetenzen

Bedeutung von Fossilien und Brückentieren erklären

5P **A1** 1861 wurde in Solnhofen bei Eichstätt in den Platten des Jurakalks ein Fossil gefunden. Man nannte ihn Archaeopteryx (dies kommt aus dem Altgriechischen und bedeutet ‚uralter Flügel'). Untersuchungen ergaben, dass das Fossil etwa 150 Millionen Jahre alt ist. In dem Abdruck kann man erkennen, dass der Archaeopteryx ein Federkleid und einen Hornschnabel mit Zähnen besaß. Jedoch verfügte er, wie auch Reptilien, über eine lange Schwanzwirbelsäule und Krallen an den Fingern der Flügelgliedmaßen. Ordne den Archaeopteryx begründet in den Stammbaum (**A1**) der Wirbeltiere ein.

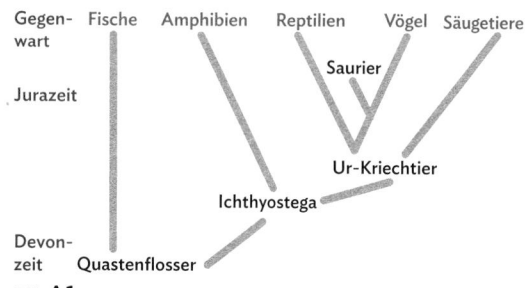

zu A1

5P **A2** Fossilien sind Spuren oder Überreste längst gestorbener Lebewesen. Erkläre die Tatsache, dass Wissenschaftlerinnen und Wissenschaftler bei der Rekonstruktion der Geschichte des Lebens auf Fossilien angewiesen sind.

Evolutionsprozesse durch das Zusammenspiel von Mutation, Rekombination und Selektion sowie Angepasstheiten als Folge von Evolutionsprozessen erklären

5P **B1** Im US-Bundesstaat Arizona liegt eine etwa 450 Kilometer lange Schlucht – der bekannte Grand Canyon. Diese Schlucht wurde in den letzten Millionen Jahren durch den Colorado-River gebildet, der sich in das Gestein des Colorado-Plateaus gegraben hat. Am Nordrand findet man eine andere Erdhörnchen-Art als am Südrand des Grand Canyons. Finde eine Erklärung für diese Beobachtung.

B2 Verschiedene Lebewesen haben im Laufe der **5P** Evolution ähnliche Angepasstheiten an vergleichbare Umweltbedingungen entwickelt. Zum Beispiel entsprechen sich die Körperformen der im Wasser lebenden Ruderwanze und des Pinguins (**B2**).
Erkläre unter Verwendung von Fachbegriffen den Selektionsvorteil der dargestellten Körperform und wie diese Ähnlichkeit zustande kam.

zu B2

B3 Mit seiner Zunge kann der Ameisenbär (**B3**) **5P** Ameisen und Termiten tief aus ihrem Bau holen. Stelle sowohl gemäß der Evolutionstheorie von DE LAMARCK als auch von DARWIN stichpunktartig die Entstehung dieser langen Zunge und Schnauze dar.

B4 Von den Vorfahren des Pferdes hat man die we- **5P** sentlichen Entwicklungsstufen in Form von Fossilien gefunden. Der älteste Fossilienfund belegt für das Tier eine Schulterhöhe von 58 cm. Es lebte in ausgedehnten kühlen Wäldern mit vielen Versteckmöglichkeiten. Heutige Wildpferde leben auf

zu B3

Wiesen oder Steppen mit wärmeren Temperaturen und ohne Versteckmöglichkeiten. Sie weisen eine Schulterhöhe von bis zu 150 cm auf und haben längere Beine, mit denen sie schneller rennen können. Man konnte durch Untersuchungen auch feststellen, dass sich das Klima im Laufe der Zeit veränderte und wärmer wurde.

Stelle mithilfe der Informationen aus der Aufgabe eine Hypothese auf, wie es zu den Veränderungen in der Körpergröße kommen konnte. Gehe hierbei auf die Selektionsfaktoren ein. Nenne auch die möglichen Vorteile, die aus der größeren Körpergröße für das Pferd hervorgingen.

6P **B5** Richtig oder falsch? Korrigiere möglicherweise falsche Aussagen über Evolutionsprozesse.
- Mutation und Rekombination führt zu genetischer Variabilität der Nachkommen.
- Der genetische Prozess der Neuverteilung der Erbinformation der Eltern wird Mitose genannt.
- Höhlenfische haben häufig stark zurückgebildete Augen. Laut DARWIN liegt der Grund der Zurückbildung darin, dass sie ihre Augen in den dunklen Höhlen nicht mehr benötigt haben.

- Anpassung ist erblich.
- Angepasstheit ist erblich.
- Kommt es zu einer geografischen Trennung eines Teils einer Population kann aus dieser eine neue Art entstehen.

Zwischen verschiedenen Arten unter Verwendung eines einfachen Artbegriffs (Art als Fortpflanzungsgemeinschaft) unterscheiden

C1 Vor der Küste eines Urkontinents entstand durch vulkanische Aktivität eine Inselgruppe. Bedingt durch den Wind, der in die Richtung der Inseln weht, wurden sowohl die Samen einer Pflanzenart, als auch eine flugfähige Insektenart auf die Inseln getragen. Diese Lebewesen konnten sich erfolgreich auf den Inseln fortpflanzen und ähnelten zu Beginn ihren Verwandten an Land stark. Nach langer Zeit konnten durch Fossilfunde bei den Pflanzen und den Insekten auf den Inseln immer größere Angepasstheiten an das Inselleben nachgewiesen werden. Die Pflanzen zeigten eine stärkere Verholzung und die Flügel der Insekten waren kleiner als die ihrer Verwandten auf dem Festland. Heute wurden in einem Experiment Tiere der Insektenart vom Festland mit ihren Verwandten von der Inselgruppe gekreuzt. Dasselbe wurde mit den Pflanzen gemacht. Die verwandten Insekten brachten zeugungsfähigen Nachwuchs hervor. Die Pflanzen hingegen konnten nicht mehr erfolgreich gekreuzt werden.

a) Nenne die Fragestellung des Experiments. **2P**
b) Erkläre das Ergebnis des Experiments im Hinblick auf die Artentstehung. **4P**
c) Beschreibe den Prozess der Artentstehung basierend auf DARWINS Evolutionstheorie am Beispiel der Pflanzenart auf der Inselgruppe in einem Fließdiagramm. **6P**

Auswertung

Ich kann ...	prima	ganz gut	mit Hilfe	lies nach auf Seite
A die Bedeutung von Fossilien und von Brückentieren für die Erforschung und Rekonstruktion stammesgeschichtlicher Verwandtschaft erklären.	☐ 10–8	☐ 7–6	☐ 5–3	218–223, 236–241
B Evolutionsprozesse durch das Zusammenspiel von Mutation, Rekombination und Selektion sowie Angepasstheiten als Folge von Evolutionsprozessen erklären.	☐ 26–21	☐ 20–16	☐ 15–11	224–231
C zwischen verschiedenen Arten unter Verwendung eines einfachen Artbegriffs (Art als Fortpflanzungsgemeinschaft) unterscheiden.	☐ 12–10	☐ 9–7	☐ 6–4	228–231

Die folgenden Seiten enthalten die Lösungen zu den Aufgaben aller Startklar?- und Ziel erreicht?-Seiten. Verbessere deine Lösungen und bewerte sie anhand der angegebenen Punkte (P) am Rand. Addiere die Punkte für jeden Kompetenzbereich und vergleiche mit der Auswertungstabelle der Ziel erreicht?-Seiten. Diese zeigt dir, wie gut du die Kompetenzerwartungen erfüllst. **Beachte**, dass es sich hier um **erweiterte** Lösungsansätze handelt, die sehr umfassend bzw. z. T. erklärend gestaltet sind. *Zusatzinformationen sind kursiv gedruckt.*

Lösungen zu „Startklar 1?" ➡ S.19

A1 Die Augen nehmen den Reiz des wartenden Busses auf und leiten die Information an das Gehirn weiter. Dieses erachtet die Information als wichtig und veranlasst, dass der restliche Weg gerannt wird. Die körperliche Anstrengung wird im Organismus wahrgenommen und dieser reagiert, indem er die Herz- und Atemfrequenz erhöht. Somit steht vermehrt Sauerstoff in den Muskeln zur Verfügung, dies ermöglicht die Leistung des schnellen Rennens.

A2 Mithilfe des biologischen Prinzips „Steuerung und Regelung" kann die Schweißproduktion erklärt werden. Erwärmt sich die Körpertemperatur geringfügig, so wird die Schweißproduktion angeregt. Beim Verdunsten des Schweißes wird die Haut und damit das Blut abgekühlt. Bei Kälte wird die Schweißproduktion gehemmt. Mit diesen Regelmechanismen kann die Körpertemperatur unter Normalbedingungen auf einem konstanten Wert gehalten werden.

A3
a)

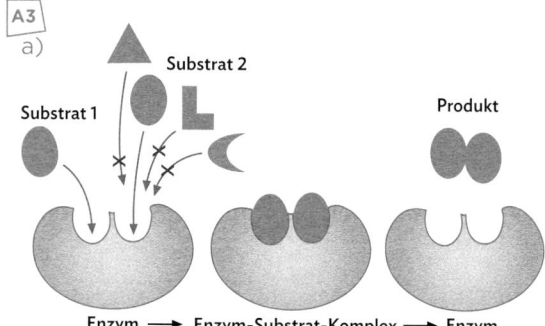

Enzym ⟶ Enzym-Substrat-Komplex ⟶ Enzym

b) Schraubenschlüssel und Schraube.

Lösungen zu „Ziel erreicht 1?" ➡ S.54

A1
7P a) Reiz-Reaktions-Schema:
Akustischer Reiz in Form des Rufens → Schallwellen erreichen das Ohr von Tom → Hörzellen werden durch die Schallwellen gereizt (Reiz) →

Nervenzellen leiten Signal zum Gehirn → Verarbeitung der Information → Nervenzellen führen zu den Muskelzellen und aktivieren jene → Reaktion: Tom dreht sich um.

4P b) Sinnesorgane (hier: Ohren) nehmen Reize wahr und wandeln sie in elektrische Signale um, die über die Nervenzellen zum Gehirn gelangen und dort verarbeitet werden. Es folgt die Weiterleitung zu den Erfolgsorganen (hier: Muskeln) und eine Reaktion wird hervorgerufen.

B1 Reiz: Duftstoff, Schallwelle; Reizumwandlung: **5P** Riechzellen, Ohrschnecke; Signalweiterleitung: Sehnerv; Informationsverarbeitung: Sehzentrum, Rückenmark, Riechzentrum; Reaktion: Lidschluss, Speichelbildung.

B2 Die Schalldruckwelle kann das Trommelfell nicht **2P** mehr in Schwingung versetzen. Dadurch werden die Schwingungen nicht oder nur kaum an das Mittelohr geleitet und schließlich auch nicht an das Innenohr weitergegeben. Die Folge ist ein geringeres Hörvermögen. Maßnahmen: Keine In-ear-Kopfhörer, leiser Musik hören.

C1 **4P**

C2

a) Oben: Kurzsichtigkeit: Da der Augapfel zu lang ist, **4P** treffen sich die Lichtstrahlen nicht auf der Netzhaut, sondern davor. Entfernt liegende Objekte werden unscharf wahrgenommen. Unten: Weitsichtigkeit: Da der Augapfel zu kurz ist, treffen sich die Lichtstrahlen nicht auf der Netzhaut, sondern würden dahinter zusammentreffen. Nahe Objekte werden unscharf wahrgenommen.

b) links: Kurzsichtigkeit kann durch eine Brille mit **4P** konkaven Gläsern (Streulinsen) korrigiert werden. Damit wird die Brennweite verlängert und die Lichtstrahlen treffen sich auf der Netzhaut. rechts: Gegen Weitsichtigkeit hilft eine Brille mit konvexen Gläsern (Sammellinsen). Damit wird die Brennweite verringert und die Lichtstrahlen treffen sich auf der Netzhaut. Das Bild wird scharfgestellt.

C3 Bei der Altersweitsichtigkeit können Bilder in der **2P** Nähe nicht mehr scharf gestellt werden, da die Nahanpassungsfähigkeit des Auges nachlässt. Die

Ursache der Altersweitsichtigkeit liegt nicht in falschen Abmessungen des Auges. Vielmehr kommt es hierbei zu einer Ermüdungserscheinung bei einem bestimmten Bestandteil im lichtbrechenden Apparat des Auges.

6 P | D1 | Hormone sind chemische Botenstoffe, die in Hormondrüsen produziert werden und bei Bedarf in kleinen Mengen über die Blutbahnen zu den Zielzellen gelangen. Dort binden sie nach dem Schlüssel-Schloss-Prinzip an Rezeptoren und lösen Reaktionsketten aus. Für eine beschriftete Skizze siehe Seite 46.

7 P | D2 | Das Gegenspieler-Prinzip findet sich auch bei Hormonen, die in der Regulation entgegengesetzt wirken. Ein Hormon kann so z. B. einen Prozess aktivieren, wohingegen das Gegenspieler-Hormon den gleichen Prozess hemmt.
Aussagen zu den Hormonen:
- Richtig.
- Falsch. Hormonrezeptoren finden sich an verschiedenen Zelltypen.
- Falsch. Hormone sind wirkungsspezifisch und rufen in den Zielzellen mit dem gleichen Rezeptoren die gleiche Wirkung hervor. Die Wirkung kann aber auch verschieden sein, wenn das Hormon an einen anderen passenden Rezeptor bindet.
- Richtig.
- Falsch. Die Hypophyse und der Hypothalamus befinden sich im Gehirn.
- Richtig.

4 P | E1 |

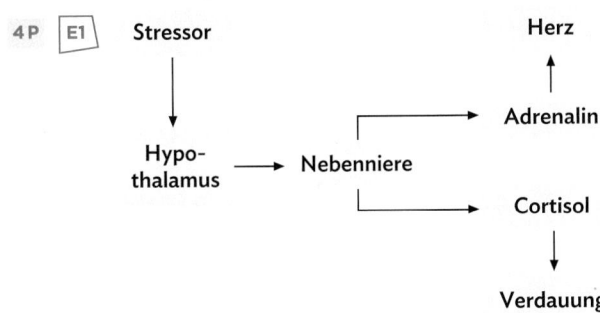

3 P | E2 | Aus Sicht einer gesunden Stressbewältigung ist diesem Sprichwort nur bedingt zu folgen. Zwar ist es sinnvoll, anstehende Aufgaben (Arbeit) zu erledigen und nicht vor sich her zu schieben, allerdings müssen auch Pausen (Vergnügen) eingeplant werden. Zur Stressbewältigung braucht man regelmäßige Entspannung und Ruhephasen.

E3 | - Geschrei von Mitschülerinnen und Mitschülern   3 P
- Straßenlärm der von PKWs oder LKWs verursacht wird
- laute Musik

Lösungen zu „Startklar 2?" ➥ S. 57

A1 | Zuordnung der Fachbegriffe und der Funktionen:

Pflanzenzelle	Tierzelle	Struktur	Funktion
1	1	Zellkern	enthält die Erbinformation; steuert Vorgänge in der Zelle
2	–	Zellwand	sorgt für Stabilität; verleiht der Zelle Form und Festigkeit
3	3	Zellplasma	Grundsubstanz
4	4	Mitochondrium	Energiebereitstellung
5	–	Vakuole	speichert Nähr- und Abfallstoffe; sorgt für Stabilität der Zelle
6	–	Chloroplast	Ort der Fotosynthese
7	7	Zellmembran	Begrenzung nach außen; reguliert den Stoffaustausch

A2 | Das Hormon passt zum Rezeptor wie ein Schlüssel zum Schloss. Passen beide zusammen, wird eine Reaktion ausgelöst. Hormone wirken also nur an den Stellen des Körpers, wo Zellen mit genau zum Hormon passenden Rezeptoren ausgestattet sind.

Lösungen zu „Ziel erreicht 2?" ➥ S. 90

A1 | 4 P
a) falsch: Bakterien gehören zu den Prokaryoten und besitzen keinen Zellkern. Die Erbinformation befindet sich frei im Zellplasma.
b) richtig
c) falsch: Bakterien besitzen häufig Geißeln, diese dienen jedoch nicht der Nahrungsaufnahme, sondern der Fortbewegung.
d) richtig

A2 | Das Bakterium vermehrt sich durch Zweiteilung.   2 P
Bevor die Zelle sich teilt, wird das genetische Material verdoppelt. Die korrekte Darstellung ist C, da beide Tochterzellen die gesamte, identische Erbinformation enthalten.

A3 | Die Schätzung ist individuell.   2 P
Geg.: Länge $E.\ coli$: 6 μm; 1 μm = 1/1000 mm = 10^{-3} mm; 1 mm = 1000 μm

Ges.: Anzahl *E. coli*, die einen Millimeter ergeben
Berechnung: 1000 μm : 6 μm = 166,67
Antwort: Rund 166 *E. coli* Bakterien ergeben der Länge nach einen Millimeter.

2P **A4** Viren betreiben keinen eigenen Stoffwechsel, sie bestehen lediglich aus von einer Proteinhülle geschützter Erbinformation. Zudem zeigen sie keine aktive Bewegung und kein Wachstum. Sie können sich nur mithilfe einer Wirtszelle fortpflanzen und vermehren.

4P **B1** Verschiedene Barrieren des Körpers schützen vor dem Eindringen von Krankheitserregern. Die erste Schutzbarriere, wie die Haut, Schleimhäute und deren Sekrete oder auch die salzsaure Lösung im Magen, kann demnach eine Infektionskrankheit verhindern. Dringen dennoch Krankheitserreger in den Körper ein, so kann auch eine weitere Schutzbarriere dafür sorgen, dass eine Infektion verhindert werden kann. Fresszellen verdauen die Erreger. Auch die Entzündungsreaktion ist Teil der zweiten Schutzbarriere.

3P **B2** Je nach Übertragungsweg dienen bestimmte Maßnahmen zum Schutz vor Infektionen. Regelmäßiges Händewaschen kann die Anzahl an krankheitserregenden Bakterien und Viren, die z. B. durch Kontakt mit Oberflächen auf die Hand übertragen wurden, vermindern. Eine Maske verhindert das Eindringen von Krankheitserregern über die Luft (Aerosole). Die dritte Möglichkeit zur Vermeidung von Infektionen kann das Desinfizieren bzw. Putzen von Oberflächen darstellen.

5P **C1** Ein Virus wird von einer Fresszelle (grün dargestellt) „gefressen" und so unschädlich gemacht. Die Fresszelle präsentiert daraufhin die Virus-Antigene auf der Zelloberfläche. Eine T-Helferzelle (blau dargestellt) bindet an die präsentierten Antigene und aktiviert ihrerseits die Plasmazellen (lila dargestellt), welche die entsprechenden Antikörper produziert. Die Antikörper lassen die frei im Blut oder Gewebe vorkommenden Viren verklumpen.

5P **C2** Die Erstinfektion kann zu einer Immunität führen, wenn sich B-Zellen und T-Killerzellen zu Gedächtniszellen entwickeln. Treffen diese wieder auf den Erreger, werden sie sofort wieder zu aktiven B-Plasmazellen oder T-Killerzellen und bekämpfen den Erreger mit einer großen Anzahl an Antikörpern. Es handelt sich um eine sekundäre Immunantwort, der Erreger ist hier bereits bekannt. Diese Immunantwort tritt z. B. bei Windpocken oder Masern auf.

D1 Aktive und passive Immunisierung:
a) Bei der aktiven Immunisierung werden z. B. unwirksam gemachte oder abgeschwächte Erreger gespritzt. Das Immunsystem entwickelt spezifische Antikörper und Gedächtniszellen, die bei einem Zweitkontakt sehr schnell die entsprechenden Antikörper herstellen. Die Erreger können dann sehr schnell unschädlich gemacht werden. Bei der passiven Immunisierung werden direkt die Antikörper verabreicht, die mit den bereits im Körper vorhandenen Erregern verklumpen können. So werden keine Gedächtniszellen gebildet, sodass auch kein langfristiger Impfschutz erreicht wird. **6P**

b) Beispiele: **2P**
- „Durch Schutzimpfungen wird man vor lebensbedrohlichen Krankheiten mit sehr hoher Wahrscheinlichkeit geschützt."
- „Impfen schützt häufig nicht nur einen selbst, sondern auch Personen, die nicht geimpft werden können."

D2 Je mehr Personen geimpft sind (je höher die Impfquote ist), desto schlechter kann sich der Erreger ausbreiten, da dieser immune Personen nicht mehr effektiv infizieren kann. Die Herdenimmunität bzw. der Gemeinschaftsschutz liegt je nach Impfquote und Erreger bei ca. 75–95 % und sorgt dafür, dass der Krankheitserreger nicht mehr effizient weitergegeben werden kann. Personen, die sich nicht impfen lassen können, sind auf den Gemeinschaftsschutz angewiesen. Hinweis: Dieses theoretische Modell ist in der Praxis nicht immer anwendbar, da einige Viren (so auch das Corona-Virus) sich ständig in ihrer Struktur verändern können und so der Impfschutz variiert.

Lösungen zu „Startklar 3?" ➡ S. 93

A1 **Männliche Geschlechtsorgane**
1: Penis, 2: Hodensack, 3: Hoden, 4: Nebenhoden, 5: Samenleiter, 6: Blase, 7: Harnröhre, 8: Prostata, 9: Bläschendrüse

Weibliche Geschlechtsorgane
1: Äußere Vulvalippen, 2: Innere Vulvalippen, 3: Vagina, 4: Blase, 5: Harnröhre, 6: Klitoris, 7: Eierstock, 8: Eileiter, 9: Gebärmutter (Uterus)

A2 Nach dem Prinzip der Oberflächenvergrößerung sorgt eine große Oberfläche für einen hohen Stoffaustausch. Dieses Prinzip kann auch in der Lunge beobachtet werden, wo viele Lungenbläschen (Alveolen) eine große Oberfläche bilden. So kann der Gasaustausch effizient ablaufen.

Lösungen zu „Ziel erreicht 3?" ➥ S.126

4P | A1 Das Hormon Progesteron spielt eine Rolle in der Zyklusregulation. Kommt es zu einem Progesteronmangel, kann sich die Zykluslänge verkürzen und die Gebärmutterschleimhaut nicht aufbauen. Dies hat zur Folge, dass sich eine befruchtete Eizelle nicht einnisten kann. Ein unbehandelter Progesteronmangel kann dazu führen, dass die Frau nicht schwanger werden kann.

4P | A2
- Bei der Befruchtung kann immer nur ein Spermium in die Eizelle eindringen
- Die Schwangerschaft beginnt mit der Einnistung des Embryos in die Gebärmutterschleimhaut
- Zur Versorgung des Fetus wandern die nötigen Stoffe über die Plazenta aus dem mütterlichen in das kindliche Blut.
- Die mit Flüssigkeit gefüllte Fruchtblase, in der der Fetus schwebt, schützt ihn vor Stößen.

4P | A3 Die Alkohol-Teilchen wandern dass die Anlage der Organe nur mit einer geringfügigen Steigerung des Körpergewichts des Embryos einhergeht. Während der Differenzierung steigt das Gewicht langsam an. Erst während des Wachstums der Organe nimmt auch die Zellzahl in den Organen und damit auch die Masse der einzelnen Organe zu. Deshalb steigt hier das Gewicht des Ungeborenen stark an.

4P | B1 Die Alkohol-Teilchen wandern durch die Darmschleimhaut in den Blutkreislauf der Mutter und gelangen zur Plazenta. Hier verlässt der Alkohol den Blutkreislauf der Mutter und gelangt in den Blutkreislauf des Embryos. Die Alkohol-Teilchen gelangen durch die Blutgefäße des Embryos zum Gehirn und können dort schwere Schäden anrichten.

B2

3P | a) Körpergröße des Neugeborenen in cm

b) Rauchen in der Schwangerschaft sollte unbedingt vermieden werden, da das Neugeborene kleiner und leichter ist, sowie das Risiko von Frühgeburten, angeborenen Herzfehlern und Allergien steigt. **3P**

B3 Gründe für eine Schwangerschaft: **4P**
- Auch junge Paare können sich für ein Kind entscheiden, da neben dem Umfeld des Paares auch zahlreiche weitere Unterstützungsangebote bestehen.
- Die Elternschaft kann Freude und Erfüllung bringen. Die Möglichkeit, ein neues Leben zu schaffen und zu erleben, wie sich das Kind entwickelt, kann eine sehr bereichernde Erfahrung sein.

Gründe gegen eine Schwangerschaft:
- Eine Schwangerschaft bedeutet viel Verantwortung und viel Zeit, die das Kind in Anspruch nimmt. Die Ausbildung des jungen Paares könnte sich durch die Familienplanung verzögern.
- Ein junges Paar könnte sich möglicherweise noch nicht bereit fühlen, Eltern zu werden, aufgrund mangelnder Lebenserfahrung oder fehlender Reife. Die Verantwortung für ein Kind kann eine enorme Herausforderung sein, die nicht jeder in jungen Jahren bewältigen kann, auch wenn es zahlreiche Unterstützungsmöglichkeiten gibt.

C1 Barriere-Methoden, wie z. B. das Kondom, verhindern, dass Spermienzellen in die Gebärmutter der Frau gelangen. Hormonelle Verhütungsmittel, wie die Pille, greifen in den Hormonhaushalt der Frau ein und verhindern das Reifen einer Eizelle sowie den Aufbau der Gebärmutterschleimhaut. **4P**

C2 Vor- und Nachteile der Pille und des Kondoms: **8P**

	Pille (Pearl-Index: 0,1–0,9)	Kondom (Pearl-Index: 2–12)
Vorteile	+ geringere Beschwerden bei der Menstruation	+ Schutz vor STDs + ohne Hormone + einfach erhältlich
Nachteile	− Eingriff in den Hormonhaushalt − Nebenwirkungen	− häufige Anwendungsfehler

Ein wichtiger Faktor ist die Sicherheit eines Verhütungsmittels sowie die Eigenschaft vor einer sexuell übertragbaren Krankheit zu schützen. Jedes Paar muss ganz individuell das richtige Verhütungsmittel wählen. Verschiedene Faktoren, wie beispielsweise Verträglichkeit, Kosten und Lebenssituation, beeinflussen die Wahl.

4P C3 Mögliche Erreger von sexuell übertragbaren Krankheiten sind Bakterien, Viren, Pilze oder Parasiten. Die Übertragungswege sind je nach Erreger unterschiedlich. Für manche Erreger reicht der Körperkontakt aus. Andere Erreger werden durch den Austausch von Körperflüssigkeiten beim ungeschützten Geschlechtsverkehr übertragen.

3P C4 Drei Maßnahmen zum Schutz vor einer Ansteckung mit dem HI-Virus:
- konsequente Verwendung eines Kondoms
- kein Austausch von Körperflüssigkeiten (z. B. keine Blutsbruderschaft)
- bei ungeschütztem Geschlechtsverkehr mit einem festen Partner vorher einen HIV-Test machen lassen

3P C5
- Falsch.
- Falsch.
- Richtig.

4P D1 Die Geschlechtsidentität beschreibt die innere Überzeugung, einem bestimmten Geschlecht anzugehören. Identifiziert man sich nicht mit dem biologischen Geschlecht, spricht man von Transsexualität. Die sexuelle Orientierung sagt aus, ob man sich emotional oder sexuell vom eigenen oder vom anderen Geschlecht angezogen fühlt.

6P D2
- „Menschliche Sexualität dient einzig und allein der Fortpflanzung." Bei dieser Aussage handelt es sich um eine Wertung, da die Sexualität des Menschen nicht nur der Fortpflanzung dient, sondern auch bei Menschen, die Interesse an Sexualität haben, auch beispielsweise zur Bindung in einer Partnerschaft dienen kann.
- „Homosexualität ist eine sexuelle Orientierung, die natürlich ist und nicht gewählt werden kann." Bei dieser Aussage handelt es sich um eine Sachinformation. Die sexuelle Orientierung ist keine Entscheidung, die getroffen werden kann.
- „Heterosexualität ist die Norm." Hierbei liegt wieder eine Wertung vor. Zwar sind prozentual die meisten Menschen heterosexuell, aber eine Norm ist immer auch mit einem Wert verknüpft. Was als normal gilt und was nicht, ist aber beim Menschen nicht nur abhängig von der reinen Anzahl.

Lösungen zu „Startklar 4?" ➡ S. 129

A1 **Ungeschlechtliche Fortpflanzung** kann in Form von Zweiteilung bei Mikroorganismen oder auch in Form der vegetativen Vermehrung bei Pflanzen vorliegen. Gemeinsam haben beide Prozesse, dass die Nachkommen die identische Erbinformation haben wie ihre Eltern. Bei der **geschlechtlichen Fortpflanzung** verschmelzen Spermienzelle und Eizelle miteinander. Das Ergebnis ist die befruchtete Eizelle. Ein **Vorteil** der geschlechtlichen Fortpflanzung ist die hohe Variabilität der Nachkommen verglichen mit der ungeschlechtlichen Fortpflanzung.

A2 Durch die Fällung der Bäume in dem Waldstück ändern sich hier die Umweltbedingungen. Pflanzen, die vorher im Schatten der Bäume wuchsen, sind nun mehr Licht ausgesetzt. Viel Licht kann vor allem von Pflanzen mit Sonnenblättern genutzt werden. Diese Pflanzen haben einen Vorteil gegenüber den schattenblättrigen Pflanzen. Wahrscheinlich werden bei der Zählung weniger schattenblättrige als sonnenblättrige Pflanzen zu finden sein.

Lösungen zu „Ziel erreicht 4?" ➡ S. 178

A1
a) Arbeitsform und Transportform **2P**
b)
- Zentromer: Bereich, an dem die 2-Chromatid-Chromosomen verbunden sind. **2P**
- Chromatid: Besteht aus Erbsubstanz. Zwei Chromatiden bilden ein 2-Chromatid-Chromosom.

A2 Beim Pferd liegt ein diploider Chromosomensatz vor mit 62 Autosomen, die zu 31 homologen Paaren geordnet werden können. Zudem besitzen sie noch zwei Gonosomen. Da hier ein X- und ein Y-Chromosom vorliegen, ist das Pferd männlich. **4P**

A3 Das Y-Chromosom besitzt Gene, die für die Ausbildung des biologisch männlichen Geschlechts von Bedeutung sind. Ansonsten liegen auf dem Y-Chromosom nur wenig bedeutsame Gene. **2P**

B1 **Teilungs-Phase**: Kernteilung. **Interphase**: Zellwachstum und Replikation. **4P**

B2 Der unentwegte Kreislauf von Zellteilung zu Zellteilung ist die Voraussetzung für das Wachstum eines Individuums und die Ausbildung eines vielzelligen Organismus. Zudem ist nur durch die Zellteilung eine Reparatur (z. B. nach Verletzung) und eine Regeneration (z. B. der oberen Hautschichten) von Zellen und Geweben möglich. **3P**

B3 Bild **links**: Metaphase: Die Zwei-Chromatid-Chromosomen sind in der Äquatorialebene ange- **4P** ordnet. Bild **rechts**: Telophase: Die Ein-Chromatid-Chromosomen sind an den Zellpolen.

6 P | **C1**

Meiose I $\longrightarrow$ Meiose II $\longrightarrow$

Bei der **ersten meiotischen Teilung** werden die homologen Zwei-Chromatid-Chromosomen auf zwei Tochterzellen aufgeteilt. In der **zweiten meiotischen Teilung** werden die Zwei-Chromatid-Chromosomen am Zentromer getrennt, wodurch insgesamt vier Tochterzellen mit einem einfachen Chromosomensatz an Ein-Chromatid-Chromosomen entstehen.

5 P | **C2**

Richtig: Bei der Meiose wird die Anzahl der Chromosomen in den Keimzellen auf die Hälfte im Vergleich zur normalen Körperzelle reduziert. *Die homologen Paare werden getrennt, sodass die Keimzellen einen einfachen Chromosomensatz besitzen.* Das ist notwendig, damit nach der Verschmelzung von Eizelle und Spermienzelle ein diploider Chromosomensatz entsteht. *Ansonsten würde nach der Befruchtung ein vierfacher Chromosomensatz vorliegen.* Bei der Mitose ändert sich die Chromosomenanzahl nicht.

4 P | **C3**

Bei der Meiose werden die homologen Chromosomen zufällig auf die Tochterzellen aufgeteilt. Auf diese Weise enthalten die entstehenden Keimzellen jeweils entweder das mütterliche oder das väterliche Chromosom des homologen Paares. Dadurch gibt es beim Menschen über acht Millionen unterschiedliche Möglichkeiten der Chromosomenausstattung einer Keimzelle.

4 P | **D1**

- Gen: Chromosomen-Abschnitt mit Information für die Ausprägung eines Proteins.
- Allel: Ausprägungsform (Variante) eines Gens.
- Phänotyp: Erscheinungsform oder Gesamtheit aller Merkmale eines Organismus.
- Genotyp: Erbinformation bezüglich eines Merkmals oder des gesamten Organismus.

3 P | **D2**

In einem X-chromosomal rezessiven Erbgang sind im Mittel mehr Männer als Frauen Merkmalsträger. Dies liegt daran, dass bei heterozygoten Frauen das intakte (dominante) Allel auf dem einen X-Chromosom das veränderte (rezessive) Allel auf dem anderen X-Chromosom an der Ausprägung hin

dert. Bei Männern ist dies nicht möglich, da hier das Y-Chromosom nicht ausgleichend wirken kann. Jeder Mann mit einem veränderten Allel ist somit Merkmalsträger. Somit sind bei X-chromosomal rezessiven Erbgängen mehr Männer Merkmalsträger.

6 P | **D3**

Es muss sich um einen dominanten Erbgang handeln, da im Falle eines rezessiven Erbgang die merkmalstragenden Personen A und B kein Kind E ohne Merkmal bekommen könnten. Ein X-chromosomal dominanter Erbgang kann auch ausgeschlossen werden da die Person E in diesem Falle, da sie weiblich ist, da merkmalstragende Allel des Vaters (B) bekommen müsste und somit auch Merkmalsträgerin sein müsste. Es handelt sich folglich um einen autosomal dominanten Erbgang mit folgenden Genotypen: A (AA/Aa), B (AA/Aa), C (aa), D (Aa), E (aa), F (AA/Aa), G (AA/Aa), H (aa), I (Aa), J (Aa).

5 P | **D4**

Im Röntgenbild der Hand ist zu erkennen, dass am Daumengrundgelenk ein zweiter Daumen vorhanden ist. Von Polydaktylie sind beide Geschlechter gleichermaßen betroffen, da es sich um eine autosomale Vererbung handelt.

2 P | **E1**

Das Karyogramm gehört zu einer Frau, die nur ein Geschlechtschromosom, nämlich ein X-Chromosom, besitzt (TURNER-Syndrom). Normalerweise besitzt eine Frau zwei X-Chromosomen (bzw. ein Mann ein X- und ein Y-Chromosom).

7 P | **F1**

- Falsch. Gene sind Chromosomenabschnitte, die die Information für die Herstellung eines Proteins enthalten.
- Falsch. Manche Merkmale werden durch mehrere Gene ausgeprägt.
- Richtig.
- Falsch. Die Erbinformation einer Bakterienzelle liegt frei in der Zelle vor.
- Richtig.
- Richtig.
- Falsch. Der Genotyp ist die Gesamtheit der genetischen Information eines Lebewesens.

4 P | **F2**

Die eineiigen Zwillinge haben den gleichen Genotyp und dennoch sehen sie verschieden aus. Der Phänotyp wird nicht allein durch die genetische Information beeinflusst, sondern auch Umwelteinflüsse spielen eine Rolle wie hier z. B. das intensive Training.

Lösungen zu „Startklar 5?" ➡ S. 181

A1 | Richtige Reihenfolge der Bilder: d); c); a); b)

A2

a) In den grünen Blättern von Pflanzen findet der Stoffwechselweg Fotosynthese statt. Dafür ist der grüne Blattfarbstoff „Chlorophyll" notwendig, der den Chloroplasten die grüne Farbe verleiht. Daher sind Blätter, in denen Fotosynthese stattfindet, im Gegensatz zu den Wurzeln, in denen keine Fotosynthese abläuft, grün. In den Wurzeln kann keine Fotosynthese ablaufen, da diese unter der Erde im Dunkeln wachsen. Das Vorhandensein von Sonnenlicht ist aber eine nötige Voraussetzung für den Ablauf der Fotosynthese.

b) Mitochondrien werden auch als „Kraftwerke der Zelle" bezeichnet, da sie für die Zelle nutzbare Energie bereitstellen. Zellen, die besonders viel Energie benötigen, enthalten deshalb besonders viele Mitochondrien. Das ist in Muskelzellen der Fall, die viel Energie für die Bewegung benötigen (z. B. Herzmuskelzellen).

Lösungen zu „Ziel erreicht 5?" ➡ S. 214

A1 (6 P)

Richtig:
... sind meist viel kleiner als eukaryotische Zellen.
... haben eine Zellwand.
... leben auch in unserem Körper.

Falsch:
... besitzen einen echten Zellkern.
... sind immer unbeweglich.
... sind immer Krankheitserreger.

A2 (10 P)

	Prokaryot	Eukaryot
Zelltyp	Procyte	Eucyte
Zellkern	fehlt	vorhanden
Chromosom	Ringchromosom	mehrere Chromosomen
Plasmid	kann vorhanden sein	fehlt
Ort	im Zellplasma	im Zellkern

B1 (6 P)

Der Grundbaustein der Biomembranen sind Phospholipid-Moleküle, die aus einem polaren Teil („Kopf") und einem unpolaren Teil („Schwanz") bestehen. Der unpolare Teil besteht jeweils aus einem gesättigten und einem ungesättigten Fettsäure-Rest. Diese Phospholipid-Moleküle lagern sich in der wässrigen Lösung zu einer Doppelschicht an, sodass die polaren Molekülteile nach außen zeigen.

B2 (5 P)

Die Pfeile zeigen nicht die korrekte Abfolge. Die korrekte Reihenfolge zeigt folgendes Fließschema: mRNA gelangt vom Zellkern zu Ribosomen am Endoplasmatischen Retikulum (ER). → Herstellung der Proteine an den Ribosomen → Proteine werden im ER transportiert → Vom ER werden mit Proteinen gefüllte Vesikel abgeschnürt. → Vesikel verschmelzen mit den Membranen des Diktyosoms → Modifizierung der Proteine im Diktyosom → Abschnürung von Vesikeln mit Proteinen auf der anderen Seite des Diktyosoms → Vesikel verschmelzen mit der Zellmembran und entlassen Proteine aus der Zelle.

C1 (8 P)

Laut dem Doppelhelix-Modell von WATSON und CRICK besteht die DNA aus einem langen, unverzweigten Doppelstrang, der wie eine Wendeltreppe regelmäßig um die eigene Achse gedreht ist und so eine Doppelhelix bildet. Der Doppelstrang ist aus Nukleotiden als Einzelbausteinen aufgebaut. Jedes Nukleotid besteht aus dem Zucker Desoxyribose, einer Phosphat-Gruppe und einer der vier Basen Adenin, Thymin, Cytosin und Guanin. Die Einzelstränge des Doppelstrangs werden durch die Anziehungskräfte zwischen den komplementären Basen Adenin und Thymin bzw. Guanin und Cytosin zusammengehalten. Aufgrund der komplementären Basenpaarung muss bei einem Anteil von 31 % Adenin auch der Anteil von Thymin bei 31 % liegen. Die übrigen 38 % der DNA verteilen sich damit ebenso hälftig auf die beiden restlichen Basen. Somit sind also je 19 % an Guanin und Cytosin enthalten.

D1 (4 P)

1. Transkription: Die Basenabfolge der DNA wird in die Basenabfolge der mRNA umgeschrieben.
2. Translation: Die Ribosomen übersetzen die Basenabfolge der mRNA in die Aminosäuresequenz des Proteins.

D2 (5 P)

Das Ribosom lagert sich an die mRNA an. Die mit Aminosäuren beladenen Träger-Moleküle besitzen an einem Ende drei Basen. Über die passende Abfolge dieser drei Basen kann das Träger-Molekül komplementär an die entsprechenden drei Basen auf der mRNA binden. Somit legen drei Basen auf der mRNA eine exakt passende, vom Träger-Molekül gelieferte Aminosäure zum Einbau in das Protein fest. Diese Aminosäuren werden miteinander verknüpft und danach rutscht das Ribosom auf der mRNA eine Ablesestelle weiter. Dieser Vorgang wiederholt sich, wodurch sich die Aminosäurekette verlängert.

2P **E1** Die vollständige und identische Replikation (Verdopplung) der DNA vor der Zellteilung ist notwendig, da nach der Teilung beide entstandenen Tochterzellen die gesamte Erbinformation enthalten müssen.

E2

4P a) Die Struktur der DNA wird im rechten Modell besser dargestellt, da hier gezeigt wird, wie der Doppelstrang zur Doppelhelix gewunden ist. Außerdem sind die Zucker- und Phosphatbausteine innerhalb der Stränge angedeutet. Die linke Darstellung ist stark vereinfacht. Sie zeigt nicht die natürliche Windung der DNA-Stränge und auch nicht die Bausteine der beiden Stränge. Bei der Replikation spielen diese Details keine Rolle, weshalb die vereinfachte Darstellung für diesen Zweck übersichtlicher ist.

2P b) 2 – 3 – 1

Lösungen zu „Startklar 6?" ➡ S. 217

A1 Alle Vögel besitzen Schnäbel und Füße, die an die jeweilige spezielle Lebensweise angepasst sind. Die Struktur der Organe ist an deren jeweilige Funktion angepasst. Beispiele:
- Die Stockente kann sich mit ihren Schwimmfüßen im Wasser fortbewegen und mit ihrem Schnabel Kleintiere aus dem Wasser sieben.
- Der Mäusebussard packt mit seinen Krallen die Beutetiere und reißt mit dem Schnabel Fleischbrocken heraus.
- Der Graureiher watet mit seinen langen Beinen durch sumpfige Wiesen. Sein langer Schnabel ist ideal zum Aufspießen von kleinen Fischen im Wasser.
- Der Buntspecht besitzt Krallen an seinen Füßen, mit denen er sich sicher auf der Baumrinde fortbewegt. Mit seinem harten Schnabel und der langen Zunge kann er Insekten aus der Baumrinde picken.

Durch die Angepasstheit an einen bestimmten Lebensraum bzw. eine bestimmte Lebensweise stehen die Vögel nicht in Konkurrenz zueinander: Sie leben in unterschiedlichen Teilbereichen des Ökosystems und ernähren sich jeweils von anderer Beute. So können die Ressourcen des Ökosystems optimal genutzt werden.

A2 **Maulwurf** (typisch Säugetier): Fell, gleichwarm, Lunge, lebende Jungen, die gesäugt werden; arttypische Besonderheiten: walzenförmiger Körper, kleine Augen, Grabhände

Ringelnatter (typisch Reptil): Hornschuppen, wechselwarm, Lunge, legt Eier mit lederartiger Haut; arttypisch: langgestreckter Körper ohne Beine, Augen ohne bewegliche Lider
Pinguin (typisch Vogel): Federn, Hornschnabel ohne Zähne, gleichwarm, Lunge, Eier mit Kalkschale, die bebrütet werden; arttypische Besonderheit: Vorderbeine sind Flossen

A3 Der Züchter sollte den Dackel oben rechts und den Dackel mittig links miteinander verpaaren, da diese beiden Dackel die kürzesten Beine der Auswahl haben. Diese Eigenschaft könnte sich auf die Nachkommen vererben.

Lösungen zu „Ziel erreicht 6?" ➡ S. 250

A1 Da die Gattung Archaeopteryx vor 150 Millionen Jahren sowohl Merkmale von Reptilien (lange Schwanzwirbelsäule) als auch Vögeln (Hornschnabel und Federkleid) besessen hat, lässt dieser sich beim Stammbaum der Wirbeltiere zwischen der Linie der Dinosaurier und der Vögel verorten, da der Archaeopteryx zwar schon über Merkmale von Vögeln verfügt hat, aber auch noch Merkmale der Reptilien bzw. Dinosaurier hatte, mit denen er zu dieser Zeit gelebt hat. **5P**

A2 Fossilien sind versteinerte Überreste von erhalten gebliebenen Lebewesen (Tiere und Pflanzen) oder Teile von ihnen aus vergangenen Erdzeitaltern. Anhand von Fossilien kann man verwandtschaftliche Beziehungen zwischen Organismen oder die Stammesentwicklung der Pflanzen und Tiere beweisen, z. B. Archaeopteryx als Bindeglied (Brückentier) zwischen Reptilien und Vögeln. Darüber hinaus belegen Fossilien auch die Weiterentwicklung und Formveränderung von Organismen. Einige Organismen werden auch als sogenannte Leitfossilien für bestimmte Erdzeitalter bezeichnet, z. B. Trilobiten, weil sie nur in diesen Zeitaltern der Erde besonders breit vertreten waren. **5P**

B1 Vor der Bildung des Grand Canyons gab es in der Region nur eine ursprüngliche Eichhörnchenart. Durch die Entstehung der Schlucht aufgrund des Flussverlaufs des Colorado-Rivers wurden die Lebewesen der Ursprungsart räumlich voneinander getrennt. Aufgrund der unterschiedlichen Selektionsfaktoren am Nord- und Südrand des Grand Canyons entwickelten aus der Ursprungsart der beiden Eichhörnchenarten durch Mutationen und Selektion zwei verschiedene Eichhörnchenarten. **5P**

5 P B2 Beide Lebewesen (Pinguin und Ruderwanze) besitzen eine ähnliche Körperform (Stromlinienform). Diese Form haben die meisten schnell im Wasser schwimmenden Tiere, da sie den Wasserwiderstand minimiert. Tiere mit dieser Körperform können schneller schwimmen, verbrauchen weniger Energie und können so effizienter vor Fressfeinden flüchten oder erfolgreicher Beute jagen. Sie haben damit einen Überlebensvorteil und können ihre Erbinformation häufiger an ihre Nachkommen weitergeben. Trotz ihrer ähnlichen Körperform sind der Pinguin und die Ruderwanze nicht miteinander verwandt. Die Ähnlichkeiten sind durch die gleiche Anforderung entstanden (Analogie).

5 P B3 – zunächst war eine große genetische Variabilität unter den Vorfahren der Ameisenbären vorhanden: unterschiedliche Länge der Zungen beziehungsweise Schnauzen.
– Überproduktion an Nachkommen sorgt für Konkurrenz um die begrenzt vorhandenen Nahrungsquellen.
– Selektionsvorteil der Ameisenbären mit einer längeren Zunge und Schnauze bei der Jagd nach im Bau verborgenen Ameisen und Termiten.
– Solche Tiere bekamen mehr Nachkommen bzw. konnten mehr Nachkommen ernähren und diese längere Zunge bzw. Schnauze an ihre Nachkommen vererben.
– Über viele Generationen setzten sich Ameisenbären mit immer längeren Zungen und Schnauzen durch.

5 P B4 – Die Urpferde, die eine Schulterhöhe von 58 Zentimetern besaßen, lebten in ausgedehnten Wäldern.
– Durch eine klimatische Veränderung (Erwärmung des Klimas) verschwanden die ausgedehnten Wälder nach und nach. Es entstanden dann offene Savannen und Steppenregionen.
– Durch das Verschwinden der ausgedehnten Wälder verlor das kleinere Urpferd neben möglicher Nahrungsquellen auch Verstecke sowie Rückzugsmöglichkeiten vor potentiellen Räubern.
– Hier haben die heutigen Pferde, die beinahe dreimal so groß sind wie ihre Vorfahren, einen Vorteil, da sie durch ihre Größe zum einen weniger Räuber als Feinde haben und zum anderen durch ihre längeren Beine schneller vor

den wenigen Räubern in den barrierefreien Steppen fliehen können.
– Daher haben sich die größeren Pferde, die aufgrund von Mutationen aus den kleineren Urpferden hervorgegangen sind, durch erfolgreiche Anpassung an die neuen Lebensbedingungen und Fortpflanzungserfolg gegenüber den kleineren Urpferden durchgesetzt. In ausgedehnten Wäldern hätten jedoch die größeren Pferde durch ihre Größe Nachteile, z. B. bei der Flucht vor Räubern, gehabt.

C1
a) Kann die Insekten- bzw. Pflanzenart vom Festland erfolgreich mit den verwandten Insekten bzw. Pflanzen von der Insel gekreuzt werden? 2 P

b) Die Insekten vom Festland konnten erfolgreich mit ihren Verwandten auf der Insel gekreuzt werden. Die Pflanzen hingegen brachten keine Nachkommen hervor. Dies ist das Ergebnis der unabhängigen Evolution der Arten auf dem Festland bzw. der Insel. Die Pflanzen haben sich offenbar im Gegensatz zu den Insekten durch Mutationen und Rekombination und der Selektion zu einer eigenen Art entwickelt. Die Kreuzung ist nicht mehr möglich. Die Insekten hingegen können noch verpaart werden, auch wenn sie äußerlich verschieden sind. Nach dem biologischen Artbegriff ist immer noch von einer Art zu sprechen. 4 P

c) 6 P

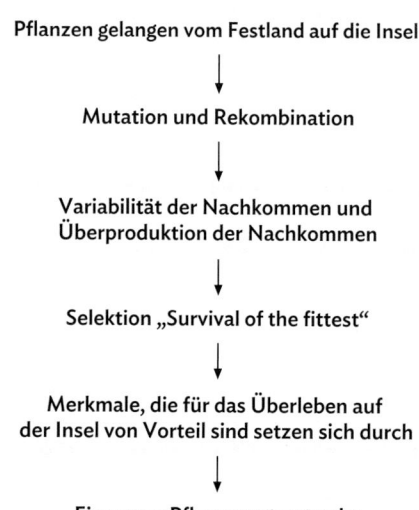

Pflanzen gelangen vom Festland auf die Insel

↓

Mutation und Rekombination

↓

Variabilität der Nachkommen und Überproduktion der Nachkommen

↓

Selektion „Survival of the fittest"

↓

Merkmale, die für das Überleben auf der Insel von Vorteil sind setzen sich durch

↓

Eine neue Pflanzenart entsteht

Glossar

A

AIDS: Das Erworbene Abwehrschwäche-Syndrom (engl. acquired immune deficiency syndrome), kurz AIDS, wird durch das ➡ HI-Virus ausgelöst, das die körpereigenen Abwehrkräfte schädigt.

die **Akkommodation:** Bei der Akkommodation wird die Brechkraft der Linse jeweils so angepasst, dass ein Gegenstand in der Nähe oder in der Ferne scharf gesehen wird.

das **Allel:** Der Begriff Allel ist ein Ausdruck für die Zustandsform eines Gens. Der Begriff beschreibt also die Verschiedenartigkeit, in der ein bestimmtes Gen innerhalb einer Art vorkommt.

die **Analogie:** Äußere Ähnlichkeit von Organen bei Unterschieden im Grundbauplan aufgrund unterschiedlicher evolutiver Herkunft. Analoge Organe entstehen oft aufgrund ähnlicher Anforderungen der Umwelt.

das **Antibiotikum** (Plural: Antibiotika): Ein Antibiotikum ist ein Stoff, der schon in geringer Konzentration das Wachstum und/oder die Vermehrung von Bakterien hemmt oder diese abtötet. Im allgemeinen Sprachgebrauch versteht man unter Antibiotika Medikamente, die gegen Bakterien wirksam sind. Antibiotikaresistente Bakterien sind unempfindlich gegen ein oder mehrere Antibiotika.

das **Antigen:** Als Antigene werden die spezifischen Oberflächenstrukturen von Viren oder Zellen (z. B. von Fresszellen, roten Blutzellen oder auch ➡ Krankheitserregern) bezeichnet, an die ➡ Antikörper oder bestimmte Rezeptoren nach dem ➡ Schlüssel-Schloss-Prinzip binden können. Bei Antigenen handelt es sich meist um Proteine, sie können aber auch Kohlenhydrate, bestimmte Fette oder andere Stoffe sein.

der **Antikörper:** Antikörper sind Proteine, die bestimmte ➡ Antigene spezifisch binden können. Sie werden von Plasmazellen produziert und freigesetzt und kommen sowohl im Blut als auch in der Lymphe vor.

die **Autosomen:** Die Autosomen werden auch Körperchromosomen genannt. Der Mensch hat 44 Autosomen in seinen Körperzellen, die zu 22 ➡ homologen Autosomenpaaren geordnet werden können (➡ diploider Chromosomensatz).

B

die **Bisexualität:** Richtet sich die sexuelle Anziehung einer Person sowohl auf Personen des anderen als auch des gleichen Geschlechts, spricht man von Bisexualität.

die **Biomembran:** Eine Biomembran (z. B. die Zellmembran) besteht aus einer Doppelschicht fettähnlicher Moleküle (Phospholipid-Moleküle), die einen polaren und einen unpolaren Molekülteil haben. Durch die besondere Anordnung dieser Moleküle weist die Biomembran auf beiden Außenseiten hydrophile und im Inneren hydrophobe Eigenschaften auf.

der **Blutzuckerspiegel:** Unter dem Begriff Blutzuckerspiegel versteht man die Blutzuckerkonzentration, die normalerweise bei 90 bis 100 mg pro 100 mL Blut liegt und durch die ➡ Hormone Insulin und Glucagon relativ konstant geregelt wird. Als Blutzucker bezeichnet man im Allgemeinen den Anteil an Traubenzucker im Blut.

das **Brückentier:** Brückentiere wie etwa der Archaeopteryx oder das Schnabeltier vereinen die Merkmale zweier Tiergruppen (z. B. Reptilien und Vögel oder Reptilien und Säugetiere). Solche Übergangsformen stellen eine Verbindung zwischen zwei Gruppen von Lebewesen her und sind damit ein Beleg für die Verwandtschaft dieser Gruppen sowie für die fortschreitende ➡ evolutive Entwicklung.

C

das **Chlorophyll:** Das Chlorophyll ist ein Farbstoff, der von Pflanzen gebildet wird und ihnen ihre grüne Farbe verleiht, weswegen es auch als Blattgrün bezeichnet wird. Es spielt eine wichtige Rolle in der Fotosynthese.

das **Chloroplast:** Chloroplasten sind ➡ Zellorganellen in Pflanzenzellen, in denen die Fotosynthese stattfindet. Sie enthalten ➡ Chlorophyll.

das **Chromatid:** Nach der Verdopplung bestehen die Chromosomen der Eukaryoten aus zwei identischen Chromatiden (Zwei-Chromatid-Chromosomen). Diese werden in der ➡ Mitose in zwei einzelne Chromatiden (Ein-Chromatid-Chromosomen) getrennt.

das **Chromosom:** Unter einem Chromosom versteht man die Verpackungseinheit der Erbinformation von Eukaryoten, die sich grundlegend von einem ➡ Bakterienchromosom unterscheidet. Während der ➡ Mitose werden die Chromosomen von der Arbeitsform in die Transportform umgewandelt und werden im Lichtmikroskop sichtbar. In der Transportform während der Mitose besteht jedes Chromosom aus zwei identischen ➡ Chromatiden (Zwei-Chromatid-Chromosom). Die Zwei-Chromatid-Chromosomen werden in der ➡ Mitose in zwei einzelne Chromatiden (Ein-Chromatid-Chromosomen) getrennt. Während der ➡ Interphase liegen die Chromosomen in ihrer langgestreckten Arbeitsform vor.

D

der **Diabetes:** Unter der Zuckerkrankheit, auch Diabetes mellitus genannt, werden unterschiedliche Erkrankungstypen zusammengefasst, die alle auf einer krankhaften Erhöhung des Blutzuckerspiegels beruhen. Langfristig führt der zu hohe Blutzuckerspiegel zu Schäden an Organen wie Augen, Nieren und Herz.

die **Diffusion:** Diffusion ist der Vorgang, bei dem sich Teilchen aufgrund Ihrer Eigenbewegung ausbreiten bzw. gleichmäßig verteilen. In Flüssigkeiten oder Gasen führt die Diffusion mit der Zeit zum Ausgleich von Konzentrationsunterschieden, d. h. zur vollständigen Durchmischung der beteiligten Stoffe.

der **Diploide Chromosomensatz:** In den Zellen vieler Lebewesen können die Chromosomen zu ➡ homologen Paaren geordnet werden. Solche Zellen besitzen einen doppelten (diploiden) Chromosomensatz: Sie sind diploid. Die Chromosomen eines homologen Paares sind unter anderem in Größe und Form identisch. Sie enthalten jeweils die gleichen Gene, d. h. sie verschlüsseln die gleichen Merkmale, allerdings ggf. für unterschiedliche Ausprägungen dieser Merkmale.

Divers: ist die neue Bezeichnung für die dritte Geschlechtsoption neben männlich und weiblich.

die **DNA:** Mit DNA wird die englische Bezeichnung der Desoxyribonukleinsäure (DNS, engl. deoxyribonucleic acid) abgekürzt. Die DNA enthält die genetische Information eines Lebewesens.

das **dominante Allel:** Dominante ➡ Allele bilden den ➡ Phänotyp aus.

die **Doppelhelix:** Nach dem Doppelhelix-Modell von WATSON und CRICK besteht die ➡ DNA aus einem unverzweigten Doppelstrang, der aus ➡ Nukleotiden aufgebaut und in regelmäßigen Abständen um die eigene Achse gedreht ist.

E

der **Embryo:** Der Embryo ist das frühe Entwicklungsstadium in der Entwicklung von der befruchteten Eizelle bis zur Geburt. Menschliche Embryonen werden ab der 9. Schwangerschaftswoche als Fetus bezeichnet.

das **Endoplasmatisches Retikulum (ER):** Das endoplasmatische Retikulum (von lat. rete: Netz), kurz ER genannt, ist ein weit verzweigtes Membransystem im Zellplasma eukaryotischer Zellen. Es kommt in der Zelle in zwei Formen vor: das sogenannte „raue ER" ist an der Oberfläche mit ➡ Ribosomen besetzt. Hier findet die ➡ Proteinbiosynthese statt. Am sogenannten glatten ER sitzen keine Ribosomen an der Oberfläche. Das ER ist an einigen Stellen mit der Kernmembran verbunden.

das **Eukaryot:** Zu den Eukaryoten (von griech. *eu*: echt, *karyon*: Kern) zählen alle Lebewesen (Tiere, Pflanzen, Pilze, aber auch viele Einzeller) mit einem Zellkern in ihren Zellen.

die **Evolution:** Unter Evolution versteht man die langsame, kontinuierliche Veränderung von Lebewesen und auch die Entstehung neuer Arten über viele Generationen und einen sehr langen Zeitraum hinweg.

der **Evolutionsfaktor:** Evolutionsfaktoren bewirken erbliche Veränderungen innerhalb einer Population. Dazu gehören: genetische ➡ Variabilität (durch ➡ Rekombination und ➡ Mutation), ➡ Selektion und Isolation.

F

der **Fetus:** Als Fetus, auch: Fötus, wird der menschliche ➡ Embryo ab der 9. Schwangerschaftswoche bezeichnet.

das **Fossil:** Unter dem Begriff Fossil werden erhalten gebliebene Zeugnisse einer vergangenen Lebensform zusammengefasst, z. B. Versteinerungen, Abdrücke oder Einschlüsse in Bernstein.

G

die **Gedächtniszelle:** Gedächtniszellen sind Zellen des Immunsystems, die nach dem ersten Kontakt mit einem ➡ Krankheitserreger bzw. ➡ Antigen gebildet werden. Sie enthalten den Bauplan für den dazu passenden ➡ Antikörper. Bei erneutem Kontakt mit demselben Antigen werden sie aktiviert und lösen die ➡ sekundäre Immunantwort aus. So können Gedächtniszellen die Immunität z. T. über Jahre aufrechterhalten.

das **Gen:** Gene enthalten die Information zur Entwicklung von Eigenschaften und Merkmalen eines Lebewesens. Ein Gen ist ein Abschnitt des Chromosoms.

die **Genommutation:** Unter einer Genommutation versteht man eine Veränderung der Gesamtzahl der Chromosomen in den Zellen eines Lebewesens. Diese kann ihre Ursache z. B. in einer Fehlverteilung der Chromosomen bei der Keimzellbildung (➡ Meiose) haben. Nach der Befruchtung können so Lebewesen mit Genommutation entstehen, bei denen z. B. ein bestimmtes Chromosom dreifach statt zweifach in den Zellen vorkommt (➡ Trisomie).

der **Genotyp:** Unter dem Begriff Genotyp wird die gesamte genetische Ausstattung eines Organismus zusammengefasst.

die **Gentechnik:** Die Gentechnik ist der Teilbereich der Biotechnologie, der sich mit der Isolierung, Veränderung und Neukombination von Erbsubstanz beschäftigt.

die **Geschlechtsidentität:** Die Geschlechtsidentität umfasst die geschlechtsbezogenen Aspekte der menschlichen Identität, d. h. das Bewusstsein einem Geschlecht anzugehören.

der **Golgi-Apparat:** Als Golgi-Apparat wird die Gesamtheit aller ➡ Dictyosomen bezeichnet. Dieses System sammelt Moleküle, die vom ➡ ER hergestellt wurden und bearbeitet diese. Anschließend werden diese Moleküle in ➡ Vesikeln zu ihrem Zielort gebracht.

die **Gonosomen:** Als Gonosomen (Geschlechtschromosomen) werden die ➡ Chromosomen eines Lebewesens bezeichnet, die das biologische Geschlecht bestimmen. Beim Menschen gibt es mit dem X- und dem Y-Chromosom zwei unterschiedliche Geschlechtschromosomen (Frau: XX; Mann: XY).

H

die **Heterozygotie:** Der Begriff Heterozygotie steht für „Mischerbigkeit". Ein Nachkomme, der von seinen Eltern zwei unterschiedliche ➡ Allele eines Gens erhalten hat, ist bezüglich dieses Gens heterozygot.

die **Heterosexualität:** Fühlt sich eine Person sexuell zu einer Person des anderen Geschlechts hingezogen, wird sie als heterosexuell bezeichnet.

das **HIV:** Die Abkürzung HIV bedeutet Humanes Immundefizienz-Virus, übersetzt: menschliches Abwehrschwäche-Virus.

die **Homozygotie:** Der Begriff Homozygotie steht für „Reinerbigkeit". Einen Nachkommen, dem von seinen Eltern zwei identische ➡ Allele vererbt wurden, nennt man (auf diese bezogen) homozygot.

das **homologe Chromosomenpaar:** In diploiden Zellen kommt jeder Chromosomentyp doppelt vor (➡ diploider Chromosomensatz). Die zusammengehörigen Paare nennt man homologe Chromosomenpaare. Sie sind unter anderem in Größe und Form identisch und enthalten jeweils die gleichen ➡ Gene, d.h. sie verschlüsseln für die gleichen Merkmale, allerdings ggf. für unterschiedliche Ausprägungen dieser Merkmale.

die **Homologie:** Ähnlichkeit einer Struktur (oder eines Vorgangs) in verschiedenen Organismen, die auf einen gemeinsamen Vorfahren zurückgeführt werden kann. Die Funktionen homologer Strukturen können sehr unterschiedlich sein.

die **Homosexualität:** Die sexuelle Anziehung von einer Person zu einer Person des gleichen Geschlechts wird durch den Begriff Homosexualität definiert.

die **Hormone:** Hormone sind chemische Botenstoffe und dienen der langsamen, aber langanhaltenden Kommunikation innerhalb des Körpers. Sie geben nach dem Schlüssel Schloss Prinzip Informationen weiter und lösen spezifische Reaktionen an bzw. in ihren Zielzellen aus (z.B. Insulin, Glucagon, Adrenalin).

die **Hormondrüsen:** Hormone werden in speziellen, körpereigenen Drüsen produziert und bei Bedarf ausgeschüttet, zumeist ins Blut. Das Zusammenspiel der Hormondrüsen (z.B. Bauchspeicheldrüse, Schilddrüse, Nebenniere, Geschlechtsorgane) und ihrer vielen Hormone stellen ein eigenständiges Kommunikationssystem mit vielfältigen Aufgaben dar.

I

die **Immunantwort, primäre:** Die primäre Immunantwort ist die Reaktion des Immunsystems bei Erstinfektion mit einem Erreger. Sie resultiert in einer ➡ humoralen und einer ➡ zellvermittelten Immunantwort. Sie läuft langsamer ab als die ➡ sekundäre Immunantwort.

die **Immunantwort, sekundäre:** Die sekundäre Immunantwort ist die Reaktion des Immunsystems bei erneutem Kontakt mit einem bekannten Erreger. ➡ Gedächtniszellen initiieren eine wesentlich schnellere Immunantwort als bei einem neuen Erregertyp.

die **Immunantwort, spezifische:** Die auf den jeweiligen ➡ Krankheitserreger angepasste Immunantwort durch Bildung von B- und T-Zellen wird als spezifische Immunantwort bezeichnet.

die **Immunantwort, unspezifische:** Die angeborene Immunabwehr, die unspezifisch gegen alle Arten von ➡ Krankheitserregern wirkt, z.B. durch Schutzbarrieren wie die Haut oder durch die Magensäure im Magen, wird als unspezifische Immunantwort bezeichnet.

die **Immunisierung, aktive:** Unter der aktiven Immunisierung versteht man die „klassische" Schutzimpfung. Dabei werden abgeschwächte oder abgetötete ➡ Krankheitserreger bzw. Bestandteile von diesen verabreicht, die dennoch eine vollständige Immunreaktion des Geimpften hervorrufen mit dem Ziel der Bildung von ➡ Gedächtniszellen.

die **Immunisierung, passive:** Unter der passiven Immunisierung versteht man die Heilimpfung. Dabei werden Antikörper verabreicht, die übertragene ➡ Krankheitserreger

nach bereits erfolgter ➡ Infektion unschädlich machen können.

die **Immunität:** Steht für Unempfindlichkeit eines Lebewesens gegen Krankheitserreger.

die **Infektion:** Bei einer Infektion (Ansteckung) handelt es sich um einen Vorgang, bei dem ➡ Krankheitserreger (passiv) in einen Organismus eindringen, diesen dann besiedeln und sich vermehren.

die **Infektionskrankheit:** Infektionskrankheiten sind ansteckende Erkrankungen, die durch ➡ Krankheitserreger hervorgerufen werden.

die **Interphase:** Die Interphase ist die Bezeichnung für den Abschnitt des ➡ Zellzyklus zwischen zwei mitotischen Zellteilungen (➡ Mitosen).

die **Intersexualität:** Das Phänomen, dass manche Menschen Merkmale beider Geschlechter besitzen und somit keinem biologischen Geschlecht zugewiesen werden, bezeichnet man als Intersexualität.

K

das **Karyogramm:** Ein Karyogramm ist die geordnete grafische Darstellung des Chromosomensatzes einer Zelle.

die **Killerzelle:** Unter dem Begriff Killerzelle werden unterschiedliche Zellen des Immunsystems zusammengefasst, die veränderte Körperzellen erkennen und töten. Eine Killerzelle erkennt nur den Antigentyp (➡ Antigen) der auf ihren Rezeptor passt.

die **Konkurrenz:** Der Begriff Konkurrenz bezeichnet in der Ökologie den Wettbewerb um einen begrenzten Umweltfaktor. Dieser kann abiotisch sein (z.B. Licht, Wasser) oder auch biotisch (z.B. Paarungspartner, Beute).

der **Krankheitserreger:** Als Krankheitserreger bezeichnet man Mikroorganismen (z.B. Bakterien, ➡ Viren, Parasiten), die in anderen Organismen gesundheitsschädigende Prozesse in Gang setzen können. Die Ansteckung mit einem Krankheitserreger nennt man auch ➡ Infektion.

L

der **Leukozyt:** Unter dem Begriff Leukozyten werden unterschiedliche weiße Blutzellen zusammengefasst wie z.B. Fresszellen, B-Zellen und T-Zellen, die vielfältige Aufgaben im Immunsystem erfüllen.

M

die **Meiose:** Mit dem Fachbegriff Meiose wird die besondere Form der ➡ Zellteilung zur Bildung von Keimzellen (Ei- und Spermienzellen) benannt. Im Prozess der Meiose entstehen aus einer Urkeimzelle mit ➡ diploidem Chromosomensatz Keimzellen mit einem einfachen (haploiden) Chromosomensatz.

die **Mitochondrien:** Werden auch als Kraftwerke der ➡ Zelle bezeichnet. In diesen ➡ Zellorganellen findet die ➡ Zellatmung statt.

die **Mitose:** Die Mitose ist die Bezeichnung für die Kernteilung, einem Abschnitt des ➡ Zellzyklus.

das **Mikrobiom:** Als Mikrobiom bezeichnet man im weiteren

Sinne die Gesamtheit aller Mikroorganismen der Erde. Im engeren Sinne sind damit alle Mikroorganismen gemeint, die ein Lebewesen natürlicherweise besiedeln.

die **Mukoviszidose:** Die Mukoviszidose ist eine Stoffwechselerkrankung, die ➡ autosomal-rezessiv vererbt wird.

die **Mutation:** Mutation nennt man eine spontan auftretende Veränderung der Erbinformation, die dauerhaft ist (z. B. ➡ Genommutation). Mutationen sind eine Ursache für genetische ➡ Variabilität und damit ein ➡ Evolutionsfaktor.

N

die **Nervenzelle:** Nervenzellen sind hochspezialisierte tierische Zellen, die der Weiterleitung und Übertragung von Informationen dienen. Zur Erfüllung dieser Funktion besitzen sie spezielle Strukturen wie Dendriten und Axone. Nervenzellen sind über Synapsen mit anderen Zellen (z. B. Nervenzellen oder Muskelzellen) verbunden.

die **Netzhaut:** Die Netzhaut im Auge besteht aus mehreren Schichten verschiedener Zelltypen, u. a. den Sehzellen. Diese enthalten den Farbstoff Sehpurpur, der durch auftreffendes Licht zerfällt und dabei einen elektrischen Impuls auslöst, der an die Sehnervenzellen weitergeleitet wird.

das **Nukleotid:** Nukleotide sind die Grundbausteine der ➡ DNA (bzw. der RNA). Jedes Nukleotid besteht aus einem Zucker-Molekül (Desoxyribose bzw. Ribose), einer Phosphat-Gruppe und einer der vier Basen Adenin (A), Thymin (T) (bzw. Uracil (U), Cytosin (C) und Guanin (G).

O

die **Osmose:** ➡ Diffusion durch eine selektiv permeable Membran.

P

der **Pearl-Index:** Der Pearl-Index wurde als einheitliches Maß für die Angabe der Sicherheit eines Verhütungsmittels bzw. einer Verhütungsmethode eingeführt.

der **Phänotyp:** Erscheinungsbild eines Organismus bzw. Ausprägung eines bestimmten Merkmals. Der Phänotyp entsteht aus dem Zusammenwirken der Gene (➡ Genotyp) und der Umwelteinflüsse.

die **Plazenta:** Die Plazenta, auch Mutterkuchen genannt, sorgt für die Versorgung des Embryos bzw. Fetus mit Sauerstoff und Nährstoffen, sowie für den Abtransport von Kohlenstoffdioxid und Abfallstoffen.

der **Prokaryot:** Zu den Prokaryoten (von griech. *pro*: vor; *karyon*: Kern) zählen alle Lebewesen (z. B. Bakterien).

R

der **Reiz, adäquater:** Der adäquate Reiz ist derjenige Reiz, für den eine Sinneszelle die größte Empfindlichkeit besitzt.

die **Rekombination:** Als Rekombination wird der Prozess der zufälligen Verteilung der mütterlichen und väterlichen ➡ Chromosomen während der ➡ Meiose bezeichnet. Zusammen mit der ➡ Mutationen trägt die Rekombination zur Variabilität der Nachkommen bei.

die **Replikation:** Der komplexe Vorgang der Replikation dient der Vervielfältigung (bzw. identischen Verdopplung) der ➡ DNA. Dabei werden die beiden DNA-Doppelstränge aufgetrennt und an jedem dieser DNA-Einzelstränge wird ein komplementärer DNA-Einzelstrang ergänzt ("halb-erhaltende Replikation").

das **rezessive Allel:** Ein rezessives ➡ Allel prägt sich nur im ➡ homozygoten Zustand im ➡ Phänotyp aus; im ➡ heterozygoten Zustand setzt es sich gegen das ➡ dominante Allel nicht durch.

das **Ribosom:** Das Ribosom ist die Zellstruktur, an der während der ➡ Proteinbiosynthese die ➡ Translation abläuft. Die Ribosomen spielen also eine wichtige Rolle bei der Produktion von ➡ Proteinen.

das **Rudiment:** Ein Rudiment bezieht sich auf ein rudimentäres oder unterentwickeltes anatomisches Merkmal, das bei einem Organismus vorhanden ist, aber keine wichtige Funktion mehr erfüllt. Diese rudimentären Strukturen sind oft Relikte aus der Evolution und können Hinweise auf die gemeinsame Abstammung verschiedener Arten liefern. Rudimente des Menschen: Weißheitszähne, Wurmfortsatz, Steißbein.

S

die **Selektion:** Unter Selektion versteht man die natürliche Auslese von Individuen durch die Umwelt: Einige Individuen haben aufgrund bestimmter vererbbarer Merkmale einen höheren Fortpflanzungserfolg und können somit ihre Erbinformationen vermehrt an ihre Nachkommen weitergeben. Dies bewirkt, dass sich die Häufigkeit von Merkmalen innerhalb einer Population oder Art langfristig verändert. Selektion ist somit ein ➡ Evolutionsfaktor.

die **sexuelle Orientierung:** Die sexuelle Orientierung gibt an, zu welchem Geschlecht sich eine Person sexuell hingezogen fühlt.

die **Sichelzellanämie:** Genetisch bedingte Krankheit, die bei Menschen auftritt, die ➡ homozygot für Sichelzellenhämoglobin sind. Die roten Blutzellen dieser Menschen enthalten ein anders geartetes Hämoglobin, weshalb sie eine sichelförmige Gestalt annehmen. Dies bewirkt den vorzeitigen Zerfall roter Blutzellen und somit Blutarmut (Anämie).

die **Sinneszelle:** Sinneszellen sind hochspezialisierte Zellen, die von außen kommende chemische, elektrische oder mechanische ➡ Reize aufnehmen und deren Information in Form von elektrischen Signalen weitergeben.

das **Schlüssel-Schloss-Prinzip:** Das Schlüssel-Schloss-Prinzip sagt aus, dass zwei oder mehrere Strukturen räumlich zueinander passen müssen, um eine bestimmte Wirkung erfüllen zu können.

die **STD:** Sexuell übertragbare Erkrankungen, kurz STD (engl. sexually transmitted diseases), sind Krankheiten, die auch oder hauptsächlich durch Geschlechtsverkehr übertragen werden können.

der **Stress:** ➡ Stressoren setzen den Körper unter Anspannung, sie verursachen also Stress. Die Stressoren aktivieren den Sympathikus, welcher die Freisetzung von Adrenalin bewirkt, um eine Stressreaktion auszulösen, bei der z. B. Atmung und Herzschlag beschleunigt werden.

der **Stressor:** Stress auslösende Faktoren werden Stressoren genannt (z. B. Angst, Leistungsdruck, Zeitmangel).

die **Sucht:** Unter Sucht (Abhängigkeit) versteht man das Verlangen bzw. den Zwang eines Menschen ein ➡ Suchtmittel (z. B. Nikotin) zu konsumieren oder eine Verhaltensweise auszuüben (z. B. Hungern bei Magersucht), um so einen bestimmten Zustand zu erreichen. Die süchtige Person kann nicht auf das Suchtmittel verzichten, da sonst Entzugserscheinungen wie Zittern, Schweißausbrüche oder Nervosität auftreten.

das **Suchtmittel:** Suchtmittel sind stoffgebundene Substanzen, die auf das Belohnungszentrum im Gehirn wirken, dadurch Stimmungen, Gefühle bzw. Wahrnehmungen beeinflussen und süchtig machen. Beispiele: Nikotin oder Alkohol.

T

der **Transgender:** Wenn das biologische Geschlecht einer Person nicht der zugewiesenen Geschlechterrolle entspricht, wird dies mit dem Begriff Transgender deutlich gemacht.

die **Transkription:** Die Transkription ist der Teilprozess der ➡ Proteinbiosynthese, bei dem die ➡ Nukleotidsequenz (Basensequenz) der ➡ DNA in die Nukleotidsequenz (Basensequenz) der ➡ mRNA umgeschrieben wird. Sie findet bei Eukaryoten im Zellkern statt.

die **Translation:** Die Translation ist ein Teilprozess der ➡ Proteinbiosynthese. Dabei wird die ➡ Nukleotidsequenz (Basensequenz) der ➡ mRNA in die entsprechende ➡ Aminosäuresequenz des ➡ Proteins übersetzt. Dieser Prozess findet im Zellplasma an den ➡ Ribosomen statt.

die **Trisomie:** Unter einer Trisomie versteht man eine ➡ Genommutation, bei der ein Chromosom dreifach statt zweifach in den Zellen eines Lebewesens vorkommt. Ein bekanntes Beispiel einer Trisomie beim Menschen ist die Trisomie 21, bei der das Chromosom 21 dreifach vorhanden ist und die das DOWN-Syndrom bewirkt. Dies geht mit verschiedenen geistigen und körperlichen Beeinträchtigungen der Betroffenen einher.

U

die **Vakuole:** Die Vakuole (oder Zellsaftvakuole) dient in Pflanzenzellen als Speicherort für Speicher-, Farb-, Duft- bzw. Abfallstoffe und kann einen Großteil des Zellvolumens ausmachen.

die **Variabilität:** Die Individuen einer Art sind aufgrund genetischer Unterschiede nicht genau gleich, sondern unterscheiden sich in bestimmten Merkmalen, manchmal auch nur geringfügig. Diese Vielfältigkeit wird als Variabilität bezeichnet und stellt einen ➡ Evolutionsfaktor dar.

die **Vesikel:** Als Vesikel (von lat. vesicula: Bläschen) werden in der Biologie kleine, membranumhüllte Reaktionsräume der Zelle bezeichnet. Zu ihnen gehören z. B. die ➡ Lysosomen, welche Verdauungsenzyme enthalten.

das **Virus:** unbelebte Struktur; es besitzt ein Genom, das von einer Proteinhülle geschützt wird, und benötigt zur Vermehrung einen Wirtsorganismus.

Z

die **Zelldifferenzierung:** Während des Prozesses der Zelldifferenzierung verändert sich die ➡ Zelle. Sie wächst und ihre endgültige Struktur bildet sich, um ihre Funktion erfüllen zu können. So entstehen aus undifferenzierten Zellen z. B. Muskel-, Nerven- oder Drüsenzellen.

der **Zellkern:** Im Zellkern befindet sich die Erbinformation der ➡ eukaryotischen Zelle. Vor jeder Zellteilung wird die Erbinformation verdoppelt und der Zellkern teilt sich, sodass jede Tochterzelle einen vollständigen Zellkern enthält.

die **Zellteilung:** Bei dem sehr komplexen Vorgang der Zellteilung entstehen aus einer Elternzelle zwei Tochterzellen.

der **Zellzyklus:** Ein Zellzyklus besteht aus ➡ Interphase und Teilungsphase (➡ Mitose (Kernteilung) und Zellteilung).

Stichwortverzeichnis

Bildnachweis

AdobeStock / 7activestudio – S. 130; – / Africa Studio – S. 76; – / AGAMI Photo Agency – S. 228; / Aldona – S. 249; – / alexanderoberst – S. 226; – / Amahce – S. 192; / arcyto – S. 232; – / Ingo Bartussek – S. 116; – / Horst Bingemer – S. 185; – / norman blue – S. 62, 89; – / by-studio – S. 241; / channarongsds – S. 67; – / Lubos Chlubny – S. 241; – / Andrea Danti – S. 194; – / Darren – S. 238; – / dee-sign – S. 142; – / Dimitrios – S. 234; – / DoraZett – S. 144; – / Dreadlock – S. 121; – / ffphoto – S. 190; – / Peter Hermes Furian – S. 134; – / Juan Gärtner – S. 68; – / ginettigino – S. 221; – / Scott Griessel – S. 127; – / Martin Grimm – S. 228; – / Pascale Gueret – S. 152; – / Harald07 – S. 116; – / Andrea Izzotti – S. 218; – / JosLuis – S. 186; – / karrastock – S. 127; – / Kitty – S. 101; – / Robert Kneschke – S. 118; – / KQ Ferris – S. 50; – / Kzenon – S. 118; – / Dr. N. Lange – S. 240; – / Iehic – S. 250; – / Stephan Leyk – S. 65; – / Maridav – S. 67; – / Matsabe – S. 219; – / mpix-foto – S. 77; – / Christian Musat – S. 242; – / nmann77 – S. 118; – / Omm-on-tour – S. 226; – / Vlasto Opatovsky – S. 248; – / Opayaza – S. 225; – / Alena Ozerova – S. 116; – / peshkova – S. 50; – / Pram – S. 50; – / pyty – S. 224; – / Racle Fotodesign – S. 118; – / roeum (KI generiert) – S. 220; – / R+R – S. 242; – / Juha Saastamoinen – S. 226; – / Maria Sbytova – S. 116; – / Siarhei – S. 70; – / Silvio – S. 154; – / Samoylik Stanislav – S. 222; – / stockdevil – S. 244; – / stroblowski – S. 121; – / tonaquatic – S. 186; – / Xavier – S. 244; – / Alena Yakusheva – S. 26; – / Zerbor – S. 80; Alamy Stock Photo / BSIP SA – S. 59; – / Buiten-Beeld – S. 40; – / Robert K. Chin – S. 36; – / CTK – S. 164; – / Design Pics – S. 36; – / ES Traval – S. 123; / imageBROKER.com GmbH & Co. KG – S. 134; – / Stephen R. Johnson – S. 201; – / Life on white – S. 159; – / Algis Motuza – S. 36; – / Panther Media GmbH – S. 196; – / Photo 12 – S. 123; – / Rado Stockimo – S. 36; – / Sara Sadler – S. 141; – / Scenics & Science – S. 141; – / Science History Images – S. 236; – / Gwen Shockey – S. 34 (2); / Dietmar Temps – S. 156; – / TravelMuse – S. 36; – / Universal Images Group North America LLC – S. 230; – / M I (Spike) Walker – S. 140; – / Rostislav Zatonskiy – S. 132; Dreamstime / © Tatiana Chekryzhova – S. 125; – / Tatiana Neelova – S. 96; Fotolia / animaflora – S. 20; – / La Gorda – S. 11, 109; Christine Geier, Goldkronach – S. 28 (2); Getty Images Plus / iStockphoto, alenaohneva – S. 184; – / iStockphoto, AlessandroPhoto – S. 60; – / iStockphoto, atese – S. 222; – / iStockphoto, baibaz – S. 65; – / iStockphoto, BarashenkovAnton – S. 8, 216, 249; – / iStockphoto, beavera – S. 120; – / iStockphoto, blackandbrightph – S. 127; – / iStockphoto, Blackregis – S. 45; – / iStockphoto, bowie15 – S. 13; – / iStockphoto, brizmaker – S. 151; – / iStockphoto, Christoph Burgstedt – S. 130; – / iStockphoto, Craig Cordier – S. 135; – / iStockphoto, cynoclub – S. 217; – / iStockphoto, DGLimages – S. 142; – / iStockphoto, Digital Vision. – S. 39; – / iStockphoto, DoraZett – S. 100; – / iStockphoto, Dr_Microbe – S. 58, 64, 102; – / iStockphoto, DragonImages – S. 116; – / iStockphoto, Lothar Drechsel – S. 158; – / iStockphoto, dwphotos – S. 38; – / iStockphoto, elenabs – S. 112; – / iStockphoto, Farinosa – S. 217, 225; – / iStockphoto, feedough – S. 202 (2); – / iStockphoto, fizkes – S. 156; – / iStockphoto, Peter Fleming – S. 149; – / iStockphoto, fotokostic – S. 25; – / iStockphoto, GlobalP – S. 217; – / iStockphoto, gorodenkoff – S. 42, 272; – / iStockphoto, Philippe Gouveia – S. 218; – / iStockphoto, Halfpoint – S. 118; – / iStockphoto, Svitlana Hulko – S. 273; – / iStockphoto, Anna Iamanova – S. 136, 206; – / iStockphoto, Egoitz Bengoetxea Iguaran – S. 120; – / iStockphoto, Image Source – S. 136; – / iStockphoto, jacoblund – S. 5, 92; – / iStockphoto, jemastock – S. 172 (2); – / iStockphoto, Jezperklauzen – S. 103; – / iStockphoto, jferrer – S. 25; – / iStockphoto, johan63 – S. 116; – / iStockphoto, kazakovmaksim – S. 135; – / iStockphoto, Kiuikson – S. 95; – / iStockphoto, Bogdan Kurylo – S. 22; – / iStockphoto, kzenon – S. 118; – / iStockphoto, leonello – S. 218; – / iStockphoto, LightFieldStudios – S. 118; – / iStockphoto, Ljupco – S. 242; – / iStockphoto, jorge mata – S. 119; – / iStockphoto, Microgen – S. 272; – / iStockphoto, Migrenart – S. 271; – / iStockphoto, Tammi Mild – S. 159; – / iStockphoto, MIND_AND_J – S. 151; – / iStockphoto, Modfas – S. 65; – / iStockphoto, monkeybusinessimages – S. 35, 270, 273; – / iStockphoto, Musat – S. 250; – / iStockphoto, NatalyaAksenova – S. 217; – / iStockphoto, nd3000 – S. 95; – / iStockphoto, Nixxphotography – S. 66; – / iStockphoto, Omm-on-tour – S. 226; – / iStockphoto, Orla – S. 241; – / iStockphoto, panyajampatong – S. 23; – / iStockphoto, peakSTOCK – S. 15; – / iStockphoto, photka – S. 41; – / iStockphoto,

prapann – S. 218; – / iStockphoto, prill – S. 218, 233; – / iStockphoto, Prostock-Studio – S. 54 (2); – / iStockphoto, raclro – S. 223; – / iStockphoto, Rawpixel – S. 94; – / iStockphoto, Ian Redding – S. 227; – / iStockphoto, guillaume regrain – S. 251; – / iStockphoto, Ridofranz – S. 272; – / iStockphoto, RobertoDavid – S. 102; – / iStockphoto, Alfonso Sangiao – S. 120; – / iStockphoto, Antonio Santos – S. 116; – / iStockphoto, selvanegra – S. 3, 4, 18, 52, 56; – / iStockphoto, Sinhyn – S. 138; – / iStockphoto, SIphotography – S. 6, 128; – / iStockphoto, Olga Smolina – S. 110; – / iStockphoto, soleg – S: 151; – / iStockphoto, the rads – S. 179; – / iStockphoto, traveler1116 – S. 164; – / iStockphoto, ttsz – S. 200 (2); – / iStockphoto, undefined undefined – S. 30; – / iStockphoto, Vac1 – S. 219; – / iStockphoto, Vassiliy Vishnevskiy – S. 248; – / iStockphoto, Wavebreakmedia – S. 95; – / iStockphoto, weerapatkiatdumrong – S. 136; – / iStockphoto, wildpixel – S. 78, 112; – / iStockphoto, Wirestock – S. 231; – / iStockphoto, Sunan Wongsanga – S. 122; – / iStockphoto, Xurzon – S. 129; – / OJO Images, Chris Ryan – S. 273; – / Retrofile RF, George Marks – S. 118; Alina Herrmann, Eichstätt – S. 211 (2); Peter Hofmayer, Reichertshofen – S. 166, 167; imago images / imagebroker – S. 95; iStockphoto / mauribo – Cover; – / NNehring – S. 182; / pitchwayz – S. 44; – / sturti – S. 44; Mauritius Images / Alamy Stock Photo, Artmedia – S. 76; / Alamy Stock Photo, Daniel Cole – S. 136; – / Alamy Stock Photo, Maciej Dakowicz – S. 120; – / Alamy Stock Photo, Florilegius – S. 248; / Alamy Stock Photo, darryl gill – S. 36; – / Alamy Stock Photo, Norbert Dr. Lange – S. 182; – / Alamy Stock Photo, MediaWorldImages – S. 36; – / Alamy Stock Photo, tuksaporn rattanamuk – S. 35; – Gerlinde Oberste-Padtberg, Wesel – S. 30, 31 (4); OKAPIA / ISM, Philippe Vago – S. 148; Margit Schmidt, Ingolstadt – S. 196 (3); Science Photo Library / Biophoto Associates – S. 133, 134, 182 (2), 187; – / Jose Calvo – S. 7, 132, 180; – / J. L. Carson, Ph.D. – S. 182 (2); – / DR. JUAN F. GIMENEZ-ABIAN – S. 210; – / Steve Gschmeissner – S. 32, 139, 178 (2); – / Christian Jegou – S. 237; – / DENNIS KUNKEL MICROSCOPY – S. 182 (2); – / Landmann, Patrick – S. 200; – / National Science Foundation – S. 236; – / Hans-Ulrich Osterwalder – S. 208; – / Peter Scoones – S. 237; – / Phillips, David M. – S. 194; – / QA International – S. 20; Shutterstock / YuriyZhuravov – S. 146; www.wikimedia.org – S. 139.

Mediencodes
Getty Images Plus / iStockphoto, checha – S. 15 (03033-002)
Getty Images Plus / iStockphoto, da-vooda – S. 15 (03033-002)
Getty Images Plus / iStockphoto, Peacefully7 – S. 15 (03033-002)
Getty Images Plus / iStockphoto, AndreaAstes – S. 15 (03033-002)
Getty Images Plus / iStockphoto, Wirestock – S. 15 (03033-002)
Getty Images Plus / iStockphoto, brizmaker – S. 15 (03033-002)
Getty Images Plus / iStockphoto, Hanne Kobaek – S. 15 (03033-002)
Getty Images Plus / iStockphoto, Deagreez – S. 15 (03033-002)
Getty Images Plus / iStockphoto, Tero Vesalainen – S. 100, 106 (03008-07)
Getty Images Plus / iStockphoto, fruttipics – S. 100, 106 (03008-07)
iStockphoto / Lalocracio – S. 100, 106 (03008-07)
AdobeStock / Artemida-psy – S. 100, 106 (03008-07)
AdobeStock / manola72 – S. 100, 106 (03008-07)
AdobeStock / thingamajiggs – S. 100, 106 (03008-07)
AdobeStock / studioJowita – S. 100, 106 (03008-07)
AdobeStock / Africa Studio – S. 100, 106 (03008-07)
BZgA – © Bundeszentrale für gesundheitliche Aufklärung (BZgA), Köln: Mit freundlicher Genehmigung und Unterstützung der Bundeszentrale für gesundheitliche Aufklärung – S. 100, 106 (03008-07)
Mauritius Images / Alamy Stock Photo, ubik – S. 100, 106 (03008-07)
iStockphoto / NNehring – S. 212 (03023-95)
Getty Images Plus / iStockphoto, tonaqatic – S. 212 (03023-95)
AdobeStock / ileana_bt – S. 212 (03023-95)
Getty Images Plus / iStockphoto, micro_photo – S. 212 (03023-95)
Getty Images Plus / iStockphoto, prill – S. 212 (03023-95)
AdobeStock / micro_photo – S. 212 (03023-95)
AdobeStock / Dr. N. Lange – S. 212 (03023-95)
AdobeStock / Griffin – S. 272 (03023-97)
Getty Images Plus / iStockphoto, Mansur Sitorus – S. 272 (03023-97)
Getty Images Plus / iStockphoto, pelooyen – S. 272 (03023-97)
Getty Images Plus / iStockphoto, Wirestock – S. 272 (03023-97)

Meldungen über Unfälle im Biologieunterricht gibt es zum Glück nur selten und das, obwohl auch in diesem Fach teilweise gefährliche Substanzen in Experimenten eingesetzt werden. Der Grund für diese funktionierende Sicherheit sind die Sicherheitsvorkehrungen, die für den Biologieunterricht gelten, um Unfälle zu vermeiden. Werden diese grundsätzlichen Regeln eingehalten, kann nicht nur erfolgreich und sicher, sondern auch mit Freude experimentiert werden (**B1**)!

Vor dem Experimentieren
- Lies die Versuchsanleitung vor dem Experimentieren immer genau durch!
- Überlege, welche Geräte und Materialien du brauchst.
- Plane den Ablauf des Experimentes und stimme die Vorgehensweise mit deinen Teampartnern anschließend ab!
- Auf dem Experimentiertisch liegen nur die Materialien, die du für den Versuch brauchst. Achte darauf, dass nichts am Rand steht und alles kippsicher aufgebaut ist!

Während des Experimentierens
- Benutze zur Chemikalien-Entnahme nur saubere Spatel oder Pipetten – **NIE** deine Finger!
- Setze nur kleine Stoffportionen ein und schütte Reste **NIE** zurück!
- Beschrifte die Behälter, in die du die Chemikalien einfüllst. Nimm wenig – der Umwelt zuliebe!
- Experimentiere ruhig und gehe vorsichtig mit zerbrechlichen, spitzen und heißen Gegenständen um!
- Richte die Öffnung eines Reagenzglases nie auf Personen! Schaue nie in eine Reagenzglasöffnung!
- Notiere sofort deine Beobachtungen!

B1 Klasse beim Experimentieren

Nach dem Experimentieren
- Säubere sorgfältig alle Arbeitsgeräte und den Tisch. Räume alles wieder zurück an seinen Platz.
- Chemikalienabfälle gehören in die dafür **vorgesehenen Behälter**: a) Ausguss b) Restmüll c) Sondermüll: Für gesundheits- und umweltschädliche Chemikalien gibt es spezielle Kanister. Je nach Stoff werden diese Chemikalien hier entsorgt. Iod-Kaliumiodidlösung wird z. B. im Kanister G4 (Gefäß für halogenhaltige organische Verbindungen) entsorgt (**B2**).
- Werte die Beobachtungen aus und fertige ein Versuchsprotokoll an.

B2 Verschiedene Arten der Entsorgung

Wichtige Grundregeln zu Verhalten und Sicherheit
- In den naturwissenschaftlichen Fachräumen darfst du nie essen und trinken!
- Achte darauf, dass eure Jacken und Taschen nicht zur Stolperfalle werden!
- Du darfst nicht rennen oder schubsen!
- Geschmacksproben darfst du nie durchführen! Geruchsproben nur nach ausdrücklicher Aufforderung.
- Arbeite umsichtig und rücksichtsvoll! Achte darauf, dass du deine Teamkameradinnen und Teamkameraden nicht besprizt oder verletzt und halte selbst deinen Kopf niemals über ein Reaktionsgefäß!
- Wasche immer deine Hände, bevor du den Experimentierraum verlässt!
- Trage immer eine Schutzbrille!
- Binde lange Haare zusammen!

Augenschutz und erste Hilfe
Unsere Augen sind sehr empfindlich und müssen deshalb immer gut geschützt werden z. B. vor herumfliegenden Splittern bei Glasbruch oder vor spritzenden Flüssigkeiten. Dabei hilft eine gut sitzende Schutzbrille (**B3a**). Wenn doch mal etwas ins Auge geht, müssen die Augen gründlich mit dem weichen Wasserstrahl einer Augendusche (**B3b**) ausgespült werden. In jedem Laborraum findet sich eine Erste-Hilfe-Station (**B3c**) mit wichtigen Notrufnummern (z. B. Rettung 112 und Polizei 110) und Utensilien zur Erstversorgung.

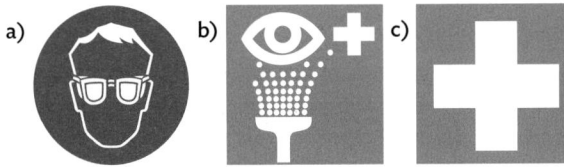

B3 a) Symbol Schutzbrille, b) Schild Augendusche,
c) Schild Erste Hilfe

Kennzeichnung von Chemikalien

Neben den allgemeinen Sicherheitsmaßnahmen im Laborsaal gibt es auch für jede Chemikalie bestimmte Sicherheitsmaßnahmen. Hinweise über die möglichen Gefahren liefern **Gefahrenpiktogramme** (**B4**), die z. B. auf den Verpackungen abgebildet sind. Die Piktogramme können zudem noch mit den Signalwörtern „Gefahr" oder „Achtung" kombiniert werden, um zu zeigen, wie schwerwiegend eine Gefahr ist. Durch das **Signalwort** „**Gefahr**" wird ein größeres Risiko gekennzeichnet als durch „**Achtung**".

Arbeitstechniken

Die Bestimmung der Masse einer Stoffportion erfolgt mithilfe einer Laborwaage, wobei die Tara-Funktion genutzt werden sollte, um die Masse des Aufbewahrungsgefäßes nicht mitzuwiegen. Pulvrige Feststoffe können z. B. mit einem Spatel aus dem Gefäß entnommen werden. Zum Abmessen von Flüssigkeiten eignen sich Bechergläser, Messzylinder und Pipetten (**B5**). Pipetten besitzen eine Volumen-Skala, sodass definierte Volumina aufgezogen und abgegeben werden können. Der Gasbrenner ist ein wichtiges Arbeitsmittel im Labor. Kleinere Flüssigkeitsmengen können z. B. in einem Reagenzglas mithilfe eines Reagenzglashalters in der Brennerflamme erhitzt werden (**B5**). Beim Erhitzen sollte das Reagenzglas stets leicht geschüttelt werden, um einen Siedeverzug und damit ein Herausspritzen der Flüssigkeit zu verhindern. Zur Regulierung der Temperatur kann das Reagenzglas auch in unterschiedlicher Höhe über die Brennerflamme gehalten werden.

GHS01 explosive Stoffe	GHS02 entzündbare Stoffe	GHS03 entzündend wirkende Stoffe
GHS04 Gase unter Druck	GHS05 Ätzwirkung	GHS06 akute Toxizität
GHS07 Ausrufezeichen (Achtung)	GHS08 Gesundheitsgefahr	GHS09 Gewässergefährdend

B4 Gefahrenpiktogramme und deren Bezeichnung nach GHS (Globally Harmonised System of Classification and Labelling of Chemicals)

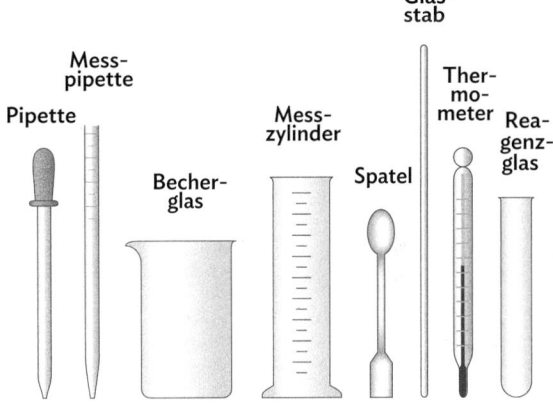

B5 Verschiedene Laborgegenstände

Tipps für erfolgreiche Teamarbeit

- **Materialbeschaffende Person:** Holt zu Beginn die erforderlichen Materialien und Experimentiergeräte.
- **Zeitwachende Person:** Achtet auf zügiges Arbeiten und auf den Stundenschluss.
- **Gruppensprechende Person:** Gibt die Ergebnisse der Gruppe bekannt.
- **Regelbeobachtende Person:** Achtet darauf, dass die allgemeinen und von euch aufgestellten Regeln eingehalten werden.

Bearbeite auch die Lernanwendung zur Sicherheit im Labor (➡ **QR 03032-055**).

03032-055

Studien- und Berufsfelder der Biologie

Im Folgenden werden dir einige Studien- und Berufsfelder der Biologie vorgestellt. Hilfreiche Links mit Informationen zur Studien- und Berufswahl findest du hier (➡ QR 03023-97).

03023-97

Evolutionsbiologinnen und Evolutionsbiologen analysieren die Ursachen der Entstehung und der Erhaltung der biologischen Vielfalt. Dabei werden u. a. Evolutionsfaktoren, Verwandtschaftsbeziehungen und Artgrenzen untersucht sowie Stammbaumanalysen durchgeführt. Die Evolutionsbiologie ist eng verknüpft mit vielen anderen Bereichen der Biologie. **Paläontologinnen und Paläontologen** suchen und untersuchen Spuren und Überreste (Fossilien) ausgestorbener Lebewesen. Aus ihren Funden und Untersuchungen leiten sie dann Theorien zur Stammesgeschichte bzw. Evolution der Lebewesen ab. Neben einem fundierten Wissen in Naturwissenschaften und guten analytischen Fähigkeiten sind hierbei ein sorgfältiger Arbeitsstil und handwerkliche Fähigkeiten gefordert

Molekularbiologinnen und Molekularbiologen erforschen Lebensvorgänge auf molekularer Ebene. Dazu untersuchen sie u. a. die Struktur und Funktion der Erbinformation sowie die Eigenschaften von Proteinen in Organismen. Auf Grundlage dieser Erkenntnisse setzen **Gentechnikerinnen und Gentechniker** biotechnologische Methoden ein, um gezielt Eingriffe in das Erbmaterial zu tätigen. Sie übertragen z. B. Gene von Menschen auf Bakterien bzw. von Bakterien auf Pflanzen. Gentechnisch veränderte Bakterien sind die Basis zur Herstellung von Impfstoffen, Medikamenten und anderen Stoffen. Mithilfe von Fremdgenen können Nutzpflanzen Resistenzen gegen Erkrankungen oder Schädlingsbefall erhalten. Voraussetzungen für dieses Berufsfeld sind naturwissenschaftlich–technisches Verständnis, analytisches Denkvermögen, Genauigkeit und Konzentrationsfähigkeit sowie Verantwortungsbewusstsein.

Apothekerinnen und Apotheker verwalten verschreibungspflichtige Medikamente, geben diese gegen Rezept aus und klären die Patientinnen und Patienten über die Anwendung, Aufbewahrung und Wirkweisen sowie Risiken und Nebenwirkungen auf. Daher müssen sie die Zusammensetzung von Arzneimitteln sehr gut kennen. Nach Rezept werden Präparate wie Salben und Lösungen auch selbst hergestellt. Dabei sind genaues Arbeiten, Sorgfalt und Präzision gefragt. Sowohl von den Eigenproduktionen als auch von den angelieferten Arzneimitteln werden Stichproben genommen und mithilfe moderner Mess- und Prüfgeräte analysiert. Unabdingbar für dieses Berufsfeld sind sehr gute Kenntnisse in Biologie und Chemie sowie soziale Kompetenzen.

Virologinnen und Virologen erforschen Mikroorganismen (v. a. Viren), wobei sie die meiste Zeit in einem Labor verbringen. Sie untersuchen Merkmale der Mikroorganismen, die für sie günstigen Lebensbedingungen und ihre Vermehrungsstrategien. Auf diese Weise können ggf. neue Wirkstoffe gegen Viren und Bakterien gefunden werden sowie deren Wirksamkeit in Testphasen analysiert und auf Nebenwirkungen geprüft werden. Der Verlauf von Infektionserkrankungen, ihre Verhinderung und Bekämpfung ist gemeinsamer Forschungsgegenstand mit den **Immunologinnen und Immunologen**. Ihr Fokus liegt allerdings im Bereich des sehr komplexen, menschlichen Immunsystems. Die Arbeit des körpereigenen Sicherheitssystems soll unterstützt und effektiver gemacht werden. Fundiertes Wissen in Biologie und Medizin, gute analytische Fähigkeiten, ein sorgfältiger Arbeitsstil und Kenntnisse im Umgang mit modernsten Laborgeräten sind Voraussetzung für diese Berufe.

Liegt bei einer Person eine Fehlsichtigkeit oder Schwerhörigkeit vor, kann dies schwerwiegende Folgen für deren Alltag haben. **Optikerinnen** und **Optiker**, die nach ihrer Ausbildung Sehtests durchführen, können die Art und Ausprägung der Sehschwäche ermitteln. Mithilfe dieser Informationen können passgenaue Brillengläser geschliffen werden. Heute geschieht dies meist maschinell. Auch viele verschiedene Kontaktlinsen stehen zur Verfügung. In Beratungsgesprächen mit den Kundinnen und Kunden können passende Optionen gefunden werden. **Hörakustikerinnen** und **Hörakustiker** können durch einen Hörtest eine Hörschwäche ermitteln und mit den neuesten Technologien in der Hörgeräte-Akustik diese bestmöglich ausgleichen. Beide Berufe bieten eine großartige Möglichkeit, medizinisch-biologisches Wissen mit der Arbeit an Menschen zu verknüpfen.

In der dreijährigen Berufsausbildung zur **Krankenpflegerin** bzw. zum **Krankenpfleger** lernen angehende Pflegende neben medizinischen Grundlagen die Versorgung der Patientinnen und Patienten zu organisieren und durchzuführen. Sie bereiten die Visiten der Ärztinnen und Ärzte vor, protokollieren Messwerte, nehmen Proben und assistieren bei Untersuchungen und auch bei Operationen. Eine wichtige Aufgabe ist auch die Erfassung des Pflegebedarfs und die Planung von Pflegeplänen zur Strukturierung des Klinikalltags. Neben einer hohen körperlichen und psychischen Belastbarkeit, ist auch ein gutes Einfühlungsvermögen gefragt, um Patientinnen und Patienten und auch deren Umfeld mit einzubeziehen und gut zu betreuen. Bei der Pflege ist auch die Kenntnis über rechtliche Bestimmungen wichtig. Nach der erfolgreichen Ausbildung warten sehr gute Berufsaussichten in Kliniken, Arztpraxen, Kur- und Rehazentren und Pflegeheimen auf die Krankenpflegerinnen und Krankenpfleger. Viele Weiterbildungsmöglichkeiten bieten eine Intensivierung und Spezialisierung der Kenntnisse.

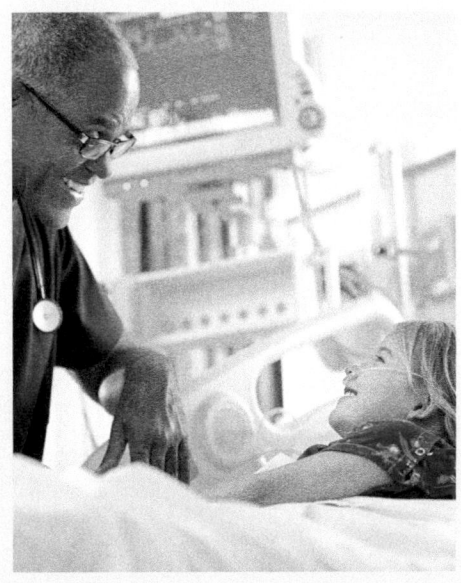

Basiskonzepte – die roten Fäden durch die Biologie

Die Biologie ist eine Naturwissenschaft, die sich mit den unterschiedlichsten Lebenserscheinungen auseinandersetzt. Dabei wird versucht, wiederkehrende Phänomene nach grundlegenden Aspekten zu sortieren. Diese grundlegenden Aspekte nennt man **Basiskonzepte** (**BK**) der Biologie. Sie helfen die vielen Einzelheiten zu ordnen und zu verstehen.

Struktur und Funktion

Die Struktur biologischer Systeme ist eng mit ihrer Funktion verknüpft. Dieser Zusammenhang zwischen Struktur und Funktion ist auf verschiedenen Systemebenen vorzufinden von der Teilchen-Ebene bis zur Biosphäre. Daraus lassen sich wichtige Prinzipien ableiten. Ein biologisches System besteht aus verschiedenen Bestandteilen, die zusammenwirken und gemeinsam bzw. arbeitsteilig bestimmte Funktionen erfüllen, wie die Zellen eines Organs oder die Zellorganellen einer Zelle. **Kompartimentierung** bedeutet eine Abgrenzung von Funktionsräumen in einem System. So findet z. B. sich in der eukaryotischen Zelle einer Pflanze ein Zellkern, der in einer prokaryotischen Bakterienzelle nicht vorhanden ist. Den Zusammenhang zwischen Struktur und Funktion gibt es in der Natur nur bei Lebewesen. Er lässt sich in verschiedenen Prinzipien erkennen, z. B. bei der **Kompartimentierung** des Nervensystems des Menschen. Einzelne Nervenzellen mit ihren Zellorganellen sind einzelne Funktionseinheiten, die miteinander das Nervensystem bilden. Auch im **Gegenspielerprinzip**, nach dem z. B. Hormone wirken, zeigt sich die Verknüpfung der Struktur des Hormonsystems und der Funktion. Bei biologischen Vorgängen, bei denen es auf kleinste Unterschiede ankommt, passen die beiden beteiligten Strukturen wie ein Schlüssel in das Schloss (**Schlüssel-Schloss-Prinzip** z. B. Hormone und ihre jeweiligen Rezeptoren oder die Antigen-Antikörper-Reaktion). Das **Gegenstromprinzip** beschreibt den Austausch von Stoffen entlang einer Membran in entgegengesetzter Richtung. In der Plazenta ermöglicht das Gegenstromprinzip einen effizienten Austausch von Sauerstoff und Nährstoffen zwischen Mutter und Fetus. Dabei strömt das sauerstoffreiche Blut der Mutter in den feinen Kapillaren der Plazenta entgegen der Strömungsrichtung des fetalen Blutes und gewährleistet einen maximalen Transfer.

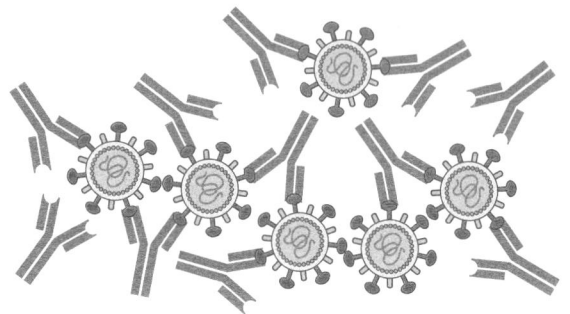

Steuerung und Regelung

Das Basiskonzept Steuerung und Regelung beschreibt die Tatsache, dass Lebewesen durch **Regulation** auf innere und äußere Veränderungen reagieren können. Kommt es z. B. zu einer Infektion mit einem Krankheitserreger greifen die Mechanismen der Infektionsabwehr und das Immunsystem wird aktiv. Auch bei der Pupillenreaktion verändert sich die Öffnungsweite bei verschieden starkem Lichteinfall. Sexualhormone wirken nach dem Prinzip der **negativen Rückkopplung**: Wird ein gewisses Level eines Sexualhormons im Laufe der Pubertät erreicht, hemmt jenes Sexualhormon die eigene Produktion.